化工装置技术问答丛书

聚丙烯生产技术问答

王敬东　翁贤华　李秀军　主编

中国石化出版社
·北京·

内 容 提 要

本书以问答的形式详细介绍了聚丙烯生产概述、技术基础、原料精制及三剂配制、聚合反应、粉料脱气干燥、单体分离和回收、添加剂和挤压造粒、开停工、异常事故处理、安全环保和职业健康基础、节能低碳基础、机电仪基础知识等。本书采用较大篇幅对节能环保新技术、新工艺进行了介绍，搜集了国内外最新的技术要求和标准，既有基础理论知识，又有实际操作知识，紧密联系聚丙烯装置生产实际，着眼于提高操作人员的实际操作技能和对问题的应变处理能力。

本书可供从事聚丙烯生产、应用的技术人员和员工阅读，也可供从事聚丙烯设计、研发的技术人员及有关院校的师生参考。

图书在版编目(CIP)数据

聚丙烯生产技术问答 / 王敬东,翁贤华,李秀军主编. — 北京 : 中国石化出版社,2025. 5. — ISBN 978-7-5114-7951-8

Ⅰ. TQ325. 1-44

中国国家版本馆 CIP 数据核字第 2025G42P06 号

中国石化出版社出版发行

地址:北京市东城区安定门外大街 58 号

邮编:100011　电话:(010)57512500

发行部电话:(010)57512575

http://www. sinopec-press. com

E-mail:press@ sinopec. com

北京艾普海德印刷有限公司印刷

全国各地新华书店经销

*

710 毫米×1000 毫米 16 开本 26. 5 印张 372 千字

2025 年 5 月第 1 版　2025 年 5 月第 1 次印刷

定价: 108. 00 元

前　言

聚丙烯是由丙烯单体通过聚合反应制成的半结晶的热塑性聚合物，由于其特殊的机械性能和化学稳定性，广泛应用于汽车、家电、医疗、卫生和日常生活用品等领域。2024 年，中国五大合成树脂(聚丙烯、聚乙烯、聚氯乙烯、聚苯乙烯和 ABS)产能为 1.02 亿 t/a，产量为 7229 万 t，2020 至 2024 年年均增速分别为 6.5%和 8.2%。其中，聚丙烯产能为 4382 万 t/a，产量为 3193 万 t，2020 至 2024 年年均增速分别为 11.7%和 5.7%。

聚丙烯生产工艺众多，不同生产工艺的流程、设备、控制方案和操作参数差异较大，即使是同一种生产工艺，生产不同牌号的产品，使用的原料、助剂、操作参数也有较大的区别。聚丙烯生产装置既需要聚合反应技术，也需要不同类型的分离技术。因此，掌握好聚丙烯的生产技术技能，对减少装置异常波动、非计划停车和产品质量问题，提高装置的运行水平和经济效益就显得十分必要。

目前，国内尚无公开出版的聚丙烯生产技术问答，为了填补这一空白，进一步提高聚丙烯装置操作人员的实际操作技能，使员工掌握本装置的生产流程、工艺原理、设备结构、通用理论知识、装置理论知识、必备的操作技能知识和应急技能知识，熟练进行装置操作影响因素分析，特编写《聚丙烯生产技术问答》，供聚丙烯装置岗位操作人员学习参考。

本书以国产环管液相本体工艺、进口多区 Spherizone 工艺和气相法 Novolen 工艺为基础，根据相关理论知识和多年来在实际生产过程中出现的一些生产问题，对其产生的原因、可能造成的危害、处理方法以及预防措施等作了系统阐述。在内容编排上既有基础理论知识，又有实际操作知识，紧密联系聚丙烯装置生产实际，着眼于提高操作人员的实际操作技能和对问题的应变处理能力。

本书由王敬东组织编写，主编为王敬东、翁贤华、李秀军，参编人员有戴文威、於伟灵、楼寅山、杜川、张翔、朱德赞、吴志涛、李可心等。

由于时间仓促及编者的水平有限，内容难免有疏漏和不妥之处，欢迎广大读者批评指正。

编者

2025 年 4 月

目　　录

第一章 概 述

1 世界上有哪些聚丙烯(PP)连续法生产工艺?

(1) Lyondell Basell 公司的 Spherizone 气相法、Spheripol 液相本体法、Catalloy 及 Hivalloy 气相法工艺。

(2) 中国石化的 ST 环管液体本体工艺(最新工艺为三代半)。

(3) Dow 公司的 Unipol 气相法工艺。

(4) JPP 公司的 Horizone™气相法工艺。

(5) Lummus 公司的 Novolen 气相法工艺。

(6) Borealis 公司的 Borstar 工艺。

(7) BP 公司的气相 Innovene 工艺。

(8) 住友化学公司的 Sumitomo 气相工艺。

(9) 三井公司的液相本体 Hypol 工艺。

(10) Phillips 公司的环管工艺。

2 Lyondell Basell 公司的 Spheripol 液相本体法工艺有什么特点?

Basell 公司的 Spheripol 二代工艺采用第四代催化剂体系，预聚合和聚合反应器的设计压力等级提高，使新牌号的性能更好，老牌号的产品性能得以改进，也更利于对形态、等规度和分子量的控制。Spheripol 二代工艺特点:

(1) 使用高性能催化剂系统，可生产双峰聚丙烯和高刚性、高结晶性、高抗冲等市场所需全范围产品。

(2) 预聚合和聚合反应的压力等级提高，可以使环管反应器中的氢气含量增高，扩大了 MFR 的范围，增加了产品的强度，改善了产品的性能。

(3) 以双环管反应器构型为基础，可以生产宽分子量分布的“双峰”产品，也可以生产窄分子量分布的产品，利用环管反应器和液相本体聚合，可使传热控制得更好，反应均匀。如果将来发展使用茂金属催化剂，不需要对现有装置做重大的改造。

(4) 停留时间减少，更好地利用了反应体积。

（5）改进了聚合物的高压和低压脱气、汽蒸、干燥系统和事故排放单元，提高了效率和操作灵活性。

Spheripol 工艺采用的催化剂是第四代齐格勒-纳塔(Z-N)催化剂，主要牌号有 GF-2A、MCM1、MCM126、MCM127(二醚类催化剂)，催化剂形态为球形，具有高活性和高选择性，能控制无规聚丙烯的生成，产品有很高的等规指数，活性在 25~55kgPP/gcat，使用该类催化剂能生产所有牌号的产品。Spheripol 工艺生产均聚物的反应条件为 70~80℃、3.4~4.4MPa；生产抗冲共聚物的反应条件为 70~80℃、1.1~1.4MPa。

Spheripol 工艺的产品范围很宽(熔体流动速率 MFR：0.1~2000g/10min)，能生产全范围的聚丙烯产品：聚丙烯均聚物、无规共聚物和三元共聚物、抗冲共聚物和多相抗冲共聚物。无规共聚物乙烯含量可达 4.5%，抗冲共聚物乙烯含量为 25%~40%，橡胶相可达 40%~60%。

3 中国石化 ST 环管聚丙烯工艺有什么特点？

中国石化成功开发了环管液相本体法 PP 工艺与工程技术。采用自主开发的 Z-N 催化剂，单体丙烯经配位聚合，生产均聚等规 PP 产品，丙烯与共聚单体经无规共聚或嵌段共聚生产抗冲 PP 产品，形成了$(7\sim10)\times10^4$t/a 第一代 PP 成套技术。

在此基础上，又开发出了20×10^4t/a 带气相釜的第二代环管 PP 成套工艺技术，能够生产双峰分布产品、高性能抗冲共聚物，与第一代技术相比有多处改进和创新，例如：

（1）改进了催化剂预聚合系统，减少了聚合物的细粉。

（2）开发出双环管高压聚合反应系统。

（3）开发了独特的氢气分离和循环系统，能够生产相对分子质量分布很宽的双峰 PP 产品和高熔融指数产品。

（4）开发设计了气相共聚反应系统，具有生产抗冲击性和刚性综合性能更好的新产品的能力，可生产高乙烯含量的共聚物。

2014 年，由中国石化北京化工研究院、武汉石化公司和石家庄炼化公司共同承担的中国石化“十条龙”攻关项目——“第三代环管 PP 成套技术开发”通过了中国石化组织的技术鉴定。该项目以中国石化自主开发的催化剂、非对称外给电子体技术和丙丁两元无规共聚技术为基础，研发出了第三代环管 PP 成套技术。该技术可用于生产均聚、乙丙无规共聚、丙丁无规共聚和抗冲击共聚 PP 等，特点如下：

（1）产品线丰富，能生产包括均聚物、无规共聚物、抗冲共聚物在内的聚丙烯产品，且能生产熔融指数（熔指）更高的均聚物和橡胶含量更高的高抗冲共聚物。

(2)反应产率高，反应器容积小，投资少。

(3)反应器结构简单，材质要求低，可用低温碳钢，管径小，即使压力较高，管壁也较薄。

(4)反应器容积小，反应物停留时间短，产品切换快，过渡料少。

(5)聚合物颗粒悬浮于丙烯液体中，聚合物和丙烯之间传热好，采用夹套撤出反应热，单位体积的传热面积大，传热系数大。

(6)反应器的单程转化率高。

4 Unipol 聚丙烯工艺有什么特点？

Unipol 聚丙烯工艺最大的优势就是整体流程相对简单，由流化床反应器、循环气压缩机和循环气冷却器形成流化床反应回路，通过产品出料系统将反应生成的粉料树脂转移到下游系统，具备很高的持续生产可靠性，具体体现为以下几方面：

(1) 反应器的整体结构简单。采用目前公认最具简捷性能的流化床聚合反应器，通过 2 台串联的反应器系统，就可对全范围的聚丙烯产品进行灵活的生产。

(2) 生产效率高。通过使用超冷凝态操作使反应器产生的热量快速移出，根本性提高了反应器的生产效率。

(3) 生产操作简单。通过控制各种原料、助剂的进料实现反应组分的平衡，通过调节冷却水温度实现反应器温度的平衡。

(4) 安全性高。在生产过程中，若出现任何的意外事故，只需切断所有反应进料，快速注入一氧化碳，对反应器进行泄压，就可以确保反应器的安全，把风险降至非常低的水平。

(5) 兼容性好。生产过程中需要使用不同的催化剂时，切换不同的催化剂都具备较好的兼容性，提高切换过程的平稳性和操作简便性。

5 JPP 公司的 Horizone™ 工艺有什么特点？

JPP Horizone™工艺的特点是采用水平反应器，可确保催化剂颗粒在反应器中的停留时间分布均匀，最大限度地发挥催化剂性能，并提供最佳的反应散热环境，从而实现设备的稳定运行，以及运行条件苛刻的高品质聚丙烯的制造。

Horizone™技术的反应散热采用液态丙烯的蒸发潜热，可精细控制反应器的每个部分，实现细微的温度控制，通过高效散热抑制热点发生和块状树脂生成。

这是一种原理简单的气相聚合工艺，反应器上部喷射催化剂，水平反应器分为两个阶段，每个阶段反应器中催化剂和 PP 粉末被一边混合一边进行聚合反应，上下反应器逐次进行反应撤热。

聚合反应散热是通过喷洒在粉末层上的液态丙烯的蒸发来实现的，粉末层的温度得到精确控制。

通过调整上下端反应器的聚合比例，可以生产以 IMPACT COPOLYMER 和 NEWCON 为中心的多种乙烯-丙烯组成的优质产品。

6 Lummus 公司的 Novolen 气相法聚丙烯工艺有什么特点？

Novolen 工艺是由 BASF 公司开发成功的，2000 年 9 月，Novolen 工艺被 ABB 公司和 Equistar 公司所组成的 Novolen Technology Holdings(简称 NTH)收购。

Novolen 气相工艺采用两台带双螺搅拌的立式反应器，该反应器使气相聚合中气固两相之间分布比较均匀，聚合反应热是靠液态丙烯汽化撤出。Novolen 工艺的均聚和共聚都采用气相聚合，该工艺的独特之处是可以用共聚合反应器生产均聚物(与第一个均聚反应器串联)，使均聚物的产量提高 30%。同样，无规共聚物也可以采用将反应器串联的方法进行生产。

Novolen 工艺采用 PTK-4 催化剂，该催化剂采用氧化硅载体，不需要预聚合，活性达 30kgPP/gcat 以上，能够生产所有牌号的产品。Novolen 工艺可以生产包括均聚物、无规共聚物、抗冲共聚物、超抗冲共聚物等在内的全部产品。工业化聚丙烯均聚物牌号的 MFR 范围是 0.2~100g/10min，无规共聚物产品中乙烯含量最高为 12%，生产的抗冲共聚物中乙烯含量可达 30%(橡胶含量 50%)。生产均聚物的反应条件为 80℃、2.8~3.8MPa，生产抗冲共聚物的反应条件为 60~70℃、1.0~2.5MPa。

7 Borealis 公司的 Borstar 聚丙烯工艺有什么特点？

Borstar 工艺是 Borealis(北欧化工)公司将其超临界聚乙烯技术拓展到聚丙烯生产而产生的超临界聚丙烯生产技术。其采用超临界丙烯为溶剂。该工艺采用 Borealis 公司的 BC1 系列催化剂和单中心催化剂。

Borstar 聚丙烯工艺采用一台浆液环管反应器后面串联一台气相法反应器的双反应器体系生产均聚物，生产抗冲共聚物时后面还要加上一台或两台气相反应器。传统的聚丙烯工艺在丙烯的临界点以下进行聚合反应，为防止轻组分(如氢气、乙烯)和惰性组分生成气泡，聚合温度控制在 70~80℃。

Borstar 聚丙烯工艺的环管反应器可在高温(85~95℃)或超过丙烯超临界点的条件下操作，聚合温度和压力都很高，能够防止气泡的形成。其主要特点为：

(1) 采用更高活性的 $MgCl_2$ 载体催化剂。

(2) 采用环管反应器和气相流化床反应器组合工艺路线，可以灵活地控制产品的分子量分布(MWD)、等规指数和共聚单体含量。

(3) 由于环管反应器在超临界条件下操作，可以加入的氢气浓度几乎没有限制，气相反应器也适宜高氢气浓度的操作。

(4) 能够生产分子量分布很窄的单峰产品，也能生产分子量分布宽的双峰产品。

(5) 由于聚合温度较高，生产的聚合物有更高的结晶度和等规指数，二甲苯可溶物含量很低，约为1%。

(6) 由于反应条件在临界点之上，只有很少的聚合物溶解于丙烯中，减少了无规共聚物含量高时出现的粘釜现象，共聚物中共聚单体的分布非常均匀，无规共聚物中的乙烯含量最高可以达到10%。

Borstar工艺可生产均聚物、无规和抗冲共聚物，聚丙烯产品的熔体流动指数为0.1~1200g/10min，并可生产分子量呈双峰分布的产品。使用一台气相反应器，最高可以生产25%橡胶相含量的抗冲共聚物(乙烯含量15%)；使用两台气相反应器，最高可以生产50%橡胶相含量的抗冲共聚物(乙烯含量30%)。Borstar产品适用于模塑、薄膜、纤维和管材。产品发展重点是高结晶聚丙烯(HCPP)、低雾度流延膜、高MFR熔喷纤维和高刚性的管材。

8 三井公司开发的液相本体 Hypol 聚丙烯工艺有什么特点？

Hypol工艺是Prime Polymer公司(日本三井化学和出光兴产的合资公司)的聚丙烯工艺技术，采用釜式液相本体-气相组合的工艺技术，使用TK-Ⅱ系列高效催化剂。

由于釜式聚合反应器的局限性，1997年该公司推出了Hypol Ⅱ工艺，用环管反应器替代了釜式反应器，资料显示，Hypol Ⅱ工艺与Spheripol工艺的主要区别在于气相反应器的设计，其他单元包括催化剂及预聚合都与Spheripol工艺基本相同。Hypol Ⅱ工艺采用第五代催化剂(RK-催化剂)，该催化剂的活性是第四代催化剂活性的2~3倍，具有高氢调敏感性，可生产更宽MFR范围的产品。

Hypol Ⅱ工艺采用2个环管反应器和一个带搅拌刮板的气相流化床反应器生产均聚物和抗冲共聚物，气相反应器是一个带搅拌刮板的气相流化床反应器。Hypol Ⅱ工艺环管反应器的反应条件为62~75℃、3.0~4.0MPa，生产抗冲共聚物的反应条件为70~80℃、1.7~2.0MPa。Hypol Ⅱ工艺可生产均聚物、无规共聚物、嵌段共聚物，产品的MFR范围为0.3~80g/10min。均聚物适合生产透明膜、单丝、条带和纤维，共聚物可生产家用电器、汽车及工业零部件产品以及低温高抗冲产品。

9 BP 公司的气相 Innovene 聚丙烯工艺有什么特点？

Innovene工艺即2001年以前的BP-Amoco工艺。

该工艺的主要特点是采用独特的接近活塞流的卧式搅拌床反应器，带内部挡板，并带有特殊设计的水平搅拌器，搅拌器叶片与搅拌轴呈45°角，能够对整个床层进行缓慢而规则的搅拌。反应床上有许多气相和液相进料点，催化剂、液体丙烯及气体从这些进料点加入。由于这种反应器设计的停留时间分布相当于3个理想的搅拌釜式反应器串联，因此牌号的切换很快、过渡料很少。该工艺采用丙烯闪蒸的方式撤热。反应器的主要特点为：

(1) 颗粒停留时间分布很窄，可以生产刚性和抗冲击性非常好的共聚物产品。

(2) 可以避免催化剂短路。

(3) 由于这种独特的反应器设计，该工艺的产品过渡时间短，产品切换容易，过渡产品少。

(4) 该工艺的另一特点是气锁系统：当物料从第一反应器输送到第二反应器时，气锁系统可避免两反应器互相窜流。尤其是生产共聚物时，两反应器的气相组成不同，如果发生窜流将严重影响产品质量，因此将两反应器隔离是关键。

(5) 该工艺可以通过停止催化剂注入而快速平稳地停车，在遇到特殊情况时，可通过释放反应器压力在3min内停车，并在重新加压及注入催化剂后再次开车。由于独特的设计，该工艺在各种工艺中能耗和操作压力最低，唯一缺点是产品中乙烯含量(或橡胶组分比例)不高，不能获得超高抗冲牌号的产品。

Innovene工艺采用的CD催化剂具有很好的形态控制、高活性和高选择性，能控制无规聚丙烯的生成，产品有很高的等规指数。该催化剂另一特点是不需要预聚合，活性25~55kgPP/gcat，使用该催化剂能生产所有牌号的产品。生产均聚物的反应条件为70~85℃、2.0~2.3MPa，生产抗冲共聚物的反应条件为65~80℃、2.0~2.3MPa。

10 住友化学公司的Sumitomo气相聚丙烯工艺有什么特点？

Sumitomo生产工艺由日本住友化学公司于1981年开发成功，1985年实现工业化生产。Sumitomo气相法生产PP工艺使用串联流化床反应器，分7个工段：聚合、粉料分离、单体循环、粉料储藏储存、造粒、粒料储存、包装。该工艺使用自主开发的高选择性催化剂DX-V，产品结晶度高，能够生产很宽范围的聚丙烯产品。该公司还开发了熔融指数高的特种品级共聚物产品，在串联气相法中也可生产三元聚合物。

11 聚丙烯的工艺技术路线按聚合类型不同可分为哪几种？按生产工艺的发展和年代划分，又可分为哪几种？

(1) 聚丙烯的工艺技术路线按聚合类型可分为溶液法、浆液法(也称溶剂法)、本体法、本体和气相组合法、气相法生产工艺。

(2) 按生产工艺的发展和年代划分，可分为：

① 第一代工艺，生产过程包括脱灰和脱无规物，工艺过程复杂，主要是 20 世纪 70 年代以前的生产工艺，采用第一代催化剂。

② 20 世纪 70 年代开发的第二代催化剂生产工艺取消了脱灰过程，称为第二代工艺。

③ 20 世纪 80 年代以后，随着高活性、高等规度(HY/HS)载体催化剂的开发成功和应用，生产工艺取消了脱灰和脱无规物，称为第三代工艺。

12 聚丙烯装置的原料丙烯来源主要有哪些？

(1) 以石脑油和炼厂产的气、液中间产品为原料的热裂解装置产丙烯。

(2) 以页岩气等轻烃(主要是丙烷)为原料的丙烷脱氢 PDH 产丙烯。

(3) 以煤气化合成气并经甲醇(也有直接进口甲醇)为原料的 MTO、MTP 装置产丙烯。

(4) 以煤气化合成气为原料直接转化生产的丙烯。

(5) 炼油催化裂化、焦化等装置副产轻烃经气分提纯的丙烯。

(6) 催化热裂解并经精制提纯的丙烯。

(7) 烯烃转化工艺生产的丙烯。

13 高质量的丙烯是生产优质聚丙烯的基础，目前原料丙烯中对聚合反应有害的常见杂质有哪些？杂质的主要影响以及去除这些杂质的方法有哪些？

(1) 常见杂质：水、CO、CO_2、甲醇、羰基硫、砷等。

(2) 杂质的主要影响：

① 杂质会影响催化活性，如 CO、乙炔等。

② 杂质会影响催化剂定向性能，如硫化氢会使等规度下降。

③ 不同形态的含硫杂质可能会使产品产生异味(臭味)。

(3) 去除杂质的方法：

① 通常采用分子筛吸附法脱除水。

② 丙烯脱氧主要采用化学反应法，使用镍系脱氧剂和锰系脱氧剂。脱氧剂使用前需要在 300℃左右使用氢气还原。

③ 丙烯脱硫主要采用化学反应法，使用氧化铝基催化剂先将 COS 水解成 H_2S，然后用氧化锌脱硫剂脱除 H_2S。

④ 丙烯使用铜系、锰系或铝系脱砷剂脱砷，铜系脱砷剂使用广泛，同时还可以脱硫。

⑤ 可使用汽提塔或精馏塔脱除 CO、CO_2 等轻组分。

14 原料气中杂质对齐格勒-纳塔(Ziegler-Natta，简称 Z-N)催化剂活性中心的影响有哪些？

按照杂质对催化剂活性中心的作用方式不同，影响可分为以下三种情况：

（1）杂质不与烷基铝化合物起反应，但选择性地与活性中心起作用，于是引起催化剂失活，例如 CO。

（2）杂质不与烷基铝化合物反应，但选择性地吸附在活性中心上，引起催化剂暂时失活，当解吸时，催化剂活性复原，例如炔烃。

（3）杂质不仅与活性中心反应，也与烷基铝化合物反应，当烷基铝化合物浓度过分增加时，杂质对聚合物反应活性的影响程度相应地变小，例如 CO_2、H_2O、H_2S 等。

15 聚丙烯催化剂有哪些类型？

（1）齐格勒-纳塔催化剂。

（2）茂金属催化剂。

（3）非茂单活性中心催化剂，也称后过渡金属催化剂。

16 国产聚丙烯催化剂供应商及型号主要有哪些？

（1）中国石化北京奥达催化剂公司生产的适用于环管工艺的 DQC401、DQC602、HR、HAR 等催化剂，以及适用于气相法工艺的 BCZ、NA、BCM、BCND、BSQ-1、BSQ-2 等催化剂。

（2）营口向阳催化剂有限责任公司：CS-Ⅰ、CS-Ⅱ。

（3）科莱恩化工：Polymax500(邻苯二甲酸酯)、Polymax600(非邻苯二甲酸酯内给电子体)。

（4）辽宁鼎际得石化股份有限公司：DJD-B、DJD-Z、DJD-Z 系列。

（5）任丘市利和科技发展有限公司：

① LP 催化剂：适用于本体-气相法组合(Hypol/SPG/ZHG)工艺。

② SPG 催化剂：适用于 Innovene、Chisso 工艺。

③ SUG 催化剂：适用 Unipol 工艺。

④ PG 催化剂：适用于 Novolen 工艺。

⑤ SP 催化剂：适用于 Spheripol/Spherizone 工艺。

⑥ LS 催化剂：适用于间歇本体均聚工艺。

⑦ S-copo 催化剂：适用于间歇本体共聚工艺。

⑧ Y 催化剂、LID 催化剂。

(6) 中国石油：PSP-01。

(7) 东邦钛有限公司和 JPP 专门开发的 JHC、JHL 或 JHN(以下通称 JPP 催化剂)。

(8) 格雷斯(Grace)公司：PTK、LYNX1000、YNX2000 等。

17 丙烯聚合原理是什么？

丙烯聚合的反应机理非常复杂，至今尚无完善的理论可以满意地解释所有实验事实，Natta 的双金属中心模型和 Cossee-Arlman 的单金属中心模型是最具有代表性的理论。

Natta 在总结一系列实验结果后首先提出烯烃是通过插入至金属—烷基键(M—R)而实现链增长的。首先，烯烃在金属碳键上配位，然后，发生重排和插入并进行链增长。双金属中心模型对于丙烯聚合反应机理的最大贡献在于划时代地提出了配位聚合的概念，但后来随着对烯烃配位聚合研究的不断深入，已有许多实验事实证明烯烃聚合链增长是在过渡金属—碳键(Ti—C)上进行的，这基本否定了双金属中心模型中所述的链增长是在 Al—C 键上进行的观点。

1964 年，Cossee 和 Arlman 提出了以过渡金属为中心的单金属中心模型，该模型的主要观点是丙烯单体在 Ti—C 键上进行链增长，活性中心存在一个氯空位，这一观点有大量实验事实为依据。Cossee-Arlman 单金属中心机理中，链增长的历程分为三步：活性中心形成、链增长、空位复原。

18 齐格勒-纳塔聚丙烯催化剂的主要组分包括哪些？

齐格勒-纳塔聚丙烯催化剂的主要组分包括四氯化钛、载体(通常为二氯化镁)、活化剂、第三组分(内酯)。

19 常用的聚丙烯给电子体有哪些型号？化学名称分别是什么？

C-DONOR：环己基甲基二甲氧基硅烷。

D-DONOR：二环戊基二甲氧基硅烷。

T-DONOR：四乙氧基硅烷。

P-DONOR：二异丙基二甲氧基硅烷。

B-DONOR：二异丁基二甲氧基硅烷。

20 聚丙烯的催化剂体系通常包括哪些？

聚丙烯的催化剂体系通常包括主催化剂、助催化剂 1(三乙基铝)、助催化剂 2(外给电子体)。

21 聚丙烯工艺使用的三氯化钛催化剂的结晶形态有哪几种？

聚丙烯工艺使用的三氯化钛催化剂有 α、β、δ、γ 四种晶体结构。

22 丙烯在三氯化钛、三乙基铝和给电子体存在下进行聚合反应包括哪些基本步骤？

丙烯在三氯化钛、三乙基铝和给电子体存在下进行聚合反应，包括链引发、链增长、链转移、链终止四个基本步骤。

23 已知均聚聚丙烯的分子量是 8 万~12 万，它的聚合度是多少？

聚合度=分子量/重复单元的分子量，则：

80000/42=1905，120000/42=2857，即该均聚聚丙烯的聚合度为 1905~2857。

24 最早开发环管反应器并基于此开发液相本体法环管聚丙烯工艺的是哪家公司？

最早开发环管反应器并基于此开发液相本体法环管聚丙烯工艺的是美国 Phillips Petroleum 公司。

25 茂金属催化剂(主催化剂)分为哪两类？

茂金属催化剂(主催化剂)分为两类：一类属茂基类，包括茂、茚、芴及其衍生物；另一类属单茂类或半茂类，最典型的为 Dow 化学公司开发的限制几何构型催化剂(CGC)。

26 均聚聚丙烯分子量、分子量分布、立构规整度对材料、韧性、刚性、耐化学性以及耐热性的影响有什么规律？

(1) 在同样立构规整度下，随着聚丙烯分子量的增加，均聚聚丙烯的韧性增加，结晶度下降，刚性、耐化学性及耐热性略有下降。

(2)随着分子量分布的加宽，由于大分子自成核的作用，材料的结晶度增加，相应的刚性、耐化学性及耐热性提高，韧性基本不变。

(3)随着立构规整度的增加，材料冲击性能下降，材料的结晶度增加，相应的刚性、耐化学性及耐热性提高。

27 催化剂体系中的内、外给电子体各起什么作用？对催化剂活性有什么影响？

(1) 内给电子体(Di)：吸附在承载四氯化钛以形成非等规立构规整基团的氯化镁表面，避免非等规立构规整基团的形成；参与形成高等规基团；避免在研磨过程中氯化镁颗粒的凝结，导致有效表面积的增加等。

内给电子体对 Z-N 催化剂性能的影响主要表现在改变 Z-N 催化剂的活性、立体定向性、氢调敏感性以及聚合物分子量分布及聚合物的一些其他性能。

（2）外给电子体（De）：阻止内给电子体被抽提，或取代内给电子体，形成等规度更高的基团；有选择地毒化非等规活性基团；将非等规基团转化为高等规基团；将等规基团转化为更高等规度的基团；增加等规基团的反应活性等。

外给电子体的主要作用是调节聚丙烯的等规度和催化剂对氢气的敏感性，对催化剂活性、聚丙烯的表观密度以及丙烯和乙烯的共聚性能等也有一定程度的影响。外给电子体对丙烯聚合的显著影响与外给电子体对催化剂活性中心的作用有关。

28 什么是茂金属催化剂？与传统催化剂相比有哪些特点？

茂金属催化剂是以ⅣB族过渡金属（钛Ti、锆Zr或铪Hf）与茂基离子（Cp）配合形成的化合物。它需要和甲基铝氧烷MAO一起构成催化剂体系；茂金属催化体系中真正的活性中心是带有亲电子性质的茂金属正离子。

特点：催化剂结构明确可控，可对聚合物分子链设计、剪裁、制备具有特定微观结构和组成的聚烯烃；作为均相催化剂，产品分子量分布窄；催化剂活性高，具有优异的共聚性能。

29 抗冲共聚物具有哪些区别于均聚物的物性指标？

（1）相对于均聚物来说，抗冲共聚物具有良好的抗冲击性。

（2）抗冲共聚物的抗冲击性能由橡胶链段提供，刚性由均聚物链段提供。

（3）抗冲共聚物需要的主要物理性能包括高抗冲、刚性高、耐热性好、表面外观好、可加工性好。

30 影响聚丙烯分子量分布的因素有哪些？

（1）催化剂的影响：

① 均相单活性中心催化剂所得产品分子量分布较窄，可控性高；多活性中心催化剂所得产品分子量分布相对较宽。

② 使用二醚类内给电子体的Z-N催化剂所得产品分子量分布较窄，使用邻苯二甲酸酯类内给电子体的Z-N催化剂所得产品分子量分布相对较宽，使用二醇酯类内给电子体的催化剂所得产品分子量分布在一定范围内可调。

③ 外给电子体的影响：使用氢调敏感性强的催化剂所制得的产品分子量分布相对较宽。

（2）分子量大小的影响：分子量大的聚丙烯，分子量分布相对较宽。

（3）聚合反应的影响：聚合反应温度高，聚丙烯分布相对窄，聚合反应加氢量大、分子量低的聚丙烯分布窄一些。

（4）过氧化物的影响：加入过氧化物降解使分子量大的聚丙烯更多降解，聚丙烯分布变窄。

(5) 共聚的影响：共聚使得聚丙烯分子量分布变窄。

31 在齐格勒-纳塔催化剂体系中内给电子体、外给电子体分别起什么作用？二者之间有何关系？中国石化北京化工研究院开发的非对称外给电子体(ASD)技术如何在环管工艺上实现对宽分子量分布均聚聚丙烯产品等规度分布控制？

(1) 内给电子体(Di)的作用：

① 提高氯化镁载体催化剂的立体选择性。

② 控制催化剂的载钛量和钛的分布。

③ 影响氯化镁载体微晶的结构和形态。

(2) 外给电子体(De)的作用：

① 选择性毒化无规活性中心。

② 可使部分无规活性中心转变为等规活性中心。

③ 增加等规活性中心的链增长速率常数。

(3) De 和 Di 的关系：

两者具有协同作用，搭配合适才能发挥出高活性和高定向能力的催化剂性能，选择原则是芳香单酯类 De 搭配芳香单酯类 Di，芳香双酯类 De 搭配单/多官能团硅烷 Di，二醚类 De 可不加或搭配双官能团的 Di。

(4) 非对称外给电子体(ASD)技术调节 De 在聚合过程不同阶段的加入量以及加入种类，实现调节和控制各聚合阶段催化剂体系性能的目标，得到不同分子结构的聚合物。通过在第一反应阶段以较少的分子量调节剂 H_2 和较少的 De 加入量得到大分子、低等规度的产品，在第二反应阶段以较多的分子量调节剂 H_2 和较高的 De 加入量得到小分子、高等规度的产品，从而实现宽分子量分布均聚 PP 的等规度分布控制，提高产品的加工、应用性能。

32 影响聚丙烯催化剂性能的因素有哪些？这些因素会产生怎样的影响？

(1) 反应温度。液相反应器随着反应温度的升高，聚合量呈指数上升趋势。但反应温度的升高不仅使反应聚合量增加，还使浆液的体积膨胀，反应速率增加，反应产物的等规指数上升，因此应保持对于各个牌号生产所设定的反应温度的控制；气相反应器内反应温度的上升，也会增加反应速率和聚合量。

(2) 单体分压。如果在气相反应器内存在很多不参加聚合反应的组分，如氮气和丙烷等惰性组分，则随着聚合量的减少，单体分压也会随之降低。气相反应如同液相聚合，其聚合量与单体分压并无直接关系，只是反应速率会受到影响。

(3) 停留时间。聚合量随催化剂在反应器内停留时间的增加而增加。改变反应器内的反应体积，就可很容易地改变催化剂在反应器内的停留时间。也就是说，通过改变液相反应器内浆液的液位或浓度和气相反应器内床层的粉料料位，就可很容易地改变聚合量。在液相反应器内，浆液浓度越高，催化剂在反应器内的停留时间就越长。

(4) 氢气浓度。在液相反应器内，较高的氢气浓度也会影响催化剂活性、反应的聚合量以及聚合反应速率。

(5) 共聚单体。单体种类不同，影响不同；单体加入量不同，影响不同。

33 为什么乙丙无规共聚聚丙烯低分子量部分乙烯含量高？

Z-N 催化剂多活性中心等性质，使得无规共聚 PP 的乙烯在分子间的分布不均匀，空间定向性较低的活性中心对乙烯的反应活性大于对丙烯，因此有较高的乙烯含量；这种活性中心对氢的反应活性高，相对来说这部分的分子量较低，因此，低分子量部分乙烯含量较高。

34 为什么液相本体法将均聚物与橡胶相的生产分两步进行？

将均聚物与橡胶相的生产分两步进行，使橡胶相接枝到均聚物上，气相反应中生产的橡胶相不存在被溶解出来的可能，不但对保证共聚物的质量有利，而且所生成的共聚物的表面不黏，降低了共聚物生产过程中的反应器等设备挂壁或者结块堵塞的可能。

35 内给电子体在氯化镁负载齐格勒–纳塔催化剂中的作用是什么？

(1) 稳定氯化镁初级晶体及控制四氯化钛在氯化镁晶面上的数量和分布。

(2) 内给电子体与氯化镁的配合减弱了载体本身的酸性，使 Ti 原子的电子云密度增加，从而提高了催化剂的活性。

(3) 加入内给电子体可以减缓氯化镁的结晶速率，从而形成由许多微小结晶组成的无序结构，改变催化剂的活性和定向能力。

36 影响高聚物强度的因素有哪些？简要分析原因。

(1) 分子量及分布：当分子量小时，分子间相互作用力较小，当外力大于分子间作用力时，分子间的滑动会使材料开裂破坏，此时强度随分子量的增加而增大；当分子量足够大时，强度随分子量的增高变化不大。

分子量分布的影响主要考虑低聚物部分，低聚物增多，强度就会降低；分子量足够大以后，分布的宽窄就没有很大影响。

(2) 低分子掺和物的影响：加入低分子掺和物对材料强度的影响，类似于分子量分布中的低聚物，一般会使材料强度降低，但对于脆性材料，少量低分子物质的加入可以提高强度。

(3) 交联的影响：交联能使高聚物材料的分子量增加，因此强度增加；过度交联，材料受力时容易产生局部应力集中，也会造成强度下降。

(4) 结晶的影响：结晶有利于提高拉伸强度、抗弯强度、弹性模量，但结晶度太高，材料性能变脆，反而使性能下降。

（5）取向的影响：取向产生各向异性，能提高取向方向的强度。

37 聚丙烯从原料单体到最终塑料制品大致经历哪三个过程？生产过程中通过哪三种方法调整产品牌号？

（1）过程：

① 聚丙烯的合成。② 聚丙烯塑料的增强改性。③ 成型加工。

（2）方法：

① 合成时加入丙烯或者不同单体而生产均聚、无规共聚和抗冲共聚等不同类型的聚丙烯。

② 通过控制聚合度生产不同熔体流动速率的聚丙烯。

③ 在混炼造粒时改变添加剂的配方而得到不同牌号的聚丙烯。

38 列举常用于内给电子体与外给电子体的化合物或化合物类型，并简述内、外给电子体的主要作用，以及常见的内、外给电子体的匹配规则。

（1）内给电子体：邻苯二甲酸二异丁酯、邻苯二甲酸二正丁酯、二醚类、琥珀酸酯类化合物。

（2）外给电子体：烷基硅氧烷，如二异丁基二甲氧基硅烷、二异丙基二甲氧基硅烷、四乙氧基硅烷、甲基环己基二甲氧基硅烷。

（3）内给电子体作用：

① 可以提高氯化镁载体催化剂的立构选择性。

② 对控制催化剂的载填量和钛的分布有重要影响。

③ 可以影响氯化镁载体微晶的结构和形态。

（4）外给电子体作用：

① 选择性毒化无规活性中心。

② 可以使无规活性中心转化为等规活性中心。

③ 可以增加等规活性中心的链增长速率常数。

（5）常见匹配规则：

① 芳香族单酯作为内给电子体时，通常使用芳香族单酯作为外给电子体。

② 芳香族双酯作为内给电子体时，通常使用单/多官能团对醚作为外给电子体。

③ 二醚作为内给电子体时，通常不使用或使用双官能团类型外给电子体。

第二章 聚丙烯生产技术基础

第一节 聚合物相关基础知识

1 什么是聚丙烯?

聚丙烯是丙烯加聚反应而成的聚合物,简称PP。PP系白色蜡状材料,外观透明而轻,密度为0.89~0.91g/cm³,易燃,熔点约165℃,在155℃左右软化,使用温度范围为-30~140℃。在80℃以下能耐酸、碱、盐液及多种有机溶剂的腐蚀,能在高温和氧化、强光作用下分解。聚丙烯广泛应用于服装、毛毯等纤维制品、医疗器械、汽车、自行车、零件、输送管道、化工容器等的生产制造,也用于食品、药品包装等领域。

2 聚丙烯有什么特性?

聚丙烯是一种无色、无臭、无毒、半透明固体物质。聚丙烯是一种性能优良的热塑性合成树脂,为无色半透明的热塑性轻质通用塑料,具有耐化学性、耐热性、电绝缘性、高强度机械性能和良好的高耐磨加工性能等,这使得聚丙烯自问世以来,便迅速在机械、汽车、电子电器、建筑、纺织、包装、农林渔业和食品工业等众多领域得到广泛的开发应用。近年来,我国包装、电子、汽车等行业的快速发展,极大地促进了我国工业的发展。因为其具有可塑性,聚丙烯材料正逐步替代木制产品,高强度韧性和高耐磨性能已逐步取代金属的机械功能。另外,聚丙烯具有良好的接枝和复合功能,在混凝土、纺织、包装和农林渔业方面具有巨大的应用空间。

3 聚丙烯有哪些品种?

聚丙烯可以有多种分类,按聚丙烯分子中甲基($—CH_3$)的空间位置不同分为等规、间规和无规三类;按聚合工艺不同,等规聚丙烯的聚合可以分为本体法、溶液法和气相法等几大类;按用途不同,可以分为扁丝(窄带)、纤维、薄膜、挤塑、吹塑、注塑等;按单体种类不同分为均聚聚丙烯、无规聚丙烯和抗冲共聚聚丙烯。

4 聚丙烯有哪些化学改性方法?

(1) 共聚改性:

共聚改性是采用茂金属等催化剂在丙烯单体合成阶段进行的改性。当单体聚合时，加入的烯烃类单体与之进行共聚，聚合得到无规共聚物、嵌段共聚物和交替共聚物等，均聚PP的机械性能、透明性和加工流动性都得以提升。茂金属催化剂形成的络合物是以不规则形状受到一定限制的过渡状态作为单一活性中心，达到精确控制相对分子质量及其分布、共聚单体含量、主链上的分布和高聚物晶型结构的目的。

(2) 接枝改性:

PP树脂分子呈非极性结晶型线型结构，表面活性低，无极性。存在表面印刷性不良、涂布粘接不良、与极性高聚物难以共混、与极性增强纤维或填料难以相容的缺点。接枝改性是向其大分子链上引入极性基团，实现改善PP的共混性、相容性和黏结性，克服难共混、难相容与难粘接的缺点。在引发剂作用下，熔融混炼时接枝单体进行接枝反应，引发剂在加热熔融受热时分解产生活性游离基，当活性游离基遇到不饱和羧酸单体时，促使不饱和羧酸单体不稳定键打开后与PP活性游离基反应形成接枝游离基，随后通过分子链转移反应而终止。PP常见的接枝改性方法有熔融法、溶液法、固相法、悬浮法等。接枝改性后的PP分子链中氢原子被取代而呈现较强极性，这些极性基团使得PP相容性增强，耐热性、机械性能大幅提升。

(3) 交联改性:

交联改性主要是把线型或者是枝状的聚合物通过交联的方法改性成为网状结构的聚合物。PP交联改性可以使其力学性能、耐热性以及形态稳定性得到改善，成型周期缩短。聚丙烯交联改性主要方法有化学交联改性、辐射交联改性，它们主要区别在于交联机理不同、活性源不同。化学交联改性是通过添加交联助剂来实现聚丙烯改性，辐射交联改性主要是通过强辐射或强光来实现，由于辐射交联改性对PP厚度有较高要求使得该法普及困难。目前硅烷接枝交联法由于其能够制备出性能优良的材料而发展迅速，该法生产的PP强度高、耐热性好、熔体强度高、化学稳定性强、耐腐蚀性能好。

5 聚丙烯有哪些物理改性方法?

物理改性是指在混合、混炼过程中向PP(聚丙烯)基体中添加有机或无机助剂等得到性能优异的PP复合材料，主要有填充改性、共混改性等方法。

(1) 填充改性:

在PP成型过程中，将硅酸盐、碳酸钙、二氧化硅、纤维素、玻璃纤维等填料填充于聚合物中，达到 PP 耐热性提高、成本降低、刚性提高、成型收缩率降低等目的，但 PP 冲击强度、伸长率也会随之降低。玻璃纤维作为一种性能优异的无机非金属晶须，价格低、绝缘性好、耐热性强、抗腐蚀性好、机械强度高，应用比较普遍，经玻璃纤维填充改性的 PP 性能得到明显的改善，但是玻璃纤维添加量达到 30%左右时，材料的机械性能才能有明显的提高；添加量过大时会导致部分玻璃纤维得不到充分浸渍，使聚合物基体与玻璃纤维界面的结合性能变差，导致复合材料的力学强度下降，并且随着玻璃纤维添加量的增加，复合材料的流动性能降低，导致 PP 成型加工困难。

（2）共混改性：

是将 PP 与聚乙烯、工程塑料、热塑性弹性体或橡胶等共混，提升 PP 性能的改性方法。共混改性在密炼机、开炼机、挤出机等加工设备中完成，工艺过程易调控，生产周期短、耗资少，可改进 PP 的着色性、加工性、抗静电性、耐冲击性等多种性能。聚合物共混可以综合各组分的突出性能，弥补各组分性能上的不足，共混物综合性能明显提升，但共混改性 PP 的耐低温性、耐老化性仍然不甚理想。共混改性时，剪切力可能导致一部分大分子链被切断形成自由基并形成接枝或嵌段共聚物，这些新的共聚物也可以有效地对 PP 起到增容作用。

PP 共混改性技术使得复合材料机械性能得到成倍的提升，极大地拓展了 PP 应用领域，提高了制品的性价比，推动了 PP 的工程化进程，也使得 PP 从通用塑料拓展应用于工程塑料领域，大大拓宽了它的应用范围。近年来，PP 共混改性技术的研究发展迅速，越来越多新型技术应用于 PP 改性，PP 综合性能提升明显，应用领域不断扩大，发展前景十分广阔。

（3）增强改性：

纤维状材料加入塑料中，可以显著提高塑料材料的强度，故称之为增强改性。大径厚比的材料，可以显著提高塑料材料的弯曲模量(刚性)，也可以称之为增强改性。

PP 的增强改性中应用的增强材料主要是玻璃纤维及其制品，此外还有碳纤维、有机纤维、硼纤维、晶须等。玻璃纤维增强 PP 中用得较多的玻璃纤维为无碱玻璃纤维和中碱玻璃纤维，其中无碱玻璃纤维的用量最大。玻纤的直径控制在 6~15μm 范围内，玻纤的长度必须保证在 0.25~0.76mm，这样既能够保证制品性能，又能使玻纤分散良好。一般认为制品中的玻纤长度大于 0.2mm 时才有改性效果。玻纤含量在 10%~30%为佳，超过 40%时性能下降。另外，添加有机硅烷类偶联剂能使玻纤和 PP 两者形成良好界面，提高复合体系的弯曲模量、硬度、负荷变形温度，特别是尺寸稳定性。

由于玻纤增强 PP 可以提高机械强度和耐热性，且玻纤增强 PP 的耐水蒸气性、耐化学腐蚀性和耐蠕变性都很好，在许多场合可以作为工程塑料使用，如风扇叶片、暖风机格栅、叶轮泵、灯罩、电炉和加热器外壳等。

6 什么是聚丙烯透明改性？

PP 的结晶是造成不透明的主要原因，利用急冷冻结 PP 的结晶趋向，可以得到透明的薄膜。因热传导需要时间，芯层不可能迅速被冷却冻结，因此对于有一定厚度的制品不能用急冷的办法提高透明度，必须从 PP 的结晶规律和影响因素入手。

经一定技术手段得到的改性 PP，可具有优良的透明性和表面光泽度，甚至可以和典型的透明塑料(如 PET、PVC、PS 等)相媲美。透明 PP 更为优越的是热变形温度高，一般可高于 110℃，有的甚至可达 135℃，而上述三种透明塑料的热变形温度都低于 90℃。由于透明 PP 的性能优势明显，近年来在全球得以迅速发展，应用领域从家庭日用品到医疗器械和食品包装，从包装用品到耐热器皿(微波炉加热用)，都在大量使用。

PP 的透明性提高可通过以下三种途径：

(1) 采用茂金属催化剂聚合出具有透明性的 PP。

(2) 通过无规共聚得到透明性 PP。

(3) 在普通聚丙烯中加入透明改性剂(主要是成核剂)提高其透明性。

7 玻纤增强聚丙烯有什么性能特点？

与增强前聚丙烯相比，其性能特点有：

(1) 力学强度、刚性和硬度均有大幅度提高。

(2) 热变形温度最高可达 130℃。

(3) 拉伸强度和弯曲强度提高接近 2 倍，冲击强度提高 2 倍多。

(4) 制品有较好的抗蠕变能力，制品成型后收缩率小，尺寸稳定性好，低温冲击强度较高。

(5) 吸水性小，有优良的电绝缘性能。

(6) 减摩性和耐磨性好，有吸振消声作用。

(7) 与其他种类热塑性塑料相比，玻纤增强聚丙烯的相对密度较小，熔体流动性好，价格便宜。

8 乙丙无规共聚物的性能特点是什么？

乙丙无规共聚物较均聚物、抗冲共聚物有更高的透明性，且较均聚物有更好的冲击性能，但一般冲击性能较抗冲共聚物要差，相应的乙丙无规共聚物的刚性较均聚物要差，但较抗冲共聚物要好(在不添加增刚成核剂的情况下)，且随着乙烯含量的提高，产品的透明度明显提高，冲击强度明显提高，模量下降，加工时熔融温度范围宽，成型加工性较好。

9 乙丙无规共聚生成的 PPR 管材与均聚管材相比有什么性能优势？

乙丙无规共聚生成的 PPR 管材较均聚聚丙烯管材低温脆性明显改善，可在较高温度下（如 60℃）使用，有较好的长期耐水压能力。这种 PPR 管材多用在建筑工程中的冷热水管，安装方便快捷，采用热熔承插连接，性能可靠，维修方便。

10 抗冲共聚聚丙烯有什么性能特点？

抗冲共聚聚丙烯性能特点和等规聚丙烯相似，主要取决于乙烯含量、共聚物嵌段结构、分子量及其分布的变化。一般具有较高的刚性和较好的低温韧性。与乙丙无规共聚物相比，冲击强度提高较大，脆化温度降低很多，一般乙烯含量在 5%~20% 范围内，但近年也有乙烯含量高达 30% 的抗冲共聚物产品出现。与高密度聚乙烯相比，耐热性高，抗应力开裂性好，表面硬度高，收缩率低，耐蠕变性好。

11 什么是聚丙烯液相本体聚合法？

聚丙烯液相本体聚合法是指液相丙烯单体在不加溶剂以及其他分散剂的条件下，由催化剂引发自身聚合反应，通过加入氢气作为分子量调节剂，有时也会加入乙烯或丁烯作为共聚单体。

12 什么是均聚合？

由一种单体进行的聚合反应，称作均聚合，所形成的聚合物称为均聚物。均聚物只由同一种单体单元组成。

13 什么是共聚合？

两种或多种单体共同参与的聚合反应，称为共聚合。所形成的聚合物含有两种或多种单体单元，这类聚合物称为共聚物。共聚物有四种类型：无规共聚物、交替共聚物、嵌段共聚物和接枝共聚物。

14 什么是聚丙烯的等规度？

等规聚丙烯在整个聚合物中的含量称为等规度，用百分比表示。一般用沸腾的正庚烷萃取法或红外线光谱、核磁共振法测定，因为等规聚丙烯不溶于沸腾的正庚烷，而其他结构聚丙烯可以溶于沸腾的正庚烷；另外还可以用二甲苯不溶物来表示等规聚丙烯在聚丙烯中的含量，它和正庚烷萃取法测量的等规度在数值上有微小的差异。等规度是衡量聚丙烯分子结构规整性的指标。等规度对聚丙烯的制品性能和加工性能都有影响，一般等规度低于 90%时，PP 产品就会出现发黏现象。当等规度低于 85%时，产品发黏厉害，会在反应器内壁、出料口、闪蒸罐及管线内壁等处造成严重的粘壁现象，影响操作和正常生产。

15 如何控制聚丙烯产品等规度?

影响丙烯定向聚合(狭义讲可指等规聚合)的因素很多，主要有催化剂及其体系组成、原料丙烯和化学品中的杂质含量、丙烯聚合时的温度和压力等，下面分别讨论。

(1) 催化剂的影响:

聚丙烯产品的等规度首先取决于聚丙烯生产时所采用的催化剂，不同的催化剂对丙烯的定向聚合有很大的影响。催化剂的定向能力越高，聚丙烯等规度也越高，对液相本体法来说，产品等规度也越高。聚丙烯工业化生产初期，由于所采用的催化剂的定向能力很差，产品等规度很低，甚至无法加工和应用。当时液相本体法聚丙烯不得不采用脱无规物工序以提高产品等规度。随着催化剂的更新换代，聚丙烯产品等规度也不断提高。目前，国内液相本体法聚丙烯装置普遍采用高效载体催化剂，产品等规度可达到 97%~99%，但是由于生产中其他因素如助催化剂(活化剂、第三组分等)、原料丙烯的质量、工艺条件的影响，也会使催化剂的定向能力得不到发挥，产品等规度仍然较低。为了提高产品等规度，首先应该选择定向能力高的催化剂，在催化剂投入生产使用前，可用小型试验评价装置对催化剂的定向能力进行鉴定和评价，以保证工业产品的等规度，其他条件如助催化剂、原材料、工艺条件等也要加以配合，满足主催化剂的要求。

(2) 活化剂三乙基铝的影响:

在连续法聚丙烯生产中，一般采用三乙基铝 $Al(C_2H_5)_3$ 作为活化剂，简称 TEAL。它能与主催化剂形成活性中心，并能消除原料及系统中的有害杂质，保护主催化剂，因此活化剂 TEAL 的加入量首先应该满足与主催化剂形成活性中心的基本要求，同时要满足消除原料及系统中杂质的要求。当原料丙烯中的有害杂质含量较低时，活化剂可少加，反之可多加。总之活化剂加入量要适当，适量的活化剂加入对产品等规度有明显的影响，对催化剂的收率也有一定的影响。一般在连续法聚丙烯生产中 $TEAL/C_3^= = 0.20g/kg$。

(3) 第三组分的影响:

在催化剂体系中添加第三组分时，可提高聚丙烯的等规度，此第三组分是一种给电子体，简称 DONOR，如二苯基—二甲氧基硅烷、苯甲酸甲酯、环己基—甲基—二甲氧基硅烷等。给电子体也是一种助催化剂，它的主要作用是提高催化剂体系的定向能力。因为给电子体可使催化剂活性中心中的无规活性中心中毒，从而提高主催化剂的定向能力和产品等规度，但加入量要适当，否则反而会影响催化剂的定向能力。因此在催化剂体系中加入给电子体，会使催化剂的活性中心总数减少。由于在催化剂制备时加入了专门用以提高活性的第三组分，因而使主催化剂的活性得到补偿。如果给电子体 DONOR 加入量超过了主催化剂中用于提高活性的第三组分的补偿量，则会出现与加入 DONOR 的目的相反的效果。给电子体的加入量用与 TEAL 的比率 T(TEAL)/D(DONOR)来表示，其中 TEAL 值相对固定，给电子体加入量随着 T/D 比值的变化而变化。

（4）丙烯原料中杂质的影响：

聚合用单体丙烯中杂质的存在，会影响催化剂的活性，影响催化剂定向能力，从而影响产品的等规度，有的杂质还会影响产品的熔融指数。对产品质量有影响的杂质较多，主要有 CO、H_2S、COS、H_2O、二烯烃、炔烃、乙烯、各种烷烃、甲醇等。这些物质有的影响催化剂的活性，影响定向能力；有的会参与聚合，到链中间去，使产品结构发生变化，有的长期积累，会降低丙烯分压，从而降低聚合速率和丙烯的转化率。因此一定要严格把好原料质量关，尽量减少这些杂质的含量。另外，有些化学品中微量的杂质，如 DONOR 中的 H_2O、甲醇等也会降低催化剂的活性。

（5）工艺条件的影响：

反应温度的影响：反应温度对丙烯聚合有很大影响，一般升高温度，可以加快反应速率，但到达一定反应温度后，温度再升高反应速率反而下降，所得聚丙烯等规度会下降，分子量也随温度升高而下降。考虑到聚合速率和等规度的关系，一般连续法聚丙烯生产的聚合温度控制在 70℃左右。

反应压力的影响：由于丙烯在环管反应器中以液态形式存在，所以反应压力对聚合反应影响不大，但由于聚合温度在 70℃时的丙烯蒸气压为 3.26MPa，因此为了保证液相本体聚合反应的进行，环管压力应控制在 3.4MPa 以上。

16 什么是熔融指数(简称 MI)？

熔融指数，又称熔体流动速率(简称 MFR)，表示热塑性树脂熔融时流动性的尺度。熔融指数越大，则流动性越好。在 230℃ 和 2160 克砝码作用下，以 10min 从内径为 2.095mm 的小孔中流出的克数来表示(g/10min)。一般数值越大，熔融黏度小，则产品的分子量越低，流动性和加工性良好，反之亦然。熔融指数的测定用标准的熔融指数仪(一种毛细管黏度计)进行。在聚丙烯均聚产品中，各种牌号主要是以其 MI 的不同加以区别的，用途不同，产品牌号也不同，相应地要求不同规格的 MI。同一牌号聚丙烯有一定的 MI 范围。不同的 MI 要求有不同的加工温度。如果 MI 相差很大的几批产品混在一起加工，则会在加工过程中产生“鱼眼”，即高 MI 的树脂已经熔融，而低 MI 的树脂没有熔融，在制品中产生白点，这会使制品的质量受到很大的影响，尤其是在抽丝纺制丙纶纤维时，“鱼眼”的存在对成丝性能和丙纶纤维的质量影响更大。因此，要求PP树脂的MI稳定、可控，以保证产品良好的加工性能和制品质量。

17 如何控制聚丙烯产品的熔融指数？

在聚丙烯生产中，采用加氢的方法来调节聚合物的分子量以控制产品的熔融指数(MI)，这一控制过程又称“氢调”。丙烯聚合时，如不加氢即不进行氢调，会使聚合物分子链的活性中心不发生转移而导致分子链增长到很长，聚合物的分子量很大，可达100万以上，这种聚丙烯的熔融指数极小，以致用普通方法难以检测。随着聚合反应时加氢量的增加或氢调效果的改善，聚合物分子量减小，产品熔融指数增大。

聚合物的熔融指数随反应加氢量的增大而增大，是聚丙烯生产各种工艺所遵循的共同规律，产品熔融指数与加氢量之间有着一定的规律。但是不同的工艺，氢调效果却不同。连续法生产聚丙烯时采用连续加氢方式，氢调比较稳定，效果好，因而产品的熔融指数易于控制。加氢量的多少，根据产品牌号而定。

另外，氢调速度还与聚合温度有关。聚合温度越高，加氢反应速度越快。因此，随着聚合温度的提高，产品熔融指数也增大，但是由于聚合温度受丙烯临界温度和设备允许操作压力的限制，加上提高反应温度对其他质量指标也有影响(如等规度会有所下降)，所以一般不采用提高聚合温度的方法来改善氢调效果和提高产品的熔融指数。

18 如何控制聚丙烯产品的灰分？

在正常情况下，产品的灰分主要来自生产聚丙烯粉料时所含的催化剂、活化剂和给电子体等物质，分别以Al_2O_3、SiO_2、MgO、TiO_2存在于粉料中。此外，还有造粒时所加入的抗氧剂、辅助抗氧剂、紫外线吸收剂、卤素吸收剂等添加剂，也是灰分的来源。装置刚开车时，也会因系统不干净而混入少量的机械杂质，因此要控制好灰分就必须抓好各个环节：

(1) 采用高活性催化剂。催化剂的活性越高，实际得率也越高，这样产品中的催化剂残余量也就越少。

(2) 提高原料质量。如果原料丙烯中的有害杂质高，即使采用高活性催化剂也达不到高的得率。另外为了消除原料中有害杂质对催化剂的破坏作用，必须多投活化剂，而活化剂会与参与消除杂质的三乙基铝进行反应，生产过程中必须补充三乙基铝，从而使灰分含量增加。可见原料中的杂质多，会使产品灰分含量增加。

(3) 加强原料丙烯的预精制及保安精制过程，提高原料丙烯的质量是控制灰分的一个重要手段。对炼厂丙烯来说，重点要加强脱一氧化碳、脱硫（COS、H_2S等）、脱水（H_2O）、砷化氢（AsH_3）等，使它们降到尽可能低的程度。

19 如何控制聚丙烯的表观密度？

聚丙烯粉料产品的表观密度与颗粒形态、颗粒大小和表面性质有关。颗粒形态规整呈圆球形，则表观密度大；颗粒大小分布较宽，则表观密度大。聚丙烯颗粒的形态和大小主要取决于催化剂的性能。当催化剂的颗粒形态好，呈球形，大小均匀时，所生产出来的聚丙烯粉料颗粒形态也好，亦呈球形，大小均匀。催化剂的颗粒大时，聚丙烯产品颗粒也大。催化剂对产品颗粒形态和大小起着决定作用。因此，为了改善聚丙烯粉料的颗粒形态，提高聚丙烯的表观密度，应选择颗粒形态好的催化剂。

聚丙烯颗粒的表面性质主要是指颗粒表面是否发黏，表面发黏的聚丙烯，表观密度小，在容器的出料口处易产生“架桥”现象。当颗粒发黏严重时，其流动性很差，甚至无法测量表观密度。聚丙烯粉料发黏主要是等规度低造成的。应从提高产品等规度入手，克服颗粒发黏现象，以提高产品的表观密度。连续法聚丙烯粉料产品的表观密度一般在0.40~0.5g/mL。

20 如何控制聚丙烯产品的拉伸及冲击力学性能？

聚丙烯树脂的拉伸及冲击力学性能如拉伸屈服强度、冲击强度、断裂伸长率等既是聚丙烯树脂的固有特性，又与生产方法和操作控制有一定的关系。

聚丙烯的拉伸力学性能及冲击力学性能与聚丙烯产品等规度及熔融指数有一定的关系。

产品等规度高，拉伸屈服强度也高，这是因为等规度高的产品其结晶度也高。同一等规度的产品熔融指数高，其拉伸屈服强度也高。这是因为熔融指数增大时，黏均分子量减小，容易结晶，因而拉伸力学强度也高。

冲击强度与拉伸屈服强度相反，产品等规度增加时，冲击强度反而下降，而等规度下降时，冲击强度增高，这是因为无规聚丙烯对冲击性能有改进作用。为了改善聚丙烯的抗冲击性能，可以有意地适当降低等规度或添加无规物。熔融指数对冲击强度的影响与等规度对冲击强度的影响相似。当熔融指数增大时，冲击强度下降。

聚丙烯树脂的断裂伸长率也受等规度和熔融指数的影响。等规度低，断裂伸长率大；熔融指数低，断裂伸长率也大。这是因为等规度低、熔融指数低都会使聚丙烯的结晶度降低。聚丙烯树脂的拉伸屈服强度、冲击强度、断裂伸长率与产品等规度、熔融指数的关系如表2-1所示。

表 2-1 聚丙烯力学性能与等规度、熔融指数的关系

项目	等规度↑	等规度↓	熔融指数↑	熔融指数↓
拉伸屈服强度	↑	↓	↑	↓
冲击强度	↓	↑	↓	↑
断裂伸长率	↓	↑	↓	↑

由于拉伸力学性能、冲击强度、等规度、熔融指数都是聚丙烯的重要质量指标，因此不能为了提高某一质量指标而随意对其他指标进行调节，只能根据使用的特殊需要进行综合考虑。

21 什么是催化剂？催化剂的活性是什么？

催化剂是一种能够改变化学反应速度而本身不发生任何变化的物质。催化剂的活性是指单位质量(体积)的催化剂在一定的条件下，单位时间得到的产品产量。

22 工业生产中常用的固体催化剂按其组分功能分，由哪些组分构成？

(1) 活性组分：又称主体，指多组分催化剂中必须具备的组分。

(2) 助催化剂：这类物质单独存在时并没有所需要的催化活性，然而它与活性组分共存时却可提高活性组分的活性。

(3) 载体：这类物质的功能是提高活性组分的分散度，使之具有较大的比表面积。载体对活性组分起支承作用，使催化剂具有适宜的形状和粒度，以符合工业反应器的操作要求。

23 对于催化剂应要求具备哪几种稳定性？

(1) 化学稳定性：保持稳定的化学组成和化合状态。

(2) 热稳定性：能在反应条件下，不因受热而破坏其物理-化学状态，同时，在一定的温度变化范围内能保持良好的稳定性。

(3) 机械稳定性：具有足够的机械强度，保证反应床处于适宜的流体力学条件。

(4) 对于毒物有足够的抵抗力。

24 催化剂的比表面积的定义是什么？

催化剂的比表面积，指单位质量催化剂的内外表面积，以 m^2/g 表示。一般来说，催化剂的活性随着比表面的增加而增加。但增加比表面的同时，又会降低孔径。

25 通常我们所说的塑料的物理性能指的是哪些方面?

(1) 基本的物理量：密度、熔点、导热性、透过性。

(2) 力学性能：拉伸、弯曲、冲击。

(3) 电学性能：电气强度、电阻率、介电常数。

(4) 燃烧性能：氧指数、点着温度、烟密度。

(5) 热性能：马丁耐热、负荷变形温度、维卡软化温度。

(6) 表面性能：硬度、摩擦、磨耗、光洁度。

(7) 光学性能：透光率、雾度、色度。

(8) 其他特有的加工性能、老化性能等。

26 塑料测试有哪些特点?

(1) 应变率高、塑性区大。塑料在常温下一般具有较高的弹性应变率，此值大大高于金属、木材和陶瓷等材料。塑料是一种黏弹材料，有很宽的塑性区，有不少性能检验必须注意到它的存在，而不能像弹性区一样去处理。

(2) 温度效应明显。由于塑料的链段结构和活动对温度的依赖性极明显，往往在温度改变十几度或几十度时，其性能会出现巨大的变化。

(3) 时间效应明显。由于塑料的黏弹性行为，所以其受力后的蠕变现象和应力松弛现象都较严重，这是由于分子链在外力作用下渐渐发生了构象和位移的变化造成的。另外，在日光、汽雾作用下，处在不受力状态中的塑料均会发生不同程度的老化现象，致使很多性能发生变化。

(4) 形变速度影响明显。在静拉伸下表现出较好弹性的材料，在高速拉伸时会明显表现出脆性，即拉伸强度增大，断裂伸长率减少，且断裂面也明显地从柔性呈现为脆性破坏。这也是由高分子材料内分子链的结构和外力作用下滑动机理决定的。这种形变速度的影响远远大于金属材料。

(5) 测定数据易显分散。由于塑料材料内部的分子量分布十分分散，链段结构各异，因此，对于制备试样的条件、规定试样的尺寸的大小、一组试样的数量和结果数据的取舍等都必须有明确规定，否则无法相比。即使这样，一组力学冲击性能的试样，其单个值之间的差异也可以达到 100%，出现这种情况除人为的偶然误差之外，也是它们内部差异的反映。

27 塑料和树脂有什么区别?

塑料与树脂的区别在于，前者指加工成型后的合成材料或制品，后者是指未加工的原始聚合物。塑料和树脂两个术语常常通用。在工业装置上聚烯烃产品一般以树脂来称呼，而不用塑料来称呼。

28 聚丙烯按结构不同可以分为哪几类？各有什么特点？

聚丙烯(PP)是密度最小的热塑性树脂，可将其分为均聚聚丙烯(PP-H)和共聚聚丙烯，其中共聚聚丙烯又分为嵌段(耐冲击)共聚聚丙烯(PP-B)和无规(随意)共聚聚丙烯(PP-R)。

(1) PP-H：

由单一的丙烯单体聚合而成，是常见塑料中密度最小的一种，其分子链规整度很高，因此材料的结晶度高、冲击性能较差。

① 优点：强度较好，耐腐蚀性较好。

② 缺点：抗冲击性能较差(较脆)，韧性差，尺寸稳定性差，易老化，长期耐热稳定性能差，对氧气及二氧化碳等气体的阻隔性较差。

③ 用途：可用于打包带、吹瓶、刷子、绳索、编织袋、玩具、文件夹、电器用品、家庭用品、微波炉餐盒、收纳盒、包装纸膜。

④ 辨别方式：火一烧拉开丝是扁形，拉得不长。

(2) PP-B：

由丙烯和部分乙烯共聚得到，乙烯含量一般为7%~15%，但由于PP-B中两个乙烯单体及三个单体连接在一起的概率非常高，因此说明由于乙烯单体仅存在嵌段相中，并未将PP-H的规整度降低，因而达不到改善PP-H熔点、长期耐静水压、长期耐热及管材加工成型等方面的性能的目的。

① 优点：抗冲击性能较佳。

② 缺点：低透明度、低光泽度，抗吸湿性、抗酸碱腐蚀性、抗溶解性以及高温下抗氧化性较差。

③ 用途：用于保险杠、婴儿车、运动器材、行李箱、油漆桶、电池盒、薄壁产品。

④ 辨别方式：点燃后不发黑，能拉出很长的圆丝。

(3) PP-R：

由丙烯单体和少量的乙烯(1%~4%)单体在加热、加压和催化剂作用下共聚得到，乙烯单体无规则、随机地分布到丙烯的长链中。乙烯的无规加入降低了聚合物的结晶度和熔点，改善了材料的冲击、长期耐静水压、长期耐热氧老化及管材加工成型等方面的性能。PP-R分子链结构、乙烯单体含量等指标对材料的长期热稳定性、力学性能及加工性能都有着直接的影响。乙烯单体在丙烯分子链中的分布越无规，聚丙烯性能的改变越显著。

① 优点：综合性能好，尺寸稳定性好、低温韧性极佳(挠曲性好)，透明性好，光泽度好。

② 缺点：PP-R与PP-H和PP-B相比，产品强度相对较低、刚性较低、耐高温性能较低。

③ 用途：用于管材、收缩膜、点滴瓶、高透明容器、透明家庭用品、一次性针筒、包装纸膜。

④ 辨别方式：点燃后不发黑，能拉出很长的圆丝。

29 均聚聚丙烯(PP-H)、嵌段共聚聚丙烯(PP-B)、无规共聚聚丙烯(PP-R)三种类型聚丙烯在力学性能上有哪些不同？

(1) 拉伸屈服强度：均聚聚丙烯>嵌段共聚聚丙烯>无规共聚聚丙烯。

(2) 刚性：均聚聚丙烯>嵌段共聚聚丙烯>无规共聚聚丙烯。

(3) 冲击强度：嵌段共聚聚丙烯>无规共聚聚丙烯>均聚聚丙烯。

(4) 透明性：无规共聚聚丙烯>均聚聚丙烯>嵌段共聚聚丙烯。

(5) 低温韧性：嵌段共聚聚丙烯>无规共聚聚丙烯>均聚聚丙烯。

30 聚合物的分子量表示方法有哪些？

聚合物的分子量表示方法主要有以下四种：

(1) 数均分子量：按分子数统计平均，以 M_n 表示。

(2) 重均分子量：按分子重量统计平均，以 M_w 表示。

(3) Z 均分子量：按 Z 量统计平均，以 M_Z 表示。

(4) 黏均分子量：黏度法测得的平均分子量，以 M_η 表示。

若高聚物试样总质量为 m，总物质的量为 n；第 i 种分子的分子量为 M_i，物质的量为 n_i，质量为 m_i，在整个试样中的摩尔分数为 x_i，质量分数为 w_i，则：

$$\overline{M}_n = \frac{\sum_{i=1}^{n} n_i M_i}{\sum_{i=1}^{n} n_i} = \sum_{i=1}^{n} N_i M_i$$

$$\overline{M}_w = \frac{\sum_{i=1}^{n} w_i M_i}{\sum_{i=1}^{n} w_i} = \frac{\sum_{i=1}^{n} n_i M_i^2}{\sum_{i=1}^{n} n_i M_i} \sum_{i=1}^{n} W_i M_i$$

$$\overline{M}_Z = \frac{\sum_{i=1}^{n} Z_i M_i}{\sum_{i=1}^{n} Z_i} = \frac{\sum_{i=1}^{n} n_i M_i^3}{\sum_{i=1}^{n} n_i M_i^2} \sum_{i=1}^{n} Z_i M_i$$

$$\overline{M}_\eta = \left[\sum_{i=1}^{n} W_i M_i^\alpha \right]^{1/\alpha}$$

31 聚合物的分子量分布的表示方法是什么？

通常聚合物的分子量分布用多分散系数 d 表示：

$$d=\frac{\overline{M}_w}{\overline{M}_n}$$

d 越大，说明分子量越分散，分子量分布越宽。

32 聚合物分子量对性能有哪些影响?

一般来说，随着分子量增加，熔体黏度增大，冲击强度增加，弯曲弹性模量降低。

33 什么是抗冲击强度?

抗冲击强度是直接反映、评价或判断一种材料(或者产品)抵抗冲击的能力(脆性、韧性程度)的指标，业界比较流行用三种方法测定：简支梁冲击(也称 Charpy 冲击)、悬臂梁冲击(也称 Izod 冲击)和落球(或者落锤)冲击。前两种方法(简支梁和悬臂梁)主要用来判断材质本身在冲击性能方面的好差，这两者没有实质的联系，区别在于悬臂梁的冲击程度厉害一点，用简支梁冲不断的材料一般会选用悬臂梁冲击；落球(或落锤)冲击反映的是产品本身的抗冲性能(一个产品的抗冲能力由材质、厚度、结构等多种因素决定)。

34 简支梁缺口冲击强度测试方法是什么?

将试样放在冲击机上的规定位置，然后使摆锤自由落下，打击简支梁试样的中央，使试样受到冲击弯曲力而断裂，试样断裂时单位面积或单位宽度所消耗的冲击功即为冲击强度。

35 什么是结晶度?

结晶度用来表示聚合物中结晶区域所占的比例，聚合物结晶度变化的范围很宽，一般为 30%~85%。同一种材料，结晶度越高，则熔点越高。结晶是分子链的一种有序排列，而熔点是将分子的组装结构全部破坏掉，形成分子链形式。一般结晶度越高，分子链排列越规则，就需要更高的温度来破坏，因此熔点也越高。

36 什么是应力开裂?

材料受到各种低于短时机械强度的应力引起的塑料内部或外部的开裂，称为应力开裂。这类开裂常常受塑料所处环境的影响而加速发展。存在于外部或内部的应力或两种应力的共同作用可以引起开裂。由细小裂纹构成的网络状结构的开裂又称龟裂。

37 什么是耐环境应力开裂(ESCR)?

耐环境应力开裂是指材料在一定环境因素(如温度、湿度、气氛、液体介质)和应力作用下保持不开裂的能力。常指受多轴应力作用并接触介质的聚合物试样或制件抵抗表面出现脆性开裂的能力。

38 什么是维卡软化点?

工程塑料、通用塑料等试样于液体传热介质中，在一定的载荷、一定的等速升温条件下，被 $1mm^2$的压针压入 1mm 深度时的温度。

39 什么叫树脂老化?

绝大多数聚合物材料处在大气环境中，浸在水中或埋在地下使用，在热、氧、水、化学介质、光、微生物的综合作用下，聚合物的化学组成和结构会发生一系列变化，物理性能也会相应变坏，如发硬、发黏、变色、失去强度等，这些变化和现象统称为老化。

40 什么是透光率?

透光率表示材料透过光线的程度，用透过材料的光通量与入射到材料表面上的光通量之百分率表示。

41 什么是光泽度?

光泽度是指物体受特定角度的入射光照射时表面反射光的能力，用试样在正反射方向相对于标准表面反射光量的百分率表示。常用的测量角度为 20°、60°和 85°。

42 什么是雾度?

雾度又称为浊度，表示透明或半透明材料不清晰的程度。雾度用偏离入射光方向 2. 5°以上的透射光的量来衡量。

43 什么是应力?

应力是指在任何给定时刻，在试样标距长度内，每单位原始横截面积上所受的拉伸负荷，以 MPa 为单位。

44 什么是应变?

当材料受到外力作用，所处的条件使它不能产生惯性移动时，其几何形状和尺寸将发生变化，这种变化就称为应变。

45 什么是硬度?

硬度是指材料抵抗其他较硬物体压入其表面的能力。它是材料的弹性、塑性、韧性等一系列力学性能组成的综合性指标。

46 什么是蠕变现象？

在一定温度和远低于该材料断裂强度的恒定外力作用下，材料的形变随时间增加而逐渐增大的现象称为蠕变现象。

47 什么是模塑收缩率(S_M)？

模塑收缩率是指试验室温度下测量的干燥试样和模塑的模具型腔之间的尺寸差异。S_M用相关型腔尺寸的百分数表示：①平行于熔体流动方向的模塑收缩率S_{Mp}在试样宽度的中间测定；②垂直于熔体流动方向的模塑收缩率S_{Mn}在试样长度的中间测定。

48 橡胶增韧的原理是什么？增韧效果的影响因素有哪些？

(1) 原理：橡胶颗粒可以阻止裂纹蔓延。当裂纹尖端遇到橡胶颗粒时，橡胶颗粒的延伸和能量在界面上的重新分布一起降低应力的集中程度，进而使能量降低到基体材料的临界强度以下，进而避免脆性断裂。

(2) 增韧效果的影响因素：用于增韧橡胶的性质，橡胶颗粒的含量，橡胶颗粒的分散性及其形态。

49 什么是配位聚合？

配位聚合指烯烃类单体的碳—碳双键首先在过渡金属引发剂活性中心上进行配位、活化，随后单体分子相继插入过渡金属—碳键中进行链增长的过程。

50 丙烯聚合反应到达链终止状态时会发生链转移反应，链转移包括哪几种类型？

(1) 可以向丙烯单体转移。

(2) 可以向烷基铝转移。

(3) 可以向氢气转移。

51 聚丙烯易老化的原因是什么？

聚丙烯结构中存在叔碳原子，在造粒加工、储存、使用过程中受热、氧、光的作用易老化降解，甚至失去优良的综合物理机械性能和使用价值，这也是聚丙烯抗氧化和耐老化性比聚乙烯差的原因。

52 聚丙烯主抗氧剂有什么作用？

主抗氧剂又称游离基捕捉剂或游离基终止剂。其功能是捕捉聚丙烯自动氧化过程中产生的 R · 和 ROO · 游离基，使之失去活性，从而中断自动氧化反应的传递和延续。

53 聚丙烯辅助抗氧剂有什么作用？

辅助抗氧剂又称为预防抗氧剂或氢过氧分解剂。它们能将聚丙烯在自动氧化过程中产生的氢过氧化物分解成稳定的产物，有效抑制或减缓游离基链式反应。通常与主抗氧剂并用发挥协同作用。

54 聚丙烯中添加的光稳定剂应具备什么条件？

（1）能有效地消除和抑制紫外光对聚丙烯的破坏作用，不影响聚丙烯的其他性能。

（2）本身具有优异的光稳定性，不被光能破坏。

（3）热稳定性好，加工时受热不变化，挥发性低。

（4）化学稳定性好，不与材料中的其他组分发生不利反应。

（5）与聚丙烯和其他助剂的相容性好，在加工和使用过程中不析出。

（6）不污染制品。

（7）耐抽提、耐水解性好。

（8）无毒或低毒。

（9）价廉。

55 聚丙烯中添加的抗静电剂应具备什么条件？

（1）抗静电效果好，性能持久。

（2）热稳定性好，在加工温度下不分解。

（3）与树脂有适度的相容性，不产生喷霜，不发黏。

（4）不影响制品的性能。

（5）用量少。

（6）无毒。

（7）价廉。

56 聚丙烯抗静电剂的作用机理是什么？

抗静电剂可有效提升聚丙烯的电荷传导能力，通过表面传导，使积蓄在制品表面的静电荷有效地传导除去。

最常用的表面活性剂类抗静电剂与聚丙烯有适度的相容性，可向制品表面迁移。由于表面活性剂的分子由亲水基部分和亲油基部分组成，亲油基(非极性基团)如长链烷基与聚丙烯的相容性较好，进入聚丙烯内部，而亲水部分(极性基)与聚丙烯相容性差，留在外部，在聚丙烯表面吸收空气中的水分后形成导电层，容易使电荷泄漏，从而防止静电的积聚。

57 成核剂的作用是什么？

（1）使聚丙烯结晶均匀细微化，改进聚丙烯的透明性和表面光泽以及机械强度，有利于聚丙烯的高性能化。

（2）成核剂可大大降低聚丙烯球晶和晶体尺寸，使晶核、微晶数量增多，从而提高聚丙烯的结晶度，提高制品的刚性、拉伸强度和冲击强度。

（3）可加快结晶化发生速度，提高聚丙烯结晶化温度，降低加工温度，缩短成型周期，提高制品产率。

（4）可在聚丙烯结晶细微化的同时使低熔点的非晶部分均匀地细微化，提高聚丙烯的热变化温度。

（5）有些成核剂在一定浓度范围内可提高聚丙烯的熔体黏度，改善加工性，拓宽加工条件的范围。

58 聚丙烯成核剂应具备的条件是什么？

（1）成核剂在聚丙烯的熔点温度下不熔。

（2）与聚丙烯具备良好的共混性。

（3）成核剂以微细颗粒分散在聚丙烯中。

（4）成核剂最好与聚丙烯具有相似的结晶结构。

（5）无毒或低毒。

59 爽滑剂的作用机理是什么？

爽滑剂又称滑爽剂、防黏剂、抗黏连剂或开口剂。它能使制品表面具有润滑作用，降低塑料摩擦系数。与树脂有一定的相容性，还能渗透到制品表面，产生一层肉眼看不见、具有一定润滑性的薄层，降低塑料表面的摩擦系数而增进滑移特性，防止聚丙烯薄膜、片材、包装袋在储存受压和提高温度时相互黏连，有助于打开方便及高速包装。

60 什么叫可控流变聚丙烯（CR-PP）？

过氧化物与高分子聚丙烯中的长链分子反应，使长链降解为短链，降低平均分子量，获得所需熔融指数的聚丙烯，同时使聚丙烯的分子量分布变窄，即为可控流变聚丙烯。

第二节　其他化工相关基础知识

1 气力输送有什么特点？

（1）系统密闭，可避免粉尘飞扬，减少物料损失，改善劳动条件。

(2) 输送管线不受地形限制，在无法铺设道路或安装输送机械的地方使用气力输送尤为适宜。

(3) 设备紧凑，易于实现连续化、自动化操作，便于同连续操作的化工过程相衔接。

(4) 输送量大。

(5) 在气力输送过程中可同时进行粉料的干燥、粉碎、冷却、加热等操作。

(6) 气力输送也存在缺点：消耗的能量大，输送过程中不断相互碰击并与管壁撞击，因此粒子本身以及管壁的磨损较严重。

2 什么叫绝对压力？什么叫表压？什么叫真空度？三者的关系如何？

绝对真空度下的压力叫绝对零压，以绝对零压为基准来表示的压力叫绝对压力。测量流体压力用的压力表上的读数值称为表压，它是流体绝对压力与该处大气压力的差值。如果被测流体的绝对压力低于大气压，则压力表测得的压力为负值，其值称为真空度。

$P_{表压}=P_{绝压}-P_{大气压力}$

$P_{真空度}=P_{大气压力}-P_{绝对压力}$

$1\text{atm}=1.0133\times10^5\text{Pa}$

$1\text{Pa}=1\text{N/m}^2$

$1\text{MPa}=10^6\text{Pa}$

$1\text{mmHg}=133\text{Pa}$

$1\text{mmH}_2\text{O}=9.81\text{Pa}$

$1\text{kgf/cm}^2=9.8066\times10^4\text{Pa}$

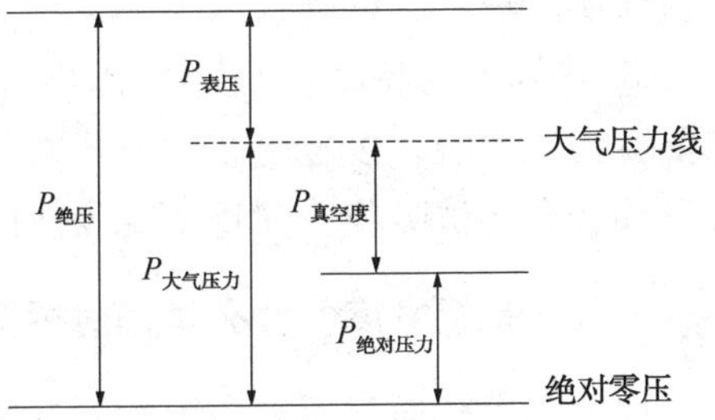

3 什么叫泡点？什么叫露点？

(1) 泡点温度：恒压条件下加热液体混合物，当液体混合物开始汽化并出现第一个气泡时的温度。

(2) 泡点压力：恒温条件下逐步降低系统压力，当液体混合物开始汽化并产生第一个气泡时的压力。

(3) 露点温度：恒压条件下冷却气体混合物，当气体混合物开始冷凝并出现第一个液滴时的温度。

(4) 露点压力：恒温条件下压缩气体混合物，当气体混合物开始冷凝并出现第一个液滴时的压力。

4 什么叫汽化潜热？

汽化潜热又称蒸发潜热，是指单位物质在一定温度下由液态转化为气态所需的热量，单位以 kcal/kg 表示。当温度和压力升高时，汽化潜热逐渐减少，到临界点时，汽化潜热等于零。

5 什么叫飞温？

热量快速释放使密闭系统内的温度快速上升的现象称为飞温。

6 传热的基本方式和特征是什么？

（1）传热的基本方式：热传导、热对流、热辐射三种。

（2）传热的特征：

① 热传导的特征：物体中温度较高部分的分子因振动而与相邻的分子碰撞，并将能量的一部分传给后者，这样，热量就从物体的一部分传到另一部分。热传导物体的质点不发生相对位移。

② 热对流的特征：在流体中，由于流体质点的移动，将热能由一处传到另一处的传热叫对流传导。在对流传热中，亦伴随流体质点的热传导，但主要是由于流体质点位置的移动。

③ 热辐射的特征：是一种以电磁波形式传播能量的现象。物体在放热时，热能变为辐射能，以电磁波的形式发射而在空间传播，当遇到另一个物体时，则部分或者全部被吸收，又重新变为热能。

7 什么是挥发度？什么是相对挥发度？

（1）挥发度通常用来表示物质在一定温度下蒸气压的大小。蒸气压较高的物质易挥发，挥发度就大，反之，挥发度就小。

（2）相对挥发度是指混合物中某一种组分的挥发度与其他组分的挥发度的比值。

8 流体在管内有哪几种基本流动形态？如何判定？

流体在管内流动一般分为层流和湍流两大类型，介于两者之间的称为过渡流，它是由层流过渡到湍流的一种过渡暂存的状态。

通过雷诺试验可知，当雷诺数 $Re<2000$ 时流动状态为层流，$Re\geqslant4000$ 时流动状态为湍流。因此把 2000 作为 Re 的下临界值，4000 作为 Re 的上临界值，Re 数表示流体所处的状态。

9 什么叫汽化、蒸发、沸腾、凝结？

（1）汽化：由液体转为蒸气的过程，称为汽化。

（2）蒸发：在液体表面进行的汽化过程，称为蒸发。

(3) 沸腾：当向液体传入热量时，液体的温度升高，同时蒸发的强度增大。在一定的温度下，汽化开始在液体的全部质量中发生，此温度随液体的性质和作用在液体上的压力而定。这种液体内部产生气泡形成的剧烈汽化过程称为沸腾。

(4) 凝结：从蒸气放出热量，蒸气转变为液体的过程，叫凝结过程。凝结是汽化的逆过程，在一定的压力、一定温度时发生。凝结生成的液体称为凝结液。

10 什么是饱和蒸气？

在单位时间内逸出液面与回到液体的分子数相等，蒸气与液体的数量保持不变，气、液两态达到平衡，这种状态称饱和状态。这时蒸气和液体的压力称为饱和压力，而它们的温度为饱和温度，一定的饱和压力对应有一定的饱和温度。饱和蒸气是蒸气与液体处于平衡状态时的蒸气。

11 什么是过热蒸气？

蒸气的温度高于其压力所对应的饱和温度时，此蒸气称过热蒸气。过热蒸气的温度与压力所对应的饱和温度之差称为“过热度”。过热蒸气的过热度越高，它越接近气体，同气体一样，过热蒸气的状态由两个独立参数(如温度和压力)确定。

12 提高传热速率的途径有哪些？

提高传热速率的途径有三个：

(1) 增大传热面积。

(2) 提高冷、热流体的平均温差。

(3) 提高传热系数。

13 什么是管路水锤？它有什么危险？

在管路中，如果阀突然关小(或突然开大)、泵突然停止运转(或突然启动)时，则在管线中的液体流速就会发生很大变化，由于原来充满管线中的液体在某一速度流动(或静止)，而现在却使液体发生突然的静止(或突然运动)，由于液体具有惯性而将引起液体的速度能全部转化为压力能(或压力能突然转变为速度能)，从而在管路内压力将急剧升高(或降低)，于是接着在液体中出现一连串的压力交替升降现象，称为水锤。

当管路发生水锤时，压力增值超过管中正常压力许多倍，以致可能使管子破裂，焊缝、法兰等破损，这种情况在大直径、高流速的长管线中尤为危险。而且发生水锤时，阀门前面的压力增加很大，阀门后面的压力减少甚至形成真空，对阀门的破坏更大。

14 什么是脱盐水？

脱盐水指用离子交换法除去水中阴、阳离子的水。

脱盐水压力一般在 0.9～1.1MPa（表），pH 值（25℃）8.8～9.3，电导率（25℃）≤0.2μS/cm。

15 什么是化工“三剂”？

化工“三剂”指：催化剂、溶剂、添加剂。

16 什么是挥发性有机化合物（VOCs）？

根据世界卫生组织（WHO）的定义，VOCs（volatile organic compounds）是在常温下，沸点 50～260℃的各种有机化合物。在我国，VOCs 是指常温下饱和蒸气压大于 70Pa、常压下沸点在 260℃以下的有机化合物，或在 20℃条件下，蒸气压大于或者等于 10Pa 且具有挥发性的全部有机化合物。

17 什么是放射性物质？

放射性物质是指含有过多能量的物质，这种物质以射线的形式释放额外的能量来达到稳态。特定射线以一定的速率释放，这取决于特定的放射性同位素，这种速率与同位素的半衰期一致。

18 化工设备和管线为什么要可靠接地？

化工设备和管线内的物料多是电阻率高的物质，运动中的“摩擦”会产生静电，放电时产生静电火花会引起爆炸事故，雷击也会引起爆炸事故，设备接地是消除静电和泄漏雷电的有效方法，是保证安全生产的重要措施。

19 聚丙烯装置在生产过程中采取什么措施来控制污染物向大气排放？

（1）含有有毒、有害且较为危险的物质的气体采用油吸附，经监测确保不含有此类危险物质方可放空排放。

（2）对于事故状态下及停车时排出的乙烯、丙烯等有机物送火炬烧掉。

（3）对于输送和掺混聚合物的空气经集尘过滤除尘后送到公用工程锅炉催化氧化焚烧炉进行环保处理。

（4）倒空丙烯和尾气通过管道送至上游装置进行回收。

20 聚丙烯装置的主要污染物是什么？

（1）废气：乙烯、丙烯、丙烷、乙烷、PP 粉尘、CO、CO_2、1-丁烯。

（2）废渣（液）：废油、废溶剂、废聚丙烯料。

（3）废水：含悬浮物、含油废水。

（4）其他：噪声、射线。

第三章　原料精制及三剂配制

第一节　原料精制

1　聚丙烯装置为什么要进行原料精制？

在聚丙烯装置所使用的各种原料中，均含有杂质。由于聚丙烯催化剂对于原料中的杂质非常敏感，当这些杂质以足够量存在时，就能与催化剂活性部分反应、配位，导致催化剂失活或改变树脂的性能。因此，聚丙烯装置设有原料精制单元，其作用就是从原料中脱除有害杂质，进而保证树脂的性能和催化剂的生产能力。

2　聚丙烯的主要原料都有哪些特性？

聚丙烯的主要原料的物性见表 3-1。

表 3-1　聚丙烯的主要原料的物性

物质名称	相对分子质量	熔点(冰点)/℃	引燃温度/℃	沸点/℃	闪点/℃	爆炸浓度/%(体)	
						下限	上限
丙烯	42.08	-185.2	460	-47.2	—	2.0	11.1
乙烯	28.05	-169.1	425	-103.7	—	2.7	36
氢气	2.016	-259.2	510	-252.8	—	4.0	75
1-丁烯	56.1	-185.4	385	-6.1	—	1.6	10.0
三乙基铝	114	-58		186			
CO	28	-199.1	609	-191.4		12.5	74

3　聚丙烯装置聚合级丙烯原料规格是多少？

聚合级丙烯原料规格见表 3-2。

表 3-2　聚合级丙烯原料规格

项目	原料/丙烯	
温度/℃	常温	
压力/MPa(表)	2.8(根据装置工艺不同会有所有不同)	
组分	界区数据(乙烯裂解产丙烯典型值)	质量指标
丙烯/%(体)	≥99.5	≥99.5
丙烷/%(体)	平衡	≤0.5
氢/(mL/m^3)	≤5	≤20
甲烷/(mL/m^3)	≤100	≤100
乙烷/(mL/m^3)	≤200	≤200
甲基乙炔+丙二烯/(mL/m^3)	≤5	≤5
丁二烯/(mL/m^3)	≤1	≤50
丁烯/(mL/m^3)	≤10	≤100
C_4 及以上组分/(mL/m^3)	≤10	≤10
乙炔/(mL/m^3)	≤2	≤5
乙烯/(mL/m^3)	≤20	≤100
氧/(mL/m^3)	≤10	≤2
一氧化碳/(mL/m^3)	≤5	≤0.03
二氧化碳/(mL/m^3)	≤10	≤5
总硫/(mg/kg)	≤1	≤1
总醇/(mL/m^3)	≤10	≤10
总氯/(mL/m^3)	≤1	≤1
甲基乙烯酮(MEK)/(mL/m^3)	≤1	≤1
COS/(mL/m^3)	≤1	≤0.02
水/(mg/kg)	≤10	≤2
砷/(mg/kg)	≤0.1	≤0.03
磷化氢/(mL/m^3)	—	≤0.03
氨/(mg/kg)	—	≤5

4　聚丙烯装置聚合级乙烯的原料规格是多少？

聚合级乙烯的原料规格见表 3-3。

表 3-3　聚合级乙烯的原料规格

项目	原料/乙烯	
温度/℃	常温	
压力/MPa(表)	3	
组分	数据	质量指标
乙烯/%(体)	≥99.95	≥99.9

续表

组分	数据	质量指标
氢气/(mL/m^3)	≤5	≤50
乙烷 & 甲烷/%(摩尔)	≤0.05	平衡
乙炔/(mL/m^3)	≤5	≤5
甲基乙炔/(mL/m^3)	—	≤3
丙二烯/(mL/m^3)	—	≤5
氧气/(mL/m^3)	≤1	≤2
一氧化碳/(mL/m^3)	≤1	≤0.03
二氧化碳/(mL/m^3)	≤5	≤5
水/(mg/kg)	≤1	≤2
氮化合物/(mL/m^3)	—	≤5
甲醇/(mL/m^3)	≤4	≤5
COS/(mL/m^3)	≤0.02	≤0.02
砷/(mL/m^3)	—	≤0.03
磷化氢/(mL/m^3)	—	≤0.03
总氯/(mL/m^3)	≤1	≤1
总硫(H_2S)/(mg/kg)	≤1	≤1
甲基乙烯酮/(mL/m^3)	≤1	≤1

5 聚丙烯装置聚合级1-丁烯的原料规格是多少？

1-丁烯的原料规格见表3-4。

表3-4 1-丁烯的原料规格

项目	原料/1-丁烯	
温度/℃	常温	
压力/MPa(表)	1	
组分	数据	质量指标
1-丁烯/%	≥99.0	≥99
异丁烯/%	≤0.6	≤0.3%(体)
2-丁烯/%		≤0.1%(体)
1,3-丁二烯/(mL/m^3)	≤120	≤120
1,3-丁二烯/(mL/m^3)	≤200	—
丙二烯/(mL/m^3)		≤50
异丁烷+正丁烷/%(质)	报告	≤0.4%(体)

续表

项目	原料/1-丁烯	
丙炔/(mL/m^3)	≤5	≤5
二氧化碳/(mL/m^3)	≤5	≤2
一氧化碳/(mL/m^3)	≤1	≤0.2
总硫/(mg/kg)	≤1	≤1
总羰基(以乙醛计)/(mL/m^3)	≤10	≤10
氯/(mg/kg)	—	≤1
水/(mg/kg)	≤25	≤2
甲醇/(mL/m^3)	≤10	≤3
甲基叔丁基醚(MTBE)/(mL/m^3)	≤10	≤3
氧/(mL/m^3)	—	≤1
COS/(mL/m^3)	—	≤0.02

6 氢气的原料规格是多少？

氢气规格见表3-5。

表3-5　氢气规格

项目	原料/氢气	
温度/℃	常温	
压力/MPa(表)	2.8	
组分	数据	质量指标
氢气/%(体)	≥95	≥95
一氧化碳/(mL/m^3)	≤5	≤5
二氧化碳/(mL/m^3)	≤5	≤5
硫(以硫化氢计)/(mL/m^3)	≤1	≤1
COS/(mL/m^3)	—	≤0.02
水+氧/(mg/kg)	≤5	≤8
氮气/%(体)	≤0.05	≤0.05
甲烷/%(体)	平衡值	平衡值
总氯化物(HCl)/(mL/m^3)	—	≤1
乙烯+乙烷/%(体)	≤0.1	≤10

7 原料丙烯中影响聚合的主要杂质是什么？如何影响？

（1）原料丙烯中影响聚合反应的主要杂质：水、氧、硫、一氧化碳、二氧化碳、炔烃、二烯烃等。

（2）它们对聚合反应的影响如下：

① 水的影响：主要是影响催化剂的活性，使活性中心减少，当水大于20mg/kg时，反应明显变弱；当水大于100mg/kg时，基本不聚合。水分对产品等规度影响较小。

② 氧的影响：氧不仅影响催化剂活性，而且影响其定向能力，当氧含量大于20mL/m^3时，反应产品等规度明显下降。

③ 硫的影响：能使聚合反应链终止，催化剂活性下降，时空产率下降，而粉料中出现塑化块，且产品容易出现异味。

④ 不饱和烃类杂质的影响：炔烃、烯烃等能参与反应，影响催化剂的活性和定向能力，对氢调敏感性及产品分子量也有明显影响，当这些杂质含量高时，反应变弱，产品等规度下降，熔融指数低、加氢量大。

⑤ CO和CO_2的影响：CO能进入聚合链中，影响催化剂定向能力和产品等规度，CO和CO_2也能使聚合链终止，降低催化剂活性。

8 丙烯在20℃、30℃、40℃、50℃、60℃、70℃下的饱和蒸气压及密度各是多少？

（1）20℃：丙烯饱和蒸气压1.0MPa，密度514.8kg/m^3。

（2）30℃：丙烯饱和蒸气压1.27MPa，密度497.7kg/m^3。

（3）40℃：丙烯饱和蒸气压1.6MPa，密度479kg/m^3。

（4）50℃：丙烯饱和蒸气压1.98MPa，密度458.1kg/m^3。

（5）60℃：丙烯饱和蒸气压2.41MPa，密度433.9kg/m^3。

（6）70℃：丙烯饱和蒸气压2.9MPa，密度404.8kg/m^3。

9 1-丁烯在20℃、50℃、80℃、100℃、110℃下的饱和蒸气压是多少？

（1）20℃：1-丁烯饱和蒸气压0.251MPa。

（2）50℃：1-丁烯饱和蒸气压0.583MPa。

（3）80℃：1-丁烯饱和蒸气压1.187MPa。

（4）100℃：1-丁烯饱和蒸气压1.776MPa。

（5）110℃：1-丁烯饱和蒸气压2.141MPa。

10 丙烯的精制过程是怎样的？

自界区来的丙烯进入丙烯/水分离罐，分离出原料中可能存在的大部分水分；

然后进入轻烃分离塔，脱除 CO 等轻烃；之后进入脱硫塔以脱除羰基硫和总硫；再次进入带有 3A 分子筛的丙烯干燥塔脱除水分，最终进入脱砷塔脱除砷杂质，精制完成后送至原料丙烯储罐。

11 什么是吸附？

吸附是由固体的表面张力而引起的，表面张力是使分子聚积在一起聚合物的动力(形成密集的聚合物)。固体内部的分子在所有直线方向上受到的力相等，而固体表面的分子受力不均等。如果其他分子(通常是液体或气体分子)被吸到表面，这种向内的力就会得到平衡，这种力相对而言较弱，称为范德华力。只有范德华力参加的吸附称为物理吸附，被吸附的气体或液体分子也容易被解吸。

12 什么是化学吸附？

化学吸附是表面分子之间发生化学作用的结果。化学吸附的力比较强，并且过程不可逆。在这种方式中，气体与固体反应生成第三化合物。如果化学吸附停止，这个第三化合物就可能变回最初的气体和固体。固体恢复最初活性的过程称为再生。

13 影响吸附的因素有哪些？

(1) 裸露面积：对于吸附质，裸露的面积是第一个变量。床层由同类材料(在结构和组成上相同)粉尘、小片或者小颗粒组成，孔隙率也是均匀的，所以改变表面积的唯一方法是改变容器的截面积。一旦容器的直径定下来，面积就是一个恒量，并且不会影响精制过程所达到的效果。

(2) 速度：气体的速度表明气体通过容器的快慢，通常以米/秒(m/s)表示。气体通过床层越快，吸附接触时间就越短，吸附效果就越差，由于精制单体的流量由反应负荷控制，所以对气体速率没有太多的控制。

(3) 浓度：杂质的浓度越大，床层脱除杂质就越困难。

(4) 温度：气体温度对吸附的效果非常重要。适当升高温度有利于化学吸附，低温有利于物理吸附。通常发生化学吸附的脱 CO 床和脱 O_2床适当提高床温(80~110℃)，而发生物理吸附的脱 CO_2床和分子筛床采用常温。

(5) 反应区长度(LRZ)：要达到最小吸附浓度标准所需的床层长度，随着床层被吸附物质饱和，床层反应区就是正在发生吸附的地方。当整个床层吸附能力用尽，杂质通过床层时，吸附效果下降。这个变量取决于所有其他变量。

14 什么是分子筛的选择性？

一般来说，多孔材料具有比较发达的孔网，称为孔状结构。这种孔状结构由较大的细孔(大孔隙)和较小细孔(微孔隙)组成。如果气体有两种杂质，一种杂质的分子比另一种大些，假定分子不能进入直径等于或小于分子直径的孔中，而只能进入直径大于分子直径的孔中，则小分子杂质被吸附，这就是脱水系统中选择吸附的原理。

15 原料丙烯分子筛脱水简要原理及再生原理是怎样的？

分子筛是一种多孔性具有吸附性的结晶固体。它根据分子极性及大小不同，将水与丙烯进行分离，水则进入到分子筛内部。在高温下，由于水分子的动能增加，超过了与分子筛的结合力，因此，能从分子筛上脱附而完成再生。

16 为什么使用 3A+Selexsorb CD 分子筛组合材料脱除水等杂质效果较好？

干燥塔利用分子筛对水的吸附作用，在干燥塔中脱除 H_2O。在床层中 Selexsorb CD 和 3A 分子筛被分层，上层为 3A 分子筛材料用于脱除 H_2O，下层使用 Selexsorb CD 分子筛用于脱除其他极性杂质，如丙酮、甲醇、羟络合物等。

3A 分子筛有 3A 孔径，脱 H_2O 是最有效的，但因为它的孔径小，不会脱除如甲醇这样的杂质，因此使用 Selexsorb CD 分子筛用于脱除原料中的极性杂质。而 13XPG 在脱 H_2O 和极性杂质中非常有效，但在乙烯系统中，13XPG 的特性需要很严格地控制，不利于操作。而通过在一个普通容器中兼有 3A 和 Selexsorb CD，这样就既可以实现 13XPG 分子筛具有的特性，又能够脱除较宽范围内的极性杂质，如甲醇、丙酮和水，且操作安全可靠。因此，床层设计使用 3A 和 Selexsorb CD 分子筛材料，而不用 13XPG 分子筛材料。分子筛要求定期用热 N_2 再生。

17 装置精制系统中英特洛克斯金属填料的作用是什么？

作用是利用其较大的空隙率，达到在塔高不变的情况下，提高汽提效果，实现将轻组分脱除的目的。

18 丙烯脱砷剂为铜系脱砷剂，主要用于聚丙烯工业生产中脱除液相丙烯中的微量砷，请简述脱砷原理。

脱砷原理：液态丙烯中的砷化氢(AsH_3)与氧化铜反应生成砷化亚铜、单质砷，一部分生成新的铜、砷合金，而达到脱除原料中砷化氢的目的。

19 固定床液体丙烯退液如何判断是否完成？

通过观察干燥床压力和液位进行判断，当液位指示到零，压力不再变化时，即表示塔内退液完成。

20 床层催化剂如何装填？有哪些安全注意事项？

（1）确认床层底部筛网无破损。

（2）打压气密下部人孔确认无泄漏。

（3）底部先铺装一定高度的大瓷球，再铺装一定高度的小瓷球。

（4）装填催化剂。此过程必须通过布袋将催化剂平缓放入床层，防止落差大损伤催化剂。

（5）加装筛网。

（6）顶部先铺装一定高度的小瓷球，再铺装一定高度的大瓷球。

（7）气密所有拆装过的法兰口确认合格。

（8）各法兰口在床层预处理过程中进行热紧。

21 为什么精制的催化剂床要上下加筛网并加盖瓷球？

下部的筛网和瓷球起支撑和气体分布的作用，防止催化剂落出，并有效把气体分散。上部的筛网和瓷球起压盖作用，防止催化剂从顶部带出，并使气体分布均匀。

22 多区工艺精制后丙烯水含量高的原因及处理方法是什么？

（1）原因：

① 丙烯原料水含量高。

② 丙烯/水分离罐界位表失灵或未及时脱水。

③ 丙烯干燥塔分子筛饱和。

（2）处理方法：

① 联系调度切换丙烯罐。

② 丙烯/水分离罐脱水至正常界位。

③ 切换至备用的丙烯干燥塔，并对原先运行的干燥塔进行再生。

23 丙烯脱硫原理是什么？

脱硫通常采用化学反应法，常温下 COS 先催化水解成硫化氢，再在常温下用氧化锌脱硫剂脱除硫化氢。COS 水解反应主要在氧化铝基或氧化铝/氧化钛基碱金属催化剂作用下进行，需控制合适的水分含量与 COS 之比，否则会影响转化率或导致催化剂失活。

24 如何判断共聚单体干燥器是否需要再生？

（1）因进料毒物使反应产率出现波动现象。

(2) 通过分析仪监视系统精制前后的杂质情况。

(3) 根据预期的杂质含量和通过分子筛后的含量制成固定表格，加以判断。

25 为什么干燥床再生完成后吹扫冷却时间不宜过长？

因为氮气中含有微量的水，如果干燥再生完成后吹扫冷却的时间过长，分子筛就会吸附氮气中的水分，影响再生效果。

26 乙烯脱一氧化碳反应机理是什么？

乙烯脱一氧化碳是利用氧化物还原反应实现的。乙烯脱一氧化碳精制床中装填脱一氧化碳催化剂，一氧化碳与氧化铜发生反应，一氧化碳被氧化成二氧化碳，在下游的脱二氧化碳精制床中被吸附而脱除，氧化铜则被还原成铜。该催化剂需定期用含有空气的氮气进行再生。反应方程式如下：

$$Cu_2O+CO \longrightarrow 2Cu+CO_2$$

$$CuO+CO \longrightarrow Cu+CO_2$$

$$2Cu+\frac{1}{2}O_2 \longrightarrow Cu_2O$$

$$2Cu+O_2 \longrightarrow 2CuO$$

27 乙烯干燥床脱二氧化碳的原理是什么？

乙烯脱二氧化碳床是利用选择性吸附剂 Selexsorb COS 物理吸附二氧化碳，同干燥床吸附作用类似。再生也是用干燥的热氮气通过含有二氧化碳的 COS，二氧化碳在分子筛中解吸，COS 得到再生。其再生操作方法与干燥床基本相同。

当有水分存在时，Selexsorb COS 还可以脱除水分，从而会影响对二氧化碳的脱除。因此，此床层应当置于最末端，以保证它的最大效率。

28 多区工艺共聚单体乙烯的精制过程是怎样的？

界区来的乙烯在换热器 E710 中，被从乙烯脱 CO 塔 T711 来的气流进行预热。然后在乙烯预加热器 E711 中用蒸汽加热到 100℃，进入 T711。TIC7/04 通过调整流向 E711 的蒸汽流量来控制出口温度。当 T711 催化剂活性降低时，用流量控制器 FIC7103 将氧气定量供应(用仪表空气)到热氮气流中，对床层进行循环再生。在 T711 出口，热乙烯流经 E710(界区出来的新鲜乙烯在此加热)，随后流经 E712 被夹套水冷却到 40℃以下。再被送到干燥和除 CO_2 设备 T712A/B 中。新鲜乙烯在 T712A/B 中使用分子筛脱除水(吸收剂)和二氧化碳。T712A/B 操作温度为 45℃。当乙烯气流发出高限警报时，相关塔将被隔离出来并再生，另外一个塔独自工作。使用来自 PK712A 的热氮气对床层实现再生。经过提纯的乙烯经过过滤器 F711A/B 滤掉大于 10μm 的固体颗粒后，供应到气相反应器 R401 和 R230。

29 多区工艺共聚单体丁烯的精制过程是怎样的？

界区的 1-丁烯流经水分离器 D730，液滴在水分离器 D730 中聚集并在液位控制下排放到罐 D731 中。烃类被氮气汽提到火炬系统，水从 1-丁烯、水收集器 D731 被间断性地排放到下水管中。脱离游离水的丁烯进入汽提塔 T730 中精制，脱除丁烯中的轻组分。然后经 E732 冷却后进入干燥塔 T731，以保证供应到预聚合段的 1-丁烯含水量小于 2mg/kg。在 1-丁烯离开处理段到达进料罐 D732 之前，由 F730 进行最终过滤。

30 多区工艺乙烯中 CO 如何在 CO 脱除塔 T711 中脱除？

在 CO 脱除塔 T711 中，床层催化剂的活性成分是 CuO 和 ZnO 的混合物，它的正常工作温度是 90~100℃。CO 脱除塔 T711 中会发生以下反应：CO 定量地转换成 CO_2；CuO 被转换成 Cu。当催化剂活性降低时，用流量控制器 FIC7103 将氧气定量供应(用仪表空气)到热氮气流中，对床层进行循环再生。氧气将 Cu 氧化成 CuO，以此再生催化剂。

第二节 三剂配制

1 生产聚丙烯主要会使用到哪些辅助原料？各有什么作用？

(1) 乙烯：生产共聚产品时作为聚合单体。

(2) 1-丁烯：生产共聚产品时作为聚合单体。

(3) 氢气：在聚合反应中用作链终止剂，以控制聚合物分子的长度并影响聚合物的性能。

(4) 氮气：是一种惰性气体，用来对催化剂等助剂进行氮封，在正常操作中用于设备的密封吹扫和聚丙烯粉料的输送，设备维修准备中用于吹扫设备，开停车过程中用于升压置换及查漏。

(5) 一氧化碳：用于终止反应。

(6) 二氧化碳：袋滤器、循环回收气压缩机等交出时用于失活残余的三乙基铝。

(7) 三乙基铝(TEAL)：作为助催化剂，杀死系统中的毒物，与给电子体形成络合物促进主催化剂形成活性中心。

(8) 给电子体(DONOR)：提高聚合物的等规度。

(9) 白油：用于主催化剂的配制及设备的油洗、密封等。

2 ST 环管工艺催化剂配制的目标浓度、烃油烃脂比、配制温度、冷却后的温度各是多少？在使用中为什么要保持该温度？

（1）目标浓度：200～250g/L。

（2）油脂比：通常为 2∶1。

（3）配制温度：70℃。

（4）冷却后温度：冷却到 10℃保持该温度。

在使用中保持 10℃，是为了使配制完毕的催化剂淤浆能保持均一浓度，防止主催化剂沉降，以避免主催化剂加入环管的量不均。

3 催化剂配制后分析镁含量的意义是什么？

分析镁含量是为了表示配制的催化剂的浓度是多少，镁含量越高，浓度越高。纯催化剂的镁含量为 18%～20%，若催化剂淤浆浓度为 200g/L，镁含量分析值理论上应为 3.6%～4.0%之间。

4 催化剂为什么分散在油脂中？配制后应保持在何温度？为什么？

催化剂分散在油脂中可以使催化剂加入量控制简单，同时可以减少产生细粉的概率。

配制后应保持在 10℃。这样可以使浆液具有理想的稠度，防止催化剂沉降，减少反应的波动。

5 巴塞尔环管或多区工艺中催化剂单元设置催化剂注射器的目的和作用是什么？

（1）防止不同种类的催化剂掺混、污染。

（2）将催化剂配制罐中的催化剂输送到催化剂计量罐中。

（3）避免直接使用氮气加压可能存在的催化剂颗粒破碎。

6 多区工艺催化剂注射器 D141A/B 如何操作？

（1）打开注射器 D140A/B 至 D141A/B 阀门 HV1408（A140A/B 已运转 30min 且关闭）。

（2）确认注射器 D141A/B 出口阀关闭。

（3）通过电磁阀（HS1406）使 D141A/B 中活塞向后移动吸入催化剂淤浆。

（4）吸满后停止并关闭 D140A/B 至 D141A/B 的阀门 HV1408。

（5）打通 D141A/B 至 D150A/B 阀门。

（6）通过电磁阀（HS1406）使活塞向前移动排出催化剂淤浆至 D150A/B。

（7）完成后关闭 D141A/B 至 D150A/B 阀门。

7 ST 工艺聚丙烯催化剂配制罐底部过滤器滤网目数一般如何选择？

一般国产催化剂颗粒粒径相对较小，一般在 30~70μm，因此过滤网选择相对较细，建议 80~120 目；进口催化剂如 ZN118 等颗粒粒径相对较大，一般在 70~90μm，因此过滤网选择相对较粗，建议 40~50 目。

8 巴塞尔工艺催化剂配制方式是怎样的？为什么要先加油后加脂？

进口催化剂配制方式，催化剂配制罐温度控制 60℃稳定后，先加固定比例油，稳定 1h 后加入固定比例催化剂(加入时间≥40min)，催化剂加入期间保持温度稳定。加入完毕后，稳定 1h 后开始降温，按 30℃/h 降温速率进行，降低至 20℃后，恒温 1h 开始加脂，控制脂加入时间≥40min，且如果加入期间温度超过 40℃，则要暂停加入，温度降低后再进行加入操作，以使油脂催化剂能充分混合，直至加入完成。

如果在高温下先加脂，后加油，那么脂会先进入催化剂的孔隙中去，后面加的油则只能少量加入催化剂孔隙中，完成配制的催化剂进入预接触罐时，正常情况下进入催化剂孔隙里的物质在预接触罐中会最终被三乙基铝和给电子体所替代，但是脂一旦冷却后因为流动性差，在预接触罐中无法被替换出来，占据着催化剂内部孔隙，进入聚合阶段一方面会降低催化剂活性，另一方面则很可能导致更多细粉产生。

9 催化剂计量罐底部出口压力波动大，预接触罐压力正常，如何处理？

(1) 切出催化剂，从导淋口排放确认催化剂有无异常。

(2) 检查催化剂配制罐底部滤网有无破损。

(3) 切换新催化剂计量罐，将在用的催化剂计量罐倒回。

10 催化剂计量罐底部出口压力和预接触罐压力同步波动，且最终预接触罐出口压力高、堵塞，如何处理？

根据经验，堵塞位置一般在两个地方：

(1) 在线混合器，处理时一般按拆清在线混合器考虑。

(2) 预接触罐出口，通过打开出口毛细管在线冲洗油流程确认是否通畅判断，如确认堵在预接触罐出口，则关闭预接触罐出口第二道手阀，预接触罐通过底部柱塞阀卸空后，通过在线冲洗油反顶确认预接触罐出口畅通来提高处理效率，尽可能缩短催化剂切出时间；如果此方法无效，则说明预接触罐至出口第一道阀已堵死，立即切换一路流程，并做好预接触罐出口单路运行，一旦堵塞催化剂中断的事故预案。

11 三乙基铝(TEAL)的作用是什么?

(1) 三乙基铝将催化剂活化，使其发生聚合反应，没有三乙基铝，聚合反应不会发生。

(2) 三乙基铝是催化剂毒物的清除剂，在系统达到一定浓度后，会与 H_2O、O_2和 CO_2反应，从而除去 H_2O、O_2和 CO_2。它不与硫化物、一氧化碳或胂反应，三乙基铝可以在开车前用在分离系统中除去 O_2 和 H_2O。

12 多区工艺中在 TEAL 区，冲洗油的冲洗部位有哪些?

TEAL 由钢瓶到计量罐的管线、计量罐 D110、计量罐 D110 的液位计、出口过滤器 F110、出口泵 P110A/B、泵出口流量计 FT1102、密封罐 Z110 及冲洗油罐 D112。

13 TEAL 流量不稳定的原因有哪些? 如何处理?

(1) 计量泵吸入排出单向阀出现污垢以及校准不准确或计量泵内部安全阀出现渗漏。处理：切换泵，进行维修。

(2) 不正确的流量显示。处理：使用液位计下降量核对。

14 多区工艺 TEAL 区域如果 FT1102 堵应如何处理?

(1) 将 IS2002、IS2003 解除。

(2) TEAL 流量走旁通。

(3) 切断流量计进出口阀门。

(4) 用油冲洗流量计。

(5) 检修流量计，故障排除后投用流量计。

15 聚丙烯生产中，外给电子体的作用是什么?

(1) 有选择地毒化非等规基团的形成。

(2) 将非等规基团转化为高等规基团。

(3) 增加等规基团的反应活性。

16 环管工艺中 FIC111、FIC121 到聚合的量是如何控制的?

(1) 在正常情况下，FIC111 与 FIC203 串级控制，而 FIC111 的输出值(OP)控制 P-101A/B 的冲程，以控制 TEAL 到聚合的量。

(2) 在正常情况下，FIC121 与 FIC111 串级控制，而 FICl21 的输出值(OP)控制 P-104A/B 的冲程，以控制 DONOR 到聚合的量。

17 抗静电剂的作用是什么？

加入反应器出料中或者气相反应器循环气管路的目的是为了使聚合物微小粉粒失活。这些小颗粒含有较多的TEAL，加入抗静电剂后可以与其中的TEAL发生络合，从而将微粒粉的活性杀死，减少聚合物在反应器内壁、换热器、脱气罐、袋滤器等内部结块。另一作用是加入到环管工艺的低压丙烯洗涤塔、废油处理罐，中和油中夹带的TEAL。

18 抗静电剂 Atmer163 的安全特性有哪些？

（1）Atmer163 腐蚀铜，所以在任何接触 Atmer163 的地方，都不能使用铜管和铜管件。

（2）如果 Atmer163 接触到皮肤或眼睛，可引起皮肤的烧伤或眼睛的永久性损坏；与皮肤接触后可能要待数小时之后，这种皮肤损伤才会显露；吸入高浓度的 Atmer163 会引起肺损伤。

（3）当使用 Atmer163 时，要穿全身耐酸服，戴防化学手套、防化学眼镜和面罩。

19 环管工艺中抗静电剂 Atmer163 的用户有哪些？

（1）加到环管反应器出料阀下游闪蒸管线。

（2）加入低压丙烯洗涤塔 T302。

（3）废油处理罐 D607 也要定期地加入 Atmer163。

（4）生产共聚时，加到共聚换热器 E401 入口。

20 多区工艺 Atmer163 的用户有哪些？作用是什么？开车时各部位何时投用？

（1）用户：

预聚反应器 R210 出料口、多区反应器 R230 出料口、循环压缩机 C250 吸入口、下降段冲洗线、循环压缩机 C401 吸入口、挤压机 EX890、废油罐 D650。

（2）作用：

① 添加 Atmer163 对于减少聚合物微粒的静电有重要作用，同时也是为了降低聚合物细粉的反应活性，因为聚合物细粉常会吸收高浓度 TEAL，过度反应后造成挂壁并产生块状聚合物。

② 添加 Atmer163 可以中和油中的 TEAL。

（3）开车投用：投 TEAL、DONOR 30min 后投 C250 入口 Atmer163，加催化剂之前投 R210 入口 Atmer163，R230 出料前投 R230 下降段冲洗线及 R230 出口

Atmer163，HV3108 切向 R401 前投 C401 入口 Atmer163。

21 多区工艺中 P131 出口的油都送到哪里？

P131 的油主要去 D120A/B/C、D140A/B、D141A/B 出口。

22 多区工艺 P130 出口压力高的原因及处理方法是什么？

（1）原因：

① P130 出口至目标管路的伴热线未投用，导致脂冷却；处理：找到未投用的伴热线并投用。

② 过滤器 F130 堵塞。

（2）处理：

① 打开 F130 旁通，关闭 F130 前后手阀。

② 在 F130 底部排放口放出油脂。

③ 请维保人员拆清 F130 并复位。

④ 打开 F130 前后手阀，关闭旁通手阀。

23 环管工艺中 D109 中油有何作用？

经 P107A/B 增压后，一部分用于 D108A/B 的催化剂膏加压，另一部分用作装置中各设备的密封油。需要注意的是，预接触罐 D201 搅拌器 A201 密封冲洗油必须连续供应，一旦中断会造成反压、密封损坏。

24 多区工艺中 P151 的用户包括哪些？

（1）100 单元：D150A/B、D141A/B 等。

（2）200 单元：Z205、R200、Z201A/B、Z202A/B、Z211、Z213 等。

需要注意的是，预接触罐 R200 搅拌器 A200 密封冲洗油必须连续供应，一旦中断会造成反压、密封损坏。

25 多区工艺中 D162 给哪些部位提供密封？作用是什么？其油位控制在多少？

D162 主要给 D151、D131、D120A/B/C、D130、D160 提供密封，作用是当氮气流量消失时保证空气不能进入罐中，一般控制 50%液位。

第四章　聚合反应

第一节　液相本体法/环管工艺(Spheripol 和 ST 工艺)

1　预接触罐 D201 的作用是什么?

悬浮在油/脂混合物中的催化剂与给电子体和烷基铝在催化剂预接触罐 D201 中预接触，温度控制在 10℃左右，并通过搅拌器 A201 搅拌均匀，将载体催化剂中的 $TiCl_4$ 还原成 $TiCl_3$ 并形成活性络合物。这个操作是在一个用恒温水在夹套中循环而保持恒温的小搅拌容器 D201 中进行的。通过插入管从顶部进料，混合物溢流出以防止气泡。

2　预聚反应器 R200 的作用是什么?

来自预接触罐的催化剂络合物和来自储罐的丙烯，在线混合后进入预聚合反应器 R200，在 20℃、3.4MPa 的条件下，生成活性低聚物将催化剂包住，防止催化剂颗粒破裂。通过控制预聚合反应温度和停留时间来调节合适的预聚合反应，预聚合程度不足不能达到防止催化剂颗粒破裂的目的，预聚合反应过于剧烈可能造成催化剂在预聚合反应器中就发生破裂。

3　如何控制预聚合反应器 R200 的停留时间?

通过控制进入 R200 的丙烯流量来控制停留时间，主要有两路：一路是经 E201 冷却与预接触罐出口的催化剂络合物混合的丙烯 FIC204，为确保注入管不堵塞，这路丙烯的流量一般不得低于 2500kg/h，温度在 8℃左右；另一路是 R200 的轴流泵 P200 的密封冲洗丙烯 FIC221，流量一般控制在 400kg/h。R200 的体积为 $1m^3$，停留时间在 10min 左右。

4　预聚合反应器 R200 进料有哪几路?

R200 进料有两路：进入在线混合器 Z203 的丙烯 FIC204，R200 轴流泵的密封冲洗丙烯 FIC221。

5 进入第一环管反应器 R201 的丙烯有哪几路？

进入 R201 的丙烯主要有三路：通过 FV203 直接进 R201 的主进料；预聚反应器 R200 出料到 R201 的浆液中的丙烯；R201 的轴流泵 P201 的密封冲洗丙烯 FIC241。以上各路均计入 FIC203。

6 第二环管反应器 R202 的丙烯有哪几路？

进入 R202 的丙烯主要有四路：R202 的轴流泵 P202 的密封冲洗丙烯 FIC251；通过 FV231 直接进入 R202 的主进料；通过 PV231 进入丙烯蒸发器的丙烯以及 R201 连接出料到 R202 的浆液中的丙烯。

7 如何控制环管密度？

通过调节 R201/R202 的丙烯进料量 FIC203/FIC231 来控制环管密度在目标值，调节密度时要关注轴流泵功率、振动、状态监测数据，确保泵运行稳定。

8 环管氢气浓度如何控制？

R201 的丙烯进料线设置有氢气浓度在线色谱仪，氢气在线浓度 AIC201 设置高、中、低三个量程，通过串级控制氢气进料 FIC201(同样根据氢气进料量大小设置三路进料)实现浓度的控制，同时设置有丙烯进料 FIC203 的前馈控制，根据 FIC203 进料变化同步调整氢气进料。R202 氢气浓度控制同理。

9 什么是反应器的停留时间？

反应器的停留时间是指物料在反应器中的平均停留时间，通常用反应器中物料总量/反应器的进料速率来衡量，由于物料在反应器内连续循环，而并非以柱塞流的方式出料，通常需要三个以上停留时间才能使反应器中的大部分老料排出。

10 反应系统有几个 CO 注入点？

丙烯进料管线上有 10%CO 注入点，环管反应器每条“腿”的底部有一个 2% CO 的注入点，气相反应器 R401 分布板上分布 3 个、分布板下方有 1 个、出料阀 LV401 前有 1 个 10%CO 注入点。

11 如何选择 10%或者 2%的 CO 进行杀死？

紧急情况下需要快速杀死反应时，用 2%CO 直接注入反应器底部终止反应；极端情况下，如轴流泵故障停运，还能通过 CO 向上运动终止大部分反应。有计划地停工时采用 10%CO，达到反应器需要一定时间，可以更加彻底地终止反应。

12 环管压力如何控制？

丙烯缓冲罐D202与丙烯蒸发器E203共同作用使反应器始终充满液体，同时防止任何压力波动，以避免反应器出、入口的不平衡和温度的急剧变化。通过E203控制D202压力比反应温度下的丙烯蒸气压高0.4MPa，这样在反应器中，防止轴流泵的气蚀。D202的液位控制器作用于R202浆液排出阀LV231。D202连接到第二反应器进料丙烯线，以防止自R201至R202浆液转移管线内丙烯流量的完全中断。

13 环管反应器温度如何控制？

反应器温度通过夹套内的夹套冷却水来控制。循环水泵P205和P206使水流量恒定。反应器冷却系统包括板式换热器E208和E209，循环泵水P205和P206。整个系统与氮封下的缓冲水罐D203相连。泵P207作为P205和P206的备用泵。正常生产中通过E208和E209来冷却并控制夹套水温度，停开车阶段通过换热器E204和E205用蒸汽加热夹套水来控制反应温度。

14 一般情况下在R201所生成的聚合物占比是多少？

一般均聚或无规生产中在R201所生成的聚合物占总产量的65%左右。

15 XV201A/B及XV202的作用是什么？

XV201A/B及XV202的作用均是在装置发生火灾事故时，产生的高温能将其阀门的非金属材质的仪表风输送管熔断，使此三个AFO阀打开，将来料丙烯排放至BDL，以保护装置。

16 如何建立丙烯小循环？

（1）确认本单元已检修完成，温度计、压力表、液位计、安全阀等已投用，保安精制单元催化剂装填完毕，原料分析合格，火炬排放系统已投用。

（2）用氮气气密置换合格后将氮气排放至排放系统，关闭F201前手阀，投用E305冷却水和E302加热蒸汽。

（3）投用P301密封油系统和润滑油系统。

（4）引丙烯至D302：D701投用，T701、T702、T703、T704走旁通管线，F701进出口阀打开。D302底部进料阀关闭、D302上部进料阀开、E302蒸汽投用。用氮气将界区进料丙烯管线→700#旁路→D302系统充压到0.7MPa，以免管线发生冻结。联系调度后，稍开界区丙烯阀，开始引丙烯。引丙烯时注意控制流量压力，并联系化验AC1进行全分析。当D302升压至0.8MPa时关闭FV004，通过 PSV331 旁路和 D302 液位计排放线排至 BDL 直至 0.1MPa，充丙烯气置换三次。再次用丙烯蒸气将 D302 升压到 0.8MPa，打开 D302 底进料阀建立 40%液位。控制 D302 压力为 1.8MPa。

(5) 按操作规程启动 P301，建立小循环。

17 开车时环管反应器如何充丙烯？怎样判断环管已充满丙烯？

(1) 环管反应器充丙烯步骤：

① 环管丙烯气升压至 0.8MPa，夹套水循环已建立，预聚反应器夹套水温在 15~20℃，12201、12202 夹套水温在 40℃。

② 建立丙烯高、低压循环，即建立从冲洗线到闪蒸线到 D301、T301、E301、P302 再回到 D302，以及从 F301、T302、C301、T301、E301 回 D302 的循环。

③ 反应器所有排放阀、出料阀关闭，手阀打开，进反应系统丙烯线上的流量控制阀手动并关闭，副线关闭，前后手阀打开。

④ 开 E203 的蒸汽，检查疏水器的工作情况。将 PIC231 设定为 2.5MPa，投自动。

⑤ 开 FV221、FV241、FV251，一般自动控制 FV221 在 400kg/h，FV241、FV251 在 800kg/h，根据装置负荷适当调整。

⑥ 确认 D201 去 Z203 两道球阀关闭，且之间已顶上油。开 FV204 约 30%开度，按从上游到下游的顺序打开 FV204 去 Z203 的双重球阀 V203B、V203A（或 V208B、V208A），打开 Z30211A 下游的球阀 V204 和角阀 V205（或 Z30211B 下游的球阀 V209 和角阀 V210），设定 FIC204 在 2700kg/h，投自动。

⑦ 通过 FV203 和 FV231 向环管反应器逐渐加大丙烯进料量，提升幅度以 P301 能稳定压力和工作状况为前提，控制好 P301 泵出口流量和压力，FIC331 流量不大于额定流量，阀位富裕度≥10%、使 FIC331≤95t/h（不同规模的装置，对应的值应该不一样，需要说明，或者不大于额定流量）、PI333 在 4.9MPa 左右。随着液相丙烯的加入，环管压力将上升，根据环管压力慢慢提高 PIC231 的设定值，直至 3.4MPa。在环管升压操作期间，现场应仔细检查所有接口法兰处的泄漏情况（主要是底部大法兰及安全阀法兰）。如有异常泄漏，需立即停止环管丙烯进料。

⑧ 慢慢增加 D202 内压力至 3.4MPa（表），在充丙烯过程中仔细检查所有联接，主要是底部大法兰可能的丙烯泄漏点。

⑨ 待 LIC231 达到 10%时液位时，打开 LV231 的下游球阀，打开 LV231 向闪蒸管线排放 2~5min，以检查 LV231 是否正常。然后将 LIC231 投自动，给控制器一个比实际显示高 5%的设定值，待 LIC231 自动控制到达后，再继续重复向上设

定，直至达到最终目标42%。

(2) 判断环管已经充满液相丙烯：当环管压力达到3.4MPa时，打开各腿顶部排放阀至10%～15%开度，并监视下游温度指示，当温度指示急剧下降到-15℃时，就可判断该腿已充满液相丙烯。

18 为什么FV201、FV202氢气控制阀分别有三个？如何选择？

设置三个控制阀的目的是便于提高H_2进料的计量精度，一个是低范围的流量控制，一个是中范围的流量控制，还有一个是高范围的流量控制。选择时要根据所要生产的产品牌号及其所要求的融熔指数而定。

19 为什么在开车时三乙基铝应该多加一些？

在开车时会比正常生产期间加入更多的三乙基铝，这样做的目的一是杀死系统中的毒物，二是在系统中迅速建立催化剂浓度。

20 如何判断环管反应器是否已经建立反应？

可以从以下几个方面判断环管反应器反应迹象：

(1) 环管轴流泵的功率明显上升。

(2) 环管的密度上升趋势明显。

(3) 反应夹套水水温明显下降。

21 环管反应器不反应的原因有哪些？如何排除？

(1) 不发生反应的原因可能有：

① 原料杂质不合格(例如水、COS超标等)。

② 催化剂失活。

③ 催化剂加入中断。

(2) 排除措施：

① 化验分析进装置和进反应器原料：①如进装置原料有异常，联系调度调整原料供给，同步上游装置排查原因并处理；②如装置内部回收原料有异常，回收原料暂不回收改外排，及时切出内漏设备并处理；③切换原料精制床，增加三乙基铝加入量。

② 重新配制新催化剂。

③ 检查输送系统，恢复供应催化剂。

22 预聚反应器R200需要倒空而大环管循环需要维持，如何操作？

(1) 启动I202，甩预聚反应器R200。

(2) 现场关 R200 与 R201 之间的手阀。

(3) 停 P101、P104、P108，油洗 Z203、D201 系统。

23 催化剂在线混合器 Z203 堵有几种原因？应如何处理？

(1) 有以下几种原因可能造成 Z203 堵：

① D108 切换失误。

② 紧急停车时，TEAL、主催化剂、DONOR 突然中断。

③ Z203 冲洗丙烯 FIC204 流量过低。

④ Z203 毛细管内壁光洁度不够。

⑤ D201 系统有手阀内漏。

⑥ D201 内有杂物。

⑦ 催化剂内有气泡。

⑧ A201 机械密封泄漏。

(2) 一旦使用中的在线混合器发生堵塞(假设 Z203A 堵)则按下列方案操作：

① Z203A 切出：

先关闭 D201 的 A 线出料第二道阀 V201B，然后关闭 A 线出料第一道阀 V201A。

关闭 D201 主催化剂进料阀 V215。

关闭 D201 的 DONOR 进料阀 V214。

关闭 D201 的 TEAL 进料阀 V213。

联系外操后，中控将 P101A/B、P104A/B、P108A/B 泵冲程降到零。注意：关闭三路进料阀和降冲程时间要尽可能快，以防超压。

若出现 PDI211 低报，I229 动作，在确认 V215 关闭条件下，旁路 I229 复位并打开 HV211。

② 确认 Z203B 通畅情况：

确认 Z203B 的催化剂淤浆进料两道阀 V206A/B 关闭。

确认 Z203B 丙烯进料两道阀 V208A/B 关闭。

确认 Z203B 催化剂淤浆出料两道阀 V209 和 V210 关闭。

确认 Z203B 冲洗油总阀(FO214B 前球阀)、冲洗油线上三个球阀 V202B、V217、V220 和排放阀 V212 关闭。

确认冲洗油压力≥6.0MPa，且无其他间歇使用密封油用户。

打开排放阀 V212A、V212B。

打开冲洗油总阀(FO214B 前球阀)，打开冲洗油阀 V202B，确认 FI211 满量程。注意观察 A201 密封油压力，避免大幅波动。

先关闭 V212A、V212B 排放阀，待 FI211 流量计为零时，再关闭 V202B 阀，确保备用 Z203B 内充满白油。

③ 投用 Z203B：

联系后，中控将 FIC204 打手动，维持原自动时开度不变。

开 Z203B 丙烯进料阀 V208B，然后开 V208A。

开 Z211B 线上球阀 V209，然后开柱塞阀 V210(注意防止手轮压得过死，压断定位销)。

立即关阀 Z211A 线上柱塞阀 V205(注意防止手轮压得过死，压断定位销)。

中控确认 FIC204 流量正常。

关闭 Z211A 线上球阀 V204。

关闭 Z203A 丙烯进料阀 V203A，然后关闭 V203B。

打开 Z203A 排放阀 V211 放空管线内介质。

稍微打开 Z203B 冲洗油阀总阀和冲洗油阀 V202B(FI211 流量最大到 10L/h)。

联系后，中控恢复 P104A 或 B 冲程。

待出口压力 PI214 达到 5.0MPa 时，打开 DONOR 进料阀 V214。

当 D201 压力到 5.0MPa 时，先开 D201 的 B 线出料阀 V206A，后开 V206B。

联系后，中控恢复 P101A 或 B 冲程。

待出口压力 PI215 到 5.0MPa 时，打开 TEAL 进料阀 V213。

恢复 P108A 或 B 冲程。

待出口压力 PI142 达到 5.0MPa 时，打开主催化剂进料阀 V215。

将 FIC204 恢复自动控制，确认流量正常，内外操阀位核对正常。

确认流经 Z211B 的所有物流(TEAL、DONOR、催化剂、丙烯)都正常。

关闭 Z203B 冲洗油阀 V202B 和冲洗油总阀，切换过程完成。

对 D106 底部滤网进行拆检。

待 Z203B 切换完成后，确认 I229 联锁投用。

24 如何手动打开气动柱塞阀?

正常情况下，柱塞阀阀杆与手轮的销子保持脱开状态，在控制室里可以对这些阀门进行远程开、关。在紧急情况下某个柱塞阀无法自动打开时，为防止环管爆聚、超温、超压，可由当班班长决定、允许操作人员关闭这个故障阀门气源以手动摇出阀杆，同时联系仪表人员迅速处理。具体操作如下：

(1) 关闭故障气动柱塞阀仪表气源。

(2) 按下仪表空气过滤器尾部泄压阀，卸掉气路压力。在气源压力卸掉过程中，若仪表滑块其中一路气路堵塞，气动柱塞阀仍有可能会自动打开，要特别注意，防止手被夹住。

（3）将手轮向前摇到与阀杆全部接触，插上插销。

（4）摇动手轮将阀杆退出。

（5）在手动打开过程中，班长统一指挥，内外操密切联系，要特别防止手被夹住等情况发生。

25 第二环管反应器 R202 的温度偏高是什么原因造成的？会造成什么后果？应如何处理？

（1）R202 温度高可能是以下原因造成的：

① 催化剂进料速度太快。

② 氢气或 TEAL 进料增加太快。

③ 浆液循环效果不好。

④ 夹套循环水出现故障。

⑤ 循环冷却水或 E209 本身出现问题。

（2）造成后果：易使液相丙烯汽化，使环管上部出现气相空间，影响物料循环，导致浆液浓度不均，同时反应速度加快，难以控制。

（3）处理措施：及时查找原因及时处理，减少催化剂的进料量，暂停氢气浓度增加，密度与进料丙烯的串级断开，增加丙烯进料量，手动开大循环夹套水补水阀。

26 预接触罐 D201 堵塞如何处理？

（1）关闭 D201 的 A、B 线出料阀，手柄固定（上阀门锁），挂禁动牌。

（2）关闭主催化剂、三乙基铝、给电子体进 D201 阀（上阀门锁），停 P108、P101、P104，挂禁动牌。

（3）主催化剂、三乙基铝、给电子体进 D201 前管线泄压至零。

（4）停 A201 并停电。

（5）油洗 Z203、D201，经底排放阀排至 D607，注意 D607 的液位，排放时注意无其他用户排油。

（6）将 D201 夹套冷却水出口法兰脱开，从夹套冷却水进口导淋接低压蒸汽对 D201 升温至 80℃，D201 油洗 20 次以上后，泄压到零。

（7）关闭 A201 密封油阀。

（8）准备好白油、脱活剂及灭火器，接好氮气管。

（9）穿好防火服装，D201 拆开检修。

27 HV211 前单向阀堵如何处理？

（1）接蒸汽吹扫加热单向阀部位，若无效则进行下一步。

（2）关闭 HV211 后进 D201 球阀，P108 冲程降到零，从单向阀前导淋排放，尝试重新进催化剂，若无效则进行下一步。

（3）关闭 HV211 后进 D201 球阀，P108 冲程降到零，拆单向阀阀盖，清理阀芯后复位，提高 P108 冲程，出口压力达到 5.0MPa 打开进 D201 前球阀。

28 当环管反应器的密度计 DIC241、DIC251 指示不准时如何处理？

DIC241、DIC251 指示不准时，应视情况变化大、小，决定是否把串级断开，同时密切注意轴流泵功率的变化情况，看其是否在正常范围之内，如果变化明显，应及时调节各参数以维持稳定。同时，应尽快联系维修人员，尽快修复密度计。正常运行时宜结合实际摸索密度与轴流泵功率的对应关系，以在密度计发生较长时间故障失准时参照轴流泵功率保持运行。

29 预聚反应器 R200 的压力偏高是什么原因造成的？应如何处理？

（1）预聚反应器 R200 的压力偏高的原因：

① 出料管线 Z211C 出料不畅。

② R201 压力高。

（2）处理方法：

① Z211C 堵塞则需启动 I202 甩小环。

② R201 压力不降，则需加 10%CO，油洗 Z203 系统。

30 D202 顶部出来的气相丙烯有何作用？

D202 顶部出来的气相丙烯有两路：一路在开车初期，给环管系统充压、丙烯气置换等；另一路由 FIC232 控制以冲洗闪蒸管线，维持 D202 的气液平衡。

31 如何预防 D201 至 D607 管线堵塞？发生堵塞如何处理？

（1）预防措施：D201 底部排放前，D201 底部导淋接高压氮确认畅通，接通氮气后，确认 D607 内部有气流声或压力有明显变化。D201、Z203A/B 每次排放后先油洗，再接高压氮气吹扫，并确认 D607 内部有气流声或压力有明显变化。

（2）处理：如 D201 底排堵塞，D201 从 Z203 进行泄压，消防队监护，其他人员撤离，检修人员穿好防火服，拆靠近 D201 处法兰及环管二楼法兰，法兰面下放好接火盆和脱活剂，法兰拆开后，在保护下让管内物料流出，至不再有物料流出后，尝试先用高压氮疏通，仍不畅时，D201 至环管二楼管线用高压水枪疏通，环管二楼至 D607 管线接氮气确认畅通，若堵塞逐段切割疏通，并在每一个弯头增加法兰以方便拆清。

32 反应器系统压力超高是什么原因造成的？应如何处置？

反应系统压力超高通常是反应器出料管线堵塞造成的。

如发生超高的情况，手动开关 LV231，尝试冲开出料管线，如仍高则打开 HV253/HV257 及后手阀辅助控制出料。

33 试述环管反应器夹套水的填充过程。

（1）打开回路上的截止阀。

（2）打开热交换器 E208、E209 冷却水。

（3）通过 LV241 向回路注满脱盐水。

（4）将水缓冲罐 D203 接上 N_2封。

（5）启动水循环泵 P205 和 P206，P207 备用。

（6）为防止管道和热交换器结垢和腐蚀，可通过 Z209A/B 加入水处理化学品。

34 向环管反应器 R201、R202 紧急注入反应终止剂(CO)的开启程序及注意点是什么？

（1）开启程序：

① 关闭到火炬的排空阀 HV261、HV265。

② 3s 后打开 CO 钢瓶上的主阀 HV262、HV264。

③ 3s 后打开反应器的终止剂注入阀 HV263A/B/C/D/E/F、HV266A/B/C/D/E/F，这一步骤只有在 PSL263、PSL264 不动作的情况下才能动作。

（2）注意点：

① 注意环管反应器各点温度、压力等参数的变化。

② CO 压力低[小于 5MPa(表)]时，不能开启程序；PSL263、PSL264 动作时，HV263A/B/C/D/E/F、HV266A/B/C/D/E/F 关闭。

35 FIC204 流量低的原因是什么？会造成什么后果？如何处理？

（1）原因：

① Z211A(或 B)堵塞。

② 控制阀 FV204 故障。

（2）后果：易造成 Z203 堵塞。

（3）处理：

① 使用中的 Z211 堵塞则切换至另一条 Z211，且 Z203 也需切换。

② 通过 FV204 旁路控制流量，尽快修复 FV204。

36 为什么夹套水系统加入水稳剂？

加入水稳剂的目的是防止环管夹套结垢而影响环管系统的传热。

37 在 R201 充满丙烯后，启动 P201，发现振动强烈，是什么原因造成的？如何处理？

(1) 可能原因：

① P201 的机械密封故障，或机泵本身故障。

② P201 有杂物存在(如块料等)。

③ 温度原因产生谐振。

(2) 处理：尽快停下泵，根据具体原因而采取相应措施。

38 怎样确认轴流泵压力活塞 Z200、Z201、Z202 系统充满油？

向 Z200、Z201、Z202 及相关管线充油，边盘车边充油，静置一段时间从高点排气直到排出的白油没有气泡时可以证明系统充满油。

39 A201 皮带断如何处理？

当出现 A201 故障时，第一时间至现场确认是否皮带断引起。确认以后停 A201，关闭主催化剂进 D201 阀，停 P108，保持三乙基铝、给电子体进料。A201 交出更换皮带(预先套好 2~3 根皮带以便快速更换)。快速减少一环、二环丙烯进料以尽可能维持反应器密度。

40 P203、P204 故障如何处理？

若 P203、P204 故障，可以把其旁路阀打开，手动控制其温度，P204 停，断开 TIC221 和 TIC222 串级，手动控制 R200 温度。当 TIC221 升高时手动开大 TIC222 补充冷冻水，反之亦然。另外尽快修复 P203、P204。

41 D201 系统开车要做哪些准备工作？

(1) 要用油将 D201 及其附属管线清洗干净，相关阀门油密合格，杜绝阀门内漏。

(2) D201、Z203A/B、Z211A/B 充满白油，关闭 R200 上的柱塞阀。

(3) 开 A201 之前投用 Z210 密封油。

(4) 投用 D108 至 D201 间催化剂管线上的夹套冷冻水。

(5) 投用 D201 及 Z210 的夹套冷冻水。

42 联锁 I201 的名称、动作原因及结果是什么？

(1) 联锁名称：切断催化剂进料。

（2）动作原因：

1）HS203 启动。

2）FSLL204(至 E201 丙烯流量低)。

3）I202 动作(R200 停车)。

4）I203 动作(切断反应器进料)。

5）I204 动作(P201 停车)。

6）I205 动作(R201 紧急停车)。

（3）动作结果：

1）停止三乙基铝进料(切断 P101A/B 泵冲程)。

2）停止给电子体进料(切断 P104A/B 泵冲程)。

3）停止主催化剂进料(切断 P108A/B 泵冲程)。

4）停止 A201(IA201)。

5）启动 I228A 联锁(打开在线混合器冲洗油阀 HV212A)，2~5min(可调)后，冲洗油阀自动关闭，也可通过 HS212A“C”关闭 HV212A。

6）启动 I228B 联锁(打开在线混合器冲洗油阀 HV212B)，2~5min(可调)后，冲洗油阀自动关闭，也可通过 HS212B“C”关闭 HV212B。

7）给出盘面信号 I201 亮(IA201)：

① I201 由 HS203 复位键手动复位(复位时 A30201 自动启动)。

② 盘面设联锁旁路键 HS204D。

③ HS212AO 和 HS212AC 可以独立于 I201 而打开/关闭 HV212A。

④ HS212BO 和 HS212BC 可以独立于 I201 而打开/关闭 HV212B。

43 联锁 I202 的名称、动作原因及结果是什么？

（1）联锁名称：R200 停车及向排放系统排放。

（2）动作原因：

1）HS223 启动。

2）YSLH221(P200 停延时 5s)。

3）I205 动作(R201 紧急停车)。

4）PSHH221(R200 压力超高)。

（3）动作结果：

1）P200 泵停。

2）I201A 动作(切断催化剂进料)。

3）关闭 FV221(至 P200 的冲洗丙烯)。

4）关闭 HV223/1(R200 至 R201 进料)。

5）打开 HV223/2（R200 至排放）。

6）延时 30s 关闭 FV204（丙烯至 E201）。

7）给出盘面信号 I202 亮（IA202）：

① I202 信号由 HS223 复位键手动复位。

② 盘面设旁路键 HS222D。

③ HS224 可不受 I202 制约独立停泵 P200。

④ P200 停泵报警 YAL221。

44 联锁 I203 的名称、动作原因及结果是什么？

（1）联锁名称：反应器进料停止。

（2）动作原因：

1）HS233 启动。

2）LSH232（反应器缓冲罐 D202 高液位）与 LAHH231/1（反应器缓冲罐 D202 高液位）二取二。

（3）动作结果：

1）I201 动作（切断催化剂进料）。

2）关闭 FV203（至 R201 主丙烯流）。

3）关闭 FV201A/B/C（至 R200、R201 氢气进料）。

4）关闭 FV202A/B/C（至 R202 氢气进料）。

5）关闭 FV233A/B（至 R201 乙烯进料）。

6）关闭 FV234A/B（至 R202 乙烯进料）。

7）延时 30s 关闭 FV204（丙烯至 E201）。

8）关闭 FV231（至 R202 主丙烯流）。

9）给出盘面信号 I203 亮（IA203）：

① I203 由 HS233 复位键手动复位。

② 盘面设联锁旁路键 HS232D。

45 联锁 I204 的名称、动作原因及结果是什么？

（1）联锁名称：P201 停车。

（2）动作原因：

1）YSLH241（泵 P201 停）。

2）I220 动作。

（3）动作结果：

1）I201 动作（切断催化剂进料）。

2）关闭 FV201A/B/C（至 R200、R201 氢气进料）。

3）关闭 FV202A/B/C（至 R202 氢气进料）。
4）关闭 FV233A/B（至 R201 乙烯进料）。
5）关闭 FV234A/B（至 R202 乙烯进料）。
6）给出盘面信号 I204 亮（IA204）：
① 可通过 HS203（复位）手动复位 I201，从而恢复催化剂进料。
② 当 P201 重新启动时，至反应器的氢气、乙烯进料自动恢复。
③ 盘面设联锁旁路键 HS247D。
④ P201 停泵报警信号 YAL241。

46 联锁 I205 的名称、动作原因及结果是什么?

（1）联锁名称：R201 紧急停车。
（2）动作原因：
1）HS235 启动。
2）I010 动作（装置紧急停车）。
（3）动作结果：
1）I201 动作（切断催化剂进料）。
2）I202 动作（R200 停车）。
3）停泵 P201。
4）关闭 FV201A/B/C（至 R200、R201 氢气进料）。
5）关闭 FV202A/B/C（至 R202 氢气进料）。
6）关闭 FV233A/B（至 R201 乙烯进料）。
7）关闭 FV234A/B（至 R202 乙烯进料）。
8）关闭 FV203（R201 丙烯进料）。
9）关闭 FV241（P201 冲洗丙烯）。
10）关闭 HV249（R201 排放至 R202）。
11）关闭 HV240（R201 出料至 D301）。
12）关闭 HV243（R201 出料至 D301）。
13）关闭 HV258（R201 出料至 D301）。
14）给出盘面信号 I205 亮（IA205）：
① I205 由 HS235 复位键手动复位。
② HS246 可不受 I205 制约独立停 P201 泵。

47 联锁 I206 的名称、动作原因及结果是什么?

（1）联锁名称：P202 停车。
（2）动作原因：

1）P202 停。

2）I221 动作。

（3）动作结果：

1）关闭 FV201A/B/C（至 R200、R201 氢气进料）。

2）关闭 FV202A/B/C（至 R202 氢气进料）。

3）关闭 FV233A/B（至 R201 乙烯进料）。

4）关闭 FV234A/B（至 R202 乙烯进料）。

5）给出盘面信号 I206 亮（IA206）：

① 盘面设联锁旁路键 HS257D。

② P30202 停泵报警信号 YAL251。

48 联锁 I207 的名称、动作原因及结果是什么？

（1）联锁名称：R202 紧急停车。

（2）动作原因：

1）HS234 启动。

2）I010 动作（装置紧急停车）。

（3）动作结果：

1）停泵 P202。

2）关闭 FV201A/B/C（至 R200、R201 氢气进料）。

3）关闭 FV202A/B/C（至 R202 氢气进料）。

4）关闭 FV233A/B（至 R201 乙烯进料）。

5）关闭 FV234A/B（至 R202 乙烯进料）。

6）关闭 FV231（R202 丙烯进料）。

7）关闭 FV251（P202 冲洗丙烯）。

8）关闭 HV234（R202 与 D202 的连通阀）。

9）关闭 LV231（R202 出料至 D301）。

10）关闭 HV249（R201 出料至 R202）。

11）关闭 HV241（R201 至 R202 出料线的丙烯冲洗）。

12）关闭 HV253（R202 出料至闪蒸系统）。

13）关闭 HV257（R202 出料至闪蒸系统）。

14）给出盘面信号 I207 亮（IA207）：

① I207 由 HS234 复位键手动复位。

② HS256 可不受 I207 制约独立停 P202 泵。

③ HS241 在 I207 不动作时可独立打开/关闭 HV241。

49 联锁I209的名称、动作原因及结果是什么？

（1）联锁名称：R201底部紧急排放。

（2）动作原因：

1）HS244动作。

2）PSHH241（R201压力高高）动作。

3）I010动作（装置紧急停车）。

（3）动作结果：

1）打开HV244-1/2/3（反应器底部紧急排料阀）。

2）停P201泵。

3）给出盘面信号1209亮（IA209）：

① 当压力逐渐减少，低于4.15MPa，PSHH241消失，可由HS244（复位）关闭底部排放阀。

② 盘面设联锁旁路键HS245D。I209由HS244复位键手动复位。

注：即使压力低于3.7MPa，也可用HS244“启动”打开HV244-1/2/3。

50 联锁I210的名称、动作原因及结果是什么？

（1）联锁名称：R202底部紧急排放。

（2）动作原因：

1）HS254动作。

2）PSHH251（R202压力高高）动作。

3）I010动作（装置紧急停车）。

（3）动作结果：

1）打开HV254-1/2/3（反应器底部紧急排料阀）。

2）停P202泵。

3）给出盘面信号I210亮（IA210）：

① 当压力逐渐减少，低于4.15MPa，PSHH251消失，可由HS254（复位）关闭底部排放阀。

② 盘面设联锁旁路键HS255D。

注：即使压力低于3.7MPa，也可用HS254“启动”打开HV254-1/2/3。

51 联锁I211的名称、启动及复位程序是什么？

（1）联锁名称：紧急向R201注入阻聚剂。

（2）开启程序：直接按动HS263“开始”或使I220动作，自动进行如下开启程序：

① 关闭 HV261(去火炬放空阀)。

② 第一步延时 3s，打开 HV262(CO 钢瓶上主阀)。

③ 第二步延时 3s，打开反应器上的阻聚剂注入阀 HV263/A/B/C/D/E/F。

注：只有当 PSLL263 无信号(CO 压力>5.0MPa)时，才能进行第三步。若 PSLL263 有信号(CO 压力<5.0MPa)，关闭 HV263/A/B/C/D/E/F，当 PSL263 消失后且 PAH263 动作(CO 压力>5.5MPa)，HV263A/B/C/D/E/F 重新打开。

(3) 关闭程序：按下 HS263“复位”后，以下步骤自动进行：

① 关闭 HV263A/B/C/D/E/F。

② 3s 后关闭 HV262。

③ 再 3s 后打开 HV261。

(4) 检验操作：复位后或正常运行时，可进行如下检验操作：

① 用 HS261 关闭 HV261，3s 后可用 HS262 打开 HV262 复位到正常动作状态。

② 用 HS262 关闭 HV262，3s 后可用 HS261 打开 HV261 复位到正常动作状态。

52 联锁 I212 的名称、启动及复位程序是什么？

(1) 联锁名称：紧急向 R202 注入阻聚剂。

(2) 开启程序：直接按动 HS266“开始”或使 I221 动作，自动进行如下开启程序：

① 关闭 HV265(去火炬放空阀)。

② 第一步延时 3s，打开 HV264(CO 钢瓶上主阀)。

③ 第二步延时 3s，打开反应器上的阻聚剂注入阀 HV266/A/B/C/D/E/F。

注：只有当 PSLL264 无信号(CO 压力>5.0MPa)时，才进行第三步。若 PSLL264 有信号(CO 压力<5.0MPa)，关闭 HV266/A/B/C/D/E/F，当 PSL265 消失后且 PAH264 动作(CO 压力>5.0MPa)，HV266A/B/C/D/E/F 重新打开。

(3) 关闭程序：按下 HS266“复位”后，以下步骤自动进行：

① 关闭 HV266A/B/C/D。

② 3s 后关闭 HV264。

③ 再 3s 后打开 HV265。

(4) 检验操作：复位后或正常运行时，可进行如下检验操作：

① 用 HS265 关闭 HV265，3s 后可用 HS264 打开 HV264 复位到正常动作状态。

② 用 HS264 关闭 HV264，3s 后可用 HS265 打开 HV265 复位到正常动作状态。

53 联锁 I219 的名称、动作原因及结果是什么？

(1) 联锁名称：HV249 控制。

(2) 动作原因：

① HS249 动作。

② PAH243(R201 压力高)。

(3) 动作结果：HV249 打开：

① 当 I205 或/和 I207 不动作时，打开 HV249；如果 I205 或/和 I207 动作，HV249 必须保持关闭。

② 打开 HV249 时，给出盘面信号 I219 亮(IA219)。

③ 当 HV249 由 PAH243 或/和 HS249 打开后，只能由 I205 或/和 I207 动作自动关闭或由 HS249 手动复位。

54 联锁 I220 的名称、动作原因及结果是什么？

(1) 联锁名称：紧急向 R201 注入阻聚剂的自动启动。

(2) 动作原因：

① P201 泵停，延时 15~30s(可调)。

② 反应器温度高高 TSHH241。

③ 反应器压力高高 PSHH241。

④ I010 动作(装置紧急停车)。

(3) 动作结果：

① I204 动作(P201 停)。

② I211 动作(R201 紧急注入终止剂)。

③ 给出盘面信号 I220 亮(IA220)；盘面设联锁旁路键 HS240D。

55 联锁 I221 的名称、动作原因及结果是什么？

(1) 联锁名称：紧急向 R202 注入阻聚剂的自动启动。

(2) 动作原因：

① P202 泵停，延时 15~30s(可调)。

② 反应器温度高高 TSHH251。

③ 反应器压力高高 PSHH251。

④ I010 动作(装置紧急停车)。

(3) 动作结果：

① I206 动作。

② I212 动作(R202 紧急注入终止剂)。

③ 给出盘面信号 I221 亮(IA221)；盘面设联锁旁路键 HS251D。

56 环管反应器有何特点？

(1) 环管反应器内物料流动速度快，传热好。

（2）聚合速率高，单位体积产率高。

（3）反应器内各点催化剂分布均匀。

（4）搅拌能量少，设备简单。

（5）装料系数达 100%。

57 LV231 阀故障如何处理？

（1）立即打开 R202 底部排放阀 HV253/HV257 协助排料，同时密切注意环管压力变化，尽快修复 LV231。

（2）如果生产控制不了，按事故停车处理。

58 D203 的作用是什么？

（1）排出夹套水系统中的气体。

（2）补充 DW，保证夹套水系统充满水。

59 为什么开轴流泵之前环管系统要排气？

排气的目的是防止系统中存在气相而使轴流泵产生气缚、不上量、泵体振动等故障。

60 P201、P202 的开车步骤是什么？

（1）主密封油系统加油、排气和静态试压正常，安全密封油系统加油、排气正常。

（2）密封系统投用正常，包括主密封罐压力正常、冷却水投用，主密封系统冲洗丙烯压力、流量正常，压力活塞标高正常，安全密封罐油位正常、冷却水投用。

（3）确认润滑油油质、油位正常，轴承箱冷却水投用。

（4）确认环管反应器充满液相丙烯。

（5）工艺、仪表、电气确认。

（6）对泵盘车。

（7）启动泵电机。

（8）开车后注意泵振动、轴温、润滑油、密封油温度、泵功率的状况。

61 在投主催化剂之前应确认哪些条件？

（1）环管已升温至 70℃。

（2）DONOR、TEAL 已投用 2h 左右，H_2已投用 1h 左右。

（3）环管系统中 CO 含量$<0.1mL/m^3$。

(4) 大循环运行稳定。

(5) CO 系统处于备用状态。

(6) 原料化验分析数据合格。

62 环管进液相丙烯时为什么要先充压至 0.7MPa?

向环管充压至 0.7MPa 的目的是:

(1) 置换残留在环管中的 N_2 等气体。

(2) 可使大量液相丙烯进入环管时不会大量汽化而结霜冻坏设备。

63 环管反应器 R201、R202 密度高如何处理?

(1) 断开 DIC241 与 FIC203、DIC251 与 FIC231 的串级, 增加 FIC203、FIC231 的进料量总量 1%左右。

(2) 如果密度下降不明显, 有必要降低催化剂的进料量。

64 事故停车后, 如何保证环管反应器 CO 浓度小于 $0.1mL/m^3$?

(1) 向环管进新鲜丙烯, 从 E301 排放线排 CO, 并且回收循环丙烯。

(2) 将来自 E301 丙烯用泵 P302A/B 送至轻组分汽提塔 T701 脱除 CO, 使反应器的 CO 浓度小于 $0.1mL/m^3$。

65 轴流泵 P200、P201、P202 有哪些工艺控制参数? 哪些是串级?

R200 主要控制参数: FIC221, PIC221, JI221, TIC221, FIC204, TIC222。

R201 主要控制参数: FIC203, FIC241, JI241, DIC241, TIC241, TIC242。

R202 主要控制参数: FIC231, FIC251, JI251, DIC251, TIC251, TIC252。

串级有: TIC221 与 TIC222, TIC241 与 TIC242, TIC251 与 TIC252, DIC241 与 FIC203, DIC251 与 FIC231。

66 在停车期间, 发现主催化剂管线压力高应如何处理?

催化剂管线压力高多是进 D201 前单向阀处堵塞, 可以先尝试在单向阀处用蒸汽吹扫加热的方法, 如无效果则关闭催化剂进 D201 前手阀, 从单向阀处导淋排放或拆清单向阀。

67 在投料时, 三种催化剂和 H_2 投料顺序是怎样的?

(1) 先投用 TEAL。

(2) 再投用 DONOR。

(3) TEAL 进料 1h 以后, 开始加 H_2。

(4) TEAL 及 DONOR 加入 2h 后向环管加入主催化剂。

68 H_2在聚合反应中的作用是什么？

（1）调节聚合物分子量的大小控制产品的 MI 值。

（2）提高反应催化剂的活性。

69 轴流泵 P201 在运行过程中突然停止会引起什么危害？如何处理？

（1）危害：

P201 泵在运行过程中，起到使环管浆液循环的作用。一旦 P201 停运，失去动力，环管内聚合物料将会沉降至底部，环管将会产生局部爆聚。此时应做如下工作：首先设法在 10s 内重新启动 P201，以恢复循环；P201 停引发 I204 动作，切断 R201、R202 的氢气和乙烯进料，同时启动 I201 切断催化剂进料，经 15～30s 延时(可调)后，P201 停引发 I220，向 R201 中加入 2%CO 终止剂。

（2）处理：

若 P201 停止超过 10s，不能重新启动，则采取如下措施：

① 若 I220 未启动则直接启动 I211 向 R201 中加入 2%CO 终止剂。现场打开进 R201 和 R202 的 2%浓度 CO 钢瓶阀及后手阀，中控启动 HS263、HS266 向 R201、R202 各注入 2 瓶 CO。

② 按 HS235 启动键，启动 I205。

③ 按 HS244，启动 I209，通过 HV244-1/2/3，排放 2～4min 以确保 CO 到达 R201 各腿最低点。

④ 将 TIC241 设定 20℃，最大程度冷却 R201。

⑤ 确认 R201 温度和压力不再上升，否则打开 HV244－1/2/3，再排放 2～4min。

⑥ 继续向 R202 通入丙烯稀释环管，温度控制在 70℃。

⑦ 关闭三乙基铝、给电气体、催化剂进 D201 手阀，关闭丙烯进 R200 柱塞阀、球阀和进 Z203A/B 阀，停止 P101、P104、P108 的运行，油洗 D201 和 Z203 系统。

⑧ P302 出口切向 T701 脱 CO，R202 密度达到 450kg/m^3后，HV311 切排，F301、D501、D502 排空。

⑨ R202 密度达到 400kg/m^3后停 P202，关闭 FV251、FV231、LV231 及前后手阀。

⑩ 手动关闭 R201 丙烯进料控制阀 FV203 和 FV241。

⑪ P202 停运后，复位 I205。开 FV241、FV203 向 R201 注入新鲜丙烯。

⑫ 开 HV240、HV243、HV258 将 R201 每个腿底部的浆料排至 D301。

⑬ 以 HS235R 使 I205 复位，手动打开 FV203 和 FV241，向 R201 中注入新鲜丙烯，用丙烯充满 R201，并从顶部排气确认已充满。

⑭ 将 FIC241 设定到正常值，盘车后启动 P201，如启动成功，则继续向 R201 中进丙烯，并将 R200 开起来，R201 丙烯中 CO 含量降至 0.1mL/m^3后按正常操作程序重新开车。

⑮ 若启动 P201 失败，则启动 I205，关闭 R201 进料丙烯、乙烯和氢气的手动截止阀。

⑯ 通过 HV258、HV243、HV240 排空 R201 中丙烯，然后将余压排至火炬。

⑰ 用 N_2升压至 0.8MPa，然后排火炬，重复多次置换 R201 至可燃气合格后，联系检修 P201。

⑱ P201 修好后，按正常程序使 R201 充满丙烯，并启动 P201。

⑲ 按正常程序重新开车。

70 预聚反应器 R200 反应温度升高，超过 25℃如何处理？若超过 30℃如何处理？

R200 温度决定了高效催化剂表面的聚丙烯包裹程度。R200 温度过高，会导致聚合反应难以控制，使得 R200 内浆料密度超高，从而影响产品形态并导致输送线堵塞。

（1）温度高处理：

① 检查 TI224、TIC221 温度是否一致。

② 检查 PK601 系统、P601 是否正常。

③ 检查 P204 运行是否正常，否则切旁路运行。

（2）如果温度超过 25℃，则按下列步骤操作：

① 切断催化剂进料，继续保持三乙基铝和给电子体进料。

② 增加 R200 的丙烯进料量，以降低 R200 内催化剂浓度。丙烯进料量应缓慢增加，以便于控制 R201 的温度。

③ 继续保持丙烯中的氢气进料。

④ TV222 全开。

⑤ R200 温度恢复正常后，重新投入主催化剂。

（3）若采取以上措施后，R200 温度继续升高，说明 R200 夹套冷冻水量不足。如果温度达到 30℃，应按 HS223，启动联锁 I202，倒空 R200。

71 环管反应器温度过高的原因大致有哪些？若温度过高会有什么危害？如何处理？若超过 72.5℃、75℃，又该如何处理？

（1）危害：温度控制对环管反应器的操作非常重要，温度升高过快，可引起液体丙烯大量汽化，使得反应器顶部出现气相空间，造成物料无法正常循环，聚合物颗粒沉降，并出现聚合物在叶轮周围熔化的情况。

（2）造成环管反应器温度过高的原因有：

① 催化剂进料太快，或氢气和乙烯进料量增加过快而导致催化剂活性迅速增加。

② 循环泵操作不当，使得反应器内的浆料循环不充分。

③ 环管反应器夹套冷却水循环量不足（TV242、TV252 故障或 P205/P206/P207 故障）。

④ 反应器夹套水冷却器的冷却水循环量不足。

（3）处理：环管反应器温度上升，使得浆液密度降低，密度控制器会自动减少丙烯的进料量，此时应将密度控制器置于“手动”位置，维持较高的丙烯流量。反应器温度升高时，应提高环管的工作压力以防止循环泵产生气蚀。

（4）通常环管反应器的温度保持在 70℃，如温度超过 72.5℃，采取以下措施：

① 切断催化剂、三乙基铝和给电子体进料。

② 在反应器出料所允许的情况下尽量提高丙烯进料量，以降低反应器浆液中的催化剂浓度。

③ 在自动控制状态下，继续向丙烯中加入氢气，氢气与丙烯的比例不变。

（5）如温度超过 75℃，按如下操作：

① 向该环管注入 CO 反应中止剂，并立即停止该反应器的氢气进料。若两个反应器的温度都超高，应同时采取措施。

② 环管反应器下游设备继续保持运行，如反应器温度已降下来，且原因已查明，问题已解决，则应将环管中的 CO 置换掉，直到 CO 浓度低于 $0.1mL/m^3$，然后按正常操作步骤启动环管反应器。

③ 如生产某些牌号时采用高温催化剂，聚合温度条件为 80℃，则报警和联锁温度要相应修改。

72 运行中如何准确切换 Z203（以 A 切换至 B 为例）？

（1）Z203B 油试压。

（2）投 Z203B 冲洗油，看是否畅通。

（3）关 Z203A 入口阀。

（4）关三种催化剂进 D201 前手阀。

（5）三种催化剂泵冲程归零，停三泵。

（6）将 FIC204 改手动，流量维持不变。

（7）开丙烯进 Z203B 阀，依次开 Z203B 至 R200 球阀、柱塞阀。

（8）依次关 Z203A 至 R200 柱塞阀、球阀，关 Z203A 丙烯进料阀。

(9) 将 FIC204 投自动。

(10) 启动 P101，提冲程，当其出口压力达 5.0MPa 时开其进 D201 前手阀。

(11) 当 D201 压力达 5.0MPa 时开 D201 至 Z203B 手阀。

(12) P104、P108 同 P101 方法投用。

(13) 当 Z203B 运行稳定后停其冲洗油。

73 开停车时，如何准确投运或停止 Z203?

(1) 开车时:

① 开 Z203 冲洗油。

② 打开 Z203 冲洗丙烯。

③ 依次开 Z211 至 R200 的球阀、柱塞阀。

④ 当 FIC204 流量正常后，D201 压力高于 R200 时开 Z203 催化剂进料阀。

⑤ 停 Z203 冲洗油。

(2) 停车时:

① 开 Z203 冲洗油。

② 关 D201 到 Z203 的手阀。

③ 依次关 Z211 到 R200 的柱塞阀、球阀。

④ 关 Z203 冲洗丙烯。

⑤ 放空 Z203 至 BDL。

74 生产中 Z203A 堵，同时发现 Z211B 也堵(Z211A 未堵)，如何处理?

(1) 关 D201A 线出料阀。

(2) 关闭 D201 的三剂进料球阀，将 P108、P104、P101 冲程降到零。

(3) 增大 FV204、FV221 阀门开度，提高 FIC152 流量到 6kg/h。

(4) 丙烯冲洗 10min 后，旁路 I201，逐个关闭 Z203A 下游柱塞阀、球阀和丙烯进料阀，然后关闭 FV204，依靠 FV221 冲洗丙烯维持 R200 循环。

(5) 开 Z203A 冲洗油阀进行油洗 3min，拆下 Z203A 更换备件后复位，查漏正常后投用 Z203A。

(6) 恢复 FIC204 流量，确认正常。

(7) 恢复 TEAL、DONOR、催化剂注入量，重新开始升密度。

(8) 恢复 FIC221 流量至正常值。

75 满足什么条件才能启动 P201?

(1) 润滑油系统已启动，CW 投用。

(2) 密封油已投用。

(3) 环管已充满液相丙烯。

(4) 泵的冲洗丙烯已通。

(5) P201 已送电。

(6) 手动盘车 P201。

(7) 正常开泵时环管温度在 40℃左右。

以上条件满足才能启动 P201。

76 影响聚合物等规指数主要有哪些因素？开车初期应在操作上注意什么？

(1) 影响聚合物等规指数的因素主要有：

① DONOR 加入量。

② 环管温度。

③ R201 停留时间。

④ 原料丙烯质量。

(2) 开车初期应注意加大 DONOR 量，控制环管温度和停留时间，并确保原料丙烯质量合格。

77 主要停车步骤有哪些？

(1) 停主催化剂、TEAL、DONOR 和 H_2。

(2) 注 10%CO。

(3) 脱开 DIC241 与 FIC203 串级、DIC251 与 FIC231 串级，稀释环管。

(4) 当环管内浆液密度降到 450kg/m^{3}时，HV311 切排。

(5) 当环管内浆液密度降到 414kg/m^{3}时，HV311 切回 F301，维持大循环。

78 正常生产过程中，若 P301A 故障停，而备用泵 P301B 也无法启动，则会造成哪些危害？应如何处理？

(1) 主要危害：

① R200、R201、R202 内的聚合物浓度将迅速增加，同时温度上升，停留时间过长，影响产品质量。

② R200、R201、R202 冲洗丙烯中断，会损坏密封。

③ Z211A 或 B 线及 Z203A 或 B 会堵塞。

④ 后单元操作难以维持。

(2) 处理：

① 启动 I202，倒空 R200。

② 注 2%CO 到 R201、R202 中。

③ 将 TV242、TV252 开大到 65%，使环管反应器的温度尽可能低。

④ 确认已成功地终止反应后，停 P201、P202，切断各路丙烯进料阀。

⑤ 停止 H_2进料。

⑥ 油洗 D201、Z203 系统，停 P101、P104、P108。

⑦ 关 FV232，防止聚合物反窜至 D202。

⑧ 打开 HV240、HV243、HV258、HV253、HV257 和 LV231 倒空环管，若以上阀门无法倒空，则通过 HV244-1/2/3、HV254-1/2/3 倒空 R201、R202。

79 如何快速而较精确地算出 R201 与 R202 的反应比？

根据 R201 的夹套冷却水进出温差 TDI249 及其流量 FI271 和 R202 的夹套冷却水进出温差 TDI259 及其流量 FI272，就可算出 R201 与 R202 的反应比。

80 环管试压用的气相丙烯来自何处？各通过哪些阀门向环管充气？又通过哪些阀门泄压？试压到什么压力？

环管试压用的气相丙烯来自 E302。

通过 PV221、PV241、HV242、PV251、HV252 向环管充气。

通过紧急排放阀 HV244-1/2/3、HV254-1/2/3 泄压，试压至 1.8~2.0MPa。

81 在开车及正常运转中，FIC232 设定值为多少？其作用是什么？

FIC232 设定值为 250kg/h。其作用是冲洗 LV231 上游的闪蒸管线，确保畅通。

82 当环管密度计测不准时，应如何控制环管反应？

（1）FIC203、FIC231 解除串级控制，同时密切监视环管温度。

（2）根据 P201、P202 的功率来判断环管内的密度，同时可以参考 TV242、TV252 的开度。

83 有哪些阀门的物料必须排入 D601？

（1）环管反应器顶部安全阀（PSV221，PSV241，PSV242，PSV243，PSV251，PSV252，PSV253）。

（2）R201，R202 底部紧急排放阀（HV244-1/2/3，HV254-1/2/3）。

84 当 TEAL/DONOR 比调整时，如何调整氢气使熔融指数不至于偏出质量控制范围？

TEAL/DONOR 比上升，氢气下降。

TEAL/DONOR 比下降，氢气上升。

85 环管温度波动大，如何尽快稳定？

（1）解除密度和温度串接控制。

（2）自动控制恒定丙烯流量。

（3）调节夹套水温度，直到环管温度稳定。

86 R201、R202 的反应温度为什么选择在 70~80℃，反应压力选择在 3.4~4.4MPa？

（1）反应温度的选择取决于催化剂活性，在 70~80℃反应活性最高，且等规度也高。若低于 70℃，活性降低，等规度也低。若高于 80℃，目前已用的催化剂活性反而会降低，因而把反应温度控制在 70~80℃是完全合理的。

（2）反应压力的选择由两个因素决定：一是反应压力必须高于反应温度下的饱和蒸气压 0.4MPa 左右，在 70℃时，丙烯的饱和蒸气压力为 3.0MPa，在 80℃时，丙烯饱和蒸气压为 3.6MPa。二是聚合反应中要用 H_2 来控制聚丙烯的分子量，而 H_2 的溶解度取决于反应压力，若反应压力为 3.4MPa，则 H_2 的溶解度在 70℃只为 5000mL/m^3。为了生产高熔指的产品及双峰产品，有时需 H_2 量为 20000mL/m^3 左右，为此，必须使反应压力高达 4.4MPa。而对于常规的聚丙烯产品，反应压力 3.4MPa 即可。

87 生产中发现产品等规度低的原因是什么？如何处理？

（1）造成等规度低的原因可能是：

① 分析误差。

② DONOR 的加入量偏少。

③ 环管反应温度偏低。

④ 丙烯原料质量不合格。

（2）处理方法：

① 重新分析聚合物的等规度。

② 检查 DONOR 的加入量是否正常，可适当降低 TEAL/DONOR 的比值。

③ 检查环管反应温度是否正常，如偏低，则提高至正常值。

④ 检测进料丙烯的质量，可适当增加 TEAL 的量，其目的是杀死毒物；检查 D301 和 F301 内的粉料是否发黏，监视其料位控制，防止设备出料堵塞而造成停车。

第二节 气相法/多区循环气相本体工艺（Spherizone）

1 预聚合的作用是什么？

（1）预聚合可获得较好的催化剂形貌，在催化剂表面包裹上聚丙烯，减少催化剂的破碎，从而减少聚丙烯粉料的细粉含量。

(2) 预聚合可以均匀地激发催化剂的活性中心，以得到较高的催化剂活性。

(3) 预聚合可以避免高活性催化剂之间在初始聚合过程中的粘结，减少聚合物块料。

2 Spherizone 工艺烃类循环概括总结为哪几个循环？

(1) 小循环(1.8MPa)：丙烯进料罐 D330→丙烯原料泵 P330A/B→P330A/B 循环冷却器 E330→丙烯进料罐 D330。

(2) 大循环(2.8MPa)：丙烯进料罐 D330→丙烯原料泵 P330A/B→丙烯过滤器 F221A/B→多区反应器 R230→中压袋滤器 F310→高压尾气回收压缩机 PK320A/B→各个吹扫点、R230 反应循环压缩机 C250 入口→高压袋滤器 F230→氢气汽提塔 T241→T241 液体丙烯泵 P240A/B→乙烯汽提塔 T240→丙烯进料罐 D330。

(3) 中循环：分为高压循环和低压循环：

① 高压中循环(1.8MPa)：中压袋滤器 F310→高压尾气回收压缩机 PK320A/B→各个吹扫点、多区反应器 R230 出料、R230 反应循环压缩机 C250 入口。

② 低压中循环(60kPa)：低压袋滤器 F340→低压尾气回收压缩机 PK360→各个吹扫点、高压回收压缩机 PK320A/B 入口、400 单元的乙烯汽提塔 T430 中。

(4) 低压循环(15kPa)：汽蒸罐 D501→汽蒸罐洗涤塔 T501→尾气回收压缩机 PK510→界区回收利用。

3 导致催化剂在线混合器堵塞的主要原因是什么？

(1) 三剂压力和流量波动。

(2) 进在线混合器的丙烯流量低。

(3) 催化剂浆料中有大颗粒。

(4) 催化剂在线混合器内壁不光滑。

(5) 催化剂切换失误。

(6) 预接触罐使用时间过长，有结壁料。

4 预聚合反应器的负荷是如何计算的？

$$[\mathrm{R210PROD}]=\frac{[\mathrm{QR2101}]\times 859.8+\{[\mathrm{FT2101}]+[\mathrm{FT2103}]\}\times[\mathrm{CpC_{3=}}]/4.187\times\{[\mathrm{TT2101}]-[\mathrm{TT2107}]\}-[\mathrm{JTP210}]\times 859.8}{\dfrac{[\mathrm{RXNC_{3=}}]}{4.187}}$$

式中 [QR2101]=[FT2102][CPRW][TDI2105]/3600；

[JTP210]——P210 的实测功率，kJ/kg；

[FT2109]——去 E244 丙烯流量，kg/h；
[TDI2105]——R210 夹套进出口的温差，℃；
[TT2101]——R210 的实测温度，℃
[FT2102]——R210 的冷冻水进水流量，t/h；
[TT2107]——经 E210 冷却后进 Z210A/B 的丙烯温度，℃；
[CPRW]——RW 平均热容量，[kJ/(kg·K)]，其值为 3.887；
[$CpC_{3=}$]——丙烯平均热容量，kJ/(kg·K)，其值为 2.633；
[R210VOL]——R210 体积，m^3，其值为 1.32；
[$RXNC_{3=}$]——丙烯反应热量，kJ/kg，其值为 2131.8；
[DENS $C_{3=}$]——20℃丙烯密度，kg/m^3，其值为 515。

5 预聚合的停留时间如何计算？

$$[\tau R210]=\frac{[R210VOL]}{\frac{[FT210]+[FT2103]-[R210PROD]}{[DENSC_{3=}]}+\frac{[R210PROD]}{[POLDENS]}\times 60}$$

式中 FT2101——P210 冲洗丙烯量，kg/h；
FT2103——Z210A/B 丙烯流量，kg/h；
[R210VOL]——R210 体积，m^3；
R210PROD——预聚合产量，kg/h；
POLDENS——预聚合物真实密度，kg/m^3，其值为 900；
$DENSC_{3=}$——丙烯 20℃下密度，kg/m^3，其值为 515。

6 Spherizone 工艺中细粉的来源主要有哪些？

(1) 来自 R230 部分催化剂破碎反应后产生的细粉。

(2) 来自聚合产生细粉经 F310、F340 滤袋过滤至 D501 中。

(3) 来自聚合产生的细粉经 S501 旋风分离至 D501 内。

(4) 来自上游下料至 D520 中的细粉经 S520 分离后至 D521。

(5) 经过 T501/T520 丙烯洗涤塔洗涤后排到 Z671 中的细粉。

(6) 经装置风送造粒至 D802、D803、挤压机的细粉。

7 Spherizone 装置中聚合反应活性弱主要由哪些原因引起？

(1) 催化剂活性低，三剂(给电子体、三乙基铝、白油、脂、脱活剂)质量不合格、含有毒物。

(2) 原料丙烯、乙烯、1-丁烯、氢气质量不合格，含有毒物。

(3) 主催化剂中断。

(4) 氢气占用分压过大。
(5) 三乙基铝流量低。
(6) 气相反应器中惰性组分多或丙烷含量高。
(7) 预聚反应温度低。
(8) Atmer163 加入量过大。
(9) 上升段气速过大。
(10) 主反应器 R230 料位控制过低。

8 下降段冲洗流程 FIC2420A/B/C/D 丙烯来源有哪几路？分别在什么情形下使用？

(1) F221 过来的新鲜丙烯：
① 作为备用线。
② 作为生产三元共聚时用(纯度高)。
③ T240 不用时。
(2) T240 不经 E243 过来的液相丙烯：
① 正常生产时投用。
② 对下降段温度控制存在好处。
(3) T240 经 E243 冷却的液相丙烯：
① 生产高活性，高乙烯产品使用。
② 双峰牌号料位控制高时增加气提效果使用。
(4) F230 顶部气相丙烯：
① 节能降耗时使用。
② 开停工时使用。

9 影响多区反应器上升段气速原因有哪些？

(1) 循环气压缩机导流叶片开度。
(2) 循环气压缩机出口换热器底部蝶阀开度。
(3) 循环气回路压降。
(4) 反应器压力。
(5) 反应器温度。
(6) 上升段气体组分及密度。

10 在正常生产中，如果丙烯安全过滤器 F221 出现压差高需要拆清，工艺上如何处理？

(1) 在稳定丙烯总量 FIC2203 的前提下，缓慢开 F221 备台入口阀，并注意原料泵 P330 出口压力，保持稳定。

(2) 入口阀全开后，确认出口阀关闭。

(3) 通过过滤器顶部安全阀副线进行卸放，直至排 BDL 线结霜为止。

(4) 缓慢打开出口阀，并确认丙烯流量和压力正常，同时确认过滤器压差降低。

(5) 关闭再用 F221 的进出口阀。

(6) 打开切出 F221 底部排放，将液相丙烯排放，同时可打开 F221 顶部排放。

(7) 确认丙烯排净，现场压力表回零后，进行现场倒通充氮盲板。

(8) 用金属软管连接氮气，置换切出 F221。

(9) 分析可燃烃合格后安排倒盲，联系检修人员更换滤芯。

(10) 更换滤芯以后，盲板倒通，用氮气置换 F221 并升压气密。

(11) 确保系统气密、露点、氧含量合格后，投备用。

(12) 缓慢打开入口阀，确保不影响丙烯流量和泵压力的前提下，充满液相丙烯。

(13) 备用状态保持出口阀打开、入口阀关闭。

11 R210 压力高的原因是什么?

(1) 预聚反应器 R210 出料线堵塞。

(2) 预聚反应器 TIC2101 温度高。

(3) 冲洗丙烯 FIC2101、FIC2103 流量控制不当，流量过大。

(4) 下游主反应器 R230 备压过高。

(5) 经预接触罐 R200 活化后的催化剂加入过多或浓度增大。

12 R230 系统内如果丙烷含量过高会有何影响？如何处理?

(1) 影响：丙烷含量过高，造成丙烯分压降低，反应量减少，装置负荷降低，反应器压力升高。

(2) 处理：

① 应提高 E244 去尾气流量。

② 增加 FV2414 去 BL 倒空丙烷，根据 T240 底部的组分进行调整。

13 开车过程中 R230 出料前，下游系统应有哪些检查和准备工作?

(1) 检查 R230 下游系统出料阀前后手阀均已打开。

(2) 确认 R230 所有出料阀均已测试完毕且下游压力上涨正常。

(3) 中压脱气系统确认正常运行，高压循环压缩机 C320 运行正常。

(4) 低压脱气系统确认正常运行，低压循环压缩机 C360 运行正常。

(5) D501 汽蒸系统运行正常。

(6) D520 干燥系统运行正常。

(7) PK801 风送系统运行正常。

（8）维保人员带好防爆工具在 R230 出料线处做好拆清准备。

14 在生产部分产品时为什么用稀释过的 DONOR？

（1）DONOR 稀释的目的是为了提高计量泵的精确度。

（2）依据产品的物性，需要调整产品的分子量分布。

15 在 Spherizone 工艺正常生产中，主反应器 R230 上升段底部密度高如何处理？

（1）在下降段底部温度可控前提下，调小计量气的量。

（2）提高循环气压缩机的循环风量，注意主反应器料位的变化。

16 在 Spherizone 工艺正常生产中，反应器温度调整原则是什么？

（1）当反应器上升段和下降段温度都高时，可调整主反应器换热器温控 TIC2311 来控制。

（2）调整下降段温度主要依靠调整下降段流速来实现，通过调整计量气的量来调整下降段流速，将反应热及时带走。

（3）在正常生产过程中对下降段底部 TI2308、TI2309 几个温度点的控制，原则上不能超过 90℃，以防止出现块料风险。

17 在多区反应器反转前应注意哪些参数的变化？

（1）注意预聚接触罐 R200 的温度及蒸汽阀门的控制。

（2）注意预聚反应器 R210 的温度及蒸汽阀门的控制。

（3）注意主反应器 R230 的温度及蒸汽阀门的控制。

（4）注意多区反应器的四个点密度变化。

（5）注意多区反应器的下降段温度变化。

（6）注意多区反应器各点的压差变化。

18 在 Spherizone 工艺生产高抗冲共聚产品时，怎样将活性后移？

（1）提高主反应器的进料量。

（2）降低多区反应器的料位。

（3）降低多区反应器的温度。

（4）降低 Atmer-163 的加入量。

（5）提高上升段气速。

19 日常生产过程中，多区反应器四个密度控制范围是多少？

（1）上升段底部密度为 130~230kg/m^3。

(2) 上升段中部密度为 80~180kg/m^3。

(3) “Ω”段密度为 80~180kg/m^3。

(4) 下降段底部密度为 360~480kg/m^3。

20 正常生产中，计量气的作用是什么?

(1) 调整下降段物料流速。

(2) 控制下降段底部温度。

(3) 促进下降段物料转移上升段。

(4) 使下降段堆积物料松动，有利于物料流动。

(5) 作为补偿出料损失的气体。

21 在正常生产过程中，计量气控制时需要注意什么?

(1) 计量气不能大幅调整。

(2) 计量气一般控制在负荷的 100%±20%内。

(3) 计量气控制时注意上升段底部的密度变化。

(4) 计量气控制过大时注意下降段料位和密度变化。

22 在 Spherizone 工艺开工投催化剂后，如何快速判断有无反应?

(1) 关注预接触罐的蒸汽阀门开度变小和反应热的变化。

(2) 关注预聚反应器的蒸汽阀门开度逐渐变小和反应热的变化。

(3) 关注多区反应器的蒸汽阀门开度逐渐变小和反应热的变化。

23 多区装置从反转到建立床层料位时，核心注意点是什么?

(1) 注意下降段底部温度的变化，一般不超 90℃。

(2) 注意下降段底部贴壁温度的变化，一般不超 90℃。

(3) 注意液相丙烯计量气切出时下降段底部温度变化。

(4) 注意液相丙烯计量气和气相丙烯计量气转换的速度。

(5) 注意床层未见料位时，计量气不能过大，不然可能破坏床层，造成装置停车。

24 在多区工艺开工时，如何准确操控反转前和反转后的“纠结区”?

当下降段快要反转时可能出现密度上涨停滞现象，被称为“纠结区”，这时可以适当提高导叶和蝶阀的开度，使得循环气量增大，将上升段的物料尽快转移至下降段，将底部床层压实，这时要注意下降段底部温度的变化，在纠结区时温度容易高，当真正反转后，下降段温度均会降低。

25 在双峰生产模式下，下降段料位如何控制？

料位一般控制在中间料位的50%~70%，要确保将料位高于阻隔液喷嘴上方。

26 阻隔液的喷嘴设计原理是什么？

阻隔液的喷嘴设计成雨滴状是为了防止聚合物聚集在喷嘴顶部。喷嘴的孔径计算使其具有高压降，每个喷嘴均有两排3mm呈120℃分布的孔，从而确保从喷嘴喷出的气体和液体均匀分布。

27 设计阻隔液层的目的是什么？

阻隔液层的设计是将液相丙烯汽化达到气提作用，用于脱除进入下降段聚合物中夹带的轻组分，从而改变上升段和下降段的组分，将一个反应器阻隔成上升段和下降段通过不同组分的反应工况来实现提高产品的物性。

28 在多区反应器反转过程中下降段底部温度逐渐升高如何调整？

(1) 调整计量气液相丙烯FIC2405的量控制温度。

(2) 调整计量气FIC2301的量。

(3) 可适当调整导叶和蝶阀增加循环量。

29 在反转过程中出现密度上升一段，平一段，再上涨，应如何优化调整？

当出现此种情况时，说明在反转过程中压缩机循环气量未有效顺时针流动，料封未压实，这时需要调整导叶和蝶阀，将上升段的物料尽快转移至下降段，将底部床层压实，这时要注意下降段底部温度变化。反转的关键是反应内已产生足够量的聚丙烯粉料。

30 在正常生产时，如何调整导叶和蝶阀？需注意什么？

前提是参照压缩机的性能曲线。

(1) 导叶调整幅度一般是≤2%；

(2) 蝶阀调整幅度一般是≤1%，蝶阀有最小开度，避免出现压缩机喘振。

(3) 调整导叶和蝶阀后需要注意下降段料位和上升段底部密度、差压。

31 如果主反应器建立冷态运行后，压缩机停止再启动需要注意什么？

(1) 压缩机停止后，一定要注意反应温度的控制，在5min之内启动，防止丙烯液化。

(2) 压缩机启动时，一定要注意导叶和蝶阀的调整，保证在最低做功情况下启动，防止超电流再停机。

(3)如果压缩机在高压时启动不起来，则需将反应器压力快速降低至1.5MPa以下再尝试启动。

32 Spherizone工艺中，不同牌号主反应器中Atmer163浓度的控制范围是多少？

控制范围：多区反应器为80~130mg/kg，共聚反应器为50mg/kg。

33 PP粉料中灰分主要来自哪几种原料？以什么形式存在？

PP粉料灰分主要来自三乙基铝、给电子体、主催化剂和部分含磷的添加剂，分别以Al_2O_3、SiO_2、$MgCl_2$、TiO_2存在于粉料中。

34 在Spherizone工艺主反应器中，未反应完的丙烯单体如何处理？

未反应完的丙烯单体一部分通过倒空线回收，携带一定量的丙烷送至界区；另一部分通过R230出料线带至下游高低压袋滤器通过PK320和PK360进行单体循环回收利用，以降低单体的消耗和提高产率；尾气回收占比一小部分。

35 Spherizone工艺产品切换牌号注意事项有哪些？

(1) 注意反应活性的变化，及时调整催化剂加入量。

(2) 注意反应温度的变化，及时调整换热器温控阀。

(3) 注意气体分子量变化、文丘里流量计的变化。

(4) 注意循环气速的变化、压缩机的进出口压差变化。

(5) 依据反应参数的变化及时调整导叶和蝶阀的开度。

(6) 注意上升段底部压差和密度的变化，适当调整计量气。

(7) 随着氢气的增加，烃油含量增加，注意下游系统尾气回收压缩机的做功情况。

(8) 注意同向增加或降低催化剂活性的操作需要分步实施，即一项操作后待催化剂活性基本稳定，再进行另一项同向操作。

36 切牌号过程中，发现压缩机进出口压差变化较大时，应如何调整？

如果发现压缩机进出口压差逐渐降低或者升高，主要调整压缩机的IGV的开度，在压差稳定的前提下，可适当调整冷却器下部蝶阀开度，不适合大幅调整。

37 在单峰转双峰产品过程中，需关注哪些参数变化？

(1) 催化剂的活性变化。

(2) 主反应器的堆密度变化。

(3) 主反应器上升段气速变化。

(4) 主反应器下降段温度变化。

(5) 主反应器下降段流速变化。

(6)反应器上升段和下降段组分变化。

38 在双峰产品生产过程中，应重点关注哪些参数变化？

(1) R230 的料位：不能有大幅波动。

(2) 下降段的流速：不能过快。

(3) 阻隔液的流量：控制稳定。

(4) 下降段的温度：不能超过 90℃。

(5) 下降段气体中的氢气组分：不能有较大变化。

39 乙烯气体塔经塔底冷凝器去计量气流程什么时候投用？

(1) 生产均聚产品不使用。

(2) 生产双峰无规共聚产品不使用。

(3) 生产三元共聚时可以使用。

40 主反应器冷却器 E230 底部经冷却后会有液相产生吗？

高温气相丙烯经 E230 冷凝后会产生 5%左右的雾状液态丙烯，需要关注 E230 底部出口的温度变化，同时关注反应器的露点，一般出口温度-露点≥3℃。

41 在开工反转建立床层时，多区反应器料位 A/B/C 点均显示料位如何处理？

需要让仪表专业将料位标零，这种现象是由于建立床层时微量细粉带上分离段的光波信号变化引起的，标定后有利于后期料位的判断。

42 在生产过程中，如何判断主反应器 R230 出料不畅？

(1) 出料线压力比正常生产低，≤1.8MPa。

(2) F310 料位逐渐降低。

(3) R230 料位逐渐升高。

(4) 出料线丙烯流量降低。

43 预聚反应器 R210 为什么用丙烯升压至 0.7~1.0MPa 后再进液相丙烯？

(1) 没有背压，防止轴流泵冲洗丙烯进到双端面密封汽化后对机封有损伤。

(2) 没有背压，防止液相丙烯进入 R210 后汽化，汽化后大量吸热，可能对垫片密封造成影响。

44 如何判断 Z201 堵塞？

（1）催化剂注射器出口压力高报。

（2）预接触罐压力高报。

（3）DONOR 泵出口压力高且无流量。

（4）TEAL 泵出口压力高且无流量。

（5）冲洗油冲洗，无流量显示。

（6）丙烯进预聚反应器流量正常。

45 预聚合的目的是什么？

在催化剂颗粒表面包裹上一层聚合物薄层，防止催化剂进入高温环境后发生高速反应使催化剂颗粒破碎而产生大量细粉。

46 需要满足什么条件才能启动预聚反应器轴流泵 P210？

（1）确认轴承箱油位、油质正常，冷却水系统、安全附件投用正常。

（2）确认安全密封油系统运行正常，顶部 BDL 阀已打开。

（3）确认压力活塞和压力油罐系统正常。

（4）确认预聚反应器已充满液相丙烯。

（5）确认轴流泵冲洗丙烯流量正常。

（6）确认轴流泵已送电。

（7）确认手动盘车正常，无卡涩。

（8）联系中控室启动泵。

47 循环气压缩机 C250 的高位油槽配置的目的是什么？

当 C250 紧急停车后，电机带有惯性，此时辅助润滑油泵未启动，无润滑油供给轴封润滑，设置高位油槽保证了高度差的同时提供后润滑。

48 循环气压缩机 C250、C401 电机设置净化风吹扫的目的是什么？

设置净化风吹扫的目的是保持电机箱内微正压，防止可燃烃类在电机箱内聚集发生爆炸事故。

49 多区工艺 CO 系统的 CO 含量为多少？铝瓶的体积多大？压力多少？

CO 含量为 10%，钢瓶的容积为 40L，压力为 15MPa。

50 在正常单峰生产时，阻隔液为什么要保证一股气量？

目的是防止生产单峰产品时，小分子聚丙烯颗粒堵塞阻隔液棒喷嘴。

51 生产三元共聚产品时需要注意什么？

（1）防止三元共聚产品黏度高，需提高 Atmer163 浓度。

（2）可将中压袋滤器的气提丙烯切至新鲜丙烯流程，以减少丁烯带入下游；防止尾气回收单元的丁烯冷凝，可依据工况关小冷冻水阀门。

（3）依据组分变化，需及时增大 IGV 和蝶阀的开度。

（4）防止高压回收压缩机入口冷却器 E320 有丁烯冷凝。

（5）注意低压回收压缩机级间冷却器温度控制。

（6）注意汽蒸单元内部温度不宜过高。

（7）注意下降段温度，及时调整计量气流量；注意上升段和下降段密度，及时调整上升段流速和计量气流量；注意下降段发生“托空和分层”情况，及时调整计量气。

（8）注意乙烯和丁烯加入比例及浓度，及时调整乙烯和丁烯加入量；注意下降段流速变化，FIC2420 改用新鲜丙烯，必要时增加 T240 底外排倒空丙烯量。

52 生产三元共聚产品时，怎样有效降低尾气回收单元烃分离罐排放水中的 C_4 含量？

（1）关小尾气回收压缩机出口冷凝器的冷冻水。

（2）将烃分离罐中的氮气分布器流量调大。

（3）给烃分离罐的夹套蒸汽开大。

53 三元共聚切至均聚总体思路是什么？

（1）平稳控制乙烯气提塔，将塔底的液相丁烯外排至下游装置或罐区。

（2）保持 Atmer163 的浓度不变。

（3）停止主反应器中的丁烯和乙烯进料。

（4）在一定斜坡内，提高反应器压力，维持好下游系统稳定。

（5）直至主反应器和塔的丁烯含量≤1%时，调整三剂和 Atmer163 的量。

（6）将系统逐步恢复单峰模式生产流程。

（7）将汽蒸单元和尾气回收单元参数调整正常。

54 预接触罐 R200 采用耦合式无填料磁力驱动的目的是什么？

从根本上杜绝了介质外漏和内部介质污染，顶部用高压油进行冲洗，防止催化剂颗粒进入衬套。

55 拆除和更换在线混合器的操作步骤有哪些？

因堵塞的催化剂管和在线混合器可能含有 TEAL，故在拆除全过程必须穿戴 TEAL 专用防火服。

（1）堵塞切至备用线正常后隔离流程，并给阀门上锁。

（2）将冲洗丙烯管内丙烯排放至火炬系统，关闭至火炬阀门。

（3）打开油洗流程并确认流量是否正常，直至冲洗油流量降低至零，管线已充满。

（4）再次打开泄放至火炬阀门，重复操作 3~5 次，关闭泄放阀门。

（5）穿戴好劳保用品进行法兰拆卸，注意站至上风向。

（6）将备用毛细管和在线混合器更换。

（7）活接头对接时注意水平，上紧时不能有咬力。

（8）使用新的铝垫把紧复位法兰。

（9）向系统充满油，做好油密备用。

56 在多区反应器中，聚合物在上升段和下降段分别是什么状态？

聚合物在上升段为流化床状态，下降段为堆积床。

57 当计量气调整过大时，会出现什么现象？

（1）会出现上升段底部密度高。

（2）上升段底部压差升高。

（3）下降段堆密度压差变小。

（4）下降段底部温度降低。

（5）R230 出料不顺畅，托料现象。

（6）当气体流速大于聚合物相对滑移速度时，会出现破床现象。

58 三剂投用前，为什么一定要将管线压力升至≥5MPa？

目的是防止冲洗丙烯反窜至 R200 发生反应，造成堵塞。

59 多区反应器分为几段？

多区反应器分为 J 型段、上升段、Ω 段、阻隔段、下降段和 L 段共 6 个部分。

60 正常生产过程中，如何判断主反应器冷却器 E230 堵塞？

在循环气压缩机导叶、蝶阀不变的情况下，压缩机压差逐步升高，排除仪表原因后，基本可以判断为 E230 堵塞。

61 Spherizone 工艺主反应器中 Atmer163 浓度如何计算?

主反应器中 Atmer163 浓度为(FIC2107+FIC2330+FIC2331+FIC2334)/总负荷。

62 R230 系统内如果丙烷含量过高有何影响?如何处理?

丙烷含量过高，造成丙烯分压降低，反应量减少，装置负荷降低，并造成反应器压力升高。应提高乙烯气提塔底去界区倒空丙烯的流量，开大 FV2414，将丙烷脱除。

63 氢气精制塔循环泵 P240 如何切换?

(1) 确认氢气精制塔 T241 至备泵的进出口流程已打开，泵体已充满液。

(2) 确认备泵润滑油、密封油油位、油质、水冷系统投用正常。

(3) 确认将 P240A/B 自动切换开关打到手动。

(4) 现场盘车，确认正常。

(5) 电气确认备泵已送电。

(6) 确认备泵吹扫丙烯已打开，流量正常。

(7) 现场将开关切至自动模式。

(8) 通知控制室准备启动备泵，注意流量变化。

(9) 现场手动停止 P240 在用泵，备泵会自启，观察现场出口压力。

(10) 如果备泵自启失败，现场打手动启动备泵。

(11) 现场检测运行泵运行状态。

64 主反应器 R230 阻隔液、冲洗液、DOSING 气、输送气的作用是什么?

(1) 阻隔液：使颗粒之间以及颗粒内溶解的大量的氢气和丙烯(部分产品中会有乙烯)被气提出去，只允许固体夹带着阻隔区的丙烯气向下流动，这样是为了生产双峰均聚物(不同的 H_2浓度)或具有不同乙烯浓度的无规共聚物。

(2) 冲洗液(气)：为下降管管壁侧的物料疏松、润滑，增加管壁侧物料的流动速度，帮助下料，有部分降温作用，尤其是切至液相丙烯流程。

(3) DOSING 气(计量气)：聚合物在下降段流动形式理论上属于活塞流，但是事实上，靠近反应器内壁的聚合物流速低，中间流速快，通过加入计量气改变了聚合物在截面上通过的流量，使物料便于循环或排料。

(4) 输送气：帮助聚合物从下降段循环回上升段，防止阻塞“L”段。

65 正常生产时，氢气精制塔顶深冷器 E244 液位为何不能控制过高?

为了使 E244 中有充足的空间对气体进行冷却、洗涤，有利于分离氢气和部分轻组分，另外，若液相带入至压缩机入口，易引起压缩机损坏。

66 氢气精制塔 T241 的深冷器 E244 的作用是什么？

进一步脱除氢气、CO、甲烷等轻组分，将液相丙烯冷凝回收，加入新鲜丙烯的作用是进一步洗涤乙烯、丁烯等重组分。

第三节　气相法/立式搅拌釜气相本体工艺(Lumms)

1 聚合反应中异丙醇的作用是什么？其进料位置在何处？

(1) 异丙醇的作用：在抗冲共聚物生产时，控制第二反应器内橡胶相合成。所需异丙醇量取决于第一反应器内 TEA(烷基铝)加入量和生成抗冲共聚物的量。

(2) 生产抗冲共聚物时，可通过异丙醇计量泵将异丙醇加到以下两个地方：

① 聚丙烯粉末和载气从第一反应器流到第二反应器的输送管道。

② 循环气从串联循环气相分离器返回第二反应器底部分布环的进料总管上。

2 加入反应器的异丙醇进料流量是如何调节的？

(1) 通过加入第一反应器 TEAL 量与 TEAL/异丙醇的比例控制。

(2) 控制加入第二反应器异丙醇的进料流量。

3 异丙醇储罐加料操作中有哪些安全注意事项？

(1) 由于异丙醇为高易燃性的液体和蒸气，因此在整个运输和抽送物料的操作过程中不能接触明火。

(2) 异丙醇蒸气闪点仅为 12℃，必须保证桶的接地良好，防止静电火花造成闪爆的危险。

(3) 异丙醇蒸气相对密度大于空气，极易沉降在低处或密闭空间，因此在操作时应保证操作空间畅通，桶所在的地面无明/暗沟，防止异丙醇蒸气的沉降。

(4) 异丙醇液体对人眼及皮肤有强烈刺激，操作时必须佩戴防护眼镜和橡胶手套，不允许人体直接接触：如果溅入眼内，应立即用洗眼器冲洗至少 15min 以上，然后送医；如果衣服沾染，应立即脱去被污染的衣服，用肥皂和大量的水冲洗至少 15min，出现刺激作用时应送医就诊。

(5) 异丙醇蒸气对人体中枢神经有抑制作用，人体吸入时会造成嗜睡和头晕。一旦发现误吸入，应立即撤离到有新鲜空气的地方；如果吸入者已经没有呼吸，应立即在现场进行人工呼吸急救；如果出现呼吸困难，应立即进行氧气供应，然后送医处理。

(6) 异丙醇在世界卫生组织国际癌症研究机构公布的 3 类致癌物清单中，要严防泄漏和防止直接接触和吸入。

4 硅烷的作用是什么？装置所用硅烷的种类有哪些？

（1）作用：硅烷是一种有机硅的化合物，作为聚合反应的外部立体分子结构调节剂，它用于控制产物中等规聚合物晶体产量，即产品等规度。

（2）种类：Novolen 工艺包中一般确定硅烷[通常为 BuPS(异丁基-异丙基-二甲氧基硅烷)或 D-给电子体(二环戊基-二甲氧基硅烷)]用作外给电子体。

5 如何控制加入反应器硅烷的进料量？

加入反应器硅烷的进料，设置并联的大、小流量调节阀(根据硅烷加入量的大小选择流量调节阀)，根据主催化剂进料总流量与主催化剂进料总流量/硅烷的比例，控制硅烷向反应器进料流量。

6 如何确保反应器内丙烯保持气态？

（1）DCS 系统内进行计算冷凝临界值 P_c，确保粉末床层温度高于露点。图 4-1是纯丙烯的压力-露点曲线。混合物的露点会比纯净的丙烯露点低，取决于混合物中丙烯的含量，丙烯含量越高，越接近纯丙烯曲线。

（2）搅拌器功率也是反映反应器内是否有液体丙烯的很好指标：如果存在液体丙烯，功率明显降低，搅拌器的混合能力下降，从而能辅助判断是否有冷凝发生。

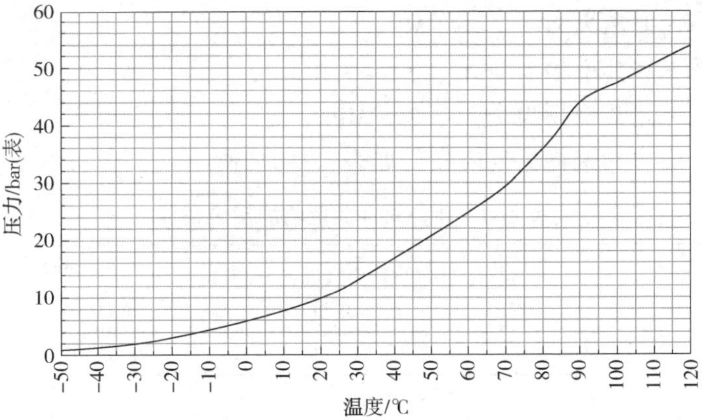

图 4-1　丙烯的压力-露点

7 简述 Novolen 气相反应器的型式、平均停留时间及聚合过程中粉末颗粒的直径大小。

（1）反应器为立式搅拌床反应器。

（2）聚合物在反应器内的平均停留时间为 1h 左右。

(3)聚合过程中粉末颗粒的直径大小为 20~60μm。

8 通常 Novolen 装置气相反应器的搅拌器的转速是多少?

在正常运行时，搅拌器转速为 20~25r/min，取决于产品牌号，最大为 26r/min。

首次开工初期和不在聚合反应条件下时，搅拌器转速为 3r/min。

9 Novolen 气相聚合反应产生的热量如何撤出?

聚合反应产生的热量通过液相单体丙烯蒸发带走：生产 1t 聚合物大约需要 6t 的循环丙烯蒸发(丙烯聚合热 2093.4kJ/kg，丙烯蒸发热 334.9kJ/kg)，蒸发后的循环气体在经过换热器冷凝后通过泵的输送又返回反应器。

10 Novolen 气相聚合反应丙烯转化成聚丙烯的转化率是多少? 转化率如何确定?

丙烯转化成聚丙烯的转化率大约为新鲜进料的 75%~85%，但会按照聚合物的形态(均聚、无规、抗冲)和装置负荷的大小而改变。

该转化率主要由从反应器向下游粉末出料仓进行聚合物输送的气体量来决定。

11 简述 Novolen 气相聚合反应条件。

(1) 生产均聚物为 80℃、3.0 MPa。

(2) 生产无规共聚物为 75℃、2.2~3.0 MPa。

(3) 生产三元共聚物为 75℃、2.5 MPa。

(4) 生产抗冲共聚物的反应条件如表 4-1 所示。

表 4-1 生产抗冲共聚物的反应条件

产品种类	第一反应器(均聚)		第二反应器(抗冲)	
	压力/MPa	温度/℃	压力/MPa	温度/℃
抗冲	3.0	80	1.65~1.8	80

12 聚合反应器主要的三个过程变量是如何控制的?

(1) 聚合反应器压力：通过调节新鲜丙烯进料来补充转化成聚丙烯的丙烯量来控制。

(2) 聚合反应器温度：通过调节反应器的循环液体冷却剂量控制。

(3) 聚合反应器料位：通过聚丙烯产物的排出来维持恒定的聚合物床层高度。

13 如何在聚合反应器内控制粉末的性质参数?

(1) 聚合物分子量(链长):通过离线分析聚合物的熔融指数(MFR),调节氢气的进料量来控制。

(2) 聚合物链的等规度:通过测量聚合物的二甲苯可溶物含量(%)来间接确定等规度,调节硅烷的进料量来控制。

14 描述反应器循环气系统的简要流程。

丙烯气不断从反应器顶端排出,并在冷却回路内处理:气相中夹带的聚合物细粉首先经过旋风分离器进行分离,收集的粉末直接经喷射器通过液态回收丙烯带回反应器中,循环气过滤器将过滤无法分离的聚丙烯细粉。然后从过滤器排出的干净气体和从载气压缩机返回的循环载气流汇合后进入循环气冷凝器进行冷凝。冷凝的液相丙烯由循环泵送回反应器作为冷却剂,所有不凝(惰性)气体进入循环气深冷器进行进一步冷凝,被冷凝的液体回流至循环气冷却器,不凝(惰性)气体进入循环气压缩机入口罐。不凝气由循环气压缩机压缩后返回反应器底部。

15 反应器循环气如何进行气体和粉末粉尘的分离?

从反应器顶部不断排出的气体,进入反应器冷却回路。首先气体和粉末粉尘通过以下两个部分分离:

(1) 反应器顶部出料气体进入旋风分离器移除颗粒细粉。旋风分离器收集的粉末连同含有的催化剂一起经过底部喷射器返回反应器。作为动力气的液体循环丙烯,通过质量流量计和流量调节阀进行测量和控制。旋风分离器外壁应保温绝热以免冷凝。

(2) 经过旋风分离后,气体携带微量细粉进入循环气过滤器进行过滤。过滤干净的循环气进入反应器冷凝器进行冷凝。

16 简述反应器循环气的冷凝和压缩过程。

对于所有的产品生产,循环气体会在立式冷凝器内冷凝,液体通过循环泵作为冷却液循环回反应器。未冷却部分,主要是氢气和一些丙烯、丙烷和乙烯(如生产无规共聚物),进入深冷器再冷凝,冷凝下来的液体回流到立式冷凝器内,进入深冷器内分离后,不凝气流经压缩器吸入罐,未冷凝的气体在高速离心压缩机内压缩,然后返回到反应器底部分布环进口。

17 从第一反应器循环泵出来的液体冷却液被分成哪几股液流?各如何控制?

从循环泵出来的液体冷却液被分成4股液流:

(1) 通过从循环泵出口最小流量维持线返回第一反应器循环冷却器作为循环泵出口的最小流量维持线。

（2）反应器的温度由流回反应器顶部的液体丙烯控制。丙烯被喷淋在粉末床层上，由反应器温度测量仪串级控制丙烯进料量来调节丙烯喷淋量。

（3）去反应器顶部的旋风分离器底部，通过喷嘴喷射可以将细粉带回反应器内，由流量控制阀对喷射量进行控制。

（4）由流量控制器控制循环冷却液流入反应器底部分布环，设定为1/3的总液体量（循环丙烯量+新鲜进料量）。

18 简述TEAL（三乙基铝）失活的安全程序。

未反应的TEAL在运行设备内积聚，如果积聚量大，暴露在空气中会发生火灾。因此制定TEAL失活的安全程序并遵从是非常重要的：

（1）应穿戴防火套装（防火服、防火面罩、防火手套、防火靴）防止TEAL烧伤。当处理TEAL时，最基本的事项是穿戴安全服（镀铝的聚酰胺纤维防火安全服）和手套、面具等，向需要进行拆卸作业的设备或管道内注入CO_2，并保压10min，（根据设备和管道内可能残留的物料，如聚合物黏结、油脂类粘壁等，应适当延长保压失活时间。）然后用N_2吹扫，以净化相关的设备用CO_2清除TEAL时可能出现的气体反应产物。

（2）需要两名操作人员配合工作，同时全身穿戴特殊的安全服。当第一位操作员执行任务时，另一位应手持TEAL灭火器（一般为D类干粉灭火器）保护操作人员的人身安全。

（3）打开设备/管线时，应缓慢、仔细打开并查找是否有臭味（当TEAL存在时与空气反应放出臭味）或冒烟。

（4）如果发现臭味，应立即关闭设备/管线，用CO_2重新失活。

（5）再次失活后，再打开设备/管道。

19 简述反应器搅拌器密封系统的投用步骤。

（1）确定搅拌器封油系统已安装完毕，准备开工。

（2）检查封油缓冲罐内的液位，如果需要适合等级的白油，重新注满。

（3）检查封油缓冲罐内的压力，密封系统的备用氮气瓶准备完毕。

（4）检查封油冷却器内的冷却水流速。

（5）检查封油排出口的液位和压力。

（6）开启封油循环泵，检查封油流速和过滤器压力降。

20 第一反应器新鲜丙烯进料有哪几路？各有什么作用？

（1）新鲜冲洗丙烯：用于携带催化剂进入反应器。

（2）新鲜丙烯：进入反应器底部分布环，与反应器压力串级控制，用于调节反应器的压力。

（3）反应器搅拌器机械密封用密封冲洗丙烯：取决于反应器搅拌器供货商要求的数据要求。

21 简述 Novolen 反应器中搅拌器的类型、作用以及特殊设计。

反应器内为立式螺带式搅拌器，其作用为翻动粉末，并使粉料从反应器边缘提升，然后从中心落回反应器，减少挂壁现象，并使粉料、汽化丙烯与催化剂充分混合以提高反应效率。

该螺带式搅拌设计特殊，搅拌桨截面为三角型，可以保证粉料颗粒流动状态按规定的方向流动。其底部线性与封头相配合，间隙为 0~1mm，搅拌器与反应器内侧壁的距离为 15cm，转速 0~26r/min，采用变频器控制转速，该搅拌器由专利商指定制造商。

22 简述反应器压力的影响因素及控制。

（1）反应器压力和反应器新鲜丙烯进料是互相关联的：当增加新鲜丙烯进料量，反应器压力会相应升高；相反，当减少丙烯进料量，反应器压力降低。

（2）反应器压力串级控制反应器进料丙烯，调节新鲜丙烯进料，来调节反应器的压力。

（3）反应器催化剂活性变化对反应器压力的影响明显，活性变差时压力会明显上升而减少丙烯进料量反之亦然。

23 反应器温度测点的设置方式是怎样的？

（1）反应器温度通过 14~16 台传感器测量。

（2）其中的下方 10 台安装在粉末床层。

（3）作为反应器控制和反应器高温切断操作的基本因素，过热粉末床层的平均温度计算如下：通过 TT01-07 检测的温度经过最小/最大值选择器排除最大值和最小值，然后对剩下的三个值进行平均，所得的平均值显示在反应器温度指示上。

24 反应器的设计温度范围是多少？反应温度报警和联锁设置是怎样的？

（1）反应器的设计温度范围为-48~160℃。

（2）超过不正常运行时的最高温度：当达到反应器设计温度前（在 120~125℃），聚合物将熔化，所有残留催化剂失活。

（3）如果反应器温度达到高警报值（100℃），通过关闭催化剂进料阀隔离催化剂。

（4）如果不采取任何措施，反应器温度将继续上升，115℃时反应器超高温切断程序激活，反应器随之停工。

25 第一反应器料位如何控制？

第一反应器料位通过出料程序排出聚丙烯粉末来控制：出料控制程序将控制3个间歇开关出料的出料阀，粉末在反应器的压力下排出到出料罐。当第一反应器和第二反应器并联生产时，第一反应器的物料通过出料程序排向粉末出料仓；当第一反应器和第二反应器串联生产时，第一反应器的料物通过出料程序排向第二反应器。

26 第二反应器料位如何控制？

第二反应器料位通过出料程序排出聚丙烯粉末来控制：3个出料阀会在出料控制程序的作用下，按顺序逐个打开、关闭，粉末在反应器的压力下排向粉末出料仓。

27 第一反应器循环气冷凝器 E310 冷却水中断的后果是什么？

循环气冷凝器 E310 冷却水中断，温度较高的循环气进入冷凝器中，会使其中的液相丙烯迅速汽化，造成设备超压。因此，当 E310 循环水故障时，反应器联锁触发，启动注入 CO 停车。

28 如何保证循环气压缩机不带液？

（1）从反应器冷却器上部排出的气体，经过一个深冷器将气体进一步冷却，冷凝的介质通过重力流回到反应器冷却器，这样能保证从深冷器排出的是完全气态。

（2）为防止反应器冷却器排出的气体中出现的液体进入循环气压缩机，在压缩机前设置了入口分液罐，罐内设有破沫网，保证可能出现的液滴能被分离出来。

（3）在循环气压缩机入口管道设有电伴热，保证从分液罐出来的气体被加热到过热状态，防止因为输送过程中的散热造成丙烯冷凝而出现液体。

29 简述反应器进料硅烷中断的影响及处理。

（1）缺少硅烷将导致反应器内的无规则聚合物比例上升，从而导致搅拌器功率升高。当发现搅拌器功率升高，应立即检查是否硅烷短缺。如果硅烷能正常进料，应将其增加到最大，直到反应床层条件开始恢复到正常。

（2）如果均聚物粉末的无规物上升，粉末外形将变差，粉末会变软、可压缩、发黏、在反应器内不能自由流动。搅拌器上粘连的粉末量会增加，搅拌器功率会上升如果没有采取补救措施，应切断搅拌器运行。

（3）如果可以排出粉末，在因为搅拌器功率过高导致注入二氧化碳或一氧化碳停工前，应通过从反应器中排出粉末来尽力减少搅拌器上粘连的粉末量。

(4) 如果确定搅拌器停止，反应器必须停工，并且排空后重新装满新鲜 PP 粉末。

30 催化剂进料不够/超量会产生什么后果?

(1) 如果催化剂进料不够，反应速率降低，如果未投用反应器新鲜进料与反应器内压力的串级控制，则反应器内压力上升导致超高压力或出现气态丙烯的液化/冷凝。如果没有采取任何措施，反应器会在压力高至 3.5MPa 或在出现露点时被联锁停车。

(2) 如果催化剂进料超量，大量的丙烯被转化成聚丙烯，反应器内的压力将下降。反应速率将持续增高到冷却回路的最大负荷。当超过冷却回路的最大负荷时，反应器将因为高温被联锁停车。

31 反应器顶部过滤器停工交检修前应如何处理?

(1) 关闭过滤器进出口阀。

(2) 打开过滤器下游通向火炬泄压阀泄压。

(3) 二氧化碳从过滤器上游向过滤器加压到 0.6MPa 后停止，保持压力至少 10min 以上，以保证 TEAL 的完全失活，然后打开泄压阀向火炬排空。

(4) 氮气从过滤器上游向过滤器加压到 0.5MPa，然后关闭氮气阀，打开泄压阀向火炬排空。

(5) 重复上述步骤不少于 3 次，保证 CO_2被完全置换干净。

(6) 最后过滤器可以准备打开。

32 如何在聚合反应器内控制粉末的性质参数?

(1) MFR：通过离线分析 MFR 结果或挤压机在线熔指仪指示，调节氢气进料流量。

(2) 等规度：通过离线分析等规度结果，调节硅烷的进料量来控制。

33 反应器在线分析仪的作用是什么?

连续测量反应器顶部的氢气、丙烯、丙烷、乙烯，可以更快地调整聚合反应的操作条件，保证产品质量稳定。

34 一旦反应器内部有粉末，为何总要维持机械密封吹扫?

一旦反应器内部有粉末，粉末可能进入搅拌器机械密封内，造成机械密封损坏，因此必须维持机械密封的吹扫。

35 反应器温度的控制手段是什么?

反应器温度测量点是通过串级控制循环到反应器顶部的液化循环丙烯量来控

制反应器温度。

36 列出影响催化剂反应活性的五个因素。

（1）氢气浓度。

（2）硅烷浓度。

（3）反应器温度。

（4）丙烯分压。

（5）催化剂在反应器内的停留时间。

（6）正 Al 加入比例。

37 CO/CO_2 注入模式有哪些？

因工艺包不断升级进步，反应阻聚剂由原来的 CO_2 改为 CO。

（1）抑制模式：通过手动触发，注入少量 CO/CO_2 抑制反应活性。

（2）杀死模式：通过手动或联锁触发，注入大量 CO/CO_2 杀死反应活性。

38 催化剂加入量不足将导致什么后果？

催化剂加入量不足，反应器压力会升高，冷凝器液位和压力同时升高，当冷凝器液位达到高报时，联锁关闭循环不凝气流量控制阀，导致压力进一步升高，最终可能导致反应器压力高高或露点停车。

39 催化剂加入过量将导致什么后果？

催化剂加入过量，会导致反应器温度升高，需要消耗大量的丙烯来控制温度，反应器压力、循环冷凝器液位均会快速下降，有可能导致反应器温度高高联锁停车。

40 简述反应器循环回路的流程。

自反应器顶部排出的未反应的丙烯气经液相丙烯洗涤、旋风分离器分离、过滤器过滤后，进入冷凝器与循环水进行换热，冷凝的液相丙烯由丙烯泵输送回反应器内撤热，冷凝器顶部不凝气经循环气压缩机压缩后送回反应器底部。

41 为什么三乙基铝中断后要减少甚至中断催化剂进料？

三乙基铝中断后，催化剂未能完全活化，在反应器内的催化剂浓度升高，一旦三乙基铝恢复供料，催化剂迅速活化将导致反应器飞温甚至结块。

42 反应器停车时的主要动作有哪些？

（1）火炬排放阀打开泄压。

（2）三乙基铝、硅烷、主催化剂进料切断。

(3) 新鲜丙烯、氢气、乙烯等进料阀切断。

(4) 循环回路与反应器系统隔离，循环丙烯泵和循环气压缩机停运。

(5) 分布环和机械密封吹扫高压氮气打开。

(6) 中心喷淋管吹扫氮气打开。

43 反应器在线分析仪的作用是什么？

反应器在线分析仪的作用是及时快速地检测介质的组成，包括氢气浓度、乙烯浓度、丙烯浓度、丙烷浓度、乙烯浓度等，为操作员调节提供依据。

44 为何设备管线引液相丙烯时需先充压？

为避免液相丙烯急剧汽化吸热，冻坏管道和设备，在引丙烯之前需将设备管线充压至 0. 7MPa 左右。

45 为何开工初期要先自反应器底部进丙烯？

(1) 松动床层，降低反应器搅拌器的功率和电流。

(2) 增加混合和冷却效果，防止床层局部温度过高。

46 Novolen 工艺并联操作模式如何控制？

第一反应器、第二反应器并联进行生产操作，反应器用于生产均聚物、无规共聚物。生产均聚物时，新鲜丙烯和所需催化剂、助催化剂 TEAL、氢气与硅烷一同加入第一、第二反应器。生产无规共聚物时，还需要引入乙烯。流量通过进料比例控制完成。反应热由进料的液相丙烯蒸发吸热撤除。丙烯转化率为进料量的 75%~85%。

47 Novolen 工艺串联操作模式如何控制？

抗冲共聚物、无规共聚物和均聚物的生产均可以在两个串联的反应器中进行。

第一反应器的操作控制与并联反应器运行时相同，只是生产不同产品时操作条件有一些差别。第二反应器有一个不同的冷却回路。串联操作时，只将丙烯、乙烯和氢气送入第二聚合反应器。此外，为了生产抗冲共聚物，在第二反应器的循环气底部分布环或从第一反应器到第二反应器的粉料出料管线中加入异丙醇，以控制乙烯转化率和橡胶相含量。异丙醇进料量与 TEAL 流量成比例控制，其他所有进料均与新鲜丙烯按特定比例控制进料。作为串联反应器，聚合第二反应器的压力比聚合第一反应器低约 1. 0MPa，温度控制在 65~80℃之间。

48 第二反应器生产抗冲牌号时压力如何控制？

第二反应器压力和新鲜丙烯进料量、循环气排出量有关，该控制属于分程控制：当新鲜丙烯进料增加时，反应器压力会升高；当生产某些牌号的聚丙烯时，随着进料的减少，反应器压力会降低；而对于其他牌号的产品，并非所有可用丙烯都被消耗掉，因此必须从系统中排放。因此，一方面调节新鲜丙烯的进料量，另一方面调节液态丙烯的外排量，从而达到平衡粉料生成量的目的。如果系统中的不凝气累积过多，可以通过串联循环气相分离器顶部调节阀排出不凝气。当压力过高时，首先降低新鲜丙烯进料，然后向界外排液相丙烯。如果压力太低，首先关闭外排液相丙烯，如果无法恢复，增加新鲜丙烯进料量。

49 简述反应器循环气压缩机控制原理。

丙烯聚合反应在反应器内是放热反应，因此需要反应热冷却系统，液体丙烯将在反应器内进行汽化，撤出反应热。丙烯气将在循环气冷凝器内进行冷凝，冷凝的液体丙烯由泵返回到反应器，返回的液体丙烯在反应器内再次进行汽化，汽化撤热后再次冷凝，形成气相冷却回路。

此反应器可以生产多种不同特性的聚丙烯牌号，实际生产中通过反应器加氢量的不同生产不同的牌号，但在反应器内可能会消耗少量的氢气，大量的氢气将在循环气内进行循环，然而，氢气属于惰性不凝气，需要由不凝气压缩机压缩升压后，返回反应器内再次参与聚合反应。

在生产高 MI 牌号时，由于加氢量较高，所以循环气压缩机会达到最大的入口流量，这也是该压缩机设置的目的。但是，实际生产中很多的牌号需要用氢量并不是很大，导致循环气入口的流量会较低，甚至比循环气压缩机所要求的最小流量还要低，在这种情况下，为了避免循环气压缩机波动，需要增加循环气压缩机入口流量。

避免压缩机波动的传统方法是打开压缩机的最小回流线。但是由于工艺的要求，我们并不能采用该设置方式，因为回流的氢气将会在压缩机回流中进行累积，如果压缩机产生微小的波动，会导致循环回路中的丙烯瞬间过量的加入反应器内，引起产品质量的不稳定。

为了避免压缩机最小流量管线内氢气的积聚，使用从反应器气相循环总管线上引出一条热旁通管线，通过入口流量控制器打开热旁通管线，保持压缩机入口流量的要求，从而防止压缩机波动。

50 反应器主催化剂注入口有几个？

反应器主催化剂注入口有 4 个，两路投用，另外两路备用，每个注入点相隔 90°。

51 采用白油配制催化剂的好处是什么？

原始该工艺催化剂使用丙烯配制，即“Solvent Free Process”无溶剂工艺。但催化剂在丙烯中沉降速度过快，导致催化剂分散不均匀，频繁堵塞催化剂出料管线。另外开工阶段丙烯质量不稳定，造成聚合工况不稳定，产生结块、细粉较多等问题，严重制约正常生产。

因催化剂在白油中的沉降速度远远小于其在丙烯中的沉降速度，故催化剂改为白油配置，浓度保持在25%，并对催化剂出料线增设伴热保温，将出料管线温度控制在35~45℃，同时将原设计催化剂大流量的隔膜泵改为小流量的螺杆泵，催化剂注入的稳定性大大提升。

52 反应器循环气体如何进行气固相分离？

(1) 通过液相丙烯将大部分粉末洗涤带回反应器内。

(2) 通过旋风分离器分离，再由喷射器冲洗丙烯带回反应器。

(3) 通过循环气过滤器再次过滤。

53 启动反应器搅拌器前为何要装填粉料？

启动反应器搅拌器前需要装填种子床，目的是为搅拌器提供足够支撑，防止搅拌器运行时震荡损坏。

54 反应器设置泄压阀和排出阀系统的作用是什么？

(1) 当RSD1(反应器紧急停车联锁)停工时程序激活，排出阀XV31212向火炬系统打开。

(2) 如果排出阀出现故障，反应器压力达到4.0MPa(表)，安全阀PSV31201A/B向火炬系统打开。

55 何时需要使用出料线超高压氮气反吹气？

当插在反应器内部的出料管堵塞，用4.5 MPa高压氮气反吹无法清通时，必须使用15 MPa超高压氮气进行反顶。

56 反应温度对催化剂活性有何影响？

当温度低于75℃时，催化剂活性随温度上升而上升；当温度在75~80℃时，催化剂活性随温度上升略有下降但幅度不大；当温度高于80℃时，催化剂活性随温度上升急剧下降；当温度超过90℃时，催化剂活性基本丧失。

57 硅烷的分解条件有哪些？泄漏物如何处理？

在水存在的情况下，硅烷慢慢分解形成甲醇和其他产物。溅出物用沙子、蛭石或相似的吸收剂吸收，然后扫除，禁止直接冲入装置排水沟。

第五章 粉料脱气干燥

第一节 液相本体法/环管工艺(Spheripol 和 ST 工艺)

1 汽蒸的目的是什么?

来自循环气袋滤器 F301 的聚合物，除含有 1%~1.5%(质)的通过过滤器出料阀的气体外，还吸附有 1%的单体(主要是丙烯+丙烷)，重力下加入带低速搅拌的汽蒸处理单元。

汽蒸器有两个作用:

(1) 将聚合物里残余的催化剂、三乙基铝失活。

(2) 从聚合物中气提出丙烯单体及其他可能存在的烃类物质。

2 干燥器 D502 的作用是什么?

在重力的作用下潮湿的聚合物从汽蒸器流向流化床干燥器 D502。热的氮气穿过干燥器循环系统在底部连续进入干燥器，并与聚丙烯粉料逆向接触，在干燥器内形成流化床，目的是脱除来自汽蒸器中聚合物的水分。

3 干燥系统干燥效果差的原因是什么? 日常应如何操作才能提高干燥效果?

(1) 原因:

① T502 循环冷却器 E502 堵，洗涤水流量低或水洗后氮气温度高，饱和水含量高。

② 氮气加热器 E503 换热效果不好，内漏。

③ 干燥器洗涤塔 T502 顶气体分离器 D508 故障。

④ 干燥器 D502 料位太低。

⑤ 氮气控制流量不够。

⑥ 干燥器 D502 分布板微堵。

⑦ 汽蒸罐 D501 出料含水量大。

(2) 日常操作中应注意控制好干燥器 D502 料位、干燥氮气流量、温度、压力，才能保证干燥效果。

4　干燥器 D502 中的热量从何而来？

经干燥气鼓风机 C502A/B 压缩的氮气，在氮气加热器 E503 中加热至 110℃，然后流至 D502 底部流化聚合物，E503 提供的热量远小于蒸发聚合物中的水分所需的热量，因为大部分热量是聚合物本身在干燥器中由 100℃（汽蒸罐 D501 中达到的温度）冷却放出的。

5　汽蒸罐 D501 底部氮气何时加入？其目的是什么？

（1）冬季在 D501 中没有物料的情况下，保证一定的排放，防止管线冻。

（2）在蒸汽突然停止的情况下，加入氮气防止系统负压，保护设备。

（3）上游不能出料时，加入氮气保证正压，利于出料。

（4）开车时加入氮气，保证 D501 压力和 PK501 能够运行。

（5）紧急停车时，D501 中粉料未及时排出，加入氮气增压排料，将 D501 可燃气排到火炬中。

（6）在停车过程中，加入氮气使 D501 保持正压，检修时，加入氮气，通过 PV502 排放，使 D501 降温。

（7）检修后，氮气置换使氮气含量合格。

6　干燥气鼓风机 C502A/B 出口 AI531 报警是何原因？应如何处理？

（1）原因：

① 分析气中含水。

② 可燃气含量高。

③ 仪表故障。

（2）处理方法：

① 尽量排水。

② 提高汽蒸罐 D501 料位；提高 D501 蒸汽加入量；提高 PIC506，开大干燥氮气鼓风机入口补氮阀，增加氮气置换；降低 D501 压力。

③ 检修仪表。

7　D501 的料位如何控制？过高和过低有什么影响？

（1）料位控制：D501 的料位是通过 LIC501 控制回路控制的。它通过 LIC501 来控制 LV501 而达到此目的，一般控制在 50%左右。

（2）料位过高：

① 粉料停留时间过长，产品发黄，影响质量。

② 易造成 D501 堵，带出粉末多。

（3）料位过低：

① 闪蒸效果差，汽蒸效果差，进入 P502 粉料烃含量。

② 造成床层温度低，影响 D501 操作温度。

8 汽蒸罐 D501 压力偏高会造成什么影响？

压力偏高会使 D501 闪蒸效果变差，同时也会使循环气袋滤器 F301 的出料不畅，而且易反串至 F301，给 F301 造成危险。

9 大量的聚丙烯粉料进入干燥器 D502 洗涤塔 T502 的原因是什么？应怎样处理？

（1）T502 粉料多的原因：

① 干燥器 D502 料位太高。

② 旋风分离器 S502 堵塞。

③ 粉料料斗 D507 故障。

（2）处理方法：

① 降低 D502 料位。

② 对 S502 及底部喷射器 C503 进行氮气吹扫或反顶，无效时检修疏通旋风分离器。

③ 检修 D507 系统。

10 为什么汽蒸罐搅拌器 A501 轴要通低压蒸汽？

（1）对轴进行密封、吹扫，防止粉末气体窜出。

（2）使轴保持一定温度，防止蒸汽冷凝下来与 HCl 反应腐蚀搅拌器轴。

11 T501 为什么要通低压蒸汽维持高温？

目的是把 T501 洗涤下来的碳氢化合物进行蒸发上升而通过挡板进入 D503 进行油气分离。

12 干燥器 D502 床层温度低是什么原因？如何处理？

（1）原因：热量不足。

（2）处理：

① 检查氮气加热器 E503 出口温度及疏水器的工作是否正常。

② 检查干燥气鼓风机 C502 流量是否正常。

③ 检查 D502 的料位，若太低则适当提高。

④ 适当增加汽蒸器 D501 蒸汽量，其目的是提高 D502 的进料温度。

13 干燥器 D502 料位过高或过低对干燥质量有什么影响？

（1）D502 料位过高：

① 易造成旋风分离器 S502 堵，带出粉末多。
② 易使 T502 堵塔。
③ 干燥器 D502 气体流量低或干燥器鼓风机 C502 压力高跳车。
(2) 料位过低：
① D502 出料湿含量高。
② 干燥气温度高，且易形成短路。

14 若汽蒸罐 D501 夹套蒸汽疏水器出现故障会造成什么后果？

会导致夹套充水，造成 HCl 进入凝液，带入聚合物，对后面加工机械会有影响。另外，会给射线料位计造成假料位信号，错把夹套的充水液面当作真实料位，造成料位失准。

15 装置停运一周后，如何启动汽蒸、干燥及粉料输送 PK801 系统，才能防止水进入粉料缓冲料仓 D802？

(1) 通过汽蒸器 D501 疏水器和底部出料 LV501 排水。
(2) 由干燥器 D502 底部排出阀排出 D501 及 D502 内的冷凝液。
(3) 用干燥 N_2给 D501、D502 及 C502 系统干燥，带出其中剩余水分。

16 D501 洗涤塔 T501 排出的废水中细粉含量过多的原因有哪些？

(1) 旋风分离器 S501 堵塞。
(2) 汽蒸罐 D501 料位高。
(3) 聚合效果不好，细粉量大。

17 汽蒸罐 D501 压力高的原因有哪些？

(1) 循环气袋滤器 F301 料位低，F301 出料 LV311 开度大。
(2) D501 系统排放管线不畅。
(3) 液环压缩机 PK501 停。
(4) PK501 入口压力控制阀故障。
(5) D501 洗涤塔 T501 液位高。

18 T502 回流泵 P502 流量低报的原因及处理方法有哪些？

(1) 原因：
① P502A/B 吸入口滤网堵塞。
② T502 循环冷却器 E502 堵塞。
(2) 处理方法：
① 切至备泵，清理入口滤网。
② 旁通或切至备用 E502，清理换热器。

19 干燥器 D502 气体流量低的原因是什么?

（1）干燥器鼓风机 C502 发生故障。

（2）D502 分布板底部堵塞。

（3）D502 控制料位太高。

（4）补氮阀 PV535 故障或 PIC535 设定值太低。

（5）C502 旁通阀开度过大。

20 氮气加热器 E503 切换注意事项有哪些?

（1）切换前备用换热器介质侧排水确认畅通，排净后氮气置换。

（2）蒸汽侧检查疏水器运行情况，稍开蒸汽进口阀，疏水器旁路排凝液，打开蒸汽阀换热器预热。

（3）氮气侧进出口阀要缓慢打开，防止压力波动过大拉低干燥器鼓风机 C502 入口压力。切换好后，缓慢关闭另一个换热器的氮气进出口阀。

（4）在切换过程中，中控密切注意干燥器鼓风机 C502 入口压力 PIC535 及 C502 出口加热后氮气温度 TIC531 波动情况，尽量避免压力、温度大幅波动。

（5）切换好后检查换热器运行情况，有无跑冒滴漏等问题。

21 汽蒸罐搅拌器 A501 跳停后如何处理?

A501 运行可以使聚合物、蒸汽在汽蒸单元分布更加均匀，更有利用于可燃气体的脱除。一旦停运后将增加可燃气体的脱除难度，下游系统的可燃气检测仪 AI531 指示可能会增加。应按如下方法处理：

（1）立即查找原因，联系检修排除故障。

（2）适当降低汽蒸罐 D501 料位，D501 汽蒸、松动蒸汽在原流量基础上适当增加，直至 AI531 可控。

（3）若仍无法控制，则适当降低装置负荷。

（4）若负荷降至最低负荷，仍无法控制 AI531 指示，装置按停车处置。

22 液环压缩机 PK501 跳停后如何处理?

（1）打开 PIC501 维持 D501 压力稳定。

（2）开大火炬消烟蒸汽，防止火炬冒黑烟。

（3）将 PV512 后三通切向排火炬方向。

（4）中控及现场查找跳车原因。

（5）排除故障后，PK501 重新开启。

（6）PV512 后三通切回回收方向。

23 旋风分离器 S502 下料旋阀 RF502A 交出时注意事项有哪些?

（1）干燥器 D502 料位 LIC531 适当降低，以防止 S502 带出粉料过多。

（2）关闭 RF502A 顶部闸板阀，待 RF502A 下部缓冲料斗 D520 粉料出空后关闭 RF502B 底部阀门，以防止倒窜。

（3）关闭 RF502A/B 及 D520 反吹氮气。

（4）RF502A 下部出料三通阀 HV530 切就地。

（5）RF502A 停电交出。

（6）开大 T502 回流泵 P502 补水，现场及时捞细粉。

（7）注意回流泵 P502 循环工艺水流量及 D508 压差，必要时切泵清理，若 PDI531 压差高则 D508 交出清理。

（8）适当开大氮气补气阀 PV535，防止干燥器鼓风机 C502 入口压力低。

24 干燥器 D502 分布板断裂的现象有哪些?

（1）D502 氮气短路大量粉料进入旋风分离器 S502，S502 堵后，干燥器洗涤塔 T502 溢流槽大量细粉。

（2）T502 大量粉料致使循环冷却器 E502 堵、回流泵 P502 入口滤网堵，P502 出口流量 FI532 低。

（3）粉料进入鼓风机入口分离罐 D508 致 D508 压差高。

（4）大量粉料进入 S502 致使其下料旋阀 RF502A 无法下料。

（5）D502 气相到干燥器鼓风机 C502 堵致使 D502 压力上升，C502 入口压力低，PIC535 补氮不足，跳停。

（6）D502 压力高汽蒸罐 D501 无法下料。

（7）C502 跳停后，粉料通过分布板断裂处倒回氮气加热器 E503，堵塞 E503。

（8）粉料经 C502 副线倒回 C502 出口管线。

25 简述缓冲料斗 D520 袋滤器 F520 更换滤芯交出步骤。

（1）总控将三通阀 HV530 切就地。

（2）关闭 F520 反吹气。

（3）停 D520 下料旋阀 RF502B。

（4）关闭 RF502B 吹扫氮气现场手阀。

（5）准备好相匹配的滤芯。

（6）现场做好防护措施，周围严禁动火。

（7）用防爆工具进行操作。

（8）现场关闭各切断手阀，确认无压力即可进行作业。

26 液环压缩机 PK501 出口压力急剧上升的原因及处理方法有哪些？

（1）原因：

① 废油分离器 D504 满液。

② PK501 下游压控阀 PV512 阀门卡涩无法开大造成憋压。

③ PV511 开度过小，回流量波动大导致出口压力急剧上升。

④ 界区尾气背压高。

⑤ 生产无规共聚牌号时，尾气中轻烃较多，尾气经 PV512 节流后降温，导致管线阀门冻堵。

（2）处理：

① 打开 LV514 及副线，将 D504 液位控制在正常范围内。

② 震荡 PV512 阀门开度，如无效 PV512 切副线控制，阀门交出检修。

③ 及时开大 PV511 阀门开度。

④ 联系下游装置降低尾气背压。

⑤ 及时投用 PV512 及后管线伴热，如果效果不理想，外部加蒸汽吹扫阀门、管线疏通。

27 汽蒸罐 D501 料位计大幅波动的原因及处理方法有哪些？

（1）原因：

① D501 射线料位计波动。

② 袋滤器 F301 出料波动。

③ 液环压缩机 PK501 打量波动。

④ D501 出料不畅。

（2）处理：

① 确认装置周边有无射线作业，若有暂停作业；确认 D501 夹套是否积液，若有则排出积液。

② LV311 进行手动控制，确认是否 F301 出料不稳定，或 PK301 打量波动引起，排除异常。

③ 检查 PK501 运行情况，排除异常。

④ 振荡 D501 出料阀位，用木榔头敲打出料管线，若无法疏通视情况停车处理。

28 简述干燥器 D502（双层）干燥过程。

（1）上部气体速率被设计低于流化速率，以避免携带过量聚合物到干燥器洗涤塔 T502 中。

（2）中部是一个流化床，固体在内以螺旋路径（通过容器内部螺旋输送设施）

流动，热氮垂直交叉穿过聚合物，氮气通过分布板进入。

（3）下部聚合物向下与热氮气逆流接触。气体速率被设计成类似活塞流。这部分氮气充当补充干燥。

（4）热氮气的总流量分成两条支流，总流量的10%供给到下部，剩余的直接进入流化床。

第二节 气相法/多区循环气相本体工艺(Spherizone)

1 汽蒸罐D501设计有几路蒸汽？各路蒸汽的作用是什么？

（1）D501设计有3路蒸汽，其中汽蒸蒸汽2路，伴热蒸汽1路。

（2）汽蒸蒸汽作用：

① 蒸汽通过两个底部分布板被注射到汽蒸罐D501中，主要与上游粉料携带残存的催化剂反应，使得催化剂、三乙基铝等失活。

② 通过高温汽蒸有效脱除低聚物，有效降低产品中的气味。

③ 松动粉料，有利于粉料下料。

（3）伴热蒸汽作用：因为D501粉料中残余的催化剂、三乙基铝与汽蒸蒸汽生成HCl，如果D501温度低则会冷凝下来，产生腐蚀，蒸汽伴热是为了防止内壁发生冷凝。

2 干燥罐D520双层干燥的优点是什么？

热氮气主流程从分布板进入形成完全流化床，像分布器一样，使聚合物沿螺旋轨迹流化，氮气垂直穿过床层。底部聚合物向下流动，剩余的热氮气与粉料逆向接触，提高干燥效率。

3 汽蒸罐D501料位高高联锁的作用是什么？

D501料位高高会触发联锁，联锁会关闭上游下料阀，切断D501的物料来源。高高联锁后需要继续保证汽蒸效果，需对催化剂、三乙基铝等进行失活。

4 汽蒸罐D501料位低低联锁的作用是什么？

汽蒸罐D501料位低低联锁LALL5006会触发S5203，首先联锁关闭LV5001，若3min内低联锁未恢复，联锁触发关闭LV3401、LV5201、停止RF800A/B运行、全开PV5206、激活S3403等结果。低联锁保证D501中烃类物质能有效被蒸汽气提出去，防止烃类气体大量进入后系统中。

5 简述AT5211仪表型号、测量原理。

（1）仪表型号：AT5211采用西门子Ultramat 6气体分析仪。Ultramat 6气体分析仪是根据交替红外双光束原理并使用双层检测气室和光耦合器来测量气体，高度选择性地测量那些红外吸收波段在 2~9μm 范围内的气体，如 CO、CO_2、NO、SO_2、NH_3、H_2O、CH_4以及其他碳氢化合物。

（2）测量原理：基于特定分子具有特定的红外光吸收波段。对于不同的气体，虽然吸收的波长各不相同，但是也可能会部分重叠，这就导致了交叉干扰。在 Ultramat 通道中，使用如下的方法来最大限度地降低这种交叉干扰：

① 填满气的滤波气室(分光器)。

② 带有光耦合器的双层检测器。

③ 必要时使用滤光片。

6 干燥系统中可燃气报警仪 AAHH5211 联锁的作用是什么？

经汽蒸后粉料进入干燥系统中，会带有少量烃类气体。AT5211 用来检测干燥系统中的烃含量，若含量过高，则会触发 AAHH5211 报警，引起联锁动作进行系统隔离，同时开大氮气置换，主要作用是防止烃含量高后进入后系统引起粉尘爆炸，从本质上保证系统和设备的安全。

7 简述汽蒸罐 D501 压力高的原因及措施。

（1）F340 料位低，LV3401 开度大。措施：关小 LV3401，调整 F340 料位至正常，防止过气量太大。

（2）D501 系统排放管线不畅。措施：找出被堵部位，及时处理。

（3）尾气压缩机 PK510 停。措施：降低 PIC5007 以控制压力，重新启动 PK510。

（4）PV5008 故障或 PIC5001 设定值偏高。措施：检修 PV5008 或调节 PIC5008 设定值至正常。

（5）T501 液位高。措施：检查 T501 排水是否正常，检查 XV5003 是否正常好用，检查排水线是否堵，找到原因及时处理。

8 简述汽蒸罐 D501 压力低的原因及措施。

（1）F340 来料不足。措施：检查 LV3401 阀位是否正常，如偏小则开大至正常。

（2）PK510 入口压力过低或入口压力控制阀故障。措施：现场检查 PK510 入口压力及 PV5101 阀位是否正常。

（3）PIC5007 设定值小或者 PV5002 排放。措施：提高 PIC5007 设定值，或关闭 PV5002。

9 简述尾气回收压缩机 C510 打量不足的原因及措施。

（1）泄漏。措施：检查液环压缩机系统的密封性和管道是否有损坏或漏洞，检查气缸、机封、法兰等连接处是否存在泄漏，找出泄漏来源并及时修复。

（2）烃油含量高，机组做功差。措施：开大补水，对压缩机的工作液进行置换，保证工作液的液位和质量。

10 循环氮气风机 C520 先开后停（无扰动）切换的注意事项有哪些？

（1）降低 F340、D501、D520 料位。

（2）确认备机具备启机条件，全开备机入口阀、出口阀及回流阀。盘车、送电、启动备机，确认压缩机运转正常。

（3）一人逐渐关小 C520 备机回流阀，另一人逐渐开大 C520 在用机回流阀，通知内操注意风机出口压力及流量变化，直至 C520 备机出口压力、流量调整至目标值，C520 在用机回流阀全开。停 C520 在用机，继续调节 C520 备机回流阀，直至压缩机出口压力和流量稳定。

（4）备机运行正常后，F340、D501、D520 料位逐步调整至正常。

（5）C520 停用机组检查完毕后调整至备用状态。

11 干燥风机 C520 密封系统设置是怎样的？

C520 密封系统采用 PLAN53A，PLAN53A 通过外部的储罐来给密封腔提供清洁流体，储罐内流体的压力高于被密封介质的压力，然后通过风机转动自循环。优点在于外部管路系统比较简单，惰性气体加压应用比较普遍，使用比较方便，如果密封泄漏大，通过检查储罐的液位就可以发现。

12 干燥洗涤塔 T520 的作用是什么？

温度越高，氮气的饱和湿度就越高，即高温氮气比低温氮气能携带更多的水分。从干燥器 D520 顶部出来的高温氮气携带了上游汽蒸系统聚合物中的水分，导致湿度升高，循环氮气经过 T520 后可以洗涤除去细粉并通过冷却降低携带的水分，再经过 E503 升温从而具备干燥能力。

13 汽蒸单元洗涤塔 T501 的作用是什么？

（1）冷凝 D501 顶部出来的蒸汽。

（2）洗涤汽蒸夹带的细粉。

（3）脱除汽蒸单元分离单体、油脂和轻烃。

14 干燥塔水循环泵 P520 流量低的原因及措施是什么？

（1）泵内或吸入管内存有气体。措施：重新灌泵，排除气体。

（2）叶轮或入口滤网有杂物堵塞。措施：切泵，检查清理。

（3）转速低于额定转速。措施：找出转速低的原因并消除。

（4）叶轮、口环磨损。措施：解体修理。

（5）E521 堵塞。措施：切换 E521，检查清理。

（6）S520 料位高，导致细粉进入 T520。措施：疏通 S520 下料系统，降低 S520 料位。

15 干燥罐 D520 两路氮气的流量如何控制？

下分布板控制的量占干燥鼓风机总流量的 10%，上分布板控制的量占干燥鼓风机总流量的 90%。

16 汽蒸罐搅拌器 A501 的作用是什么？

保证了蒸汽与聚合物充分接触，通过汽蒸更有效地脱除轻烃、丙烯单体和使残存的催化剂失活，使聚合物疏松，利于下料。

17 简述干燥罐 D520 堵塞的原因及处理方法。

（1）原因：

① D520 底部出料有块料或粉料架桥。

② RF800 平衡线阀门未开。

③ RF800 故障。

④ PV8001 故障关闭。

⑤ LV5201 出料阀故障。

（2）处理：

① 手动 LV5201 多次震荡，并联系外操用木棍等配合敲打 D520 下料阀处管线。

② 通知外操迅速确认 RF800 平衡线阀门状态，及时打开。

③ 外操现场检查 RF800 运行情况，如果故障无法启动则立即切换至备用。

④ 联系外操配合中控检查 PV8001，如果故障则打开旁路维持，并联系仪表人员处理 PV8001。

⑤ 短时间内如果 LV5201 下料阀无法恢复正常，则向 R230 加入 CO 做停车处理。

18 干燥罐旋风分离 S520 的下料旋阀 RF520A 堵塞的处理方法有哪些？

（1）将 RF520A 入口阀 ZV5201 关闭，出口阀三通阀 HV5203 切就地，从 RF520A 上部的导淋通入氮气进行升压吹扫。若吹通，则 HV5203 就地方向会有大量物料被吹出。

（2）若无法吹通，联系人员拆下 RF520A 上部膨胀节进行清理。

19 汽蒸罐 D501 的伴热形式和作用是什么?

伴热形式为低压蒸汽盘管伴热。因为 D501 粉料中残余的催化剂与汽蒸蒸汽反应生成 HCl，如果 D501 温度低则会冷凝下来，产生腐蚀，蒸汽伴热是为了防止内壁发生冷凝。

20 汽蒸单元洗涤塔分离罐 D502 的作用是什么?

E501 冷凝下来的凝液收集在塔顶部的塔板上，然后流到 D502，在这里分离液体中含有的烃类介质。从 D502 顶部，液态轻烃介质随 T501 顶部气体被送到低压尾气回收系统；水在 D502 底部，流至回流泵 P501A/B 的入口再打循环。

21 罗茨鼓风机的特点有哪些?

(1) 使用时，当压力在允许范围内调节时，流量的变动较小，且压力选择范围较宽。

(2) 输送介质时不含有油分，确保气体纯净。

(3) 结构设计简单，维修方便，使用寿命长，整机振动小。

(4) 叶轮在机体内运转时没有摩擦，因此无需润滑，排出的气体也是清洁的。

(5) 作为容积式鼓风机，其流量会随着压力的变化而变化，但仍可实现较小的流量变动。

(6) 没有往复运动机构，易损件少，运转平稳，寿命长。

22 干燥系统换热器 E520 是什么形式的换热器? 它有何优点?

(1) 换热器形式：E520 属于翅片管式换热器。

(2) 优点：

① 翅片管式换热器的传热效率高。由于翅片对流体的扰动使边界层不断破裂，因而具有较大的换热系数；同时由于隔板、翅片很薄，具有高导热性，所以使得翅片管换热器可以达到很高的效率。

② 翅片管式换热器结构紧凑。由于翅片管换热器具有扩展的二次表面，使得它的比表面积大。

③ 翅片管式换热器轻巧。结构紧凑且多为铝合金制造，现在钢制、铜制、复合材料等的也已经批量生产 。

④ 翅片管式换热器适应性强。翅片管换热器可适用于气-气、气-液、液-液、各种流体之间的换热以及发生集态变化的相变换热。

23 简述干燥系统循环风机 C520A/B 的机组联锁动作原因及结果。

(1) C520A：S5204

1) 动作原因：

① TAHH5205（C520A 输送温度高高）。

② PAHH5203（C520A 输送压力高高）。

③ PALL5204（C520A 吸入压力低低）。

2) 动作结果：

① 停运 C520A。

② S5204 激活报警（UA520A）。

(2) C520B：S5205。

1) 动作原因：

① TAHH5206（C520B 输送温度高高）。

② PAHH5202（C520B 输送压力高高）。

③ PALL5207（C520B 吸入压力低低）。

2) 动作结果：

① 停运 C520B。

② S5205 激活报警（UA520B）。

24 简述尾气压缩机 PK510 机组联锁设置情况。

(1) 尾气压缩机停车联锁 S5100。

(2) 动作原因：

① PALL5104A/B/C 三取二激活（C510 吸入压力低低）。

② TAHH5102A/B/C 三取二激活（C510 出口温度高高）。

③ PAHH5105A/B/C 三取二激活（C510 出口压力高高）。

④ LALL5102A/B/C 三取二激活（分离罐 D510 液位低低）。

⑤ LAHH5102A/B/C 三取二激活（分离罐 D510 液位高高）。

注：S5001(D501 和 T501 破真空)启动也能停运尾气压缩机 C510。

(3) 动作结果：

① 停 C510。

② S5100 激活信号。

25 降低汽蒸罐 D501 蒸汽温度的措施有哪些？

(1) 降低 TIC5004/TIC5005 的设定温度，增加凝液进料量。

(2) 降低界区进装置的低压蒸汽温度。

（3）降低蒸汽压力。

26 简述汽蒸罐 D501 的凝液回收流程。

D501 罐内的凝液可通过一段 U 形管引到汽蒸罐旋风分离器 S501 至尾气洗涤塔 T501 的流程，最后回收至 T501 中，环保节能，如果发生流量不畅时，可切至地面流向生产污水系统。

27 尾气回收单元油水分离器 S510 的作用是什么？

水和分离出的烃油收集在 D510 内，在液位控制下排到 S510。在 S510 中，水和烃油进行分层，通过界面液位计控制烃油的液位。

28 D501 温度低的危害有哪些？

（1）D501 中残余的催化剂分解生成盐酸，溶解在水中有较强的腐蚀性。温度低容易造成蒸汽冷凝形成凝液，对 D501 内壁和 A501 轴封等地方造成腐蚀。

（2）温度低会影响汽蒸效果，烃油和轻组分毒物气提效果变差，引起后系统中烃类含量增高。

（3）汽蒸效果变差，聚合物粉料中水含量增大，影响 D520 干燥效果。

29 洗涤塔冷却器 E521 何时需要切换？

（1）板换出口温度 TI5207 显示水温升高。

（2）泵出口回流量降低。

30 干燥鼓风机 C520 出口流量如何控制？

C520 出口包含去 E520 的主流程和旁路，在保证出口压力不变的前提下，调大流量时可以开大出口阀关小旁路，调小流量时可关出口阀开大旁路。

31 废水收集罐 D512 的作用是什么？

油水分离罐 S510 底部的水在尾气循环压缩机缓冲罐 D510 液位控制下排到 D512。携带的烃类被氮气气提到火炬，洁净的水在液位开关 LIC5106 控制下间歇地排至生产污水池。

32 D511 的作用是什么？

S510 内的烃油在 LIC5104 自动控制下间歇地排到 D511。携带的烃类被氮气气提到火炬，剩下的烃油收集在 D511 中。

33 A501 停运的处理步骤有哪些？

低速搅拌器 A501 停机后聚合物无法形成柱塞流，可能会引起架桥，导致

D501 出料不畅。同时，可燃气体脱除难度增加，下游系统的 AI5211、AI5212 指示可能会增加。主要处理步骤：

(1) 适当提高 FI5201，提高 TIC5204 设定值至 115℃。

(2) 巡检观察 PK801 系统带水情况。每小时观察 SP8801、SP8802 粒子外观情况，若出现粉料潮湿则及时联系中控。

(3) 适当降低 D501 料位，FIC5001 流量在原流量基础上增加 500kg/h，FIC5002 流量在原流量基础上增加 200kg/h。

(4) 控制 AI5211≤0.35%，若无法控制，则进一步提高 FIC5001 流量 500kg/h，直至 AI5211 可控。若仍无法控制，则需要装置适当降低负荷运行，直至 AI5211 可控。

(5) 若负荷降至 20t/h，仍无法控制 AI5211 指示，装置按汽蒸单元故障停车处置。

(6) 关注 AI5212 的变化趋势，若持续上涨，可开大 PV8011A/B 及其旁通阀对 PK801 系统氮气进行置换。

(7) 若出现 D501 出料堵塞，挤压机因粉料带水产生白粒或发泡料，则安排装置停工消缺处理。若检查后反馈 A501 短时间无法重启，安排装置停工处理。

34 A501 轴封蒸汽的作用是什么？

D501 中残余的催化剂分解生成盐酸，溶解在水中有较强的腐蚀性。轴封蒸汽对 A501 轴封处进行吹扫，保证≥100℃，防止盐酸腐蚀轴封，造成轴封失效和泄漏。

35 D501 内部分布板的作用是什么？

蒸汽通过两个底部分布器注入汽蒸器 D501，底部分布器是特殊类型筛板：

(1) 主分布器(上部筛板)提供与聚合物接触的主蒸汽流。

(2) 次分布器(下部筛板)提供一个附加屏障，防止聚合物掉落至 D501 底部聚集。

36 干燥洗涤塔 T520 内部带细粉是什么原因？如何处理？

(1) 干燥罐 D520 料位高。措施：降低 D520 料位至正常值并检查料位变送器吹扫氮气是否正常，若需要应将料位变送器低压导压管中的冷凝液排出，以防虚假料位。

(2) D520 旋风分离器 S520 堵。措施：检查旋风分离器的锥形底部是否堵塞，则可用手去摸，如感到冷即为堵塞。轻敲旋风分离器的锥形底部，试着将堵塞物敲落下来。若处理无效果，HV5203 三通切地，进一步进行确认。

（3）RF520A 故障或 ZV5201 插板阀未打开。措施：检查 RF520A 运行情况，确认前插板阀 ZV5201 打开。

（4）预聚合反应不好产生大量细粉。措施：调整预聚合反应温度至正常，减少细粉产生。

37 AT5211 逐步走高如何处理？

内操打开趋势观察可燃烃上升趋势，联系现场 AT5211 处有无异常人员活动，联系外操带上可燃气检测仪现场检测协助判断，参考 AT5212 指示是否同步上升作为判断依据。若判断为仪表误报，及时将 S5203 切至旁路，联系仪表进行检查处理。

内操同时进行汽蒸系统工况确认，提高 D501 蒸汽量以及料位，检查 D501 系统压力及 PK510 运行是否正常。内操做好联锁 S5203（联锁值 0.9%）启动后，S3102 启动，F310 注入的 CO 带入多区反应器，造成装置反应减弱，甚至装置停工的事故。

38 T501 液位如何控制？

（1）联锁 IS5002 是 T501 的排水程序，用以控制 T501 的液位。

（2）当 LAH5003 被激活时，联锁打开 XV5003。

（3）当 LAL5003 被激活时，联锁关闭 XV5003。

（4）XV5003 后流程分为两路，一路通往 T520，另一路就地排入污水池中。

39 尾气回收压缩机 PK510 出口温度控制过高、过低有何影响？

（1）出口温度过高会引起尾气中的水含量升高，对下游系统有影响。

（2）在生产三元共聚时，过低会导致低聚物、丁烯含量增加。

40 干燥罐 D520 料位高有什么影响？

（1）料位过高，物料流化效果不好，影响物料的干燥效果，易架桥。

（2）料位高，物料更容易被热氮流吹进 S520、T520 系统中，造成堵塞或废水池中粉料多。

（3）料位高，D520 底部出料阀 LV5201 相应开大，C801 系统输送量增加。若控制不好，容易造成输送系统跳停，导致料位高报警，触发联锁。

41 干燥氮气循环风机 C520 启动注意事项有哪些？

（1）确认干燥系统已投用正常，流程畅通。

（2）确认系统仪表、联锁、液位计、流量计、安全阀、压缩机密封油系统、冷却水系统、氮气吹扫系统等附件均已正常投用。

(3) C520A/B 进出口消音器、压缩机腔体及出口导淋排水。

(4) 压缩机盘车、送电；启动 C520A/B 三台隔音罩排风扇并确认正常。

(5) 确认已具备启动条件后启动压缩机，确认运行正常。

(6) 逐渐关小压缩机回流阀，调节出口压力和流量稳定；PIC5206 设定 8kPa，投自动控制；调节 FV5209 开度使其流量稳定后投自动。

42 如何判断干燥罐旋风分离 S520 的下料旋阀 RF520A 堵塞？

(1) S520 底部温度 TE5215 温度逐渐降低，RF520A 上下管壁温度降低。

(2) RF520A 入口阀 ZV5201 关闭，上部三通切就地阀门打开，有粉料从就地方向排出；HV5203 切就地，没有粉料排出。

43 尾气压缩机 C510 的作用是什么？

液环压缩机 PK510 将汽蒸脱出的轻烃介质经 T501 冷却后将蒸汽冷凝，轻烃介质经 PK510 压缩后升压，送到界区尾气总管进行回收利用。

44 氮气循环风机 C520 的排风扇是否参与联锁？

参与联锁，因为 C520 隔音房内存在氮气环境，排风扇停会增加人员进入隔音房后氮气窒息风险。

45 氮气循环风机 C520 流量控制过高有哪些危害？

流量过高可能会将 D520 的正常粒子吹进 S520、T520 系统中，造成系统堵塞。

46 尾气回收压缩机 C510 的密封系统设置是怎样的？

C510 密封系统采用 PLAN52 类型。PLAN52 是一种基于双端面密封技术的密封系统，通过外部供应系统提供洁净液体介质，形成一个介质屏障，从而阻止流体泄漏。它由外部供应系统、密封腔、轴封和泄漏检测装置等组成。PLAN52 的工作流程包括介质供应、介质屏障形成、泄漏检测和处理以及密封腔排空等步骤。通过合理的设计和操作，PLAN52 能够在恶劣的工作环境下提供可靠的密封性能，保护旋转设备的正常运行。

47 氮气循环压缩机 C520 跳停后如何处理？

(1) 关闭 D501 出料，关闭 D520 出料，通知外操马上启动 C520 备机。

(2) 若短时间内无法启动，则停止催化剂进料，关闭 R230 出料，开大 FV2310，注意 F310 压力，保持 PK320 运转。

（3）F310 出空，LV3101 保持小开度，注意调节 F340 压力，保证 PK360 运转。

（4）F340 尽量向 D501 出料，注意 PDI3404 压差变化，D501 料位较高时关闭 F340 出料。

（5）若 C520 启动成功，重新投用催化剂，打开 D520 出料，料位正常后打开 D501 出料，D501 料位正常后恢复 F340 出料，F340 料位正常后 R230 重新出料，及时调整 F310 和 F340 压力。

（6）若 C520A/B 长时间不能启动，则向 R230 加入 CO 停车处理。

第六章　单体分离和回收

第一节　单体分离和回收(Spheripol 和 ST 工艺)

1　丙烯回收岗位的任务是什么?

使第二环管反应器 R202 出来的浆液通过高压闪蒸和低压脱气，单体循环回收利用，以降低单体的消耗和提高产率。

2　循环丙烯洗涤塔 T301 的作用是什么?

T301 为折流板式塔，向上的丙烯气流与回流的液相丙烯在各层塔盘上逆向接触，丙烯气中所夹带的聚丙烯粉末被洗涤下来，并且分离出较重组分，这部分聚丙烯粉末在流量控制下(FIC326)随丙烯从塔底排出，经一段带有蒸汽夹套的管线汽化后送至 F301。洗涤过的丙烯气上升到塔顶，其中一小部分作为反吹气送到 F301 中，绝大部分丙烯气进入丙烯冷凝器 E301，用压力控制器调节 E301 的浸没高度，在 E301 中气相丙烯被冷凝为液相，并经泵加压返回原料罐循环利用。

3　低压丙烯洗涤塔 T302 的作用是什么?

T302 为折流板式塔，洗涤介质为凡士林油和脱活剂混合液体(体积比为 2∶1)，洗涤液从塔上部沿塔板流下，丙烯气从下部进入 T302 向上流动与洗涤液逆向接触，以除去气体中夹带的细粉及里面的 TEAL，脱活剂与 TEAL 反应，生成稳定的液态油溶性络合物。一般每半个月油中聚丙烯细粉较多或者当油中的铝含量超过 5%时，更换一半的油及脱活剂。

4　闪蒸罐 D301 底部通入丙烯的作用是什么?

在共聚生产过程中，为了防止 D301 出料中过多的氢气进入气相反应器 R401 从而影响 R401 中氢气含量的稳定，在 D301 底部加入丙烯气，将氢气从 D301 顶部气提出去，从而保证了共聚反应氢气组分的稳定，也可为 D301 底部提供松动粉料的作用。

5 为什么循环气袋滤器 F301 与汽蒸罐 D501 要有一定的压力差?

防止 D501 的蒸汽反窜进 F301 而造成水蒸气与 F301 中可能残留的 TEAL 反应烧坏滤袋。水蒸气还会进入回收丙烯系统，造成反应波动甚至停车。

6 闪蒸罐 D301 分离 PP 粉末和单体原理是什么?

PP 粉末和丙烯的分离是依据旋风分离器的作用而进行的，第二环管反应器 R202 出来的浆液通过闪蒸管线加热后，丙烯被汽化，通过 D301 的切线进料和动力分离器 A301 的作用，把 PP 粉末沉降下来，而丙烯从顶部出来去循环丙烯洗涤塔 T301，由于细粉末易被气相单体带起，通过 A301 的作用，把部分粉料阻止于 D301 而不能进入 T301 系统。

7 建丙烯中循环时，丙烯冷凝器 E301 液位无显示，可能原因是什么?

(1) 冷却水故障。

(2) 没有物料或极少物料进 E301。

(3) 气体中惰性气体含量大而未排走，不能冷凝下来。

(4) FV323 长时间大开度，致使大量丙烯排出。

(5) 进料管线堵塞。

(6) 液位计故障。

8 丙烯蒸发器 E302 是什么形式换热器? 它有什么作用?

(1) 形式:

E302 是 U 形管式加热器。

(2) 作用:

① 开车时给聚合单元提供气相丙烯置换、升压用。

② 开车建立循环及正常生产时汽化丙烯，维持丙烯进料罐 D302 的正常压力。

9 丙烯进料泵冷却器 E305 的作用是什么?

回流的丙烯经 E305 冷却，控制丙烯进料罐 D302 的丙烯温度在 45℃左右，同时在建立小循环时，通过 E305 冷却作用，维持 D302 的小循环，避免丙烯升温。

10 为什么闪蒸管线是变径管线?

变径管线目的: 使第二环管反应器 R202 出来的浆液得到膨胀和限速，从而保证丙烯到达闪蒸罐 D301 时完全汽化。

11 循环气袋滤器 F301 温度过低的原因是什么?

(1) 从循环丙烯洗涤塔 T301 底部排入过多的液相丙烯。

(2) 闪蒸罐 D301 有液相丙烯窜入。

12 循环气袋滤器 F301 的压力过高会造成什么影响？

（1）反吹压差下降，F301 反吹效果变差。

（2）会造成循环丙烯洗涤塔 T301 流量过载 T301 底部小闪蒸线易堵。

（3）易造成循环丙烯压缩机 PK301 跳机。

（4）随粉料夹带进汽蒸罐 P501 的烃含量上升。

13 循环气袋滤器 F301 的料位如何控制？料位过高或过低会造成什么影响？

（1）控制方法：循环气袋滤器 F301 的料位通过 LIC311 回路进行控制的，通过 LIC311 来控制底部出料阀 LV311 的开度，使循环气袋滤器 F301 的料位控制在 50%左右。

（2）料位过高：会对脱气效果产生影响。

（3）料位过低：易出空造成丙烯窜至下游汽蒸罐甚至干燥器系统系统，这是不允许的。

14 何时要更换低压丙烯洗涤塔 T302 的油？一次换多少？为什么？

当低压丙烯洗涤塔 T302 分析油中的铝含量超过 5%或者油中聚丙烯细粉较多时须换油。

一次换油 50%，以维持低压丙烯洗涤塔 T302 油位，保持 T302 回流泵 P304 正常运行。

15 循环气袋滤器 F301 系统故障如何处理？

（1）将来自闪蒸罐 D301 的聚合物经三通阀 HV311 排至低压排放罐 D602。

（2）尽快修复出现故障的设备，然后将 HV311 重新切换到与循环气袋滤器 F301 相通。

如果循环气压缩机 PK301A/B 同时出现故障时：

（1）将循环气袋滤器 F301 内的丙烯通过 PV311 或 HV341 排至 BDL。

（2）停 PK301A/B，检修 PK301A/B 前，用 N_2 置换，CO_2 失活，以确保安全，T302 保持运行。

16 开车时闪蒸罐 D301 底部温度偏高是什么原因造成的？如何处理？

（1）可能原因：闪蒸罐 D301 出料减少而使有活性的催化剂在 D301 底停留时间加长，从而发生少量的反应而放出一定量的热量。

（2）处理方法：

① 将闪蒸罐 D301 出料阀 LV301 开至 100%，然后关小以冲刷排料。多次快速重复操作，要注意避免 F301 压力超高。

② 敲打闪蒸罐 D301 的底部防止积料。

17 闪蒸罐 D301 的温度偏低是什么原因造成的？会造成什么后果？应如何处理？

（1）原因：

① 闪蒸管线夹套蒸汽故障。

② 从环管到反应器的出料超量。

（2）后果：闪蒸罐 D301 闪蒸不完全，甚至有液相丙烯窜至 F301 造成危险。

（3）处理方法：

① 检查所有蒸汽疏水器是否畅通，如果有堵，立即处理好。

② PIC301 与 FIC301 串级断开，手动增加蒸汽压力。

③ 检查 FIC244、FIC203、FIC231 流量是否增加，尽量稳定流量。

18 动力分离器 A301 电流偏高的原因是什么？应如何处理？

（1）电流偏高原因：

① 气相中夹带较多粉末。

② FIC301 流量大。

③ 润滑效果不佳。

④ 电机或者机械故障（如减速箱故障）。

（2）处理方法：

① 检查 FIC301 流量是否稳定，如果太大要关小。

② 检查 LIC301 料位，如果太高，则降低料位检查。

③ 检查密封油活塞油位，检查密封油冷却器冷却水，看是否需加脂。

④ 切断催化剂，环管用丙烯稀释完毕后，保持三台轴流泵运行，仅保留泵的密封冲洗丙烯并适当减量，HV301 切排至 D602。如电机故障，则更换或检修电机；如机械故障，待 D301 置换合格和盲板隔离后交出检修。

19 闪蒸罐 D301 的料位指示 LIC301 波动原因是什么？如何处理？

（1）原因：

① 粉料架桥 LIC301 指示有偏差。

② 控制阀 LV301 失灵。

③ 粉料破碎严重。

④ 射线粒位计故障（通常是接收器故障）。

（2）处理方法：

① 敲打闪蒸罐 D301 底部并大幅度扰动 LV301 阀位以防止 D301 底部架桥。

② 校核 LIC301 指示有无偏差，调校 LV301。

③ 增加 TEAL 加入量，提高 T/C 比。

④ 联系仪表检查校准射线粒位计。

20 HV311 在什么情况下切火炬？

（1）在开车初投主催化剂时，HV311 切火炬以排走含较多低聚物的物料。

（2）如果下游设备，如循环气袋滤器 F301、汽蒸罐 D501、干燥器 D502 系统出料故障而无法接受物料，HV311 需切至火炬。

21 丙烯冷凝器 E301 上部的不凝气排放目的是什么？

除去系统中惰性不凝气体而避免对丙烯冷凝器 E301 的冷凝效果造成影响，同时也可防止不凝气带回环管，对环管中物料循环造成不良影响。

22 检修时循环气袋滤器 F301 为什么要加二氧化碳？

加 CO_2 目的是杀死残存在循环气袋滤器 F301 中的 TEAL 等活性催化剂而防止产生危险。

23 如何判断循环气袋滤器 F301 滤袋已破？

（1）循环气安全过滤器 F302 出入口压差 PDI312 高报。

（2）低压丙烯洗涤塔 T302 流入粉末多而洗涤效果变差。

24 为什么闪蒸管线要用蒸汽夹套加热？

这是由于丙烯从液相转化为气相时要吸收大量的热量，所以增加蒸汽加热以保证丙烯汽化、过热。

25 D301 动力分离器 A301 的旋转方向与物料沿切线进入 D301 方向有何关系？为什么？

其方向是与物料进料方向相同。

这是防止动力分离器 A301 的电流过高和带出较多的粉末，而使循环丙烯洗涤塔 T301 洗涤效果变差。

26 如何判断闪蒸罐 D301 底部堵？

（1）闪蒸罐 D301 底部出料明显减少而 LIC301 明显上升，将 LV301 开大到 100%而料位无下降迹象。

（2）D301 动力分离器 A301 电流上升明显。

（3）T1302 温度急剧升高。

27 怎样判断循环气袋滤器 F301 滤袋堵？F301 滤袋堵会造成什么后果？

（1）判断依据：循环气袋滤器 F301 滤袋内外压差 PDI312 高。

（2）后果：循环气袋滤器 F301 的分离效果变差而使 F301 憋压，造成去循环气压缩机 PK301 的气体量减少而导致 PK301 停车，回收气排火炬。

28 T302 回流泵 P304 的密封油罐为什么要用氮封？

在低压丙烯洗涤塔 T302 中的油含有 TEAL 等危险物质，为防止其向外泄漏，故在其循环油泵 P304 密封油罐加 N_2 密封，保持 5bar(g)左右压力。

29 闪蒸罐 D301 温度表 TIC301 和 TI302 温度波动是由什么原因引起的？应如何处理？

（1）原因：

① 闪蒸管线的蒸汽压力波动。

② 环管出料波动。

（2）处理方法：

① 将 LIC231 打到手动，开大或减少其开度，同时要密切注意反应器缓冲罐 D202 液位防止其变化过大。

② 检查夹套蒸汽的变化把 PIC301 与 TIC301 串级断开，手动调节 PIC301，维持 TIC301 在 75℃。

③ 观察环管密度以及 FIC203 和 FIC231 是否稳定，调整参数，维持正常的出料量。

30 试论袋式过滤器的主要优缺点。

（1）主要优点：性能稳定，操作简便可靠，分离效率高，能分离尘粒直径小于 1μm 的含尘气体。

（2）主要缺点：滤布易堵塞和磨损较快，不宜净化高温、潮湿和含有油雾、易粘结的含尘气体。

31 循环气袋滤器 F301 为什么要设反吹气？

设反吹气的目的是定时、瞬时地喷入高压反吹气，定期清理积聚在滤袋外表面上的粉末，防止滤袋堵塞。

32 循环丙烯洗涤塔 T301 粉末过多的原因是什么？

（1）闪蒸罐 D301 系统压力低（如 1.0MPa）。

（2）动力分离器 A301 故障。

（3）闪蒸罐 D301 料位过高。

（4）超负荷生产。

33 低压丙烯洗涤塔 T302 内的油温为什么要保持 45℃以上？

保证油的黏度较小，具有较好的洗涤效果。在气温较低的冬季，要通过辅助加热线加热维持此温度。

34 丙烯进料罐 D302 料位一般控制在什么范围？为什么？

D302 料位一般控制在 60%~70%。这是为了在装置紧急停车时保证原料罐有足够的丙烯用以稀释环管反应器撤除反应热。

35 循环丙烯洗涤塔 T301 液位高降不下来的原因是什么？如何处理？

（1）原因：

① 再沸器 E303 换热面被聚合物包住。

② E303 热水不足。

③ 循环丙烯洗涤塔 T301 底部出料不畅。

（2）处理方法：

① 停车清理 E303、T301 底部。

② 检查 E303 热水的调节阀是否故障，水温是否正常。

③ 检查小闪线流量是否正常。

36 闪蒸罐 D301 气相出口为什么要设置温度低联锁？

闪蒸罐 D301 气相出口温度低会使环管出料中经闪蒸未汽化的液相丙烯在 D301 底部积聚，再经 D301 出料 LV301 进入循环气袋滤器 F301，使滤袋发脆破裂。

37 反吹气罐 D303 有什么作用？D303 为什么要通盘管蒸汽？

D303 作用：起缓冲、储存丙烯气的作用。

通蒸汽目的：防止反吹气冷凝而使罐结霜。

38 一旦循环气压缩机 PK301 事故，通过何处排放较好？为什么？

通过 HV341 排放较好，因为这样可以把气体中的三乙基铝等物质洗掉，避免三乙基铝排放到火炬系统而发生危险。

39 装置事故停车后，如何保证系统中 CO 浓度小于 0. 1mL/m^3？

（1）向环管反应器进新鲜丙烯，从丙烯冷凝器 E301 排放线排 CO，并且回收循环丙烯。

（2）将来自 E301 的丙烯，用 T301 回流泵 P302 送至轻组分气提塔 T701 脱除 CO 来使反应器的 CO 浓度小于 0. 1mL/m^3。

40 简述 P301A/B 密封油罐压力升高的原因及处理方法。

（1）原因：

① P301A/B 机械密封泄漏。

② P301A/B 在用泵或备用泵泵体排放阀打开或未关严，或者其他原因造成低压排放系统背压升高。

③ P301A/B 密封罐顶部排放阀未打开，造成密封罐憋压。

④ 压力测点故障。

(2) 处理：

① 通知设备人员查看，如果机封泄漏严重应作切泵处理。

② 关闭 P301A/B 泵体排放阀，或查找其他造成排放系统背压升高的原因。

③ 打开 P301A/B 密封罐顶部排放阀。

④ 找仪表人员维修压力测点。

41 循环丙烯安全过滤器 F302 的作用是什么？

防止循环气袋滤器 F301 的过滤器滤袋破裂时大量的粉末进入循环气压缩机 PK301，影响压缩机正常运行。

42 如果小闪蒸线堵塞，维持时应注意哪些方面？

(1) 保证环管反应尽可能的稳定。

(2) 由于循环丙烯洗涤塔 T301 底部细粉无法排出，应关注 T301 入口 PDI321 的压差。

(3) 关注丙烯安全过滤器 F201 进出口压差。

(4) 尽量减少 T301 回流 FIC321 流量，增大 T301 底部再沸器热水 FIC328 的量，以增加 T301 的热量，防止淹塔。

(5) 由于缺少了 T301 一路气流，去循环丙烯压缩机的流量 FI311 降低，通过机组回流控制循环丙烯压缩机 PK301 的打量或降低 PK301 负荷至 50%。

(6) 尽量控制闪蒸罐 D301 在一个较低的液位，减少细粉进入 T301。

(7) 通过辅助调节 PIC323、FIC328 使 T301 压力尽可能稳定

(8) 尽快安排清堵，并做好装置停车应急预案。

43 循环气袋滤器 F301 料位高报 LAHH313 误动作如何处理？

LAHH313 动作而带动联锁 I303，联锁关闭闪蒸罐 D301 出料 LV301 和小闪线出料 FV326。

(1) 旁路 I303。

(2) 手动打开 LV301 和 FV326 并维持料位稳定，手动控制 LV311 的阀位，使 F301 料位稳定。

(3) 因 I303 动作很可能导致循环丙烯压缩机 PK301 跳车，在 PK301 跳车之前先把 PK301 负荷打到 50%，若已跳车，则待 F301 处理稳定后再开 PK301。

(4) 联系仪表检修 LAHH313。

(5) 控制 F301，使 D301、D501、D502 料位稳定，必要时手动控制，正常以

后投自控。

44 **丙烯进料泵冷却器 E305 冷却水回水管线压力开关 PAH338 动作如何处理？**

PAH338 动作结果是使 PV338、FV331 关闭，PI333、TI334 有所上升，威胁 P301 的安全运行。此时中控应注意 PI333、TI334 的变化，TI334 温度不能超过 43℃，以防止 D302 的丙烯汽化。现场应首先对照 PI339 压力是否正常(约 0.25MPa)，同时打开 E305 循环水侧导淋检测则有没有可燃气，联系化验取样分析 E305 的冷却水中的成分。如 PI339 正常，分析正常，可判断为仪表故障，则关闭 PSH338 的现场手阀，让 I326 复位，打开 PV338、FV331 控制压力 PIC338、流量 FIC331 至正常值，联系仪表检查处理；如 PI339 超高，分析水中有丙烯含量，则判断为 E305 泄漏，则处理如下：①FV331稍开旁路，保持 FIC331 在正常流量 52000kg/h 左右；②D302 压力高，开排火炬维持导淋；③关闭 E305 循环水回水手阀，并根据实际泄漏情况，联系技术员，确定维持运行还是停车处理；④注意回水总管带气情况。

45 **简述正常生产时循环气袋滤器 F301 压力走高原因及处理方法。**

(1) 原因：

① 装置负荷过高，出料量大。

② 环管出料阀 LV231 自控调节滞后。

③ 环管丙烯进料量调节幅度过大。

④ 循环丙烯洗涤塔 T301 底部出料阀 FV326 阀位控制过大。

⑤ F301 反吹气控制电磁阀故障。

⑥ 闪蒸罐 D301 底部出料阀 LV301 卡、阀位过大造成 D301 料位空，丙烯气窜入 F301。

⑦ 循环气安全过滤器 F302 堵塞或循环丙烯压缩机 PK301 故障，打量不好。

⑧ 仪表显示故障。

(2) 处理：

① 适当降低装置负荷。

② LV231 手动调整至正常。

③ 根据环管反应，适当调整环管丙烯加入量。

④ 适当调小 FV326 阀位开度。

⑤ 检修反吹气控制电磁阀。

⑥ 控制 D301 料位至正常值。

⑦ 切换 F302，PK301 及时交出检修。

⑧ 检修压力表。

46 动力分离器 A301 跳停应如何处理？

（1）中控通知现场确认 A301 跳停是否停运，同时查明跳停原因。

（2）闪蒸罐进料三通阀 HV301 切排，现场停运循环丙烯压缩机 PK301。大闪蒸管线蒸汽压力控制 PIC301 与温度控制 TIC301 串接脱开，适当开大 PV301 阀位。

（3）出空闪蒸罐 D301。

（4）循环丙烯洗涤塔压力控制 PIC323 打手控，阀位保持小开度。根据丙烯进料罐 D302 液位适当开大界区进料丙烯阀 FV004 开度。

（5）适当降催化剂冲程及进料丙烯，保持环管密度。

（6）现场投用第一低压排放罐 D602 蒸汽，关注 D602 料位。

（7）若 A301 短时间内故障排除，重新启动，则 HV301 切回重新恢复工况至正常。

（8）若 A301 短时间内无法重启，则装置切出催化剂停工。

47 循环气袋滤器 F301 的温度过低会造成什么影响？

（1）会造成循环气袋滤器 F301 有液相存在。

（2）对循环气袋滤器 F301 的脱气效果变差可能造成汽蒸罐和粉料干燥器大量带烃。

48 闪蒸罐 D301 出料阀 LV301 内漏大如何处理？

LV301 故障内漏大，短时 HV301 切排，LV301 阀门拆检或整体更换。

（1）准备好备件，人员现场待命。

（2）投用火炬消烟蒸汽。

（3）D301 切至第一低压排放罐 D602，出空 D301，快速降低装置负荷至最低负荷，控制环管密度稳定。

（4）停运动力分离器 A301，关闭 D301 至循环丙烯洗涤塔 T301 第二道手阀，待 D301 和袋滤器 F301 压力平衡后，关闭 D301 至 F301 最后一道手阀。

（5）逐步倒空 F301，控制汽蒸罐 D501、干燥器 D502 在正常料位，为确保液环压缩机 PK501 的运行稳定，D501 充入氮气。全开 P302 出口返回 E301 阀门以维持 P302 运行。

（6）D301 通氮气置换至可燃气分析合格。

（7）安排 LV301 拆检或更换。

（8）LV301 阀门更换完毕调试结束后，D301 通氮气查漏、置换。

（9）打通 D301 至 F301 管线流程，同步打通 D301 至 T301 流程，启动 A301，HV301 切回，及时提高 FIC244 流量，建立 D301 料位，调整大闪蒸管线蒸汽开度，逐步建立 F301 料位，逐步提高装置负荷至正常。

（10）若 LV301 处理期间，D602 料位高，则排放三通及时切至高压排放罐 D601 方向。

49 夏季丙烯冷凝器 E301 液位低如何处理？

（1）联系循环水供水装置，降低循环水供水温度，适当提高供水压力。

（2）适当降低大闪线温度。

（3）适当提高 T301 压力，丙烯更易液化，但需关注 PK301 运行状态。

（4）开大 E301 排尾气 FV323，尽可能多地排出系统中惰性组分。

（5）打开 P302 回 E301 两道阀。

（6）适当降低装置负荷。

（7）若采取以上措施后，E301 液位依然无法维持 P302 运行，装置作停车处理。

50 简述循环丙烯压缩机 PK301 入口流量 FI311 流量突降原因及处理方法。

（1）原因：

① HV403 阀门或者后管线堵塞（400#生产期间）。

② 气相反应器出料 LV401 阀门或者后管线堵塞（400#生产期间）。

③ PK301 机组打量不好。

④ 循环气安全过滤器 F302 滤网堵塞。

⑤ 袋滤器 F301 滤袋堵塞。

⑥ 小闪线堵塞。

（2）处理：

① 对 HV403 阀位震荡，现场敲阀后管线，用循环丙烯洗涤塔 T301 的冲洗丙烯冲洗。

② 对 LV401 阀位震荡，现场敲阀后管线，用循环丙烯洗涤塔 T301 的冲洗丙烯冲洗。

③ 切换至备机后交出检修。

④ F302 切换至备用后清理。

⑤ 增加 F301 反吹丙烯量进行冲刷，若冲刷无效果，F301 压力高无法维持，装置停工更换袋滤器。

⑥ 震荡小闪线出料阀 FV326，现场敲击疏通管线，通过 P302 的冲洗丙烯对

管线进行正冲反冲，若无效果，小闪线交出拆清。

51 共聚生产期间，循环丙烯压缩机 PK301A 交出检修期间，PK301B 跳停如何处理？

（1）尽可能维持 T402 压力，若压力无法维持，联系外操将 R401 循环压缩机 C401 干气由乙烯气提塔 T402 顶部气切至新鲜乙烯。

（2）通过 PV311 排放，维持 F301 压力稳定。

（3）开大火炬消烟蒸汽，防止火炬冒黑烟。

（4）根据 PK301 跳停前 T402 流量及组分情况计算气相反应器 R401 中应补充的乙烯、丙烯量，并相应增加乙烯、丙烯进料量，以维持气相反应器组分稳定。

（5）立即查找跳停原因，排除故障。

（6）PK301B 重新启动后，恢复工况至正常。

52 夏季均聚切抗冲共聚牌号生产时，如何避免 PK301 因气阀温度高而跳停？

均聚切抗冲共聚牌号生产时，因气相反应器为纯乙烯开车，闪蒸罐 D301 出料切至 R401 后，首波 R401、S401 出料夹带气中乙烯占比较高，因乙烯较丙烯难压缩，可能会造成循环丙烯压缩机气阀温度高跳车。按下述方法可避免其跳停：

（1）将乙烯气提塔 T402 压力适当控低，降低 PK301 背压。

（2）适当提高小闪线丙烯气量，减少乙烯占比。

（3）夏季最好在雨天或温度低时切共聚，增加冷却效果。

（4）首波出料时适当控制 LV401 阀位，HV403 适当关小。

（5）气相反应器采用乙烯、丙烯混合气开车。

53 循环丙烯压缩机 PK301 分液罐排液注意事项有哪些？

（1）确认排液管线至废油处理罐 D607 流程畅通，D607 液位正常。

（2）排液前确认各分液罐底部排液阀门完全关闭。

（3）排液前做好内外操联系，按先低压后高压的顺序排液，排液时要严防高压窜低压待缓冲罐液位计指示下降后，关闭排液阀，并确认完全关死。

54 循环丙烯压缩机 PK301A/B 故障，如何减少火炬排放量？

（1）降低装置负荷，减少丙烯进料量。

（2）提高 D301 料位，提高粉料的停留时间，增加气封，减少气体丙烯随底部出料带入袋滤器F301的量。

（3）提高TIC301温度，减少粉料夹带丙烯量。

（4）适当关小小闪线出料阀FV326，并且延长FV326冲刷频率，减少气体丙烯进入F301的量。

（5）PK301故障期间保持装置生产稳定，避免做大的调整。

55 具备什么条件才能建立丙烯中循环？

（1）确认排放系统已投用。

（2）小循环已建立且运行稳定。

（3）丙烯回收系统气密置换完毕，机、电、仪投用。

（4）环管反应器已具备进丙烯条件。

56 简述动力分离器A301泄漏量大抢修操作步骤。

（1）前系统停工，注10%CO。

（2）投用环管夹套水加热器E204、E205维持环管温度70℃。

（3）倒空闪蒸罐D301、袋滤器F301、汽蒸罐D501、干燥器D502料位。

（4）待环管浆液浓度降至400kg/m^{3}达2h以上后，逐步关闭FV244、FV203、FV231，环管轴流泵冲洗丙烯适当减量控制。

（5）开大火炬消烟蒸汽，停运循环丙烯压缩机PK301，D301进料三通阀HV301切排，F301进料三通阀HV311切排。

（6）D301隔离，氮气置换合格后盲板隔离。

（7）检修或更换A301。

（8）检修完成后重新开工。

57 简述高压闪蒸及丙烯回收系统遇到严重泄漏紧急停车时该区域的处理步骤。

（1）将闪蒸罐D301进料三通阀HV301切向低压排放。

（2）解除TIC301与PIC301的串接状态，自动设定PIC301压力在0.02~0.1MPa。

（3）关FV244。

（4）D301出料阀LV301全开，迅速倒空D301。

（5）全开丙烯冷凝器E301顶部排放阀FV323。

（6）停循环丙烯压缩机PK301。

（7）关循环丙烯洗涤塔T301底部球阀，FV326手动全开，用丙烯冲洗T301到袋滤器F301的闪蒸线5min，再关FV326及夹套蒸汽。

（8）关E303的工艺水FV328。

(9) 停 P302A/B，通过泵体最低点将液体丙烯排往火炬，此操作要慢，以避免管道温度过低。

(10) 当反应系统已稀释完毕且反应器轴流泵已停车时，将 PIC301 设定在 0.02MPa 以防止闪蒸管线温度过低。关 D301 伴热。

(11) 停动力分离器 A301。

(12) 系统泄压后，由 D301 及 T301 的入口处引入氮气吹扫置换，分析合格。

58 闪蒸罐 D301 压力高的原因有哪些？

(1) 反应负荷过高或波动大。

(2) LV231 开度过大。

(3) D301 至 T301 管线堵塞。

(4) PIC323 压力控制高。

第二节 气相法/多区循环气相本体工艺(Spherizone)

1 简述中压袋滤器的结构及作用。

中压袋滤器主要由滤袋、骨架、壳体和反吹系统构成，含聚丙烯细粉的气体自多区反应器进入中压袋滤器，气体由外向内穿过支撑于骨架上的滤袋，洁净丙烯气体汇集上部的出口管排出至中压回收压缩机进行回收，聚丙烯细粉被截留于滤袋外表面上，通过间歇性反吹气进行定期吹扫，反吹气体的压力高于容器内部压力，反吹气体自袋滤器内部向外吹出，清除滤袋上的尘粒，防止袋滤器堵塞。中压袋滤器过滤精度为 10μm，使用寿命一般为二年更换一次。中压袋滤器取代了环管工艺的闪蒸罐，同时取消了鼠笼式搅拌分离器，少了高处动设备的布置和维护，使得工艺运行更加平稳并减少动设备维护成本。

2 简述低压袋滤器的结构、作用及注意事项。

低压袋滤器结构与中压袋滤器基本一致，通过间歇性反吹气进行定期吹扫实行自清洁。低压袋滤器过滤精度为 10μm，使用寿命一般为二年更换一次，因材质为聚丙烯，因此对汽蒸罐要保持一定压差，避免出现蒸汽倒窜造成滤网损坏。

3 简述中压袋滤器料位高的原因及处理措施。

(1) 中压袋滤器料位高的原因：

① 多区反应器料位过高，出料阀因自控状态开度过大，出料较多。

② 多区反应器出料阀现场与中控阀门开度不匹配，中控阀门指示正常，但实际阀门开度偏大。

③ 中压袋滤器出料阀现场阀门与中控阀门开度不匹配，实际阀门开度较小。

④ 生产共聚产品时，共聚反应器压力过高导致中压袋滤器下料受阻。

⑤ 射源料位计显示故障。

⑥ 中压袋滤器底部架桥或挂料，导致下料不畅。

(2) 对应处理措施：

① 适当减少多区反应器出料阀的开度，逐步调整多区反应器料位。

② 联系外操现场核对阀位，仪表检查多区反应器出料阀。

③ 联系仪表检查中压袋滤器下料阀。

④ 适当降低共聚反应器的压力，提高中压袋滤器压力，提高与共聚反应器的压差，使中压袋滤器能够顺利出料。

⑤ 联系仪表校准料位计。

⑥ 内操振荡中压袋滤器下料阀扰动料位，辅助下料。

4 简述低压袋滤器料位高的原因及处理措施。

(1) 低压袋滤器料位高的原因：

① 共聚反应器或中压袋滤器料位过高，共聚反应器出料阀/中压袋滤器出料阀阀门开度过大，实际下料量多。

② 共聚反应器出料阀/中压袋滤器出料阀现场与中控阀门开度不匹配，实际阀门开度较大。

③ 低压袋滤器出料阀现场阀门与中控不匹配，实际阀门开度较小。

④ 低压袋滤器底部架桥或局部结块，导致下料不畅。

⑤ 料位计出现故障。

(2) 对应处理措施：

① 适当降低装置负荷或提高多区反应器料位，减少共聚反应器出料阀/中压袋滤器出料阀的开度。

② 联系外操核对现场阀位，联系仪表检查共聚反应器出料阀/中压袋滤器出料阀。

③ 联系外操核对现场阀位，联系仪表检查低压袋滤器出料阀。

④ 内操振荡低压袋滤器出料阀扰动料位，辅助下料。

⑤ 联系仪表检查料位计。

5 简述中压袋滤器料位低的原因及处理措施。

(1) 中压袋滤器料位低的原因：

① 多区反应器料位过低，多区反应器出料阀阀门开度过小。

② 多区反应器出料阀现场与中控阀门开度不匹配。

③ 中压袋滤器出料阀现场阀门与中控不匹配，其阀门开度较大。

④ 料位计故障。

⑤ 短时间内装置负荷较低。

(2) 对应处理措施：

① 中控手动适当减少中压袋滤器出料阀的开度，注意底部温度升高，适当加大震荡冲刷频率。

② 联系仪表检查多区反应器出料阀。

③ 联系仪表检查中压袋滤器出料阀。

④ 联系仪表检查料位计。

⑤ 适当增加催化剂加入量，提高装置负荷。

6 简述低压袋滤器料位低的原因及处理措施。

(1) 低压袋滤器料位低的原因：

① 共聚反应器或者中压袋滤器料位过低，共聚反应器出料阀/中压袋滤器出料阀阀门开度过小。

② 共聚反应器出料阀/中压袋滤器出料阀现场与中控阀门开度不匹配。

③ 低压袋滤器出料阀现场阀门与中控不匹配，其阀门开度较小。

④ 料位计故障。

(2) 对应处理措施：

① 手动适当减少低压袋滤器出料阀的开度。

② 联系仪表检查共聚反应器出料阀/中压袋滤器出料阀。

③ 联系仪表检查低压袋滤器出料阀。

④ 联系仪表检查料位计。

7 简述中压袋滤器底部温度高的原因及处理措施。

(1) 中压袋滤器底部温度高的原因：

① 中压袋滤器料位高，聚合物在中压袋滤器停留时间长，局部发生反应产生高温。

② 实际阀位偏低或阀门存在机械卡涩，造成底部存在死区，积料。

③ 中压袋滤器底部吹扫丙烯的温度过高。

④ 温度计指示故障。

(2) 对应处理措施：

① 降低中压袋滤器料位，调整中压袋滤器出料阀的开度(比正常开度增加20%~30%)，缩短聚合物停留时间。

② 内外操校对阀位，联系仪表检查，如温度异常升高无法控制，主动停车

隔离交出处理。

③ 检查温度测点和现场阀位。

④ 比对其他温度计，联系仪表处理，查看现场伴热是否与温度计贴得较紧并及时调整伴热管线。

8 简述中压袋滤器底部温度低的原因及处理措施。

（1）中压袋滤器底部温度低的原因：

① 中压袋滤器底部存在液相丙烯，液相丙烯汽化，造成底部温度低。

② 温度计显示故障或插入深度不足。

③ 中压袋滤器凝液疏水器故障。

（2）对应处理措施：

① 检查中压袋滤器夹套蒸汽，减少上游阀门开度，增强中压袋滤器丙烯流动性，检查 FT3106 丙烯温度及流量，适当降低 FT3106 丙烯流量。

② 联系仪表检查温度计。

③ 检查疏水器并安排拆清。

9 简述低压袋滤器底部温度高的原因及处理措施。

（1）低压袋滤器底部温度高的原因：

① 低压袋滤器实际料位控制较高，聚合物停留时间长，局部存在反应，造成温度偏高。

② 实际阀位偏低或机械卡涩，造成底部存在死区，积料。

③ 温度计故障。

④ 400#共聚单元开工。

（2）对应处理措施：

① 降低料位，调整低压袋滤器出料阀的开度排出滞留的聚合物（比正常开度增加 20%～30%）。

② 校对阀位，视情况交出处理。

③ 外操通过测温仪进行测量比对，联系仪表处理温度计。

④ 优化 400#共聚单元开工方案。

10 简述低压袋滤器底部温度低的原因及处理措施。

（1）低压袋滤器底部温度低的原因：

① 低压袋滤器底部存在液相丙烯。

② 温度计故障。

（2）对应处理措施：

① 检查夹套蒸汽，减少上游阀门开度，适当活动低压袋滤器出料阀，以增

强低压袋滤器丙烯流动性。

② 联系仪表检查温度计。

11 简述中压丙烯往复式压缩机的联锁设置。

以下原因会引起中压丙烯往复式压缩机停机：

(1) 机组外缓冲罐液位高高。

(2) 装置全面紧急停车联锁。

(3) 压缩机入口压力低低。

(4) 压缩机出口温度高高。

(5) 压缩机润滑油压差低低。

(6) 压缩机出口压力高高。

(7) 压缩机出口温度高高。

(8) 压缩机振动高高。

(9) 机组入口缓冲罐液位高高。

(10) 出口和入口压差高高，取中值。

(11) 辅操台提供 HS3220B 停机按钮。

12 简述低压丙烯往复式压缩机的联锁设置。

以下原因会引起低压丙烯往复式压缩机停机：

(1) 机组外缓冲罐液位高高。

(2) 全面装置紧急停车联锁激活。

(3) 压缩机吸入口压力低低。

(4) 一级出口温度高高。

(5) 级间分液罐液位高高。

(6) 压缩机振动高高。

(7) 润滑油压差低低。

(8) 二级出口温度高高。

(9) 二级出口压力高高。

(10) 压缩机振动高高。

(11) 润滑油压差低低。

13 中压袋滤器如何取样?

共聚牌号生产期间，为及时掌握多区反应器反应情况，需在中压袋滤器取样罐取样。按如下步骤进行取样：

(1) 确认取样罐氮气盲板倒通，关闭去 BDL 手阀，打开底部取样阀，依次打开氮气上部、下部吹扫阀门，确认取样罐内无积料，关闭底部取样阀。

(2) 取样罐用氮气充压至 0.3MPa，置换 2~4 遍。

(3) 关闭取样罐顶排 BDL 阀。

(4) 打开至取样罐的气动取样阀及球阀，从中压袋滤器底部放料至取样罐。

(5) 关至取样罐的气动取样阀，打开取样罐上至 BDL 球阀泄压。

(6) 取样罐泄压完后用氮气置换 4~6 次。

(7) 取样罐泄至常压后关闭顶排 BDL 阀，打开底部取样阀从取样罐底部放料。因取样罐内可能含部分未反应完全的 TEAL，取样时要注意安全。

(8) 取样完后放净余料，关闭底部取样阀，打开去 BDL 的手阀。

14 中压丙烯往复式压缩机如何避免压缩机带液？

(1) 确保电伴热、蒸汽伴热投用正常，监控好中压丙烯往复式压缩机入口温度，不能低于 55℃。

(2) 定期对中压丙烯往复式压缩机缓冲罐进行排液，高熔指牌号或者三元牌号生产期间提高排液频次，避免低聚物在缓冲罐积聚。

(3) 关注机组外缓冲罐液位，及时排液。

(4) 控制润滑油液位适中。

(5) 压缩机启机时，提前启动水泵，保证机组水系统温度在 52℃。

15 中压丙烯往复式压缩机有哪些用户？

中压丙烯往复式压缩机用户共 5 个，分别为：

(1) 回多区反应器循环反应。

(2) 中压袋滤器反吹气。

(3) 高压袋滤器反吹气。

(4) 小回流到中压丙烯往复式压缩机入口。

(5) 多区反应器下料线输送气。

16 中压袋滤器底部三个喷嘴的作用是什么？

中压袋滤器底部设计有三个喷嘴，内部吹扫气为气相丙烯气。在共聚生产过程中，为了防止多区反应器出料中过多的氢气经中压袋滤器进入共聚反应器，从而影响共聚反应器中氢气组分，在中压袋滤器底部喷嘴加入一股丙烯，利用精制丙烯单体气提，将氢气从中压袋滤器顶部气提出去，从而保证共聚反应氢气组分的稳定。

17 中压袋滤器紧急终止联锁 S3103 动作后，装置如何处理？

当出现中压袋滤器料位高高，底部温度高高等会引起中压袋滤器紧急终止联锁 S3103，造成中压袋滤器注入 CO 终止反应，通过中压丙烯往复式压缩机进入多区反应器中，反应终止。装置应启动多区反应器恒温水泵维持多区反应器的温度在75℃，维持三剂进料，同时开大氢气气提塔、乙烯气提塔排尾气阀，减少CO浓度，若发现聚合反应活性下降较快、丙烯进料消耗较低则按停工处理，启动预聚反应器停车联锁S2101甩预聚反应器，启动多区反应器注CO联锁。

18 中压丙烯往复式压缩机跳停后，如何快速恢复工况？

(1) 及时开大中压袋滤器排火炬阀PV3105，通过PIC3105控制中压袋滤器压力在1.8MPa。

(2) 联系调度和储运，告知丙烯排放事宜，关注火炬情况。

(3) 保持多区反应器出料线吹扫气流量，防止多区反应器出料线堵塞。

(4) 逐步提高多区反应器丙烯进料的设定值上限，维持多区反应器压力正常。

(5) 确认备用丙烯气HV2309、HV3109已打开且压力正常，丙烯吹扫气流量FT3105流量上涨。

(6) 现场及时打开HV2309后冲洗丙烯去多区反应器斜管段手阀。

(7) 逐步提高氢气加入量，保持多区反应器氢气浓度稳定，维持产品质量正常。

(8) 提高界区丙烯进料量，确保丙烯储罐液位稳定。

(9) 中控及现场人员及时检查中压丙烯往复式压缩机停机原因，若原因不明，则及时启动备机。

(10) 若排放时间长，应打开排放罐的蒸汽伴热，防止积液结霜。

19 低压丙烯往复式压缩机跳停后应如何处理？

(1) 生产均聚产品时：

① 当低压丙烯往复式压缩机跳停后，系统压力会迅速上升，低压袋滤器压控阀PV3401及时打开，维持低压袋滤器压力稳定，避免S3403动作。

② 迅速判断出低压丙烯往复式压缩机跳停的原因，如果是因为机械原因则联系设备进行检查处理；如果非机械原因迅速联系外操重启低压丙烯往复式压缩机，内操控制好回流以及出口压力，稳定工况。

(2) 生产共聚产品时：

① 低压袋滤器压控阀PV3401及时打开，维持低压袋滤器压力稳定。

② 迅速判断出低压丙烯往复式压缩机跳停的原因，如果是因为机械原因则联系设备进行检查处理；如果非机械原因迅速联系外操重启低压丙烯往复式压缩机，内操控制好回流以及出口压力，稳定工况。

③ D901 切换至空料仓。

④ 根据 400#单元组分变化及共聚反应器压力变化情况，FIC4001 快速增加 1100kg/h 左右量，FIC4002 快速增加 1500kg/左右量(以 30t/年聚丙烯装置)，控制 AIC4001 稳定，调整 FIC3106 或者共聚反应器加入氢气，控制 AIC4002 稳定。

⑤ 内操维持 T430 液位压力稳定，关闭 T430 底部蒸汽阀门，关闭 T430 进料阀、出料阀及排尾气阀门。

⑥ 低压丙烯往复式压缩机停运，工况调整期间，SP8801/SP8802 按照 1 次/h 加样分析乙烯、1 次/2h 分析二甲苯可溶物，产品数据调整到位后，乙烯和二甲苯可溶物保持 1 次/4h，直至低压丙烯往复式压缩机恢复正常。

20 筒袋泵丙烯增压泵与高速泵有什么区别?

(1) 高速离心泵：具有一个与泵成一体的增速齿轮箱，叶轮直接安装到齿轮箱的输出轴上。齿轮箱与泵之间没有联轴器，但与电机之间用挠性联轴器连接。效率较低，维护要求较高。

(2) 立式筒袋泵：其实是立式悬垂多级泵，叶轮形式为单吸，径向式叶轮，首级为吸入式叶轮。主要用于输送低温易汽化、对温度变化比较敏感的介质，具有高气蚀性能、高效率、可靠性好、寿命长、低噪音、占地面积小等特点。

21 丙烯增压泵最小循环线的作用是什么?

最小循环线在丙烯增压泵启动时和正常运行时都有保护作用。在丙烯增压泵启动时，如果出口阀关，由于泵转速和扬程很高，液体不流动，叶轮与流体摩擦产生大量热量，同时泵出口压力很高，对推力轴承和机械密封都不利，可能迅速造成泵的损坏。最小流量线可以保证一定流量的流体始终流通。撤走泵内摩擦热，保护推力轴承、机械密封等部件。在泵正常运行时，可能由于工艺操作的要求降低泵的流量，在这种情况下，最小循环线同样起到保护作用。

22 原料丙烯罐 D330 出口 2 台增压泵均停运后应如何处理?

两台泵停运后，丙烯中断，P240 丙烯冲洗中断，停丙烯泵 P240。启动 S2101 甩小环，关闭 FV2414、FV2402、FV2424，启动 S2601、S2602 往多区反应器中注入 CO，启动 I3103 往中压袋滤器注入 CO，关闭 R200 到 Z201 手阀，关闭三剂到 R200 前手阀，尽快倒空系统中物料，按照停车处理。

23 循环丙烯冷却器 E330 的作用是什么?

冷却丙烯增压泵出口丙烯，维持丙烯储罐 D330 的温度和压力稳定。

24 丙烯增压换热器 E331 的作用是什么?

将液相丙烯蒸发为气相丙烯，维持住丙烯储罐 D330 的压力。

25 丙烯储罐 D330 压力高如何处理?

(1) 如果是 D330 不凝气含量高，则打开 PV3302 进行泄压。

(2) 适当开大 E330 夹套冷却水手阀。

(3) 适当手动降低 PV3301 的开度。

(4) 如果是由于 D330 液位上升过快导致的压力高，则适当关小 FV0101 的阀位，减少丙烯进料速度。

(5) 检查现场 FV0101、PV3301、FV3301 的阀位是否与中控匹配。

26 D330 液位高如何处理?

(1) 及时手动关小 FV0101 阀位。

(2) 检查 LV4301、FV2424 短时间内是否开度过大。

(3) 检查串级控制是否投用。

27 D330 液位低如何处理?

(1) 及时手动开大 FV0101 的阀位。

(2) 检查界区丙烯压力，如果过低，则联系上游尽快恢复。

(3) 检查串级是否投用。

28 D330 压力低如何处理?

(1) 适当关小 E330 夹套冷却水手阀。

(2) 适当手动增加 PV3301 的开度。

(3) 如果是由于 D330 液位下降过快导致的压力低，则适当增加 FV0101 的阀位，增加丙烯进料速度。

(4) 检查现场 FV0101、PV3301、FV3301 的阀位是否与中控匹配。

(5) 检查 E331 的蒸汽凝液疏水是否正常。

29 中压丙烯往复式压缩机二氧化碳失活注意事项有哪些?

(1) 关闭中压丙烯往复式压缩机进出口丙烯阀，关闭 D330 至中间体吹扫丙烯阀，打开机组安全阀旁路，将机组内丙烯排火炬，确认机组内压力小于 0.01MPa。

(2) 确认进出口分液罐底部排液阀全关。

(3) 机组及润滑油泵停电。

(4) 倒通机组氮气盲板，用氮气升压到0.5MPa置换机组及曲轴箱10次，泄压到火炬。

(5) 关闭机组安全阀旁路阀，低压丙烯往复式压缩机排油流程改至废油罐，告知中控间断向中压丙烯往复式压缩机注入1~2瓶CO_2，保压10min。

注： 若机组累计运行时间≥20天，则注CO_2 2瓶；<20天则注CO_2 1瓶。满钢瓶气要求在10.0MPa以上。每到接近0.050 MPa后保压10min，再泄压到火炬后再继续注CO_2。

(6) 用氮气0.5MPa置换机组及曲轴箱10次以上，至可燃气浓度小于0.2%。

(7) 机组排BDL总阀关闭、排大气阀打开。

(8) 中压丙烯往复式压缩机停电，关闭中压丙烯往复式压缩机加载氮气阀。

(9) 曲轴箱置换氮气前后阀关，导淋开。

(10) 机组泄压至零后盲板隔离。

30 F311的作用是什么？

当中压袋滤器滤袋破损时，防止工艺气中夹带的固体聚丙烯颗粒大量进入中压丙烯往复式压缩机中，损坏压缩机。

31 F341的作用是什么？

当低压袋滤器滤袋破损时，防止工艺气中夹带的固体聚丙烯颗粒大量进入低压丙烯往复式压缩机中，损坏压缩机。

32 CO_2加热器E340的作用是什么？

高压袋滤器、中压袋滤器、低压袋滤器、F240A/B检修均需要CO_2失活，为防止三乙基铝自燃，采用CO_2钢瓶减压后加入系统，减压过程存在吸热情况，需通过CO_2加热器E340将钢瓶中的液相CO_2加热蒸发成气相CO_2，便于系统的CO_2失活操作。

33 反吹气缓冲罐D310的作用是什么？

反吹气缓冲罐D310为中压袋滤器的反吹气缓冲罐，通过夹套蒸汽加热使液相丙烯汽化，防止中压袋滤器反吹气带液以及稳定反吹气的压力，避免出现反吹过程中压力快速下降的问题，正常与中压袋滤器压差保持在0.5MPa，通过压控阀实现自动控制。

34 反吹气缓冲罐D340的作用是什么？

反吹气缓冲罐D340为低压袋滤器的反吹气缓冲罐，通过夹套蒸汽加热使液相丙烯汽化，防止低压袋滤器反吹气带液以及稳定反吹气的压力，避免出现反吹过程中压力快速下降的问题，正常与低压袋滤器压差保持在 0.5MPa，通过压控阀实现自动控制。

35 CO_2加热器 E340 的用户情况如何？

涉及三乙基铝残留的设备，拆清时均需要 CO_2失活，为满足各用户的需要，增加了 CO_2专用线，便于失活操作，其用户有 F240A/B、中压袋滤器、低压袋滤器、高压袋滤器。

36 HV3109 何时动作？有什么作用？

当 C250 干气密封流量低于 100m^3/h 或者冲洗总管进反应器压差低于 0.2MPa 时 HV3109 打开，防止由于中压丙烯往复式压缩机停导致反吹丙烯和干气密封流量中断。

37 中压袋滤器 CO 设置情况如何？何时启用？

中压袋滤器底部设置有 CO 注入口，当 S3102、S3403、S3402、S5004、S5203、S0101 动作时，中压袋滤器的 CO 启动注入。

38 简述冲洗丙烯 FI3105 的用户。

（1）D310 反吹。
（2）D230 反吹。
（3）C250 干气密封。
（4）多区反应器压差表吹扫、HV2303 吹扫。
（5）D340 反吹。
（6）C401 干气密封。
（7）中压袋滤器气提气。

39 简述丙烯增压泵打量低的原因及处理措施。

（1）原因：
① D330 液位较低。
② 丙烯增压泵带气。
③ 进出口手阀有限位。
④ 丙烯增压泵机械故障。
⑤ 入口滤网堵塞。
（2）处理措施：
① 提高 D330 的液位。
② 通过丙烯增压泵本体排气线对丙烯增压泵排气。

③ 全开进出口手阀。

④ 联系设备员和保运单位进行检查，必要时交出检修。

⑤ 交出拆清滤网。

40 丙烯储罐顶部排放阀 HV3307 何时打开？

丙烯储罐作为储存液相丙烯的一个设备，若发生火灾当 HS3311 启动时打开 HV3307 对 D330 泄压。

41 丙烯增压泵的密封情况如何？

丙烯增压泵机械密封采用 Plan13+52，当机械密封泄漏时，丙烯泄漏到 Z330 密封油罐中，通过密封油罐顶部常开排 BDL 阀排放至火炬。

42 简述低压丙烯往复式压缩机振动高的原因及处理措施。

（1）原因：

① 低压丙烯往复式压缩机带液，入口或级间缓冲罐液位较高。

② 润滑油过少导致润滑效果不好。

③ 低压丙烯往复式压缩机机械故障。

④ 低压丙烯往复式压缩机固定地脚螺栓松动或断裂。

（2）处理措施：

① 对缓冲罐进行排液。

② 加润滑油到正常液位。

③ 将低压丙烯往复式压缩机交出检修。

④ 重新固定好或者更换地脚螺栓。

43 E320 的作用是什么？

（1）正常生产时防止前系统工艺气温度较高，影响压缩机中压丙烯往复式压缩机的做功效率。

（2）当前系统工艺气温度较低时，加热工艺气，防止工艺气温度过低液化进入压缩机造成压缩机故障。

44 D330 压力控制方式如何？

压力主要以 PIC3301 控制原料丙烯到 E331 的阀位开度来达到控制 D330 压力的目的。D330 压力高时，通过 PIC3302 控制排火炬阀位开度来降低压力。紧急情况下，通过 HS3307 打开 HV3307 进行泄压。

45 简述中压袋滤器料位拉空的风险。

（1）中压袋滤器中的工艺气大量串入低压袋滤器/共聚反应器，导致低压袋滤器/共聚反应器压力过高，联锁动作。

（2）大量工艺气通过中压袋滤器出料阀进入下游，导致中压丙烯往复式压缩机入口压力过低，机组跳车。

（3）工艺气大量进入下游导致低压丙烯往复式压缩机压力过高跳车。

46 简述低压袋滤器料位拉空的风险。

（1）低压袋滤器中的工艺气大量串入 D501，导致 D501 压力过高，S5004 联锁动作。

（2）D501 中的蒸汽串到低压袋滤器中烧毁滤袋。

（3）大量工艺气通过低压袋滤器出料阀进入下游，导致低压丙烯往复式压缩机入口压力过低，机组跳车。

（4）工艺气大量进入下游，导致烃含量高，有较大风险。

47 D350 的作用是什么？

收集工艺气中夹带的烃油和细粉，防止有液相或者细粉进入压缩机，造成损坏。

48 D320 的作用是什么？

收集工艺气中夹带的烃油和细粉，防止有液相或者细粉进入压缩机，造成损坏。

49 低压袋滤器出料堵塞如何处理？

（1）活动低压袋滤器出料阀，畅通后及时关小，防止下游压力过高。

（2）适当关小前系统下料，争取处理时间。

（3）如果下料不能及时处理好，共聚反应器、多区反应器及时注 CO。

50 中压袋滤器出料堵塞如何处理？

（1）活动中压袋滤器出料阀，畅通后及时关小，防止下游压力过高。

（2）生产共聚产品时适当降低共聚反应器压力，增大压差。

（3）适当关小多区反应器下料，争取处理时间。

（4）如果下料不能及时处理好，多区反应器及时注 CO。

51 简述低压袋滤器停工置换注意事项。

（1）确认中压袋滤器出料阀、进料阀关闭到位。

（2）倒空低压袋滤器，关闭低压袋滤器出料阀。

（3）关闭低压袋滤器出口保安过滤器 A 入口阀，出口阀保持打开，保持低压袋滤器出口保安过滤器 B 入口阀打开，关闭出口阀。

(4) 关闭低压袋滤器滤袋反吹气压控阀 PV3406。

(5)确认低压袋滤器射源已关闭。

(6) 从低压袋滤器充氮点、中压袋滤器出料线(已置换合格)、反吹气管线通入低压氮气至 0.2MPa，通过排火炬阀 PV3401、保安过滤器顶部安全阀副线置换 7~8 次，从现场压力表取样，至可燃气浓度<0.1%。

(7) 连接 CO_2钢瓶，打开钢瓶手阀，打开 CO_2进低压袋滤器手阀。

(8) 低压袋滤器压力达到 0.1MPa 时保压，3h 后排放至 BDL，N_2 0.2MPa 置换三次。

(9) 现场准备好灭火器材、接好氮气管。

(10) 低压袋滤器锥底拆装，内部检查。

(11) 检查完毕，低压袋滤器锥底复位。

(12) 通入低压氮气，对低压袋滤器进行 0.2MPa 置换，置换至 CO_2 含量<30mL/m^3。

(13) 打通顶部反吹气流程及吹扫线流程，打开低压袋滤器入口 2 道手阀。

52 中压丙烯往复式压缩机跳停后，如何保证吹扫丙烯流量？

当中压丙烯往复式压缩机跳停后，吹扫总管进多区反应器的压差会低于 0.2MPa，备用吹扫丙烯气联锁 S2309 启动打开 HV3109、HV2309，保证吹扫丙烯流量，中控要通过吹扫丙烯流量 FT3105，判断运行正常。

第三节　气相法/立式搅拌釜气相本体工艺(Lumms)

1 为何排料罐需要设置搅拌器？

(1) 为了更好地进行气固相分离。

(2) 防止粉末堆积下料不畅。

(3) 防止局部温度过高。

2 为何净化罐需要设置搅拌器？

(1) 为了更好地脱除粉末中的烃类。

(2) 防止粉末堆积下料不畅。

(3) 防止局部温度过高。

3 简述无动力回收单元的流程。

经脱气仓过滤器过滤的氮气和丙烯混合气经回收气压缩机压缩、冷却，气体通过干燥器进行干燥，去除水分后的排放气进入深冷分离冷箱，在多流股板翅式换热器中，通过分离回收后的物料自身的冷量将排放气降温至-130℃以下，该温度下排放气中的烃类全部液化，在高压分液罐中不凝气氮气与液化的烃类分离，高压分液罐底部的烃液进入氮气闪蒸罐，将烃液中的氮气闪蒸分离，闪蒸出来的氮气排至回收氮气系统；氮气闪蒸罐底部的烃液经节流膨胀后进入多流股板翅式换热器，将烃液的冷量充分利用后温度恢复至常温，最后去往载气压缩机入口循环利用；高压分液罐顶部的气相为氮气，经多流股板翅式换热器复温利用部分冷量后，进入一级透平膨胀机膨胀，一级膨胀后的氮气再经多流股板翅式换热器复温利用部分冷量再次进入二级膨胀机膨胀，二级膨胀后的氮气与氮气闪蒸罐顶部的氮气一起经多流股板翅式换热器复温完全利用冷量后，一部分返回至脱气仓循环利用，一部分可以用作干燥包的再生氮气，多余部分排放至火炬系统。

4 简述载气压缩机的流程和作用。

反应器出料带出的载气经旋风分离器分离，进入过滤器过滤，再经换热器冷却后进入载气压缩机进行压缩，部分气体自载气压缩机二段出口排向乙烯气提塔进行分离回收，剩余的气体回收至反应器循环气冷凝器入口。

5 简述粉料出料仓的料位控制方案。

粉末出料仓上的粉末料位仪 LICSA33102 通过调节双线双旋转出料器 W330A/B/C/D 的转速来控制料位。W330A/B 恒速运转，转速高于进料器 W330C/D 最大转速，确保两进料器之间不会出现粉末积压情况。

旋转进料器的作用是在粉末系统的高浓度丙烯区（粉料出料仓 D330）和低浓度丙烯区（粉料净化仓 D331）之间提供一个隔离，防止大量丙烯进入低浓度区间。在两个旋转进料器之间设有吹扫氮气管道，可以帮助进一步减少丙烯在两进料器之间的输送。

6 简述离开粉料出料仓 D330 后的丙烯气体流程。

离开粉料出料仓 D330 后的丙烯气体流经旋风分离器 S332。通过 S332 移除大颗粒，并用顺序控制 I33109 的系统吹送回粉料出料仓 D330 内。系统的阀门按程控间隔开/关，含有粉末的管道段通过来自过滤器 F310A/B、F302A/B 的循环气进行加压，粉末被吹送到粉料出料仓。

离开旋风分离器 D332 的气体通过载气过滤器 F330 过滤，送入 PA600 压缩机入口过滤器以及冷却器 F600A/B、E600 冷却。F330 内的脉冲吹扫气为反应器循环气系统经过 F310A/B、F302A/B 过滤后，经过循环气缓冲罐并用自力式减压阀减压后的气体，压力为 0.4MPa。

7 简述压缩机 PA600 压缩后的丙烯气体流程。

被压缩机 PA600 压缩后的气体，有三个流向：

(1) 从二段出口载气冷凝器 E611 进入载气分离塔 C610。

(2) 从二段出口通过流量调节阀返回到第一反应器冷却器入口。

(3) 从二段出口通过流量调节阀返回到第二反应器冷却器入口。

8 粉末料仓和输送系统中为何要对气体组分进行分析监控？

粉末料仓和输送系统中积聚氧气和烃类可能形成爆炸性气体。在粉末输送风机入口安装在线分析仪对氧气和烃类进行监控。

9 简述粉料净化仓 D331A/B 的作用和流程。

在粉料净化仓 D331A/B，用氮气和低压蒸汽混合气持续吹扫粉末中的残留丙烯，同时慢慢搅拌粉末促进净化，搅拌器 A331 转速为 5r/min。来自粉料净化仓的残留丙烯和氮气在 F331A/B 内过滤，该过滤器位于粉末脱气仓顶部，用氮气进行反吹，细料直接落回脱气仓。过滤后的气体从 F331A/B 进入膜单元 PA650 回收，氮气返回净化仓再次使用，分离出的丙烯将送出界区。

10 粉末净化仓 D331A/B 料位如何控制？

粉末净化仓 D331A/B 的粉料料位 LICSA 33301/LICSA 33302 通过调节净化仓旋转出料阀 W331A/BX 的速度进行控制。氮气对残余丙烯进行脱气所要求的最短停留时间为 35min，此时的料位对应于放射性料位指示器 LICSA 33301/LICSA 33302 上设计产率时的“低低”设定点。如果达到了粉料料位的“低低”设定点，料仓下方的旋转阀将通过联锁动作被停止，这样可以避免由于未充分脱气的粉末将过量的烃带入氮气输送系统内。

11 载气压缩机的密封系统使用什么气体？来自何处？

载气压缩机的密封系统使用干净的丙烯蒸气。丙烯蒸气由密封气蒸发器 E115 蒸发来自精制单元后的纯净丙烯产生，然后进入丙烯密封气罐 D115 丙烯蒸气缓冲罐内作为压力源。

12 载气压缩机入口带液有何危险？如何防止？

(1) 危险：载气压缩机为二级往复式压缩机，由于液体的不可压缩性，带入压缩气缸的液体将造成气缸/气缸阀的损坏，因此必须严格防止载气压缩机入口带液。

(2) 防止：

① 在压缩机入口，设有锥形过滤器，既能起到阻挡气体中粉末的作用，也

能截留一部分小液滴。

② 在压缩机入口锥形过滤器后设有分液罐，作为最后的分离液体设施，保证没有液体进入压缩机气缸内。分液罐设有高液位连锁停车。

13 载气分离器 C610 的作用是什么？

载气分离器用于分离乙烯以及丙烯组分，在生产抗冲产品时，氢气以及乙烯等轻组分通过塔体排向界外或返回到第二反应器；液相丙烯部分回收到第一反应器，部分排到界外进行回收。

14 通过排料丙烯过滤器 F611A/B 的物料来自哪里？

（1）第一反应器冷却器 E310 底部出料管线，用于倒空第一反应器冷却器 E310 内液相丙烯。

（2）第二反应器冷却器 E320 底部出料管线，用于倒空第一反应器冷却器 E320 内液相丙烯。

（3）载气气提塔底部出料管线，用于部分牌号丙烯退料使用。

（4）脱盐水加料线，用于失活退料丙烯中残余的三乙基铝。

15 载气分离塔 C610 底部出料线有哪些用户？

（1）液相组分去第一反应器换热器 E310 入口管线，用于回收丙烯。

（2）液相组分去第二反应器换热器 E320 入口管线，用于回收丙烯。

（3）液相组分通过退料丙烯线去界外。

16 载气分离塔 C610 顶部冷凝器 E613 的作用以及冷媒是什么？

载气分离塔 C610 顶部冷凝器用液相丙烯汽化冷凝气相丙烯，采用冰机 K630X 的液相丙烯作为冷媒。

17 冰机系统 PA630 的用户有哪些？

（1）载气分离塔 C610 顶部冷凝器 E613。

（2）第一反应器循环气冷凝器 E310 顶部深冷器 E311。

（3）第二反应器循环气冷凝器 E320 顶部深冷器 E321。

（4）第二反应器串联循环气冷凝器 E324。

18 废油收集器 D634 收集哪些用户的废油？

（1）冰机出口液相丙烯罐底部放料线。

（2）第一反应器循环气冷凝器 E310 顶部深冷器 E311 底部放料口。

（3）第二反应器串联循环气冷凝器 E324 底部放料口。

（4）第二反应器循环气冷凝器 E320 顶部深冷器 E321 底部放料口。

19 净化仓顶部气相收集压缩机为什么采用喷油螺杆压缩机？

因为净化仓排放气中含有微量的聚丙烯颗粒，选用的喷油螺杆压缩机的颗粒物容许尺寸为100目，可以在压缩机入口设置100目的精密过滤器将排放气中的聚丙烯颗粒进行拦截，精密过滤器穿透的细粉将会被压缩机润滑油捕集，最终通过润滑油过滤器去除(润滑油过滤器的精度为300目)，从而可以确保粉料颗粒物不会进入深冷分离冷箱中。

20 无动力系统后为什么需要设置氢膜分离器？

在无动力系统分离完烃类单体后，将分离出来的氮气送入氢气分离膜脱除部分氢气，避免氢气随着回收氮气进入脱气仓后造成氢气大量累积。

21 简述净化仓顶部气相回收单元的作用和流程。

来自净化仓顶部过滤器过滤的气体，进入回收气螺杆压缩机升压，升压后的气体先进行干燥，干燥完成后送往无动力回收系统PA600单元对回收气中的氮气和单体丙烯进行分离。

通过无动力回收系统PA600，丙烯和氮气分离：回收氮气循环回粉料净化仓(D331A/B)；无动力回收系统分离的气相丙烯被送出界区外。

22 粉料出料仓的作用是什么？

粉料出料仓用于分离聚丙烯粉料和粉料中夹带的烃类气体，出料仓的操作容积为$75m^3$，正常操作温度在80℃，操作压力在0.25MPa，聚丙烯粉料在出料仓要保证一定的停留时间，以便烃类气体可以有效进行脱除，同时粉料出料仓设置连续运行搅拌器A330，可以增加聚丙烯粉料的流动性。

23 排放罐D332的作用是什么？

D332实际体积$0.2m^3$，其作用是收集载气过滤器底部的粉料，在质量要求特别高的牌号切换时，为了能够尽快将载气过滤器内的粉料置换干燥，可以将载气过滤器底部出料阀切向排放罐D332，待载气过滤器底部粉料排放干净后，将载气过滤器底部出料阀切回到粉料净化仓。

24 载气压缩机PA600打开检修前，为什么要注入CO_2？打开后为何要进行氮气保护？

由于载气中的三乙基铝容易在PA600内富集，打开设备时三乙基铝与空气接触容易发生反应，损坏设备配件甚至自燃引发火灾事故，因此必须在打开前用CO_2进行失活处理，并在打开后通入氮气进行保护。

25 载气压缩机PA600的间隔腔吹扫气用什么介质？为什么？

载气压缩机PA600正常运行时，中间腔体吹扫气为丙烯蒸气，以防止压缩机气缸侧工艺气窜入压缩机曲轴箱系统；停机后，中间腔体吹扫气改为低压氮气，以吹扫置换中间腔体的丙烯气体。

26 正常生产时，若载气压缩机 PA600 不运行，将有什么后果？

正常生产时，若 PA600 未运行，则反应器出料排出的载气将全部通过 PA600 入口的压力控制阀 PV60101 排往火炬，造成巨大的浪费。

27 载气压缩机 PA600 级间冷却器属于何种冷却器？管程和壳程各走什么介质？

载气压缩机 PA600 级间冷却器属于列管式换热器，管程介质为工艺气，主要成分是丙烯等，壳程介质为循环水。

28 生产三元牌号时，载气压缩机级间冷却器出口温度控制在多少？

生产三元牌号时，由于 1-丁烯较丙烯容易冷凝，因此载气压缩机级间冷却器出口温度必须控制在 55℃以上，以免压缩机工艺介质发生冷凝。

29 加入液相退料丙烯中的脱盐水流量如何控制？

液相退料丙烯中的脱盐水流量通过和液相退料丙烯总流量投用串级模式进行控制，液相退料丙烯总流量的多少直接影响液相退料丙烯中的脱盐水的加入量。

30 载气冷凝器 E611 的作用是什么？

载气冷凝器 E611 安装在载气压缩机之后，目的是冷却载气压缩机出来的气相介质，冷凝后的液相介质经过载气分离器 D610 后进入载气分离塔 C610，同时，载气冷凝器 E611 可以减轻载气分离塔 C610 顶部冷凝器的冷凝负荷。

31 载气分离器 D610 的作用是什么？

载气分离器 D610 接受来自载气冷凝器 E611 的液相介质，同时未冷凝的介质通过 D610 顶部被送到载气分离塔 C610，冷凝的介质通过 D610 底部也被送到载气分离塔 C610。

32 载气分离塔 C610 底部再沸器 E610 的蒸汽流量如何控制？

再沸器 E610 的蒸汽流量和载气分离塔 C610 塔体温度投串级进行控制，通过再沸器 E610 的蒸汽加入量来控制载气分离塔 C610 温度保持恒定。

33 载气分离塔 C610 底部再沸器 E610 的作用是什么？

通过载气分离塔 C610 底部再沸器 E610 将载气分离塔内物料进行升温，在丙烯饱和蒸气压的控制下，用于分离丙烯中的氢气、乙烯等轻组分，分离后的液相丙烯进行回收利用。

34 循环气缓冲罐 D333 的作用是什么？

D333 实际体积 1.1m^3，来自反应器循环气过滤器的丙烯气进入循环气缓冲罐 D333，经过循环气缓冲罐 D333 后的丙烯进入载气过滤器 F330 进行反吹，循环气缓冲罐 D333 保证反吹气的气源压力稳定。

35 载气过滤器 F330 如何下料？

载气过滤器 F330 下部设置双放料阀，通过设置顺控下料系统，用低压氮气作为输送气，将物料排向粉料净化仓 D331B 或排放罐 D332。

36 粉料出料仓 D330 物料来自哪里？

生产均聚产品时粉料出料仓 D330 接收来自第一反应器 R310 和第二反应器 R320 来的物料；生产抗冲牌号时粉料出料仓 D330 接收第二反应器 R320 来的物料。

37 粉料出料仓 D330 设置料位高高高联锁的目的以及联动动作的结果是什么？

粉料出料仓 D330 设置料位高高高联锁的目的是防止粉料出料仓 D330 满料，大量粉料带到载气过滤器入口，影响装置正常生产。

联动动作的结果：关闭第一反应器 R310 出料阀(在并联生产模式下)，关闭第二反应器 R320 出料阀，打开载气入口排放阀。

38 粉料出料仓 D330 设置料位低低联锁的目的以及联动动作的结果是什么？

粉料出料仓 D330 设置料位低低联锁的目的是防止丙烯气窜入净化仓，导致净化仓烃类物质浓度升高。

联动动作的结果：停车下料旋阀 W330C/D，延时 10s 停止 W330A/B。

39 粉料净化仓 D331A/B 设置料位高高高联锁的目的以及联动动作的结果是什么？

粉料净化仓 D331A/B 设置料位高高高联锁的目的是防止粉料净化仓 D331 满料，大量粉料带到净化气回收过滤器入口，影响装置正常生产。

联动动作的结果：停车下料旋阀 W330C/D，延时 10s 停止 W330A/B。

40 粉料净化仓 D331A/B 设置料位低低联锁的目的以及联动动作的结果是什么？

粉料净化仓 D331A/B 设置料位低低联锁的目的是防止丙烯气窜入粉料料仓，导致粉料料仓烃类物质浓度升高，存在料仓闪爆的风险。

联动动作的结果：关闭粉料净化仓 D331A/B 下料阀，停粉料净化仓 D331A/B 下料旋阀 W330AX。

41 粉料出料仓 D330 下料旋阀 W330C/D 和 W330C/D 之间设置吹扫气的目的是什么？

粉料出料仓 D330 下料旋阀 W330C/D 和 W330A/B 之间设置吹扫气是为了便于粉料出料仓到粉料净化仓 D331A/B 的下料，同时相当于设置一道气锁功能，防止粉料净化仓 D331A/B 的气体反窜入粉料出料仓 D330。

42 H331 氮气预加热器的作用是什么？

用于将低压氮气预加热到一定温度，防止常温低压氮气与蒸汽接触形成冷凝水。

43 粉料净化仓 D331A/B 底部加入低压蒸汽的目的是什么？

低压蒸汽加入净化仓，以失活粉料中残留的三乙基铝。

44 正常生产时，若净化仓顶部回收气压缩机不运行将有什么后果？

正常生产时，若净化仓顶部回收气压缩机未运行，则净化仓顶部回收气将全部通过净化仓后的压力控制阀 PV33020 排往火炬。

45 粉料净化仓 D331A/B 顶部过滤器 F331A/B 的作用是什么？

过滤器 F331A/B 为反吹式袋滤器，使用低压氮气进行定时反吹滤袋，将附着在滤袋上的细粉反吹下来，依靠重力重新回到粉料净化仓 D331A/B。

46 粉料净化仓 D331A/B 温度高高的联锁动作结果是什么？

粉料净化仓 D331A/B 温度高高的联锁导致净化仓搅拌器 A331A/B 停。

47 粉料净化仓 D331A/B 下料旋阀 W331AX/BX 上部为何设置集气斗？

下料管线出粉料风送压力比粉料净化仓 D331A/B 压力要高，为防止下料旋阀出料不畅，在旋阀顶部设置集气斗平衡压力。

48 粉料出料仓 D330 以及粉料净化仓 D331A/B 的下料旋阀 W330A/B/C/D、W331AX/BX 采用什么冷却方式？

粉料出料仓 D330 以及粉料净化仓 D331A/B 的下料旋阀 W330A/B/C/D、W331AX/BX 采用循环水进行撤热。

49 粉料出料仓 D330 进料管线设置表面温度的目的是什么？

粉料出料仓 D330 进料管线设置表面温度是为了判断进料管线是否存在不畅

或堵塞。

50 粉料出料仓 D330 出料设置双旋转阀的作用是什么?

旋转进料器的作用是在粉末系统的高浓度丙烯区(D330)和低浓度丙烯区(D331A/B)之间提供一个隔离，防止大量丙烯进入低浓度区。

51 粉料净化仓 D331A/B 如何保证粉料有足够的停留时间?

粉料净化仓 D331A/B 的料位控制回路 LIC33202/33302 应设定在低报值之上，以保证粉料有不低于 35min 的停留时间。

52 开工时粉料出料仓 D330 和粉料净化仓 D331A/B 哪个系统先建立料位?为什么?

开工时粉料出料仓 D330 先建立料位，这是由于粉料出料仓 D330 工作压力和粉料中丙烯浓度比粉料净化仓 D331A/B 高，为了防止粉料出料仓 D330 高浓度丙烯窜入粉料净化仓 D331A/B 中，必须先建立粉料出料仓 D330 料位，且在正常生产中应当避免料位拉空。

53 为何粉料净化仓 D331A/B 需要设置搅拌器?

(1) 为了更好地脱除粉末中的烃类。

(2) 防止粉末堆积下料不畅。

(3) 防止局部温度过高。

54 在什么情况下应设置爆破片?

(1) 介质易于结晶或聚合或黏稠的物料。

(2) 介质压力可能急升。

(3) 介质为剧毒或不允许微量气体泄漏时。

(4) 介质为强腐蚀性。

55 启动旋转阀前投用阀体电加热的目的是什么?

防止壳体和转子热膨胀不同步导致二者摩擦损坏设备。

56 粉料净化仓 D331A 顶部压力如何控制?

粉料净化仓 D331A 顶部压力 PT33202 通过 PV330202A 和 PV330202B 分程控制：PV330202A 压力输入 0~50%，阀位输出 0~100%；PV330202B 压力输入 50%~100%，阀位输出 0~100%。

57 载气压缩机采用什么形式压缩机?

载气压缩机采用二级往复式迷宫压缩机，压缩机负荷调整 50%、75%、

100%三挡。

58 异丙醇的危险因素有哪些？

异丙醇常温、常压下为无色透明液体，有挥发性，闪点很低（12℃），易燃易爆。

异丙醇有微毒性，人接触高浓度蒸气出现头痛、倦睡以及眼、鼻、喉刺激症状。食入或吸入大量的蒸气可引起面红、头疼、精神抑郁、恶心、昏迷等。

59 正常工况下载气压缩机 PA600 出口工艺气的可能组分（含抗冲共聚物和无规共聚物生产）有哪些？

丙烯、乙烯（抗冲共聚物及无规共聚物生产时）、丁烯（三元或丙丁无规）、氢气、丙烷等。

60 膜分离系统的工作原理是什么？

气体膜分离是利用气体组分在膜内溶解和扩散性能的不同，即渗透速率的不同来实现分离的技术。

第七章　添加剂和挤压造粒

第一节　液相本体法/环管工艺(Spheripol 和 ST 工艺)

1　树脂造粒的目的是什么？

(1) 便于包装、储存和运输。

(2) 分散添加剂防止在储存和运输过程中老化。

(3) 分散聚合凝胶，改善产品质量。

(4) 改变树脂性能，使产品多样化。

2　造粒机的工作原理及过程是怎样的？

(1) 粉状树脂和添加剂在连续挤出机中融化并混合，采用异步电动机来驱动挤出机适应加工产品的性质的变化。挤出机将融化的树脂通过螺杆进行混炼和输送，并送至模板处推出，由水下切粒机进行切粒。

(2) 从水下切粒机流出的粒子/水进入脱块器以除去任何块料，然后到达离心式颗粒干燥器。经颗粒振动筛除去不合格粒料后风送至树脂处理单元。

(3) 供应到水下切粒机的水在脱块器和干燥器中与粒子分离出来并通过粒料循环水系统循环，包括一个切粒水罐、两台切粒水泵、两台切粒水换热器和两个切粒水过滤器。这个系统是一个封闭的循环水系统，它可以进行水温控制和消除树脂粉末。

3　机组主要组成有哪些？

主要包括驱动系统、混炼挤压系统、挤出造粒系统、粒子后处理系统、辅助系统、控制系统。其中：

(1) 驱动系统组成：盘车装置、主电机装置、主电机润滑系统、联轴器、主减速器、主减速器润滑系统等。

(2) 混炼挤压系统组成：加料斗、转子、机筒、驱动端支撑、水端支撑、节流阀、开车阀、过渡连接套、拆卸机筒台车等。

（3）挤出造粒系统主要组成：换网装置、机头装置、在线熔指检测仪、水下切粒装置等。

（4）粒子后处理系统主要组成：离心干燥机、振动筛、切粒水系统等。

（5）辅助系统组成：机筒冷却水系统、热油系统、液压系统、阀站、减温降压装置等。

4 挤出机如何实现超扭矩保护？

为了避免挤出机过载，在挤出机主电机和齿轮减速箱之间设置安全保护装置。当螺杆扭矩过载时，该保护措施将增压油泄放，使主电机和齿轮箱之间脱开，从而起到保护作用，使挤压机自动停车。

5 混炼机排料电机的作用是什么？

混炼机每次开车时，如果直接启动主电机，由于大螺旋 M802 存在余料，较高的转速会造成初始启动时负荷过大而折断螺杆或烧坏电机，为防止这类事故发生，先启动排料电机，由于排料电机转速较慢，所受的负荷较小，可起到保护设备的作用。

6 挤压机筒体温度过高过低有何不好？

（1）挤压机筒体温度过高：浪费能源，树脂过稀，不利切粒，影响质量；树脂易降解；添加剂易分解。

（2）挤压机筒体温度过低：树脂熔融不好；树脂流动性差；增大混炼机负荷。

7 混炼机的混炼室分为几段？各起什么作用？

混炼机分为三段，分别为：

（1）进料段：是树脂进入混炼机的通道。

（2）混炼段：树脂和添加剂在此进行混炼。

（3）出料段：是树脂混炼后进入模头通过模板的通道。

8 混炼机进料段为何通冷却水？

该段螺杆主要作用是把粉料向前输送，防止树脂在进料段熔化，造成进料段不吃料，也防止树脂粘在螺杆上发生降解反应，影响产品质量。

9 简述节流阀和开车阀的作用及原理。

（1）节流阀的作用：主要是为调节熔体背压，改变熔体塑化程度和比能耗。

（2）开车阀的作用：主要是开车时将筒体内氧化变质的料从开车阀排出。

10 影响造粒出来的粒子形状的因素有哪些？

影响造粒出来的粒子形状的因素有：树脂特性(熔指、共聚单体含量)、树脂流量、模头树脂压力、模板温度、颗粒水温度、模板开孔率、切刀与模板的间隙、刀轴的水平度、切力的垂直度、切刀刃的锋利程度等。

11 模板温度高低对颗粒有何影响？原因是什么？

(1) 模板温度过高：切出的粒子接触到颗粒水冷却后，粒子表面马上凝固，分子处于冻结状态。由于熔体的离模膨胀效应和塑料的传热性能较差的原因，当热交换向粒子中间进行的同时，由于粒子表面已凝固，所以只能由里往外因收缩而发生变形，致使粒子空心。严重时，由于模板温度过高，熔体黏度降低，挤出量相应增加，使得切出的粒子粘连成串，或来不及冷却而引起“灌肠”问题的发生。

(2) 模板温度过低：当熔体通过模孔时，与模孔壁接触部分的熔体温度下降，熔体黏度增加。由于熔体与模孔壁摩擦作用，产生的细粉较多。同时使得切出的粒子表面毛糙，严重时，由于黏度增加使在模孔的挤出速度降低，则模头压力升高，使得熔体剪切速率增加，同时与模孔壁接触的熔体所受的剪切力也增加，当剪切速率与剪切力增加到一定程度后，会出现熔体做不规则流动或熔体破裂的现象。

12 粒子出现尾巴的原因有哪些？

(1) 切粒刀平整度不好。

(2) 切粒刀缠绕聚合物。

(3) 切粒刀数与产量不匹配或者切粒机的转速与产量不匹配。

(4) 模板部分堵塞可能需要使用较高的切粒机转速，导致切粒刀上的力过大。

(5) 切粒刀磨损或损坏。

(6) 模板磨损或损坏。

(7) 切粒机对中不好。

13 颗粒长短不一的原因有哪些？

(1) 模板温度太低，部分模型冻结或不畅。

(2) 产量低，流过模孔的量不足，可能导致有些模孔冻结。

(3) 沉积物或降解聚合物使模板部分堵塞。

(4) 造粒冷却水温度太低，导致部分模型冻结或不畅。

14 颗粒水夹带细粉多的原因有哪些？

（1）模板温度低，熔体通过模孔壁时黏度增加，由于熔体与模孔壁摩擦，产生的细粉较多，同时使得切出的粒子表面毛糙。

（2）切刀钝，使得切出的粒子拖尾，拖尾的粒子在管道中因相互碰撞或摩擦等作用，使部分颗粒的“小尾巴”脱落而形成细粉。

15 挤压造粒出现“灌肠”的原因有哪些？

（1）造粒开车前，模板清理不彻底，黏附在模板上的物料使切刀贴不到模板上而无法将挤出的料切成颗粒，易导致“灌肠”。

（2）进刀或进水太慢，使模板挤出的料不能及时地切成粒或冷却而导致“灌肠”。

（3）从模板出来的料温度太高或颗粒水温度过高，使挤出来的料切粒后即粘连成团块，缠刀或阻塞水室。

（4）由于切刀在运转中损坏引起的“灌肠”。

（5）切刀与模板的间隙过大，从模板挤出的料无法切成颗粒，形成很长的条或大片，阻塞颗粒水线引起“灌肠”。

16 造粒系统开车前拉料的目的是什么？

（1）模孔充填，防止水进入模孔，因汽化而损坏设备。

（2）提高开孔率。

（3）拉出被污染和因停车被氧化变黑的树脂，防止它污染产品。

17 颗粒水温度过高过低有何不好？

（1）颗粒水温度过高：冷却效果不好，粒子易粘连，严重时堵塞管线和脱块器。

（2）颗粒温度过低：颗粒尾巴多，粉末增加，易产生瘪状粒子。

18 造粒对熔融指数的影响有哪些？

一般而言，树脂经混炼、挤压、熔融、剪切后，分子链发生断链，分子量局部发生变化，由大变小，因而其熔融指数变大。

19 熔融齿轮泵有何作用？

用来给熔融树脂升压，使其有足够的稳定的压力通过筛网、换网器、模板，以便切粒。

20 气力输送有什么特点？

（1）系统密闭，可避免粉尘飞扬，减少物料损失，改善劳动条件。

（2）输送管线不受地形限制，在无法铺设道路或安装输送机械的地方使用气力输送尤为适宜。

（3）设备紧凑，易于实现连续化、自动化操作，便于同连续操作的化工过程相衔接。

（4）输送量大。

（5）在气力输送过程中可同时进行粉料的干燥、粉碎、冷却、加热等操作。

（6）气力输送也存在缺点：消耗的能量大，输送过程中不断相互碰击并与管壁撞击，因此粒子本身以及管壁的磨损较严重。

21 树脂掺混的原理是什么？

掺混仓内有数根从上到下带有许多小孔的沉降管，沉降管的下端连接到旋转加料器上。掺混仓不同高度的颗粒通过沉降管进入旋转加料器并输送到掺混仓顶部，以达到质量稍有差异的颗粒掺混均匀的目的。

22 树脂掺混为何需要保持一定高的料位？

因为在掺混仓内有沉降管，可以对不同时间生产（不同高度）的质量稍有差异的料进行掺混，以达到质量稍有差异的颗粒掺混均匀的目的，这就需要掺混料仓具有较高的料位。

23 气力输送与机械输送的差别是什么？

气力输送与机械输送相比具有明显的节能降耗的优势，机械输送能量消耗较大，颗粒易受破损，设备也易受磨蚀。

24 挤压机造粒后，粒子为什么要均化？

由于聚合反应是一个非常复杂的过程，受众多条件的影响，产品的分子量及其分布是不均匀的，一个料仓粒料的熔融指数也是不均匀的，为此，均化整仓的产品使粒子的熔融指数均匀，以利于后加工厂家生产的产品质量稳定。

25 聚丙烯粉料为何用 N_2 输送？

（1）防止空气中的 O_2 与粉料发生氧化降解。

（2）防止在输送中产生静电而发生粉尘爆炸。

26 切粒水的作用是什么？

（1）冷却定形切出的颗粒。

（2）输送颗粒。

27 挤压机更换换网器的条件有哪些?

(1) 网前后压差达到一定值。

(2) 网前压力过高。

(3) 网前后压力接近相同。

(4) 齿轮泵轴承温度高。

28 挤压机筒体升温应注意什么?

(1) 筒体与齿轮泵、换网器、模板等同步升温，避免热应力损坏设备。

(2) 按照阶梯升温的原则，50℃/2h 一个台阶，同时，升温后应恒温最少 2h。

(3) 加热升温时间在 8~10h。

29 手动和自动时，齿轮泵 G/P 前的压力和转速有什么关系?

(1) 手动时：速度上升，压力下降；速度下降，压力上升；压力与速度成反比。

(2) 自动时：自动跟踪，压力上升，则速度相应上升，压力下降，则速度相应下降。

30 挤压机加料斗为何通氮气? 若无氮气有什么后果?

加料斗通氮气是起氮封作用，防止空气串入料筒，并有防止粉末外泄作用。如不通氮气，空气将极易随粉料进入料筒中，空气中的氧气将会促使物料发生氧化降解，给造粒和产品质量带来影响。

31 挤压机筒体为何要设水冷却系统?

这是为了更准确地控制筒体的温度，当电加热(热油加热)温度超高时，增加冷却水量降温；正是由于电加热(热油加热)和水冷却的共同作用，才使筒体各段温度保持一定数值，并实现自动控制。

32 筒体冷却水为何要采用闭路循环式?

(1) 防止冷却水带入更多的杂质、污物而堵塞筒体冷却水夹套，使管道难于清理，同时，可防止换热器结垢而影响换热效果。

(2) 节约用水。

33 排料电机(开车电机)的作用是什么?

(1) 启动主电机前，先启动开车电机，克服静摩擦，才能启动主电机，起保护主电机作用。

（2）给挤压机初开车时充填物料及停车后混合器及筒体的排空，避免了主电机的干运转，起保护造粒设备的作用。

34 什么是挤压机的自清洁作用？

由于双螺杆是同向转动，在两螺杆相切的边缘处自然就是相反方向运行的，而两螺杆螺牙交错，且缝隙非常小，这样一个螺杆上螺纹中夹带的树脂势必被另一螺杆下螺纹清除掉，反之亦然，这就是自清洁作用。

35 摩擦离合器打滑的原因有哪些？

（1）大螺旋 M802 内物料太多，导致功率超高，引起打滑。

（2）加料斗 Z802 的平衡管堵，导致物料因气阻架桥，但当物料重力大于托力时，大团物料直落下来，使挤压机功率直升，导致打滑。

（3）由于摩擦离合器摩擦面的损伤而打滑。

（4）螺杆与料筒的摩擦导致功率超高，引起打滑。

（5）由于物料 MI 过低，而产量又过大，致使混炼效果不好，引起挤压机功率上升，导致离合器打滑。

（6）空气单元故障，造成打滑。

36 出现“缠刀”的原因有哪些？

（1）切粒水 PCW 温度过高。

（2）切粒水 PCW 流量小。

（3）切粒水 PCW 进水太慢。

（4）机筒温度高。

（5）物料性能与挤压机参数不匹配，或超挤压机设计参数。

37 简述粒料出现带尾巴的颗粒及葡萄状粒料的原因及处理措施。

（1）原因：

①切粒水 PCW 温度高。② 切刀钝。③ 筒体温度高。④ 切刀与模板间隙大。⑤ 切刀松动。

（2）处理：

① 降低切粒水 PCW 温度。② 换切刀。③ 降低筒体温度。④ 调整切刀与模板间隙。⑤ 停车检修或更换切刀。

38 挤压机停车顺序是什么？

（1）停主进料系统（W801、W802、M802 等）。

（2）停主电机。
（3）开车阀切地面。
（4）停齿轮泵。
（5）停切粒电机并退刀。
（6）切粒水切自循环。

39 简述粉料输送系统压缩机 C801 出口压力高的原因及处理措施。

（1）原因：
① 干燥器下料太多。
② 粉料缓冲料仓袋滤器 F801 反吹氮气压力低。
③ F801 滤袋堵。
④ 压缩机入口过滤器 F803 堵。
（2）处理：
① 关 LV531 并关小 D800 底下的插板阀。
② 检查处理氮气管线。
③ 清理 F801 滤袋。
④ 切至备用，清理或更换滤芯。

40 挤压机切出的颗粒大小不均的原因是什么？

（1）模头堵孔。
（2）PCW 水温低。
（3）模头加热不够。
（4）开车时，PCW 过早切入。
（5）W801 下料波动。
（6）齿轮泵转速不稳。
（7）切料机转速不稳。
（8）树脂流量偏小。

41 简述粉料熔融指数正常但粒料熔融指数偏大的原因及处理措施。

（1）原因：
① 混炼过强。
② 系统进入氧气发生氧化降解。
③ 没有按规定加入添加剂。
（2）处理措施：
① 调大筒体间隙或开大节流阀。

② 排除泄漏点，保证氮封压力，必要时停机处理。

③ 按规定量加入添加剂。

42 旋转球阀通氮气的作用是什么？

(1) 起密封作用。

(2) 防止粉料在轴承上的堆积。

43 从生产熔融指数大的树脂切换到生产熔融指数小的牌号，筒体间隙应怎样调整？

由间隙作用原理可知，间隙小，混炼度高；反之亦然。所以，从大熔融指数切到小熔融指数时，需接受更多能量，所以应减小间隙。

44 均化的过程是怎样的？

(1) 料仓达到一定粒料后，开始均化。

(2) 均化时，颗粒在压缩机来的风力作用下，从底部循环到顶部，顺着不同高度的小孔先流进带孔的均化管中，然后从底部流出。

45 简述高熔指下挤压机开车注意事项。

(1) 挤压机开停车严格按照操作票。

(2) 高熔指下挤压机的开车负荷适当提高。

(3) 高熔指挤压机开车时，适当降低筒体与热油温度。

(4) 合水室时，一人迅速清理模板上的熔体，另一人合水室尽可能快。确认好报警后，立即启动开车程序。

(5) 关注刀隙变化，及时调整相关参数。

(6) 关注 AC26、HV8376、振动筛 S803 处的粒子情况，有异常及时汇报。

(7) 关注切粒水的流量，发现异常及时处理。

46 粒料风送系统 PK803 输送压力偏高的原因是什么？

(1) 挤压机负荷过高。

(2) 输送风机 C804 入口滤网堵。

(3) 输送风机 C804 出口滤网堵。

(4) 输送风机 C804 输送能力不足。

(5) 目标料仓排气不畅。

(6) 因料仓切换等原因引起颗粒接收料斗有积料。

47 挤压机刀隙下降过快有何调整措施？

(1) 适当提高切粒机平衡压力。

(2) 适当提高挤压机负荷。

（3）适当降低筒体、模板热油温度。
（4）更换偏硬一点的切粒刀。
（5）根据实际适当调整切粒机风压曲线。

48 挤压机过滤网堵有何原因？

（1）粉料或添加剂系统带入了杂物，导致 PP 熔体有杂质。
（2）滤网选择与 MI 不配套，目数过细。
（3）PP 熔体混炼效果不好，树脂硬，流动性差。
（4）PP 熔体温度低。

49 振动筛 S803 粒料湿度大的原因是什么？

（1）离心干燥器 D805 气相平衡管积料严重。
（2）D805 预脱水器故障。
（3）D805 故障。
（4）除湿风机 C803 故障。
（5）C803 出风口管线积料多。
（6）C803 入口管线积料多。
（7）C803 入口抽吸风门开度太小。
（8）D805 平衡管打开，D805 内部抽力减少，S803 粒料湿度增大。

50 切粒水温度异常走高的原因有哪些？

（1）板式换热器结垢，换热效果不佳。
（2）冷却水温度过高，换热量不够。
（3）工艺水流量过高，造成换热时间不够。
（4）冷却水流速过低，换热量不够。

51 挤压机增压器的工作原理是什么？

气体增压阀是以压缩空气为动力源的一种活塞增压阀，当进气时增压阀气控阀芯往复切换工作，控制增压阀活塞以极快的速度做往复动作，随着输出压力的增高，活塞的往复速度减慢直至停止，此时，增压阀输出的压力恒定，能量消耗最低，各部件停止工作。无论何种原因造成保压回路压力下降，增压阀将自动启动，补充泄漏压力，保持回路压力恒定。

52 振动筛 S803 的结构原理是怎样的？

S803 上面一层网孔大，下面一层网孔小，两层筛网将振动筛分成三部分，最上一层筛出过大的粒料，下面一层滤出过小的粒料，中间一层分离出合格颗粒。

53 挤压机过氧化物切出期间注意事项有哪些？

（1）过氧化物切出时，过氧化物流量下降速率不要过快，现场关注切粒情况，有异常及时调整或者停止减少过氧化物。

（2）根据熔指变化及时调整筒体、模板热油温度。

（3）过氧化物泵低流量跳停时，熔指会快速下降，注意切粒情况，有异常及时调整或停机，防止切粒水管线"灌肠"。

（4）过氧化物切出后及时调整添加剂抽吸系统，防止抽吸压力过高造成添加剂下料波动大。

54 防止螺杆损伤有哪些保护措施？

（1）避免挤压机主进料大幅波动。

（2）主电机和齿轮箱间设计有摩擦离合器，以保证在开、停车时，挤压机功率过大摩擦离合器及时脱开保护螺杆。

（3）开车时，主电机电流不能低于一定值。

（4）开车时先启动开车电机，保护主电机，开车电机的设计也起到保护螺杆的作用。

（5）筒体无料开车前，通过排气孔手动加入粉料，粉料熔融后，也可避免干摩擦，保护螺杆。

55 干燥器下料旋阀 RF800 切换前，备用旋阀如何排水效果最好？

（1）正常备用时保持旋阀底部导淋常开，确保旋阀内液体及时排出。

（2）旋阀切换前对备用旋阀进行排水操作，确认旋阀排水导淋全开，RF800 旋阀顶部插板阀保持关闭，操作模式打到手动位置，中控远程启动 RF800 轴封吹扫氮气，打开备用粉料料斗平衡管阀门，现场启动旋阀进行排水，确认排水结束后停运旋阀及吹扫氮气，关闭导淋，最后将操作位置拨到远程位置。

（3）现场插板阀前导淋开大排水，确保管线内的积液排尽并关闭。

（4）备用旋阀运行后，再次打开排液导淋进行排液，确保无积液后关闭排液导淋。

56 开车电机离合器脱不开的原因是什么？

（1）仪表风压力不足。

（2）离合器仪表风控制电磁阀故障。

（3）离合器机械卡死。

57 切粒水过滤器 F801 出现正常粒子的原因是什么？

（1）挤压机预脱水器 Z805 滤网破损。

（2）进离心干燥器 D805 后预脱水的滤网破损。

（3）D805 内部滤网破损。

58 切粒水流量低的可能原因有哪些？

（1）切粒水箱 D806 水位低。

（2）切粒水泵出口阀开度小。

（3）切粒水换热器 E803 堵塞。

（4）切粒水系统大量漏水。

（5）切粒水过滤器 F814 堵塞。

（6）切粒效果不好，大量垫刀料、葡萄料造成挤压机“灌肠”。

59 挤压机切粒水室脱不开的原因有哪些？

（1）切粒小车移动控制仪表风压力不足。

（2）切粒水室锁环脱开不到位。

（3）切粒水室安全锁打开不到位。

（4）刀盘和模板间有熔融物粘连。

（5）小车移动轨道杂物阻碍。

（6）切粒小车移动控制电磁阀故障。

60 挤压机齿轮泵 G/P 漏料的原因有哪些？

（1）牌号关系，产品熔融指数过高，流动性过好。

（2）G/P 密封性不好。

（3）挤压机负荷过高，造成 G/P 吸入压力过高，或 G/P 吸入压力控制过高。

（4）G/P 冷却水未投用。

（5）G/P 冷却水给水水温过高或压力过低。

（6）检修后 G/P 回装不到位。

第二节　Novolen 工艺

1 Novolen 工艺挤压机筒体由哪几部分组成？

（1）进料段：第一节筒体。

（2）混炼段：第二到五节筒体。

（3）排气段：第六节筒体。

（4）出料段：第七到八节筒体。

2 Novolen 工艺挤压机筒体处注水的位置在哪里？

Novolen 工艺挤压机注水的位置有两处：

(1) 加入挤压机过氧化物静态混合器前和过氧化物一起加入挤压机进料料斗喉部。

(2) 加入挤压机排气段前第五节筒体处。

3 Novolen 工艺挤压机筒体注脱盐水的作用是什么？

由于残留的催化剂可能会使聚合物褪色或在储存过程中导致 MFR 缓慢发生变化，通过注入少量脱盐水来使其失活，脱盐水通过脱盐水加入泵直接注入挤压机筒体或通过脱盐水/过氧化物静态混合注入挤压机筒体。

4 Novolen 工艺挤压机排气螺杆机的安装位置以及组成是怎样的？

Novolen 工艺挤压机排气螺杆机安装在挤压机第五节筒体处，将挤压机溶体中高温废气连续排放到挤压机废气分离罐，在此处进行分离废气和凝液，分离出的废气通过分离罐顶部进入挤压机真空液环压缩机，废液通过分离罐底部进入相分离器。

5 Novolen 工艺挤压机排气螺杆机的作用是什么？

在挤压机第五节筒体侧面安装了一个排气填料装置，由一台小型同向双螺杆挤压机组成，该挤压机采用自洁、深槽螺杆，确保以足够低的速度来对熔体进行排气。该设计允许连续排出已经冷凝的排放气，而不会干扰去真空单元的气流，并避免气流回流到主挤压机。

6 Novolen 工艺挤压机真空液环机的作用是什么？

在挤压机脱气区，真空液环机将挤压机溶体中的挥发性有机组分(有机过氧化物、丙烯低聚物和其他挥发性烃组分的分解产物)和惰性气体(蒸汽和氮气)从聚合物中脱除，聚合物熔体通过位于挤压机中段的真空口在约-0.06MPa(g)的真空条件下脱气。

7 过氧化物进料系统停工后过氧化物罐及管道如何清洗？

过氧化物进料系统停工后，用脱盐水对管道进行清洗除去管道内残留的过氧化物。水与过氧化物不互溶。水比过氧化物密度大，混合后会沉入底部。过氧化物计量罐添加大约 10cm 深度的脱盐水，同时检测罐内液位的增加。在清洗后，罐内水排出。注意液位的变化，水会将管道内的过氧化物冲走。循环抽水 10min，然后关掉泵，将水保留在罐中，小心将罐内水排出。

8 Novolen 工艺挤压机筒体什么时候开始注脱盐水？

当挤压机处于真空状态时，开始向挤压机进脱盐水，可以打开去静态混合器的脱盐水控制阀或启动挤压机脱盐水泵，将脱盐水直接送入挤压机筒体，但前提是：挤压机已经运行，挤压机粉料进料量大于低设定值，且真空系统已经建立，启动排气填料装置，连续排出已经冷凝的排放气。

9 Novolen 工艺挤压机筒体注脱盐水的量怎么控制？

挤压机筒体注脱盐水量根据挤压机负荷进行控制，一般注水量按比例控制，为 2kg/tPP 粉料。

10 Novolen 工艺挤压机真空口清理注意事项有哪些？具体如何操作？

当清理真空口时，挤压机需要停车。由于挤压机温度高，应注意穿戴安全防护服并佩戴防护面罩，避免烫伤。准备灭火器，以防止当空气进入真空口时发生燃烧。

具体操作如下：

(1) 关闭下游去真空压缩机的手动阀，将 8 字盲板进行倒盲。

(2) 停排放气填料装置。

(3) 检查挤压机真空口的压力，确保无残余真空。向挤压机尾气分离器排空容器。当排空后，关闭挤压机尾气分离器排液管线上的手动阀以及排气管线。

(4) 将挤压机尾气分离器中的材料排入相分离器。

(5) 穿好合适的动火作业个人防护设备，打开真空口门，进行机械清理；当打开排气口时，注意不要使污染产品或工具落入挤压机；检查真空口氮气注入系统的运行情况；清理视镜，并用螺栓固定好真空口门。

11 Novolen 工艺挤压机进料料斗设置在线氧分析仪的作用是什么？

Novolen 工艺挤压机进料料斗设置在线氧分析仪是为了更好地控制聚丙烯产品质量，及时发现氧气进入挤压机系统，防止氧气进入挤压机系统导致产品黄色指示升高。

12 Novolen 工艺挤压机进料排气滤网的作用是什么？

Novolen 工艺挤压机进料排气滤网设置的目的是能够更好地平衡挤压机大螺旋和挤压机进料料斗的压力，使添加剂、大螺旋系统能够平稳地下料，防止因挤压机进料料斗托气引起进料波动，影响挤压机正常运行。

13 Novolen 工艺挤压机进料排气滤网堵的原因是什么？

由于该工艺的特殊性，专利商在挤压机进料料斗设计了脱盐水注入口，由于挤压机进料料斗喉部温度高，脱盐水部分水汽蒸发，蒸发的水汽进入滤网，引起水和聚丙烯细粉混合糊住滤网，使滤网堵塞。

第八章　开　停　工

第一节　液相本体法/环管工艺(Spheripol 和 ST 工艺)

1　聚丙烯装置开工前塔与容器的检查确认工作内容有哪些?

(1) 塔内塔盘、部件安装齐全，符合要求，杂质清除干净。

(2) 人孔、法兰、螺丝、垫片符合安装要求。

(3) 安全阀、压力表、热电偶、液位计、静电接线等齐全且好用，插入设备内部的深度符合设计要求。

(4) 塔、罐防火泥、保温、保冷都已安装到位。

(5) 塔、罐等容器进出阀门、速断阀等已安装到位，安全联锁控制都已调试完成。

(6) 相关容器内壁光洁度符合设计要求，柱塞阀关闭后柱塞与器壁平滑过渡、没有凸起和凹陷。

2　聚丙烯装置开工前机泵状态的检查确认工作有哪些内容?

(1) 各泵附件：压力表、对轮防护罩、电流表等齐全好用，地脚螺丝、静电接线紧固。

(2) 冷却水、密封系统正常投用，润滑油、润滑脂按规定牌号加好。

(3) 工艺管线及配件安装符合要求，阀门开关好用，放空阀关闭，丝堵加好。

(4) 确认电气仪表各元件安装到位，调试完成。

(5) 机泵盘车检查后进行点试，确认无问题。

3　聚丙烯装置开工前冷换设备的检查确认内容有哪些?

(1) 确认换热器打压合格。

(2) 检查膨胀端是否正常。

(3) 出入口的管线阀门的盲板拆除。

(4) 温度计、压力表、安全阀、低点放空、蒸汽扫线齐全好用。

(5) 工艺管线及配件安装符合要求，阀门开关灵活。

(6) 检查换热器静电接地是否良好。

(7) 检查地脚螺栓及各联接法兰螺栓是否松动。

(8) 检查操作压力、温度是否符合设计要求。

(9) 检查换热器壳体表面有无变形、碰伤裂纹、锈蚀麻坑等缺陷。

(10) 仪表各元件安装到位，安全联锁控制都已调试完成。

4 聚丙烯装置开工前工艺管线有哪些检查确认内容？

(1) 工艺管线及阀门、法兰等配件符合要求，单向阀方向正确，支架、抱箍、保温、伴热、静电接线等好用。

(2) 所有管线的热电偶、压力表、安全阀等设施齐全完好投用，封包内装满隔离液。

5 聚丙烯装置吹扫原则与要求有哪几部分？

(1) 除特殊规定外，一般容器设备都要打开人孔或手孔进行检查，并做内部清扫，灰尘和杂物用刷子和扫帚清扫，然后用空气连同内存的积水一同吹扫。如必须用水或其他洗涤剂清洗时，必须用空气置换、干燥。特殊情况下杂质用湿面粉清除。

(2) 进塔入罐必须按规定办理相关手续，做好相关防护措施。

(3) 设备内部检查和清洗要按工艺、机械要求进行，并填写确认单，做好记录。

(4) 先吹扫公用工程，后吹扫工艺管线系统。

(5) 管道的吹扫应分区、分段进行，要先主管后支管，最后清洗疏排管，尽量从高到低，低点排放依次进行，必要时需按顺序反复进行两次或多次。

(6) 在管线吹扫和清洗时，所有与设备相连的管线原则上都必须脱开，必要时在管线侧装上盲板，断开后设备进出口必须采取有效隔离措施，以防杂质进入设备内部。

(7) 吹扫清洗前应对系统内的仪表加以保护，关闭或脱开仪表导压管阀门、压力表根部阀、液位计根部阀、采样阀等。

(8) 各调节阀、安全阀、过滤器芯、流量计、三通阀、旋转阀均应拆除，采用短管连接或盲板封闭。非主要配管上的闸阀可不必拆除，但必须全开。焊接单向阀拆除阀芯，吹扫合格后清理死角，阀芯复位。

(9) 各管线上的盲板、蒸汽疏水器等管配件拆除，防止死角。每条管线包括放空、旁路、低点排凝都必须进行吹扫。

（10）在所有未安装永久性过滤网的机泵及重要的冷却器的吸入管线侧要装上临时过滤器。在试运期要经常检查，定期消除杂质，直至所有管线和设备经检查证明已清洗为止，方可拆除。

（11）在吹扫清洗阶段，所有催化剂都不充填，待吹扫清洗合格试车所需时才装入。

（12）如果有特殊需要，要求管线与有关容器相连时，吹扫清洗后必须要对该容器内部进行检查清理，防止脏物聚集在容器内。

（13）清洗密封油和润滑油管线时，必须要与相连的机械密封和机械内部脱开，以防杂物进入造成机械故障。

（14）对无保温的管线在吹扫时应用木捶认真敲击，对焊缝、死角、弯头等部位要重点敲打(但不得损坏管道)，以便焊渣和杂物脱落吹出。

（15）管道吹扫时应具有足够的介质流量，气体吹扫流速不应低于本管线工作流速(流速一般不小于20m/s)，用水或油冲洗的管道，应以管道内可能达到的最大流量或以不小于1.5m/s的流速进行。

（16）为达到流速要求，直径较大的管道应先憋压然后急剧泄压排放吹扫，小直径的管道采用直吹法。也可利用大型容器憋压吹扫。

（17）各系统的吹扫压力不得超过本系统的设计压力。

（18）蒸汽吹扫时，采用冷热交替，反复三次，吹扫时采用直流法，尽可能避免用憋压法，以免发生事故。通汽前注意放尽冷凝水，通汽时汽量由小到大，防止水击损坏设备，首次给汽时应在排放口警戒监护，以免蒸汽烫伤人。

（19）吹扫清洗时，所拆除的阀门、管件、仪表元件等在线部件要有专人记录和保管，复位时要按记录一一核对，不能遗漏出错。每个拆下的部件都要系上牢固的标签，注明位号。

（20）吹扫清洗完毕后，要注意低点排净，防冻防凝，并且及时消除地面脏物。

6 简述聚丙烯生产对催化剂的要求。

（1）催化剂要有很高的比表面。

（2）催化剂颗粒中均匀分布着大量的裂纹且空隙率高。

（3）催化剂颗粒有足够的强度，当催化剂内部有聚合物生成时，聚合所产生的力可使催化剂破裂，破碎后的催化剂仍能包裹或分散在不断增长的聚合物粒子中。

（4）在催化剂粒子中，活性中心分布均匀。

（5）共聚单体可以自由地进入催化剂。

7 简述聚丙烯装置100#系统吹扫油洗进度慢的原因与方法。

(1) 原因:

① 白油不合格,水含量高达500mL/m^3,造成100#系统水含量高。

② 施工过程清洁作业或设备检查不到位,杂物进入管线、罐内。如TEAL罐(D111)、计量罐(D101)底部都有一个锥形窝口,此最低点用于插底管出料,当此口内积聚锈铁等杂物被油粘住时无法取出。

(2) 方法:

① 对进装置使用的原辅料进行检测,确认合格,必不可少。

② 100#及其他要使用油类的管线、罐等设备进行吹扫时不可直接进油清洗,必须先用工厂风吹扫干净(细小管线憋压振动吹扫,大尺寸管线"爆破"吹扫,严格执行吹扫方案,吹扫介质不可进罐、设备),才能进油清洗。

③ 对设备验收不能只看外观,必须检查内部结构、清洁程度等。

8 聚丙烯装置联动试车的时间段、目的与主要内容是什么?

(1) 联动试车时间段:在装置完成单机试车后将对装置进行联动试车,以模拟装置投料试车后的实际生产操作。

(2) 联动试车的目的:检验装置设备、管道、阀门、电气、仪表、控制系统等性能和质量是否符合设计与规范要求。

① 较长时间地考验机泵及仪表的可靠性,检验设备安装质量及运转的可靠性是否能满足生产需要。

② 检查工艺管线是否按设计要求连接,总流程是否畅通。

③ 使操作人员进一步熟悉操作,掌握工艺流程,达到能熟练地操作使用有关仪表、设备和机泵开停与切换操作等。

④ 利用联动试车的机会进行岗位练兵和反事故演练,提高岗位人员的实际应变能力。

(3) 联动试车的主要内容:

① 联动试车的主线是丙烯循环系统建立。

② 氢气系统实物料试车是在丙烯大循环建立的同时进行,以检验氢气压缩机的工作状况及氢气流量计、控制阀的计量情况。

③ 催化剂系统的油运试车是在单机试车全部结束的基础上,与丙烯大循环建立同时进行的,用白油模拟主催化剂、给电子体、三乙基铝、抗静电剂等物料注入反应器系统,检测各机泵的工作及计量情况。

④ 汽蒸干燥系统的联运在丙烯大循环建立后进行,以检测汽蒸废气压缩机PK501、干燥器鼓风机C502等设备的运行状况。

⑤ 粉料的实物料试车是指粉料输送系统 PK801、PK802 系统的试车。

⑥ 粒料的实物料试车分两个阶段进行：第一阶段用聚丙烯废料进行系统的冲洗，对风送系统管线进行冲刷清洗；第二阶段是用挤压机实物料试车生产出的颗粒进行能力、掺混、送料、淘洗等操作的测试。

9 为什么液压油缓冲罐 D107 液位要控制在≥45cm?

因液压油缓冲罐 D107 底部出料管线为一大 U 形管，管线最高点与液压油缓冲罐 D107 翻板液位计的 30cm 处齐平，为防止催化剂计量泵 P108A/B 吸入口带气或抽空，造成泵无打量而使催化剂中断，液压油缓冲罐 D107 液位按≥45cm 控制。

10 怎样防止催化剂计量系统 PK101 出现误操作?

修改 PK101 系统联锁，对 HV142A/B(进料)、HV143A/B(出料)这四个阀门增加约束条件：

(1) 对同一个罐 D108A(或 B)，不允许进料阀和出料阀都打开，即 HV142A 和 HV143A 不能都打开；HV142B 和 HV143B 不能都打开。

(2) 不允许两个计量罐出料阀都打开，即 HV143A 和 HV143B 不能都打开。

11 简述三乙基铝流量计 FIC111、给电子体流量计 FIC121 控制范围及原理。

(1) FIC 111 控制范围：0~10kg/h。FIC 121 控制范围：0~5kg/h。

(2) 原理：DONOR 和 TEAL 的进料流量是通过与丙烯进料量的比值调节来确定的。以 TEAL 为例：TEAL 是以丙烯的进料量 FIC203 作为主流量，通过比值计算器算出 TEAL 的进料量作为 FIC111 的给定值，控制器 FIC111 的电信号经电/气信号变送器 FY111/2 将电信号转变为气信号传给三乙基铝计量泵 P101A/B，改变泵的冲程，从而达到控制 TEAL 流量的目的。另外，为防止其流量的波动还设有自身调节系统，即 FT111 测得的流量与给定值进行比较，并与给定值信号一起送至三乙基铝计量泵 P101A/B 进行自动调节。

12 环管正常停车置换交出一般需要多少时间?

(1) 停三剂、氢气、注入 10%CO 可以按先后顺序同个时间节点进行操作。

注意：必须先投用环管夹套水加热器 E204、E205 加热蒸汽，防止环管温度波动过大。不注入 CO 停车所需时间也差不多，但反应终止不彻底，粉料发黏，需要 HV301 切排。

(2) 2h 后 HV311 切排，循环气袋滤器 F301、汽蒸罐 D501、干燥器 D502 料位倒空充氮保压。

注意：可以不切排，继续置换环管粉料，但要注意无规物堵塞出料阀门及小闪线。

(3) 再2h后环管内粉料置换干净停三台轴流泵，环管退丙烯。

注意：停运进环管丙烯顺序不可错，先二环、再一环、后小环，最后停三台轴流泵冲洗丙烯。

(4) 再2h环管丙烯倒空，开始泄压。

注意：如时间允许，也可以考虑用压缩机进行丙烯气回收。

(5) 泄压完成后氮气置换(一般泄压2h)，一般0.8MPa置换5次，可以取样分析。10h左右置换完成并交出检修。当然总时间根据实际情况变化。

13 检修后装置开车一般需要多少时间?

检修后聚丙烯装置开车一般需要24h(氮气气密置换8~10h、丙烯置换1次2h、再升压到1.0MPa(表)要2h、进液体丙烯3h、环管升温2.5h、投TEAL、DONOR后1h后投H_2、再过1h投催化剂、再过2.5h恢复出料)。气密是重点，其进度决定开车的主进度，一般投三剂后5h可恢复出料。具体时间按实际情况变化。

14 环管氮气置换如何操作?

从丙烯安全过滤器F201处先接入高压氮气，FV203/FV231/FV244阀门必须先关闭，稍开冲洗丙烯调节阀副线，先从冲洗丙烯管线进氮气，再调大氮气量一路置换丙烯管线，在第一环管反应器R201、第二环管反应器R202、反应器缓冲罐D202接高压氮进行置换，不可在预聚反应器R200顶部接高压氮气，因为R200体积只有0.9m^3，体积太小，氮气压力控制太难，易损坏轴流泵密封。充压时关闭HV243、HV253、HV258、LV231、FV232和FV244，泄压时逐个打开确认畅通，第一次先从环管下面泄压，然后反应器缓冲罐D202、预聚反应器R200、第一环管反应器R201、第二环管反应器R202、反应器缓冲罐D202顶部每个阀门泄压确认畅通。第一环管轴流泵冲洗丙烯过滤器F204、第二环管轴流泵冲洗丙烯过滤器F205、预聚反应器进料冷却器E201、催化剂在线混合器Z203A/B内部丙烯直接用高压氮气压到环管。反应器缓冲罐D202液位计低点、导淋低点排放干净后关闭。各冲洗丙烯线柱塞阀开关多次，确认畅通，并置换干净。环管升降压一次约1.5h。置换3次后需安排取样分析可燃气浓度，一般置换5次可置换干净。可安排阀门上锁盲板隔离。

置换期间的确认工作包括：

(1)确认紧急排放阀动作情况及排放管线是否畅通。

(2)确认CO阀动作情况及是否内漏。

(3)确认顶部排放管线是否畅通。

(4)确认 HV249 动作情况。

(5)确认环管所有阀门动作到位。

15 环管气密操作注意事项有哪些?

(1) 确认轴流泵加好油，密封油罐升压到 1.0MPa 待用。

(2) 在升压期间一定要注意压力活塞底部冲洗气压力和密封油罐压力，进行特护。

(3) 从丙烯安全过滤器 F201 处引入的一定要是高压氮(不可接至中压氮气，否则升压过程会损坏轴流泵密封)。轴流泵冲洗丙烯阀 FV221、FV241、FV251 阀门副线保持 2%~3%开度，调节阀稍开，保持有小股气量进入。

(4) 注意，期间不可打开 FV203/FV231 阀门，否则氮气走大通道，冲洗丙烯这路氮气无量。

(5) 气密时从丙烯安全过滤器 F201、反应器缓冲罐 D202、第一环管反应器 R201、第二环管反应器 R202 几处引高压氮。

(6) 要确认环管所有到排放系统的阀门后手阀是否关闭。

(7) 在环管压力到 0.8MPa 时就要投用轴流泵密封系统压力活塞，在投用前一定要确认主密封罐压力高于环管压力，投用压差尽可能小。

(8) 要确认所有阀门是否内漏，特别在气密期间要注意 CO 系统压力，判断 CO 阀是否内漏。

16 丙烯气置换查漏有哪些注意事项?

(1) 环管温度必须保持 70℃，防止丙烯液化后汽化，损坏轴流泵密封(轴流泵在环管最低点，没有夹套，容易出现液相丙烯)。

(2) 适当提高丙烯进料罐 D302 压力，控制在 1.9MPa 左右。

(3) 丙烯气置换压力控制在 0.5~0.8MPa(压力活塞 1.0MPa 切出状态)。置换 3 次就够了，因为丙烯重于氮气，环管排气过程中氮气先排出。

(4) 环管气相丙烯查漏置换时间长，也可以不置换直接进液相丙烯，环管充液，但一定要确认环管排气干净，避免环管出现循环困难、轴流泵损坏、环管爆聚等事故。

(5) 置换排放尽量选择环管顶部排放，环管下部阀门动作确认置换到位即可。

17 环管气相丙烯置换风险及注意事项有哪些?

原环管气相丙烯升压时同时进行中压循环的建立工作，这样可能会冻伤进料丙烯管线，聚丙烯装置曾发生过因丙烯管线上多个阀门内漏导致环管误进液相丙烯的情况，严重时可能冻坏轴流泵密封。

注：F201 处高压氮气在丙烯气置换时不要撤，保持丙烯管线 0.8MPa 压力。这样做的好处是轴流泵密封不会损坏；当环管充液时，管线进液相丙烯不会汽化；管线内氮气会被丙烯赶入环管，最终在环管顶部排放。中压循环可以在环管充液时同步进行，环管稍有液位时，打开 LV231 出料对 300#系统进行升压置换，并建立中压循环。

18 环管进液相丙烯时为什么要先用丙烯气充压至 0.7~0.8MPa?

（1）置换残留在环管中的 N_2 等气体。

（2）防止液相丙烯进入环管时不会大量汽化而结霜冻坏设备，一般常温下 0.7~0.8MPa 的压力可以保持丙烯处于液相。

19 怎样避免环管氮气置换、丙烯气查漏、进丙烯时导致轴流泵密封损坏?

在环管停车丙烯退出氮气置换时，必须先从丙烯安全过滤器 F201A/B 接入高压氮气，并稍开三台轴流泵冲洗丙烯调节阀副线，保持小流量氮气进入泵密封系统，从轴流泵唇密封向环管吹扫(始终保持)，防止环管介质压力对密封系统反压，造成唇密封打翻损坏。停进环管丙烯顺序不可错，先二环、再一环、后小环，最后停三台轴流泵冲洗丙烯。环管进丙烯，必须先投用轴流泵密封冲洗丙烯，始终保持密封冲洗，防止反压损坏密封系统。密封系统压力活塞可以按操作法进行，也可以与环管同升同降，但不可把环管压力泄至零。

20 环管系统升降压时如何避免轴流泵密封损坏?

环管系统升降压时，为保护环管循环轴流泵的密封系统，一般会使用两种方法：

（1）环管泄压到 1.0MPa 时密封系统切出保压，升压接近此压力时投用。

（2）轴流泵密封系统不切出，与环管压力同升同降。

注：无论使用哪种方法，必须始终保证轴流泵冲洗丙烯管线阀门维持少量开度并投用，包括氮气气密置换、丙烯气查漏升压、环管进丙烯等，不可直接大开度打开 FV203/FV231 阀门给环管升压，这样会造成与去冲洗丙烯管线介质抢量(当介质分流时，介质必定先走管径大的管子)，造成压力活塞压力低于环管压力，轴流泵唇密封打翻，泵启动后磨损，导致聚丙烯浆液进入动静密封，最终使轴流泵密封损坏装置停车。

21 环管进液相丙烯注意事项有哪些?

(1) 夹套水温度控制在 40℃。

(2) 确认丙烯气已升压至 0.8MPa，轴流泵密封系统压力活塞已投运。

(3) 撤掉丙烯安全过滤器 F201 处高压氮气，准备引丙烯进丙烯安全过滤器 F201，防止丙烯串入氮气系统。

(4) 确认环管丙烯主进料阀 FV203/FV231 调节阀关闭，其副线关闭。

(5) 先轴流泵冲洗丙烯管线进丙烯顺序为 FV221、FV241、FV251，然后 FV204，最后 FV203/FV231 进丙烯(此二阀必须慢慢加丙烯，防止把冲洗丙烯及丙烯进料泵 P301 出口流量与压力拉跨)。

(6) 随时对环管系统进行查漏。

22 怎么确保减少丙烯排放并确认环管充液完成?

(1) 在氮气置换合格进行丙烯气置换时，可考虑置换压力控制得稍高一点，环管温度控制稍高一点，以尽量把不凝气置换得干净一点。

(2) 开始进液相丙烯时，可考虑将环管温度控制得稍低一点，进料量控制得大一点。

(3) 反应器缓冲罐 D202 有液位且 PIC231、PIC232 上升较快时，可以逐渐开大 LV231(可以考虑手控与自控相结合的控制方法)，且相应地逐渐减小进料量，以避免反应器缓冲罐 D202 压力、液位上升过快。

(4) 在充液的最后阶段，应把进料控制在最小，且 LV231 控制在稍小的开度以使进料量稍大于出料量，以防充满液相的一瞬间环管压力突升。在确认充液完成时，将 LIC231 投自控。

(5) 当环管压力上升至 2.0MPa 时，安排一人到环管顶部，确认每条腿液相是否充满。

(6) 环管顶部排气确认液相充满时，必须一次次排，第一次排放时，阀门轮流大开度排放(如是柱塞阀，开度可以在 50%左右，阀门到位后等十几秒左右关闭)；第二次排放时，开度小一点，当排放声音由尖啸声变成闷声，就可以关闭，确认顶部阀后温度下降至-15℃，就说明充满；第三次排放时，小开度打开阀门，然后马上关闭，确认阀后管线是否结霜，防止环管带气。

23 简述环管冷循环时出现出料不畅的现象及原因。

(1) 现象：环管压力、反应器缓冲罐 D202 液位逐步升高，LIC231 全开也无法控制环管压力上升。

（2）原因：

① 环管系统内塑化块料未清理干净，进入环管，出料口堵塞，使环管出料受阻。

② 环管出料阀 LV231 阀门仪表元件故障，或仪表风压力过低造成阀门失控。

③ 大闪线脱活剂加入阀手动柱塞阀关过头，阀杆进入大闪线，导致未清理细粉在此挂料堵塞通道。

④ 环管系统内粉料没有清理干净，冷循环时大闪线流速过低，温度过高，导致粉料在大闪线弯头积聚塑化堵塞。

⑤ 环管内杂物没有清理干净，造成出料阀 LV231 卡涩，出料困难。

24 装置开车冷循环时环管压力过高或过低的原因是什么？

（1）过高原因：

① 反应器缓冲罐 D202 顶部至大闪线排气阀故障或没有打开，导致不凝气积聚。

② 反应器缓冲罐 D202 压力控制阀 PV231 故障或开度过大。

③ 环管反应器出料阀 LV231 故障或开度过小。

④ 丙烯进料量太大，环管反应器丙烯进出量不平衡。

⑤ 反应器缓冲罐 D202 液位控制过高，气相空间不够。

⑥ 环管反应器夹套温度控制过高。

（2）过低原因：

① 环管反应器顶部排气不彻底，造成环管压力偏低并波动。

② 环管反应器相关阀门内漏或故障。

③ 环管反应器出料阀 LV231 故障或开度过大。

④ 丙烯蒸发器 E203 蒸汽故障或排凝阀联锁动作处于关闭状态。

⑤ 环管反应器夹套温度控制过低。

⑥ 环管反应器丙烯进出量不平衡。

25 环管停车时温度控制过低有哪些危害？

（1）环管温度过低，导致丙烯密度计指示高，同时无规物增多，无法确认环管粉料置换干净。

（2）环管温度过低，导致大闪线夹套蒸汽用量大增，疏水器来不及排水，温度下跌，丙烯闪蒸不完全，闪蒸罐 D301 易出现液相，造成动力分离器 A301 损坏，或三通阀 HV301 切排，大量丙烯浪费，火炬冒黑烟，出现环保问题。

（3）环管温度低、闪蒸效果不好，导致低压脱气不理想，汽蒸干燥效果差，进粉料缓冲罐 D802 的粉料挥发分高，造成挤压机“灌肠”，粒料仓存放期间粒料中易燃易爆气体大量释放积聚，易造成粒料仓爆炸。

解决方案：在主催化剂切出前投用环管夹套水加热器 E204、E205 蒸汽，并根据环管反应情况开大蒸汽量。

26 环管反应器密度上升慢的原因可能有哪些？

（1）原料丙烯的质量问题，有害物质（如 CO、ASH_3、COS、H_2O 等）含量高。

（2）H_2质量不合格（CO、各类烃、S、H_2O 等含量高）。

（3）催化剂及助催化剂质量不合格或配制不合理。

（4）开车时 TEAL、H_2的加入量不足或时间不够，环管中杂质未完全杀死或H_2含量偏低。

（5）D201、R200 温度控制偏低，致使催化剂活化效果不好。

（6）R201、R202 的温度、压力控制偏低，不利于聚合反应进行。

（7）丙烯量太大，密度被稀释。

（8）催化剂计量泵、三乙基铝计量泵打量不好，计量不准确；或计量泵和管线中的冲洗油太多，置换时间长。

（9）系统置换不干净，系统里残留少量杂质，如 H_2O、O_2；停车时加入的 CO 未处理干净，开车时进入环管使丙烯中 CO 含量偏高。

27 环管反应器在开、停车时为什么要用蒸汽加热夹套水？

（1）开车时加蒸汽目的：给环管中的冷物料提供热源，引发反应的发生。

（2）停车时加蒸汽目的：使残存的催化剂继续反应完毕，防止环管内反应温度过低，密度变化大且失真，同时压力波动大，造成后系统回收丙烯负荷大。

28 原料丙烯纯度低，装置内丙烯怎么处理？

如原料丙烯纯度稍低，如只有 99.39%（指标 ≥99.5%），生产期间增大 T701、T301 尾气排放量；如原料丙烯纯度太低，精制后仍不合格，对反应带来影响，通过循环丙烯洗涤塔回流泵 P302A/B 倒回（有这条退料线的装置），边进边退置换。

29 聚丙烯等规度波动的主要原因是什么？

出现等规度偏低的情况主要是给电子体浓度差异影响。

（1）给电子体经过白油稀释浓度不一样，造成切换给电子体罐后实际加入量不一样。

（2）因给电子体流量小，原滞留在管线的给电子体需要较长时间才能全部置换干净，一般需要约 3h 置换才能到环管，可根据加入量大小判断置换时间。

（3）给电子体密度比油大，当罐液位已较低时，实际给电子体加入量少。

（4）给电子体不一样，目前给电子体种类多，罐与罐之间给电子体不同，罐置换干净，但往往遗漏管线置换，阀门内漏也会造成产品等规度波动。

30 反应器中烷烃和不饱和烃的危害有哪些？

烷烃为惰性组分，不反应，但占空间。不饱和烃参加反应，会降低催化剂活性，使 MI 下降。

31 简述环管出料无规物过多的现象及处理措施。

（1）现象：闪蒸罐 D301、循环气滤袋器 F301、汽蒸罐 D501 出料困难，AC25 样品发黏，动力分离器 A301 电流变化，闪蒸罐 D301 出现挂壁。

（2）处理：

① 检查给电子体流量 FICl21 有无故障，P104 打量是否正常，打开 F104 旁路，确认过滤器是否堵塞，检查给电子体罐液位是否过低，罐内给电子体浓度是否正常，管线是否置换干净。降低 TEAL/DONOR 比，增大 DONOR 的进料量。

② 分析丙烯、氢气、乙烯质量，检查原料中是否有毒物，在线仪表取样比对，可适当增加三乙基铝加入量。

③ 确认环管反应器反应温度是否过低、催化剂收率是否正常、密度是否过低、物料反应是否正常。

32 简述催化剂预接触罐 D201 底部出料管线堵塞的处理与预防措施。

（1）处理：催化剂预接触罐 D201 底部出料管线位置重新进行调整，将原来向上爬坡段改为逐次下降，水平管改成斜坡管，以降低阻力降；增加若干法兰，以方便拆清。

（2）预防措施：装置停车前 2 天对排放管线进行氮气吹扫确认畅通，留出解决问题的时间。排放结束，必须进行氮气吹扫确认畅通。

33 **请写出三剂在预接触罐 D201 平均停留时间的计算公式。**

$$\tau_1=\frac{V_{D201}}{\frac{FIC_{111}}{\rho_{TEAL}}+\frac{FIC_{121}}{\rho_{DONOR}}+\frac{FIC_{141}}{\rho_{CAT}}}$$

式中　τ_1——停留时间，h；

V_{D201}——D201 的容积，L；

ρ_{TEAL}——三乙基铝的密度，g/cm^3；

ρ_{DONOR}——给电子体的密度，g/cm^3；

ρ_{CAT}——配制完成的催化剂密度，g/cm^3；

FIC_{111}——三乙基铝的流量，kg/h；

FIC_{121}——给电子体的流量，kg/h；

FIC_{141}——配制完成的催化剂的流量，kg/h。

34 **请写出丙烯与三剂在预聚反应器 R200 平均停留时间的计算公式。**

$$\tau_2=\frac{V_{R200}}{\frac{FIC_{111}}{\rho_{TEAL}}+\frac{FIC_{121}}{\rho_{DONOR}}+\frac{FIC_{141}}{\rho_{CAT}}+\frac{FIC_{221}+FIC_{204}}{\rho_{PR}}}$$

式中　τ_2——停留时间，h；

V_{R200}——R200 的容积，L；

ρ_{TEAL}——三乙基铝的密度，g/cm^3；

ρ_{DONOR}——给电子体的密度，g/cm^3；

ρ_{CAT}——配制完成的催化剂密度，g/cm^3；

ρ_{PR}——丙烯的密度，g/cm^3；

FIC_{111}——三乙基铝的流量，kg/h；

FIC_{121}——给电子体的流量，kg/h；

FIC_{141}——配制完成的催化剂的流量，kg/h；

FIC_{204}——进 R200 丙烯的流量，kg/h；

FIC_{221}——R200 冲洗丙烯的流量，kg/h。

35 **请写出丙烯等介质在第一、第二环管反应器内停留时间的计算公式。**

$$t=V_1\times DIC_{241}/FIC_{203}+V_2\times DIC_{251}/(FIC_{203}+FIC_{231})$$

式中　t——停留时间，h；

V_1——反应器 R201 容积，m^3；

V_2——反应器 R202 容积，m^3；

FIC_{203}——反应器 R201 丙烯进料量，kg/h；

FIC_{231}——反应器 R202 丙烯进料量，kg/h；

DIC_{241}——反应器 R201 浆液密度，kg/m^3；

DIC_{251}——反应器 R202 浆液密度，kg/m^3。

36 丙烯倒窜至催化剂预接触罐 D201 的可能性有哪些？

（1）设备方面：

① 催化剂预接触罐 D201 底部排放阀泄漏。

② 三剂管道及相关设施泄漏或泵止逆失效(如泵体安全阀没有复位)。

③ 油路管线阀门泄漏而使油压低，造成倒窜。

④ TEAL 至废油处理罐 D607 的阀门泄漏。

⑤ 催化剂预接触罐 D201 泄漏或预接触罐搅拌器 A201 密封油泄漏。

（2）操作方面：

① 对催化剂在线混合器 Z203A/B 油洗时，开两路以上油路，丙烯会顺着油路窜入 D201。

② TEAL 或 DONOR 切泵或切过滤器等的过程中出现操作失误，造成压力下降，丙烯倒窜入催化剂预接触罐 D201。

③ PK101 操作失误，如阀门开错。

④ 催化剂预接触罐 D201 有关联的管线上更换压力表，其根部阀内漏。

⑤ 切换催化剂在线混合器 Z203A/B 油洗时，阀门没有切到位，催化剂预接触罐 D201 油洗泄压时，使丙烯倒窜。

⑥ 冲洗油对催化剂预接触罐 D201 或催化剂在线混合器 Z203A/B 油洗时，其他地方在用油，造成油压低，致丙烯倒窜。

⑦ TEAL 流量突然中断，压力波动。

⑧ 在没有关 V201A/B 或 V206A/B 的前提下打开催化剂预接触罐 D201 底排阀或 TEAL 排废油处理罐 D607 阀。

⑨ 在三剂送入系统时，阀门开错，误开 TEAL 排放阀。

⑩ 主催化剂管线上导淋打开。

⑪ 三乙基铝、给电子体冲洗油总阀未关的情况下，对催化剂预接触罐 D201 泄压，丙烯经油阀内漏至催化剂预接触罐 D201。

37 为什么环管顶部 PV221、PV241、HV242、PV251、HV252 阀后管线会出现堵塞现象？

（1）在装置正常运行期间，环管压力上升或超过至 PIC221、PIC241、PIC251 设定值，导致阀门小开度或松动。

（2）装置在正常运行期间，阀门仪表风压力过低，导致阀门关闭不严实。

（3）装置在正常运行期间，阀门密封不严实，导致聚合物泄漏至阀后管线。

（4）装置在停车期间，环管粉料没有置换干净，提前打开环管顶部阀门，导致阀后管线堵塞。

38 简述轴流泵“气蚀”的现象、原因及预防措施。

（1）现象：轴流泵功率、电流波动；振动、声音异常；环管密度波动。

（2）原因：

① 原料或浆液中惰性气体含量高。

② 有效气蚀余量不足。

③ 开车时环管排气不完全。

④ 环管压力过低或温度过高导致丙烯汽化。

⑤ 环管浆液密度不匀(含块料)，造成泵局部入口压力过低。

⑥ 高 MI 下氢气、乙烯加入量偏多。

（3）预防措施：

① 应适当提高压力。

② 调整 FIC323 开度，同时注意控制好原料质量。

③ 生产高熔指、高乙烯含量产品时，应适当提高操作压力以防烯烃汽化，同时提高氢气的溶解度。

④ 加大丙烯置换量；注意密度控制在适当值。

⑤ 开车时确保排气完全，系统中无块料，管壁无黏料。

39 环管底部紧急排放阀打开时物料排向何方？通过什么方法可以打开该六个阀门？

环管底部紧急排放阀 HV244－1/2/3、HV254－1/2/3 打开后，将物料排向 D601。

在联锁辅操台，通过手动按动 I209 联锁启动键 HS244，使 I209 联锁动作，则打开 HV244-1/2/3；通过手动按动 I210 联锁启动键 HS254，使 I210 联锁动作，则打开 HV254-1/2/3。环管压力高高同样会引起 I209/I210 联锁动作，打开环管底部紧急排放阀。以 I209 联锁为例，联锁动作示意图见图 8-1。

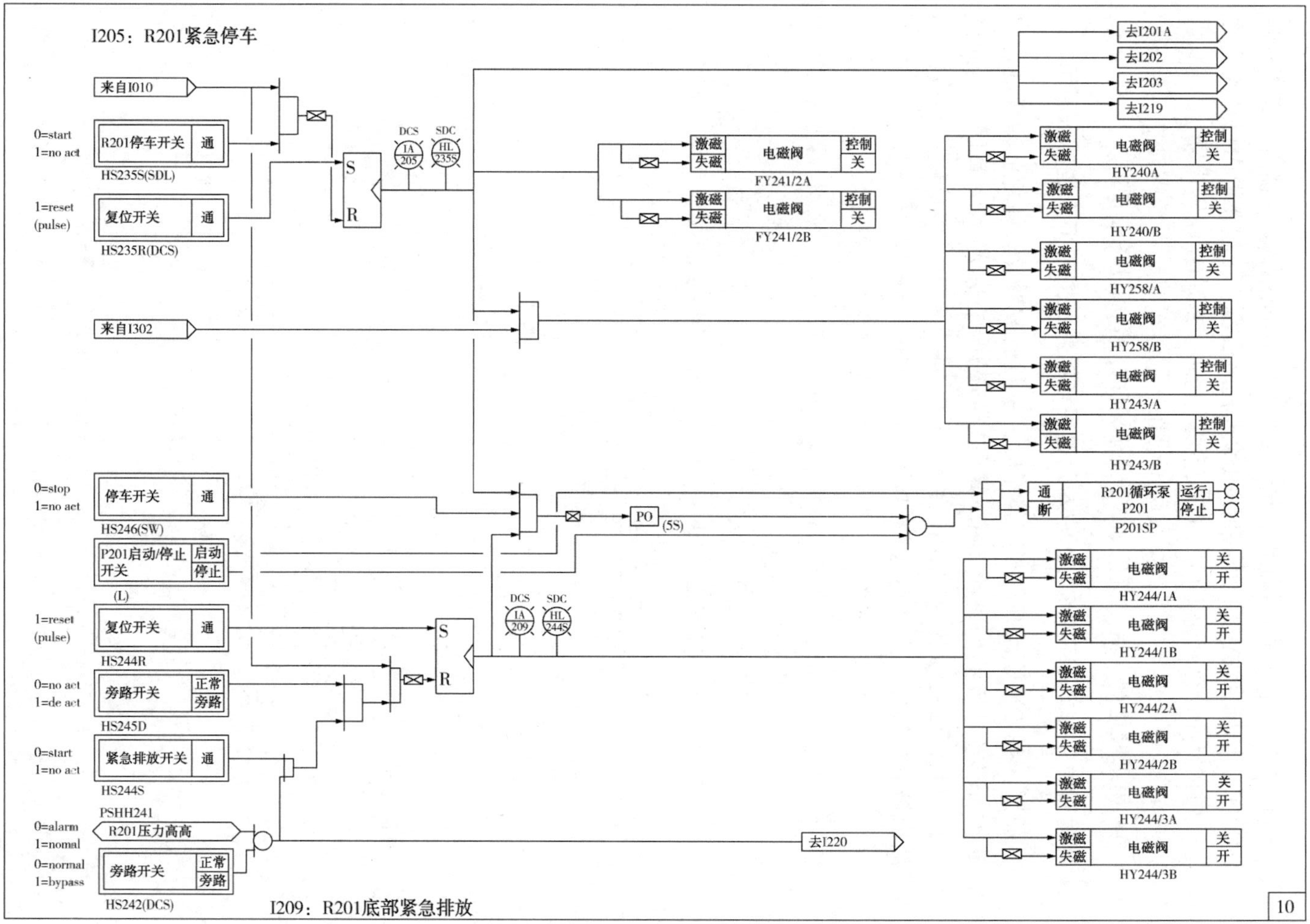

图8-1　I209联锁动作示意图

40 2%CO 与 10%CO 的使用区别有哪些?

2%CO 通过联锁启动后自动注入，也可以在需要时通过按动联锁启动键手动注入。10%CO 必须现场手动注入，但要在丙烯进料泵运行、环管在进丙烯状态下才能注入。一般在反应器循环泵 P201、P202 停时，加入 2%CO(联锁启动加入)，并打开 HV244 1/2、HV254 1/2 进行排放。一般在计划停车时，丙烯进料泵运行，加入 10%CO，用于催化剂失活，避免生成大量低聚物，堵塞设备或管道。

41 环管紧急停车时启动 2%CO 注入，但现场钢瓶压力不下降是什么原因?

(1) 原因：在装置原始开车或开停车时，密封油罐满液、催化剂在线混合器 Z203A/B 油洗排放、废油处理罐 D607 尾气夹带的废油进入 BDL 管网，倒回到 CO 系统排放阀后管线，此处是 BDL 管线最低点(见图 8-2)，当联锁启动后，CO 气体管线内被废油堵住，无法通过单向阀进入环管阻聚。

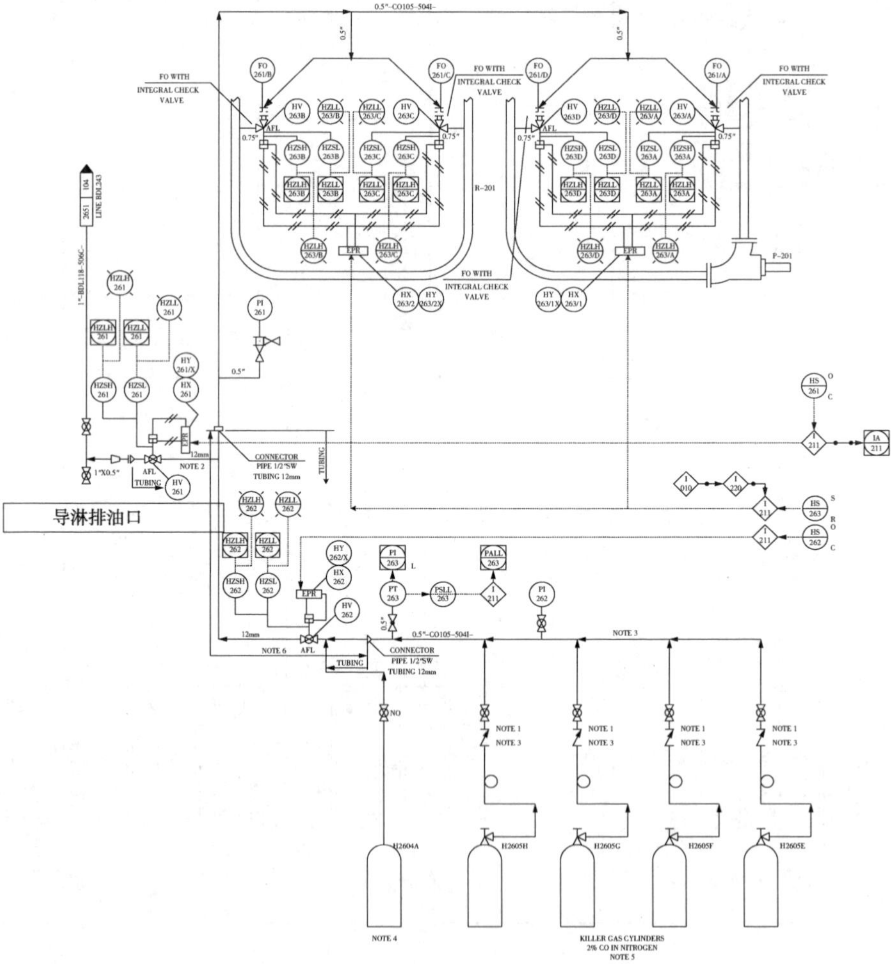

图 8-2 一环 CO 阻聚系统流程

(2) 措施：安装导淋，巡检时进行排放确认，轴流泵安全密封罐按规定液位排放。

42 环管紧急停车时，紧急排放阀打不开是什么原因？

因为 HV244-1/2、HV254-1/2 是双气缸阀，当空气故障时保持。主要是这些阀门在正常生产时一直处于关位，长时间不动作，排气口进水、电磁阀滑块有煤灰等杂质积聚，造成气路堵塞，气缸动作慢有时甚至不动作。而装置环境也有可能堵塞排气帽，导致无法泄压。双气缸阀在动作时必须把另一侧气缸内气体排放干净，不然无法打开阀门。所以，当出现紧急排放阀无法打开时，可以把气缸一侧气体通过导淋手动打开排放泄压(仪表装好排放导淋)。

注意：操作时一定要当心柱塞退出夹手，如关闭主气源手动打开柱塞阀，严格按操作法操作。

43 在环管气密期间，怎样确认 CO 系统阀门内漏？

环管气密期间要注意 CO 系统压力(CO 系统泄压至零状态)，判断 CO 柱塞阀是否内漏。

环管向 CO 管线方向：在环管有压力的情况下，保持柱塞阀 HV263A~F 关闭，打开 HV261，关闭 HV261 后阀，关闭 HV262，打开 HV261 后导淋，如果有气漏出则说明 HV263 有阀内漏；保持柱塞阀 HV266A~F 关闭，打开 HV265，关闭 HV265 后阀，关闭 HV264，打开 HV264 后导淋，如果有气漏出则说明 HV266 有阀内漏。

CO 管线向环管方向：在环管底部 CO 钢瓶处接入氮气钢瓶，关闭 HV261、HV265，打开 HV262、HV264，将 CO 管线压力充压到 5.0MPa 以上，进行保压确认。

44 导致整套装置联锁突然动作的原因及预防措施是什么？

(1) 原因：因 ESD 电源过载，ESD 失电，导致整套装置联锁动作。

(2) 预防措施：装置设计或“三查四定”时要检查 ESD 电源设计容量是否过小，计算电磁阀投用时实际电流是否超过设计 ESD 电源容量。如：某装置原设计电磁阀采用 220V 电源，后调整为 24V 电源，但 ESD 总电源未扩容，设计 ESD 电源容量只有 33A，而实际 156 个电磁阀投用时电流超过 77A。

45 在操作中如何防止带连接堵塞？

(1) 正常生产时，进一环丙烯流量 FIC203 的减量及进二环丙烯流量 FIC231 的加量不宜太快。

（2）低负荷生产时，一环密度 DIC241 不宜太高。

（3）正常生产时，进一环丙烯流量 FIC203 的量不能低于最低量。

（4）不能随意动作 HV249 或关现场阀。

（5）在停车排放时要及时开冲洗丙烯冲洗。

（6）尽量控制环管出料回路 LIC231 及环管压力控制回路 PIC231 的平稳。

（7）生产三元或无规产品时，一环反应控制低一点，可以视情况投用带连接冲洗丙烯。

46 大闪蒸管线堵的原因有哪些？

（1）大闪蒸管线冲洗丙烯流量 FIC244 量低，造成闪蒸管流速不够，造成堵塞。特别是当负荷波动时，未及时调整 FV244 开度，大闪线物料闪蒸流速不够。

（2）大闪蒸管线蒸汽压力控制阀 PV301 开度过大，造成闪蒸热量过大，使粉料软化熔融，堵塞管线。应及时控制闪蒸罐底部温度 TI302、闪蒸罐顶部气相温度 TIC301 在正常范围。

（3）脱活剂实际加入量少，粉料在闪蒸管线中继续反应，容易产生粘壁料。应及时调整脱活剂流量 FIC152。

（4）给电子体实际量少，无规物增多，堵塞管线。应及时调整给电子体流量 FIC121。

（5）三乙基铝加入量少，导致反应波动，低聚物增多。应及时调整 TEAL 加入量。

（6）断氢气 15~20min 后未及时处理，易造成大分子量低熔指产物进入闪蒸管，堵塞管线。应严格按断氢预案执行。

（7）反应器缓冲罐顶部排气阀 FV232 故障或关闭，及大闪蒸管线冲洗丙烯阀 FV244 故障或关闭，导致去大闪蒸管线吹扫气断流，物料反窜，堵塞大闪线。应确认 FV232/FV244 开度正常、流量正常。

（8）至排放罐三通阀 HV301 动作不到位，管线积料堵塞。若三通阀不到位，如闪蒸罐 D301 不堵，HV311 切排。

（9）大闪蒸管线内部光洁度不够，形成拉丝料后堵塞。应将管线内抛光处理。

（10）生产特殊牌号，物料发黏，堵塞大闪线。应生产合适牌号。

47 大闪蒸管线堵的处理方法有哪些？

（1）若大闪蒸管线堵塞，并已造成环管出料严重不畅，则需按照紧急停车方案处理：

① 注入 2%CO 至环管。

② 三剂切出，油洗催化剂预接触罐 D201、催化剂在线混合器 Z203。

③ 启动小环紧急停车联锁 I202，甩小环。

④ 启动环管底部紧急排放联锁 I209、I210，确认 HV244－1/2、HV254－1/2 开启，环管泄压排放。

⑤ 维持环管主进料阀 FV203、FV231 一定开度，冲洗环管。

⑥ 降低第一反应器 R201、第二反应器 R202 温度，防止环管温度回升。

⑦ 大闪线后各罐排空料位停车、保压。

⑧ 挤压机视料仓粉料量停车，停车后检修大闪蒸管。

(2) 若大闪蒸管线尚未造成出料严重不畅，则分析原因后做相应处理：

① 适当提高给电子体、脱活剂流量(FIC121、FIC152)。

② 开大大闪线冲洗丙烯 FIC244 流量，增大流速。

③ 调整大闪线蒸汽压力 PIC301，维持大闪蒸管线正常温度，注意观察闪蒸罐底部及顶部温度(TI302、TIC301)。

④ 若以上方法不行，可尝试三通阀 HV301 切排，手动开大环管出料阀 LV231，开大大闪线丙烯冲洗阀 FV244，利用压差冲刷闪蒸管线。

48 小闪蒸管线堵的原因与预防措施有哪些?

(1) 未定时冲刷小闪蒸管线。应定时冲刷。

(2) 停车时未用洗涤塔回流泵 P302A/B 对小闪蒸管线进行冲洗。应按停车方案执行。

(3) 小闪蒸管线蒸汽控制阀 PV321 开度过大，粉料熔融堵塞。应控制 PIC321 在规定范围。

(4) 三剂切出情况下，HV311 切排不及时，无规物过多、黏度大，堵塞管线。应及时切排。

(5) 断氢气 15~20min 后未及时处理，造成大分子量低融指产物进入小闪蒸管，堵塞管线。应严格按断氢预案执行。

(6) 动力分离器 A301 分离效果不好，顶部气相带出过多粉料。应降低生产负荷，下调闪蒸罐压力、料位。

49 小闪蒸管线堵的处理方法有哪些?

(1) 开大丙烯洗涤塔底部出料阀 FV326 冲洗。可尝试 HV311 切排，手动开大 FV326 或 P302 冲洗小闪蒸管线，利用压差冲刷闪蒸管线。

（2）开洗涤塔回流泵 P302A/B 至小闪蒸管冲洗线冲刷。

（3）关小小闪蒸管线蒸汽控制阀 PV321，调整蒸汽量。

（4）增加给电子体加入量，减少无规物。

（5）调整 H_2、三乙基铝加入量，减少低聚物。

（6）若已堵死，则切断小闪蒸管进出阀门，检修小闪蒸线。

50 小闪蒸管线完全堵塞有什么现象与影响？在生产维持中应注意哪些方面？

（1）现象：

① 丙烯洗涤塔再沸器 E303 换热效果不好。

② 丙烯洗涤塔 T301 液位升高，还有可能淹塔。

③ 丙烯洗涤塔 T301 的塔板积粉料，压差变大，影响洗涤效果。

④ 有可能粉料带到丙烯冷凝器 E301、洗涤塔回流泵 P302A/B、丙烯进料罐 D302、丙烯进料泵 P301A/B、丙烯安全过滤器 F201A/B 中。

⑤ 循环气过滤器压力控制 PIC311 的指示下降，循环气压缩机 PK301 的打量（FI311 指示）下降。

⑥ 小闪蒸管线的流量指示（FI324）下降，温度指示（TI321）在冲刷时无变化，现场听不到小闪蒸管线内介质流动的声音。

（2）注意事项：

① 控制好环管的反应，密度控制稳定，减少细粉产生。

② 注意动力分离器 A301 的工况，维持闪蒸罐顶部出口丙烯气流量（FIC301）稳定，不宜过大或太少。控制闪蒸罐 D301 的料位（LIC301）在低位，不能过高。

③ 注意丙烯洗涤塔 T301 的液位，控制不要淹塔，加大洗涤塔再沸器 E303 的热源，即加大 FIC328 的量和控制凝液泵出口（TI631）的温度不可太低。

④ 保持洗涤塔回流丙烯（FIC321）的量（$8000m^3/h$）。

⑤ 注意丙烯冷凝器 E301 的液位变化。

⑥ 注意丙烯安全过滤器压差（PDI201）的数值变化。

⑦ 控制脱活剂（FIC152）的量，可以略加。

⑧ 维持丙烯循环压缩机回流压力（PIC341）的稳定。

51 简述引液态丙烯进丙烯进料罐 D302 主流程操作内容。

（1）确认装置界区丙烯进料阀 FV004 后管线至进料罐 D302 已氮气升压至 0.8MPa。

（2）700#主流程：游离水分离器 D701 投用，副线阀关闭，出口阀关闭，CO

气提塔 T701、丙烯脱硫塔 T702A/B、丙烯干燥塔 T703A/B、丙烯脱砷塔 T704 用旁通管线，塔进出切断阀关闭，丙烯过滤器 F701 投用，出口阀关。

(3) 丙烯进料罐 D302 底部进料阀关闭，丙烯蒸发器 E302 蒸汽投用，至丙烯进料罐 D302 顶部手阀打开。

(4) 引液态丙烯前，当界区丙烯压力上升到 2.5MPa 时，慢慢打开界区丙烯阀，引液态丙烯至 FV004 调节阀前手阀处，确认液态丙烯全分析合格，稍开 FV004(前手阀关闭，FV004 及后手阀保持全开)副线手阀 1%~5%开度，当听到有介质流动声就保持手阀在此开度。

(5) 游离水分离器 D701 出口安全阀副线打开排气，待排气声由尖锐啸叫突然变成闷声或阀后结霜，关闭安全阀副线；稍开游离水分离器 D701 出口阀，打开丙烯过滤器 F701 排气阀排气，待声音变化或阀后结霜，关闭排气阀，慢慢全开游离水分离器 D701 后手阀。

(6) 稍开丙烯过滤器 F701 出口阀，通过 PV331 控制丙烯蒸发器 E302 内丙烯气对 D302 升压，D302 升压至 0.8MPa 时关闭丙烯过滤器 F701 出口阀，通过 PSV331 旁路和丙烯进料罐 D302 液位计排放线把氮气等排至火炬，待丙烯过滤器 F701 至丙烯蒸发器 E302 管线充满丙烯后全开 F701 后手阀，D302 充丙烯气置换 3 次。

(7) 最后用丙烯气将 D302 升压到 0.8MPa，慢慢打开 D302 底进料阀建立 40%液位，控制 D302 压力在 1.8MPa。

52 环管引进丙烯时丙烯进料罐 D302 保持多少液位？在正常生产时保持多少液位？为什么这样选择？

(1) 环管引进丙烯时 D302 保持 40%液位，正常生产时保持 60%~70%液位。

(2) 原因：环管充满丙烯后，温度要从 40℃ 升到 70℃，丙烯受热后密度发生变化，体积膨胀，从而有大量丙烯会从环管内经丙烯洗涤塔回流泵 P302A/B 返回到丙烯进料罐 D302，使丙烯进料罐 D302 内液位上升，所以在引进丙烯时，丙烯进料罐 D302 液位应保持在 40%左右，以便接收来自环管内因膨胀而释放出的丙烯。

而正常生产时，丙烯进料罐 D302 保持 60%~70%液位是为了一旦发生原料丙烯故障，则其存量足以满足装置在 15min 内终止反应用以稀释反应器的量，保证装置安全停车。

53 开车时丙烯进料罐 D302 出现假液位是什么原因？如何处理？

(1) 原因：D302 采用差压式液位计，就地液位计采用磁翻板式。

① 液位计无保温或损坏，冬季液位计内丙烯温度和 D302 内丙烯温度温差

大，冷凝导致液位不准。

② 变送器坏或管线堵，过流阀堵塞。

③ 液位计投用初期排气不好，造成假液位。

（2）处理：

① 增加保温，防止丙烯冷凝。

② 开引流管线切断阀要慢，防止过流阀动作。

③ 液位计排气彻底。

54 装置停车同时切出三剂会出现 D301 出料不畅的原因是什么？如何处理？

（1）原因：装置停车同时切出三剂，1h 后才注入第一瓶 CO，从后续排料过程看 D301 后期出现出料不畅的迹象，分析原因可能与给电子体切出后等规度有所下降有关。

（2）处理：三剂同时切出的情况下，应尽快注入 CO 终止反应。最好是主催化剂切出 1h 后再停二剂，再注入 10%CO 终止反应，能减少无规物，停车时间基本一样。

55 开车期间建立低压循环时为什么 LIC311 不能打开？

因为在投用 PIC312，建立低压循环，而 LV311 开着，会导致丙烯进入汽蒸罐 D501，如果尾气压缩机 PK501 在运行，则会进一步把丙烯抽入汽蒸罐 D501 中，在投用 D501 打开疏水器旁路时丙烯气漏出。目前汽蒸罐 D501 停运必须充氮气保护，同时提供氮气给尾气压缩机 PK501 试车。

56 丙烯气循环压缩机 PK301 大修后入口滤网频繁堵塞的原因是什么？

入口锥型过滤器表面覆盖一层白色物，主要是置换与 CO_2 失活不彻底，压缩机检修整体拆开后，空气与入口过滤器内残存的三乙基铝反应所产生的反应物，或压缩机入口管线开机前置换不充分，残存一定量空气，与压缩机分离罐 D304 连通后，空气与丙烯中携带的三乙基铝反应产生白色反应物，而此类型管道锥形过滤器不易查看，造成压缩机开机后频繁堵塞。

57 循环气压缩机 PK301 进口过滤器堵，如何隔离交出？

（1）循环气压缩机 PK301 停运前将机组内部分离罐 D307、D309、D312 内介质全部压往压缩机分离罐 D304，并将分离罐 D304 内介质通过低压丙烯洗涤塔进料泵 P303 全部送往废油罐 D607。注意：必须所有罐压空，否则残留介质含有三乙基铝有安全风险。

（2）停循环气压缩机 PK301，开循环气过滤器 F301 安全阀副线，通过

PIC311 控制 F301 压力在 0.065MPa 左右。

（3）关闭循环气安全过滤器 F302A/B 进出口阀，关闭压缩机 PK301 进丙烯洗涤塔 T301 前球阀，关闭丙烯蒸发器 E302 去压缩机 PK301 密封气两道阀门。

（4）全开压缩机回流调节阀 PV341、PV3510，打开压缩机分离罐 D304 安全阀旁路阀、压缩机 PK301 出口去 BDL 阀，将低压循环气洗涤塔 T302 和压缩机 PK301 系统卸至常压，然后关闭压缩机回流调节阀 PV341 进出口阀、旁路阀和 PK301 出口阀。

（5）关闭压缩机分离罐 D304 安全阀旁路阀和进口阀，从 D304 顶出口管线导淋处接一路氮气，另一路从压缩机 PK301 入口开氮气阀门，通过压缩机 PK301 出口去 BDL 阀排空，N_2充压 0.4MPa 置换 8 次。

（6）逐个从压缩机内部分离罐 D307、D309、D312 底部排放管线进行置换排放，联系化验分析可燃气浓度，直至可燃气浓度小于 0.2%。

（7）最后向压缩机 PK301 入口、段间注入 CO_2，0.05MPa 保压 15min 后，卸至常压，为防止失活不彻底，确保安全，可以多次进行 CO_2失活，然后氮气置换 3 次，置换完成后压缩机通大气。

（8）在压缩机 PK301 入口、排低压火炬线、出口去丙烯气洗涤塔 T301 及反吹气罐 D303 阀门、丙烯蒸发器 E302 密封气进压缩机 PK301 处各加隔离盲板。

58 大修压缩机分离罐 D304 失活的步骤有哪些？

D304 是低压丙烯除沫器分离罐，其内分离的白油中 TEAL 含量较高，且罐口为缩紧瓶，人员进入后不易快速逃脱，进罐操作存在较大的安全风险，为此采取了较为严谨的安全措施。具体步骤如下：

（1）对低压丙烯系统进行可燃气的置换并合格，同时打入 CO_2两瓶。

（2）对其进行隔离盲板安装，单独再注入 CO_2一瓶。

（3）脱开底部 2″管线，由顶部通入蒸汽对罐内可能残存的 TEAL 进行失活。

（4）进罐及动火均安排双人监护。

59 低压洗涤塔 T302 失活处理有哪些方法？

T302 内部环境恶劣，人员进塔存在较大的安全风险，通过加大 T302 的油洗量、CO_2注入量、并通过拆除 T302 顶部换热器 E304 对 T302 进行对流置换、加蒸汽或水失活等方式确保塔内三乙基铝彻底失活。

60 循环丙烯洗涤塔 T301 底部再沸器堵怎么清理疏通？

（1）再沸器 E303 堵，装置临时停车，T301 置换合格，隔离。E303 整体拆下清理疏通，或整体更换。或者 E303 壳层用水反冲，锥底脱开，用高压水枪清理，然后氮气吹扫。

（2）如开停车时再沸器 E303 堵，一般是由于无规物堵塞引起，将小闪线切出，洗涤塔底部出料调节阀 FV326 阀后脱开，接高压金属软管至高压排放罐 D601 底部氮气接口，软管中间接三通，接入高压氮气。先用氮气吹扫置换软管至干净，然后间歇性用高压氮气反顶再沸器，直至管子听到节流声并发热，说明洗涤塔底部已畅通。

61 装置投料开车后，投用汽蒸罐蒸汽(夹套已提前投用)的最佳时间是什么时候？

装置投主催化剂后可以投用汽蒸罐，并随时打开底部出料阀门 LV501，把凝液排放至干燥罐(必须确认干燥罐已开车完成，打开 AC25 取样阀，否则会堵塞分布板)，防止罐内积液，这样可以避免粉料带水过多。

62 开车期间或生产期间汽蒸罐搅拌器 A501 跳停并无法启动时应如何处理？

搅拌器 A501 跳停无法启动时，汽蒸罐 D501 内的粉料无法进行有效的搅拌和松动，导致粉料在汽蒸罐 D501 内停留时间过长，局部温度过高，粉料融化粘结，且不能及时分离粉料中的轻组分，最终产品中的烃含量过高，爆炸危险性增大。所以搅拌器 A501 跳停后不能重新启动时的处理措施如下：

（1）三通阀 HV311 切排，循环气压缩机 PK301 以 50%负荷运行。

（2）降低催化剂计量泵 HIC141 冲程，挤压机 EX801 减负荷运行。

（3）根据电流趋势及工艺参数，快速判断是电气、机械或仪表中哪个专业原因导致的跳停，并及时联系处理。如工艺联锁造成搅拌器跳停，应恢复联锁条件，马上启动搅拌器；如机械故障，按如下处理：

① 排空汽蒸罐 D501 内粉料，停汽蒸蒸汽，用 N_2 置换合格后，搅拌器 A501 停电交出检修。

② 如搅拌器 A501 无法及时(一般为两小时)修复投用，环管注入 CO，装置停车处理，挤压机 EX801 视情况决定是否停车。

63 装置停车过程中 D502 料位计不准导致挤压机停车缠刀的原因是什么？

挤压机缠刀的主要原因是 D502 料位指示不准，在料位拉低过程中，D502 料位已空，蒸汽凝液窜入后系统，导致粉料带水，树脂流动性异常，造成切粒刀盘缠刀。

64 尾气压缩机 PK501 损坏的原因是什么？

（1）大修期间长时间放置，未盘车，轴偏离导致运行后损坏。

（2）长时间未建立出口压力，液环未建立，导致轴撤热不足过热运行损坏。

65 干燥器 D502 分布板出现堵塞时有哪些症状？

D502 分布板出现堵塞时，压差会异常上升，同步风机电流上升、循环气量下降，分布板漏料量增加，分布板上下积料严重，最后会导致分布板积料太高，影响汽蒸罐 D501 下料，详见图 8-3。

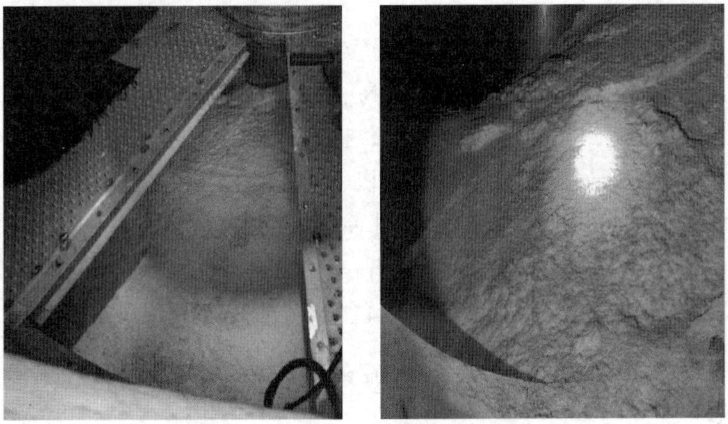

图 8-3　分布板积料(左：下部积料；右：上部积料)

66 聚丙烯开车后 LV501 塑化料卡住的原因是什么？

装置开车前阶段，环管系统反应差，原料丙烯水、甲醇等杂质含量高，丙烯干燥塔 T703A/B 饱和后，丙烯携带杂质进入系统造成反应差，长时间在密度低、等规度低的工况下运行，造成粉料黏度大，由于汽蒸罐 D501 温度高，粉料在汽蒸罐 D501 内塑化累积变大卡住阀门。

67 装置停车时怎样确认汽蒸罐内物料倒空？

（1）先保持干燥罐一定的料位，待汽蒸罐物料倒空后再倒空干燥罐内物料，以便于分析确认汽蒸罐内物料倒空情况。

（2）搅拌器电流下降至一定值不变；开底部出料阀，确认是否有串气现象，干燥罐料位有无变化，汽蒸罐压力瞬间下降。多次尝试后，确认各参数基本无变化，可以判断汽蒸罐已倒料完成。

68 汽蒸罐 D501 的安全阀 PSV502 动作过程是怎样的？为何要选用此类安全阀？

PSV502 是一种先导式安全阀。其整定值为 0.35MPa，适用于背压高于工作压力的地方或根据介质的特性而定。PSV502 的正常工作压力是 0.012MPa，火炬背压是 0.02MPa。正常状态下，工作介质作用在其上端面，以防背压介质串入系统，而当工作压力达到其整定压力时，下端面的受力大于背压，从而开启泄压。

选用此类安全阀是因为 PSV502 的工作介质带有粉料，防止在动作之后不能很好地复位。

69 简述干燥器 D502 的分析仪 AI531 波动的原因与预防处理方法。

AI531 波动与工况变化、N_2含水量变化有直接关系。在工艺工况不稳定时(如汽蒸效果差、聚合反应中惰气含量高、闪蒸效果差等)都会引起波动。对于此类原因引起的波动，应适时调节工况，提高闪蒸、汽蒸的效果，尽可能降低后系统的烃含量。由于干燥器循环气鼓风机 C502A/B 出口的 N_2中含有一定量的游离水和水蒸气，温度的变化直接影响到 N_2中的水含量，在气温较高时，经过分析仪的 N_2中水含量上升，使红外线分析仪失准，目前 AI531 波动主要就是这个原因。应根据气温变化，适时调整 TI534，尽可能减少 N_2中的水含量。

70 冷冻机 PK601 在运行时冷冻水流量低或中断，机组没有跳停，应如何处理？

冷冻机运行期间密切关注冷冻水流量(FI611)及冷冻水温(TI601、TI602)，如出现低报，及时调节冷冻水回流蒸汽加热夹套；如遇冷冻水流量中断，冷冻机 PK601 手动停运，以避免 E602 管程冷冻水冻结堵塞。

71 氢气脱 CO 塔 T001 钝化操作过程及要求有哪些？

(1) T001 通入常温再生氮气，流量约为 400Nm^3/h。

(2) 再生氮气入口阀前导淋处接入工厂风。以约 5%的开度向 T001 通入工厂风，可以从声音变化来判断是否有工厂风进入。

(3) 每 10min 记录一次 T001 顶部与底部温度，若任一温度上升到 40℃，则立即关闭工厂风。待温度冷却到 40℃以下时，再配入工厂风。

(4) 若工厂风连续通入 2h，T001 温度都保持在 40℃以下，则将工厂风阀再开大约 5%。如此循环，直到工厂风阀全开。

(5) 待工厂风阀全开后，若温度仍可以保持在 40℃以下，则在 20min 内以

$50Nm^3/h$的速度，减小氮气量到$0Nm^3/h$；若期间回温至40℃，则再开大氮气。

(6) 待氮气还剩最后$50Nm^3/h$时，关闭氮气导淋(进工厂风的导淋)的前阀，切出氮气，以防止空气反窜入氮气管网。

(7) 待氮气全关，T001温度2h内无温升，则钝化结束，T001压力泄空。所有阀门关闭，再生氮气阀间导淋工厂风脱开，导淋全开。

72 简述CO气提塔T701出空操作过程。

(1) 注意丙烯进料罐D302液位、压力波动，切换前先将界区进料丙烯流量FIC004调控至正常进料量并稳定，同时慢慢关闭LV701，逐步打开T701的副线阀。

(2) 待CO气提塔T701副线阀全开后，关闭CO气提塔进料联锁阀HV701前切断阀。

(3) 继续保持界区丙烯进料，小开度打开CO气提塔出料阀LV701，以维持丙烯进料罐D302进出负荷的平衡。同时全开塔顶冷凝器排放阀FV702。

(4) 待内部液位降至5%以下时，关闭CO气提塔出料阀LV701后手阀，只留塔顶冷凝器排放阀FV702保持一定开度，气体排放进尾气系统回收。其间保持塔底再沸器E702蒸汽及进CO气提塔T701夹套蒸汽投用，以保证液相丙烯排空。待CO气提塔T701内部压力逐步降低至0.3MPa时，开始进行氮气置换操作。

73 简述CO气提塔T701置换操作过程。

(1) 确认CO气提塔进料联锁阀HV701前手阀、CO气提塔出料阀LV701后手阀及其旁路阀、E302至CO气提塔T701阀、塔底再沸器FV702副线及其后手阀关闭，CO气提塔安全阀PSV704副线关闭。确认CO气提塔出料阀LV701及CO气提塔进料联锁阀HV701前盲板已倒通。

(2) 关闭塔顶冷凝器E701、塔底过冷器E704冷却水进出口阀门。继续保持塔底再沸器E702蒸汽及进CO气提塔T701夹套蒸汽投用。

(3) 由CO气提塔出料阀LV701前及CO气提塔进料联锁阀HV701后引高压氮气进行间歇式置换，压力控制在0.1~0.5MPa，并由液位计LI701底部、LI702底部、塔底再沸器E702底部、塔顶冷凝器E701底部到CO气提塔T701排放管线、进出料换热器E703前排放管线分别排放，以将丙烯尽快置换干净(置换期间注意塔的液位变化，防止换热器漏，导致循环水窜至排放管线中)。间歇置换5次后开始联系化验做可燃气分析。

74 简述丙烯脱硫塔 T702A/B 换催化剂交出隔离操作过程。

装置满负荷操作且在满足设计的原料规格内，每个塔的操作周期为至少一年，当两塔下游的丙烯分析表明 COS 的浓度明显升高，大约为 0.01~0.015μg/kg 时，或 H_2S 浓度约 1.0mg/kg 时，就需要更换塔中的催化剂。

（1）打开 T702A/B 旁路阀。

（2）关闭 T702A/B 丙烯进料和出料管线上阀门，确认 D302 液位正常。

（3）打开 T702A/B 退料丙烯阀门，退丙烯，待压力平衡后，打开 T702A/B 顶部气相丙烯升压阀，压退丙烯。

（4）退丙烯完成后，打开火炬消烟蒸汽，慢慢打开 T702A/B 顶安全阀旁路，将剩余丙烯排放到火炬，直到全部倒空。开始氮气置换，合格后，阀门上锁，盲板隔离交出换剂。

75 简述丙烯干燥塔 T703A/B 内 3A 分子筛或脱甲醇剂再生过程(以 T703A 为例)。

（1）关闭到 T703A 丙烯进料和出料管线上阀门，上锁后，开始退丙烯。

（2）通过 E302 来气相丙烯将 T703A 内丙烯压空送出界区。待 TI726A、TI725A 有上升趋势或持续退料 4h 后，停止退丙烯。倒空结束后，恢复倒空丙烯流程。

（3）慢慢打开 T703A 顶安全阀 PSV723A 旁路，将剩余在 T703A 的丙烯排放到火炬，直到全部排空。确认 E302 至 T703A 手阀关。

（4）T703A 用氮气加压至 0.5MPa，然后向火炬泄压，多次置换直至可燃气低于 0.2%。期间需防止 T703A 压力与氮气管网压力持平，丙烯窜入氮气管网。

（5）将 T703A 进出口“8”字盲板倒盲，隔离 T703A。倒通 T703A 再生氮气盲板，确认再生氮气流程畅通。

（6）投用氮气电加热器 E714，启动氮气预热器 E713，向 T703A 内通入热氮气对分子筛进行加热，氮气流量为 $800Nm^3/h$，控制 T703A 升温速度≤30℃/h。先调整流量再加热。

（7）氮气温度升温到 60℃，维持 1h。

（8）氮气温度升温到 120℃，维持 1h。

（9）氮气温度升温到 180℃，维持 2h。

（10）氮气温度升温到 240℃，维持 20h。

（11）分子筛温度不断上升，最终床温在 135℃以上且 TI725A、TI726A 的温度基本维持24h不变后，在T703A底部出口压力表PI723A处取氮气，分析露点，露点在-50℃以下，数据不再下降或下降速度减慢后，取样频次调整到4个/天，如果连续四个数据不再下降，则再生完成。否则继续再生，直到满足要求。

(12) 以30℃/h的速度进行降温，将塔内分子筛逐渐冷却到100℃时，停电加热器，进一步降温至常温并维持氮气保护，倒通T703A进出口盲板，再生氮气管线上的盲板倒盲。使塔与热氮气隔离，与丙烯系统相连，能量锁解锁，停用E714。

(13) 用中压氮气对T703A分别升压至0.5MPa、1.0MPa、1.8MPa，检查泄漏，并排放至去火炬管线，氮气置换3次。

(14) 将该塔与丙烯蒸发器E302相通，用丙烯气对T703A间歇性置换3~5次，然后用丙烯气升压到1.0MPa。

(15) 关闭丙烯蒸发器E302到T703A的进料阀。

(16) 打开新鲜丙烯管线上的阀门，使塔充满液体丙烯，并从PSV723A旁通将气体排放至火炬，当T703A安全阀旁路管线瞬间结霜时，T703A充液结束。打开T703A进料阀时要慢，开度要尽量小，T703A进丙烯期间注意丙烯进料罐D302的液位变化，如丙烯进料罐D302液位下降较快，应关小T703A丙烯进料阀。注意T703A塔体温度变化，如温度快速上升，应停止进料并打开安全阀副线泄压。

(17) 关闭到T703A的新鲜丙烯管线上的阀门，T703A作为正常备用。确认工形四阀门关闭，进口阀关闭，出口阀全开防止憋压。

76 什么是风机(粉料输送系统PK801)的等待状态？PI801中各高低报作用是什么？

(1) 风机的等待状态：是PK801系统具备所有的启动条件。即系统将保持在60mbar的压力，且所有的风机停运，旁路阀关闭。压缩机、旋转加料器、目标料仓已选定且无故障及无高料位报警，所有的HV阀及补氮阀PV801无故障，无温度高及高低压力报警，无氧含量高报警。换向阀到位，操作模式为中控“自动”，所有仪表无故障。

(2) PI801各高低报作用：

PAL4—801：自动停车(无吹扫时间)。

PSL3—801：开始N_2补充。

PSL2—801：停止第一阶段的排放。

PSL1—801：停止第二阶段的排放。

PSH1—801：停止 N_2补充。

PSH2—801：开始第一阶段的排放。

PSH3—801：开始第二阶段的排放。

PSH4—801：自动停车(无吹扫时间)。

PSH5—801：等待状态压力。

PSH6—801：等待状态下开始排放第一步。

PSH7—801：等待状态下开始排放第二步。

77 热油系统煮罐操作有哪些内容?

(1) 准备工作：

① 热油储罐的放空口下方接一只铁桶。

② 热油储罐周围拉警戒线，以防人员不小心与之接触。

(2) 煮罐操作：

① 热油泵及其电加热器送电。

② 检查确认热油单元流程畅通，具备开车条件。

③ 打开热油储罐的放空阀，稍开热油储罐的氮封阀。

④ 引热油到泵体并对热油泵排气。

⑤ 启动热油泵，确认电加热器在工作。

⑥ 打通热油储罐→热油泵→热油电加热器→模板、模头、开车阀、换网器→热油储罐的流程(大循环)。见图 8-4，开 F 阀控制到正常加热流量。

⑦ 设定热油温度为 60℃，加热到 60℃后，以每 10℃一个台阶将热油温度升到 90℃。每一温度阶段均应保持 10min 左右，升温阶段产生的蒸汽通过热油储罐的放空管排出。

⑧ 煮罐期间应仔细观察有无气蚀发生(压力表跳动很厉害及泵内有重击时，就表明有气蚀发生)。如发生气蚀，应立即关小泵出口阀门(不能全关)，并降低电加热器设定温度，待气蚀消失后再缓慢开大泵出口阀门并继续升温操作。

⑨ 为确保蒸煮到每一管线，90℃恒温结束后切换到备用泵，让备用泵运行一段时间。

⑩ 在 90℃下运行平稳后，以每 10℃一个台阶把热油温度提高到 150℃，每一温度段保持一定时间，观察储罐排气情况，注意可能产生的气蚀。

⑪ 150℃保持一段时间，直到所有的残留水分被蒸煮出去。

⑫ 当没有蒸汽产生及沸腾噪音消退后，煮罐操作结束。

⑬ 全关热油储罐的放空阀，全开热油储罐氮封阀。

⑭ 切换到正常加热流程，在200℃下运行热油单元数小时后，对整个热油系统的所有法兰接头进行泄漏检查。

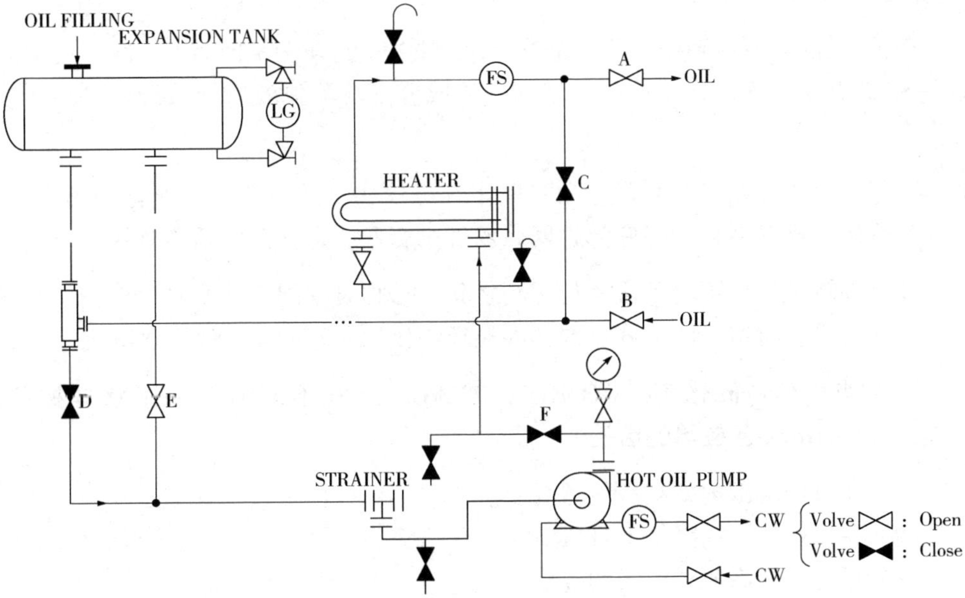

图 8-4　热油系统流程图

78　为什么粉料的输送采用氮气而粒料的输送采用空气？

因为聚丙烯是一种绝缘体，在管道中高速输送时易积聚静电，且聚丙烯细粉的最小爆炸浓度大约为0.10～0.20kg/m^3，若粉料用空气输送易发生粉尘爆炸，同时粉料直接与空气接触，易使PP老化，故一般使用惰性气体(如N_2)来进行粉料的输送。粒料中粉尘含量较少，且在里面加入了添加剂，可以防止PP的老化，为节约N_2，一般采用空气进行输送。

第二节　气相法/多区循环气相本体工艺(Spherizone)

1　某聚丙烯多区工艺装置，主反应器循环压缩机在开工升压过程中，压缩机电流过载停，是什么原因造成的？需要注意什么？

(1) 在反应器压力低时，压缩机导叶开度较小、蝶阀开度较大，压缩机随着反应器的压力升高做功逐渐增大，蝶阀未及时关小，造成运行电流过载停。

（2）需要在反应器系统升压置换过程中，依据压缩机的电流变化情况及时调整导叶和蝶阀的开度。

2 某聚丙烯多区工艺装置，开工后发现汽蒸、干燥洗涤塔隔粉池 Z671 中有大量的细粉且泵入口滤网频繁清理，是什么原因造成的？

漏拆干燥罐顶部旋风分离器 S520 与旋阀之间的开工临时盲板（盲胶皮垫），造成 S520 开工后无法排粉被细粉堵满，造成分离功能失效后导致细粉进入干燥洗涤塔。

3 某聚丙烯多区工艺装置，在引催化剂进催化剂计量罐时，催化剂压送较困难，拆开催化剂罐底部滤网后发现未堵塞，是什么原因造成的？

催化剂罐至计量罐流程法兰与法兰之间有一临时滤网，此滤网比较密，是开工初期油洗系统时留下的，催化剂膏的粒径相比油、脂的大，故压送困难。

4 正常生产时催化剂、DONOR、TEAL、氢气不变的情况下怎样提高 Spherizone 反应器的活性？

（1）在可控范围内提高反应器温度。

（2）在可控范围内降低上升段流速。

（3）尽可能提高原料丙烯的纯度。

（4）开大去界区排丙烷阀 FV2414 的量。

（5）提高 T240、T241 的气提效果。

（6）提高精制塔去尾气的量。

（7）合理控制脱活剂的加入量。

5 在开工建立料位时，参考哪些参数能模拟料位在反应器的情况？

投三剂后，一看反应热的变化，二看密度的变化，三看反应器压差的变化；当反转后，下降段底部密度会迅速升高至 430kg/m^3左右，这时可以看下降段底部的压差来模拟多区反应器的床层高度。

6 在原始开工时，为什么一定要标定 C250 的性能曲线？

（1）依据压缩机的性能曲线，可以预测设定好压缩机的导叶和冷却器的蝶阀开度。

（2）当压缩机的压差和功率失效后，可通过性能曲线摸索出导叶和蝶阀的开度。

（3）依据现场实测性能曲线和出厂前性能曲线做对比，更好地验证压缩机的选型和设计是否和设计规范相符合。

(4) 如果主反应单元的仪表(如文丘里流量、气速等)参数不可靠时，可通过性能曲线来预判导叶和蝶阀的开度。

7 主反应器压缩机性能曲线标定条件有哪些?

(1) 主反应器压力：(2.8±0.05)MPa。

(2) 主反应温度：(75±1)℃。

(3) 文丘里流量计保证真实。

(4) 压缩机进出口压差表无问题。

(5) 主反应的气速、分子量等复杂回路已投用正常。

(6) 冷态循环已建立。

8 在开工时，反应器换热器出口蝶阀和压缩机导叶应如何设置更安全?

压缩机导叶和蝶阀除了联锁动作外，需要在 DCS 正常操作时设置步进键，一般导叶设置步幅 1%~2%，蝶阀步幅 ≤1%；在大幅调整时，蝶阀调整步幅 ≤2%，防止扰乱反应器稳态运行工况，调整过大会使得上升段聚丙烯颗粒转移至下降段，导致主反应器料位不可控。

9 开工初期时，CO 系统需要具备的条件有哪些?

(1) SIS 逻辑测试无问题。

(2) CO 系统气密保压无泄漏。

(3) 用氮气钢瓶提前测试好。

(4) 保证柱塞阀同时开关，回讯正常。

(5) CO 钢瓶已连接，压力大于 10MPa 备用。

10 在多区反应器开工前，Atmer163 系统如何确认?

(1) 确保 Atmer163 罐液位正常，计量泵做功打量无问题。

(2) 确保每个注入口的流量控制阀打量满足生产工况。

(3) 确保 Atmer163 的电伴热正常投用。

(4) 投三剂前确保 Atmer163 已引至注入口前。

11 如何将 Spherizone 工艺停工时丙烯退干净，以减少火炬排放?

(1) 压力≥1.4MPa 时，可以通过乙烯精制塔 T240 至界区液相退料流程进行退料。

(2) 压力<1.4MPa 时，可以停运中压丙烯循环压缩机 PK320，保持低压丙烯循环压缩机 PK360 继续运行，并将后路切至乙烯气提塔 T430 流程，通过塔顶冷

凝器 E432 冷凝成液相丙烯后退料。

（3）当压力系统低至 PK360 无法保持稳定运行时，停 PK360，利用尾气管线退丙烯气。

12 三乙基铝泵 P110 打不上量是什么原因？应如何处理？

（1）原因：

① 泵出口过滤器 F110 堵。

② TEAL 储罐 D110 液位低。

③ 计量泵 P110A/B 故障。

④ 流量计堵塞或者流量计显示错误。

⑤ 泵出口管线压力高。

（2）处理：

① 通过 HV1110 切旁路，过滤器油洗清理。

② 加注 TEAL。

③ 切换泵，进行维修。

④ 旁路流量计，油洗，进行交出维修，投用时使用液位计下降量核对。

⑤ 当 TEAL 泵出口压力达到 7.0MPa，工作泵应该停止(同时停催化剂和给电子体计量泵)，应该查找堵塞原因并且在问题解决后重新恢复 TEAL、给电子体和催化剂送料。

13 汽蒸罐 D501 底部氮气何时加入？其目的是什么？

（1）冬季在 D501 中未有物料的情况下，保证一定的排放，防止管线冻。

（2）在蒸汽突然停止的情况下，加入氮气防止系统负压，保护设备。

（3）上游不能出料时，加入氮气保证正压，利于出料。

（4）开车时加入氮气，保证 D501 压力。

（5）紧急停车时，D501 中粉料未及时排出，加入氮气增压排料，将 D501 中可燃气排到 D602 中。

（6）在停车过程中，加入氮气使 D501 保持正压，以防止 S5001 启动。

（7）检修时，加入氮气，通过 PV5002 排放，使 D501 降温。

（8）检修后，保证液环式压缩机 PK510 启动进行氮气置换。

14 中压袋滤器 F310 压力高的原因有哪些？

（1）多区反应器 R230 出料多。

（2）粉料输送气 FV2310 开度太大。

(3) F310 滤袋反吹气电磁阀故障。

(4) 中压袋滤器底部出料不畅。

(5) 气体保护过滤器 F311A/B 堵。

(6) C320A/B 故障，压缩气量少。

(7) FV3106 进气量太大。

(8) F310 滤袋结块堵塞。

15 如何判断 F310 滤袋反吹系统工作是否正常?

正常情况下，F310 反吹气控制阀 PV3106 保持在稳定的开度内，并且压差稳定。如果发生 PV3106 开度不稳定，逐渐增大或者逐渐减小，压差波动较大，反吹气温度波动较大的现象，在确认 PK320 运转正常和仪表测点无故障之后应判断为滤袋反吹系统故障。

16 F310 底部通入丙烯的作用是什么?

在共聚生产过程中，为了防止 R230 出料中过多的氢气经 F310 进入 R401 从而影响 R401 中氢气含量的稳定，通常在 F310 底部加入一股丙烯气，将氢气从 F310 顶部气提出去，从而保证了共聚反应氢气组分的稳定。

17 中压丙烯压缩机 PK320A/B 运转过程中，机组吸入口温度过低或过高会产生哪些危害?

(1) PK320A/B 吸入口温度过低：可能会使气相丙烯液化，导致入口缓冲罐液位升高，达到一定液位时会造成 PK320A/B 联锁停车。如果液态的丙烯进入到气缸内，还会造成气缸的严重损坏。

(2) PK320A/B 吸入口温度过高：会降低 PK320A/B 的压缩效率并加大 PK320A/B 内部机械件的磨损，还会造成润滑油黏度降低，甚至使润滑油变质，严重影响润滑效果造成机械故障。

18 低压袋滤器 F340 和汽蒸罐 D501 压差 PDT3404 显示值低如何处理?

(1) 如果 PDT3404 压差值持续下降，应手动关闭 LV3401，并确认故障原因。

(2) 观察 F340 料位和压力是否过低，D501 料位和压力是否过高，待 F340、D501 料位和压差恢复正常后重新打开 LV3401。

(3) 如果是仪表故障，则先手动旁路 S3404 联锁，然后通知仪表人员维修。

待故障消除后恢复该联锁。

19 中压袋滤器 F310 底部温度高、出料不畅如何处理？

（1）停止催化剂进料，关闭 R230 出料。开大 FV2310 开度，保持 F310 压力和 C320 的正常运转。

（2）开大 F310 出料阀观察料位变化，如果料位下降较慢，则说明有块料堵住出料阀，应频繁全开全关 LV3101，直到 F310 中块料排走并出空 F310。

（3）注意 F340 出料情况，确认块料是否堵塞 F340 出料。

（4）重新投用催化剂，打开 R230 出料并将 FV2310 开度恢复至正常值。

（5）观察 F310 出料是否正常，并观察 F310 底部温度是否正常。

（6）如果 F310 出料阀堵塞严重，不能将块料排出，则向 R230 加入 CO 停车处理。

20 装置引丙烯建立小循环的注意事项有哪些？

（1）引丙烯前要联系调度、丙烯球罐操作人员。

（2）引丙烯至界区，从取样 SP0101 采样全分析，主要检测水含量。

（3）用氮气将界区进料丙烯管线→700#旁路→D330 系统充压到 0.7MPa，以免管线发生冻结。

（4）引丙烯时要小开度，内外操加强联系、手指口述，丙烯到哪里人到哪里。

（5）丙烯储罐丙烯蒸发器 E331 的蒸汽需提前投用。

（6）界区丙烯至丙烯储罐 D330 的流程确认畅通。

（7）注意丙烯进罐压力，不要超压。

（8）控制 D330 进料丙烯的流量，避免由于气相丙烯压缩使压力超过 2.0MPa。

（9）引丙烯时外操要携带四合一可燃气报警仪，人随介质走，有漏点及时汇报并联系保运单位紧漏。

21 简述预聚反应器 R210 温度高的原因及处理方法。

（1）原因：

① 调温阀 TV2102 阀门故障。

② 测温点 TI2101、TI2103 指示故障。

③ 冷冻水泵 P211A/B 故障。

④ 催化剂加入量过大。

⑤ 丙烯进料量少。

⑥ 冷冻水温度高。

（2）处理：

① 检查 TIC2101、TI2102、TI2103 温度；FI2102 流量是否正常；核对 HV2104 阀位。

② 检查冰机 PK610 系统、冷冻水泵 P610A/B 是否正常。

③ 检查 P211 运行是否正常，否则备用泵运行。如双泵都无法运行，打开泵旁路。

④ 检查催化剂加入量是否过量，核对 P150A/B 冲程，核对 D150A/B 小时下降量。

⑤ 检查 FIC2103、FIC2101 是否正常。

22 小环轴流泵 P210 大检修后如何加油？

（1）打开 P210 机械密封油冷却水及轴承箱的冷却水的上水及回水阀。

（2）打开密封油罐冷却水的上水及回水阀。

（3）打开安全密封油罐上油和回油阀。

（4）打开安全密封油罐顶排气阀。

（5）主密封系统加油时确认环管无压力，以避免气体窜入机械密封内。

（6）打开主密封上油和回油阀，保持加压活塞底部阀关闭，连接氮气软管，顶上活塞到中部位置。

（7）打开密封油总管到主密封油罐的切断阀，向 Z211 进油，在加油过程中边盘车边间段小开度打开密封油罐顶部排放阀排气，使油充满密封油罐和相关管线，直至有不带气泡的油流出。

（8）打开补油阀向安全密封油罐进油，液位到 50%时关闭进油阀。

（9）当主密封油罐压力到 1MPa 时，关闭压力活塞进油阀。

（10）为使密封腔内的气体全部排出，隔段时间后再对轴流泵盘车，小开度打开密封油罐顶部排放阀排气。

23 停工检修时，预接触罐 R200 如何处理才能保证拆解检修时安全？

（1）三剂切出后将 R200 底部排放阀打开，并用氮气吹扫。

（2）R200 进油洗 2~3 次，将油排净，保持底部柱塞阀打开。

（3）将夹套冷冻水进水阀 TV2001 关闭。

（4）开大预接触罐的蒸汽控制阀给 R200 夹套升温；

（5）将夹套水温升至 70~80℃恒温保持 1h。

（6）将底部柱塞阀关闭后，给 R200 油洗 2~3 遍，排净后可开盖检修。

24 正常生产时，循环气压缩机 C250 进出口压差 PDI2305 逐渐升高的原因是什么？

（1）E230 管束堵，流通面积变小。

（2）IGV 与冷却器出口蝶阀开度不匹配。

（3）主反应器压力波动导致压力高。

（4）切牌号过程中，氢气浓度降低。

（5）上升段气体分子量变大、密度升高。

（6）文丘里流量计 FR2332 堵，流通面积变小。

（7）反应器温度波动大。

25 Spherizone 装置生产抗冲共聚产品时，低压往复式压缩机 PK360 因不可抗拒原因需短期停机处理，气相单元为何不切出？

PK360 若短时间停机检修，经过实践，400#单元可以不切出处理，且不影响最终产品质量。

（1）循环气压缩机 C401 干气密封切换至纯乙烯流程。

（2）按照乙烯气提塔 T430 切出操作：

① 将 T430 和 R401 隔离，控制好塔的参数。

② 开大气相反应器的丙烯、乙烯进料，可通过 T430 顶部气相组分算出需要补充的丙烯、乙烯量，控制好乙烯烯烃比。

③ 将氢气进料打开，控制好气相反应器中的氢气乙烯比。

（3）按照乙烯气提塔 T430 不切出操作：

① 通过 T240 提供一股液相丙烯 FV2423 来维持 T430 的液位，保证塔顶至气相反应器的量。

② 通过组分算出所需乙烯的量，将乙烯加入量开大，将乙烯烯烃比控制稳定。

③ 将氢气进料打开，控制好气相反应器中的氢气烯烃比。

26 TEAL 过滤器检修拆盖前的安全处理步骤是什么?

先用氮气各支路吹扫压空纯 TEAL，再经过各支路油洗 F110，再压空废油，拆开后不会出现着火冒烟。

27 建立小循环时，初次启动 P330A/B 时应注意什么?

(1) 确认丙烯储罐液位在联锁值以上。

(2) 确认丙烯循环泵充满液相丙烯。

(3) 确认丙烯循环泵的密封罐冷却水系统和油系统正常。

(4) 确认丙烯循环泵的增速箱油位、油质正常。

(5) 确认丙烯循环泵最小回流线流程已畅通且阀门全开。

(6) 确认丙烯循环泵气相连通至丙烯储罐流程畅通。

(7) 初次启动，确认出口阀关闭。

(8) 确认盘车正常送电后，启动丙烯循环泵。

28 为什么初次启动丙烯循环泵 P330A/B 时，出口阀全关，最小回流全开?

根据性能曲线，离心泵在启动时，如出口阀全开，则扬程较低，流量很大，此时泵的轴功率输出较大，电机电流容易过载，严重时容易损坏泵的电机，故离心泵启动时一般关闭出口阀。但对于大功率的多级离心泵，若启动时出口阀全关，大量的轴功率会转化成热能而使泵内介质发热，温度升高、液体汽化，甚至导致气蚀，同时泵体会产生强烈振动，甚至发生烧泵现象，所以设置最小流量线。启动时保证最小流量液体流经泵体，既防止电机过载，又防止过热、泵内液体汽化。

29 在装置初次引丙烯时，下游流程需要满足什么条件?

(1) 系统气密查漏合格，安全阀、压力表、温度计等安全附件全部投用，下游流程打通后充 0.7MPa 的 N_2。

(2) 将下游流程手阀全关。

(3) 确保界区过来的丙烯干净，在基础设计时流程上考虑增加一根从界区→装置第一道阀后→倒空丙烯流程，便于确保初次引丙烯的质量。

(4) 携带可燃气报警仪，做到人随丙烯走，设备管线按流程顺序依次充满为止。

30 在装置开工时，中压丙烯循环压缩机 PK320A/B 可提前启动吗?

高压丙烯循环压缩机可提前启动。

(1) 当主反应器压力达到 1.32MPa 时可开 FV2310 提供丙烯来源。

(2) 可从 FV3106 给丙烯(来自原料丙烯 F221A/B)，在保证丙烯汽化的同时将系统压力升至压缩机入口启动最低值。

(3) 在中压袋滤器升压时，要保证蒸汽盘管蒸汽投用，有可能会产生液相丙烯。

(4) 如果产生液相丙烯后，需稍开底部出料阀，将低压系统充压后启动低压循环压缩机。

31 在装置开工时，中压丙烯循环压缩机提前启动需要注意什么?

(1) 注意中压袋滤器阻隔气阀 FV3106 开大时，控制温度稳定，丙烯要保证完全汽化。

(2) 注意入口冷凝器温度提前升至 55℃以上，如果长时间升不上去，可能是丙烯未流动。

(3) 注意压力逐渐升高时中压袋滤器 F310 液位变化，不能积液，需提前将盘管蒸汽打开。

32 在 Spherizone 装置开工时，关键参数压差如何标定?

在反应器温度达到 75℃、压力达到 2.8MPa 的纯丙烯环境下时，反应器所有压差需标“零”，便于日后判断反应器内部物料状态。

33 在 Spherizone 装置开工时，循环气压缩机 C250 的进出口压差在什么条件下标定?

在反应器温度达到 75℃、压力达到 2.8MPa 的纯丙烯环境下时，停压缩机 C250，将 C250 进出口压差快速标“零”。标定后将反应压力降至 1.3MPa 以下，重启 C250，注意入口导叶和 HV2318 要关至尽可能小(依据压缩机性能曲线定)。

34 在 Spherizone 装置开工投催化剂前需要做哪些工作?

(1) 确保催化剂系统运行正常，取样分析合格。

(2) 确认催化剂已充填至催化剂计量罐中。

（3）通过催化剂进预接触罐 R200 前手阀导淋处确认催化剂膏形态完好。

35 停三剂预接触罐 R200 泄压，如何判断 R200 至废油罐管线畅通？

将底部柱塞阀打开泄放物料后，用油洗 2～3 遍，排净后关闭 R200 底部柱塞阀，用氮气进行管线吹扫，确认压力表不憋压，说明 R200 至废油罐管线畅通。建议在氮气吹扫管线盲板前加装一块 0～1MPa 量程的现场压力表。

36 高危泵巡检时应注意哪些部位？

（1）润滑油液位是否在油标的 1/3～2/3 之间，油温是否正常，油质外观是否正常。

（2）密封油液位是否在玻璃板上下红线之间，冷却水进回水是否有温差，油温是否正常。

（3）安全密封油罐压力是否正常，密封油有无鼓泡。

（4）轴承温度是否正常，电机及泵体是否有杂音。

（5）泵出口压力是否正常，有无大幅波动。

（6）泵体水平、垂直、轴向振动值是否正常。

（7）备泵是否处于完好备用状态，入口阀是否打开，暖泵线（防冻防凝线）是否按要求投用，备泵润滑油泵运转情况（部分高危泵无润滑油泵）。

第九章　异常事故处理

第一节　液相本体法/环管工艺(Spheripol 和 ST 工艺)

1　聚丙烯蒸汽系统压力异常上升有哪些判断要点?

(1) 现象：出现蒸汽压力、温度来回波动。I226、I227 相继动作，环管压力波动，界区流量大幅波动。

(2) 判断要点：

① 联系现场校对界区蒸汽压力控制阀 PV630 阀位是否正常。

② 确认界区蒸汽减温减压器是否堵塞，如需要进行反冲洗。

③ 现场对 PIC630 压力变送器与现场压力表进行对比，确认是否仪表出现故障，及时通过手控调节蒸汽压力。

④ 重点确认现场仪表伴热保温是否正常，现场 PT630 蒸汽压力导压管手阀是否误关。

⑤ 通过蒸汽压力与蒸汽温度对应关系，控制 PV630 阀位在合适值。

2　简述仪表 ESD 系统卡件故障引起装置紧急停车的现象与注意要点。

(1) 现象：当仪表 ESD 系统卡件故障，联锁辅操台报警，DCS 报警，但部分联锁动作而部分应该动作却没有动作。I001 及 I010 联锁动作，HV001/1、HV001/2、HV001/3 关闭，丙烯进料泵 P301A/B 停运，预聚反应器循环泵 P200 停运，闪蒸罐故障联锁 I301 动作，HV301 切排，环管底部紧急排放联锁 I209/I210 动作，注入阻聚剂 CO 联锁动作。但也会出现，如第一、第二环管反应器循环泵 P201/P202 未停，预聚反应器停车联锁 I202 动作，但 HV223/1 未关、HV223/2 未开等该动不动的联锁问题。

(2) 注意：

① 仪表紧急停车联锁启动后，部分联锁动作而部分应该动作却没有动作，

非常容易产生爆聚、轴流泵损坏、设备憋压等一系列安全事故。

② 所有联锁动作后操作人员会把注意力集中在反应器操作上，而忽略了公用工程介质的调节，特别如蒸汽系统，很可能出现超温、超压等情况。

③ 平时的应急预案演练必不可少，而且要有模拟操作过程、人员分工等，做到有备无患。

3 简述聚丙烯装置全面停电后的现象及可能出现的异常。

（1）整套装置停电（全厂停电）现象：装置循环水、动力电源、蒸汽、仪表风、进料丙烯、氢气几乎同时中断，所有动设备停运，中控 DCS 突然涌现出大量报警，报警溢出、画面无法翻动情况，装置区域出现无照明状态。

（2）停电可能出现的异常：

① 中控 DCS 突然涌现出大量报警，出现报警溢出、画面无法翻动情况，操作工需要不停确认报警，直至所有报警都确认后，画面才能翻动，大约持续 1-2min，可能会延误事故处理的最好时机。

② 在后续倒空汽蒸罐 D501、干燥器 D502 过程中，操作不到位，可能会导致含水粉料进入风送系统。

③ 一氧化碳系统，因装置事故状态，操作工操作不熟练，备用一氧化碳钢瓶打开会出现操作错误，影响一氧化碳阻聚效果。

④ 预聚反应器 R200 爆聚会最严重，因原设计没有类似第一反应器 R201、第二反应器 R202 注一氧化碳阻聚设施，最好增设，非常有用。

⑤ 环管紧急排放阀 HV223/2、HV244-1/2、HV254-1/2、预聚反应器与第一反应器连通阀 HV223/1 动作会偏慢，因长期不动作，仪表二位五通阀排气帽积尘堵塞，正常排气不畅。需要定期清理，试试仪表阀门动作是否顺畅。

⑥ 装置停电后，装置现场可能会一片漆黑，在这种事故状态下，现场操作会出现误操作、人身安全等问题，装置内要增设事故照明灯。

⑦ 挤压机因断电跳停，电加热停运，筒体内物料迅速冷却，升温前一定要确认开车阀切地排料，防止筒体内物料反窜至挤压机下料斗 Z802 下方，造成排料时开车电机频繁过流跳，而且螺杆盘车不动。

⑧ 粉料风送系统因断电停风机，没有吹扫时间，在重启风送系统时要注意管线粉料堵塞。

4 简述脱活剂流量波动造成闪蒸罐架桥的原因、现象及处理措施。

（1）现象：脱活剂加入波动大时，闪蒸罐料位控制 LIC301 出现多次高低报警，LI302 出现阶梯式上升，然后突然下降，闪蒸罐出料架桥并串气，动力分离器 A301 电流波动大，循环气过滤器 F301 压力突升等现象。

（2）原因：脱活剂类似于油类介质，有一定的黏度，当其流量过大时，遇到一定温度不会汽化，反而更黏稠，脱活剂沿着切线进料到闪蒸罐壁上，同时聚丙烯粉料粘在器壁上，形成挂料；当脱活剂流量瞬间没有时，闪蒸罐粉料在一定的重力作用下脱落，这样来回波动，造成闪蒸罐料位指示忽上忽下。

（3）措施：脱活剂短时断流一般影响不大，最危险的是流量突然很大或突然没有，这样来回波动操作，极易造成闪蒸罐 D301 挂壁。操作上应适当提冲程，有量后马上退回，控制流量恒定不波动。

5 催化剂配制错误导致活性异常，造成装置波动的现象有哪些？在不明确波动原因的前提下操作思路是怎样的？

（1）现象：催化剂计量罐切换后，切入的计量罐 D108 内催化剂开始参与反应，三个环管反应器内反应活性快速上升，400#反应活性下降，熔指大幅上升。

（2）原因：催化剂牌号配错，因催化剂活性和氢调性不一样，或者与外给电子体不匹配，出现系统反应大幅波动。

（3）操作思路：对于装置反应突变，不清楚原因的情况下操作要点：

① 操作调节方向不可违背反应变化方向，也就是每个反应变化都有对应的控制手段，并要第一时间调整，不可犹豫不决而错失良机。

② 如反应器内物料反应活性太好，检查确认所有参数正常，就减少催化剂加入量，提高丙烯进料量，减少物料在环管停留时间。不可犯经验主义错误，想着同样生产负荷状态下，催化剂加入量就这么多，而不减催化剂量，最终导致反应无法控制。

6 催化剂无流量的现象、原因、处理方法有哪些？

（1）现象：催化剂管线压力 PI142 慢慢走低最后与预接触罐压力持平，催化剂计量筒 D108A 的下降量明显变小，同时预聚反应器 R200 反应温度下跌，第一、第二反应器 R201、R202 系统反应明显变差。

（2）原因：

① 计量泵 P108A/B 冲程异常。

② 计量油过滤器 F107 滤芯堵，使得泵入口油路不畅而负压。

③ 液压油缓冲罐 D107 油位过低，使计量泵 P108A/B 入口管线抽空而负压。

④ 催化剂计量泵 P108/B 进油管线油温过低，使得泵入口因油黏度高而负压。

⑤ 液压油缓冲罐 D107 白油中包含大量气泡，在计量泵 P108A/B 入口低压区积聚。

(3) 措施：对于以上情况，快速排查次序如下：

计量泵 P108A/B 冲程检查→计量油过滤器 F107 切旁路→液压油缓冲罐 D107 油位检查→计量泵 P108A/B 油路排气确认→计量泵 P108A/B 油路伴热确认→液压油缓冲罐 D109 伴热和鼓泡氮确认。

7 为什么给电子体泵 P104A/B 切换会引起聚合反应大幅波动及产品降级?

(1) 现象：给电子体泵 P104B 切至 P104A 运行，出现熔指仪 AI8331 逐步走低，导致产品降级。增加环管氢气加入量，熔指仪 AI8331 指示基本稳定。

(2) 原因：P104A/B 切换时，因备泵 P104A 进出口管线内为其中一种给电子体，原运行泵 P104B 使用的是另一种给电子体，两种给电子体氢调敏感性差异大，泵切换后造成给电子体混用。

8 简述催化剂计量罐 D108A/B 切换时，四通阀没有转向的现象、原因、后果及处理措施。

(1) 现象：如催化剂计量罐 D108B 切至 D108A 出料操作，完成后对 D108B 充填操作（先泄压），此时 PI142 压力瞬间掉至 0.33MPa。D108 切换完后，D108A 有液位上涨，说明有部分主催化剂倒回到了 D108A。预接触罐 D201 有快速温升，且拆开后有聚合物，也说明有丙烯倒回进入主催化剂管线，装置停车处理，如图 9-1 所示。

(2) 原因：切换过程中，在现场操作盘有三个操作按钮需要动作，正常操作时第一步关 B 出口阀，第二步四通阀 V1 切换到 A 罐，第三步再打开 A 出料阀。但在实际操作过程中，第二步出现偏差，操作按钮按错，仍按的是四通阀 V1 切换到 B 罐的按钮或者四通阀 V1 切换到 A 罐的按钮未按下去，造成备用罐未切到输送罐位置就在出料。在切换 A/B 罐后，打开备用罐泄压阀先泄压，此时备用罐实际是在往反应系统送料状态，造成催化剂输送管线泄压，丙烯倒窜。

(3) 后果：HV141 卡涩动作延迟或阀门没有动作转向，造成液压油泵 P107A/B 与 D108A/B 连通，大量主催化剂进入，造成环管爆聚。如果是液压油缓冲罐 D107 与 D108 相连，压力泄掉，催化剂进预接触罐手阀 V215 打开，预接触罐 D201 泄压，丙烯倒回。

（4）措施：

① 完善联锁制约条件，备用罐未切到输送罐位置不能出料，达到即使按错也能程序自锁无法继续执行的相对安全条件，实现一键式操作模式。

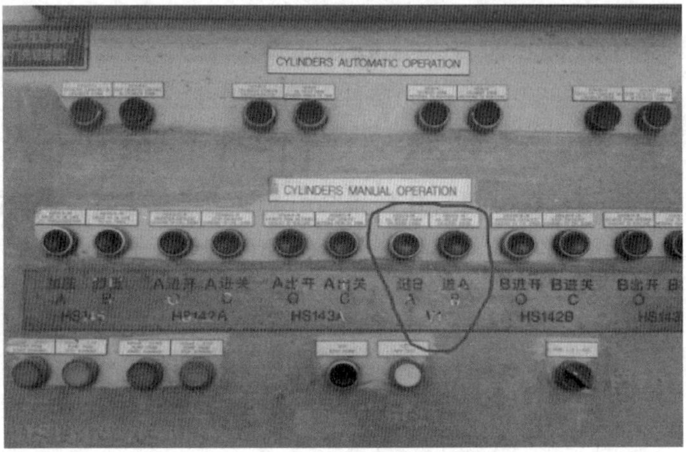

图 9-1　催化剂计量系统操作盘

② 催化剂输送压力低时增加切断 D201 催化剂进料压差速断阀，防止 D201 突然泄压，将催化剂计量系统 PK101 引到 DCS 中进行控制。

9　简述催化剂进预接触罐 D201 管线压力高、低的原因及处理措施。

（1）原因：

① 催化剂管线冷冻水温度太低，造成催化剂流速过慢，压力高。

② 催化剂配置不好或浓度过高，形成滞留，造成管线堵，压力高。

③ 催化剂计量桶 D108A/B 带气，造成催化剂管线压力波动。

④ 催化剂计量泵故障，导致催化剂压力波动。

⑤ 催化剂计量系统安全阀泄漏，造成催化剂压送流速过慢，管线压力高。

⑥ 催化剂管线进预接触罐前单向阀堵塞，催化剂管线压力高。

⑦ 催化剂管线进预接触罐前阀门卡涩，催化剂管线压力高。

⑧ 催化剂计量泵入口白油带气，泵不上量，催化剂管线压力低。

（2）措施：

① 一般催化剂原因造成管线压力高，调整冷冻水温度；

② 进预接触罐前手阀关闭，导淋打开泄压排放；

③ 如单向阀堵，催化剂切出后拆单向阀清理；

④ 催化剂沉降、浓度过高、颗粒度过大等因素，调整配制方法。

⑤ 催化剂计量系统时常检查维护。

10 简述预接触罐搅拌器 A201 皮带断造成系统工况大幅波动的现象及操作要点。

（1）现象：

① A201 的皮带断，DCS 会出现 SI211 转速低报警。由于预接触罐无搅拌，D201 中主催化剂与 TEAL 不能有效进行混合、接触，主催化剂活性中心含量下降，造成预聚合、聚合系统反应活性也随之下降，工况大幅波动。

② A201 皮带更换完成后启动，因之前 A201 停运，混合搅拌作用失效，而主催化剂继续往 D201 进料，大量主催化剂沉降在 D201 底部，随着 D201 正常运行，高浓度主催化剂逐渐被活化并进入系统，导致预聚反应器 R200、环管第一反应器 R201 的温度快速上升。

（2）措施：

① 更换皮带时由于需脱开搅拌器 A201 密封油法兰，风险大、时间长。在搅拌器上方备用两条皮带，以方便更换。

② 操作上如出现搅拌器皮带断裂，三剂无法络合，为防止环管反应器出现反应异常，在搅拌器停运期间，主催化剂切出，维持给电子体、三乙基铝进料，环管反应器增加物料停留时间，维持密度。

11 简述闪蒸罐 D301 料位指示 LIC301 故障的原因及处理方法。

（1）现象：

① 闪蒸罐底部温度 TI302 有异常上升的趋势。

② 动力分离器 A301 的电流值比平常要高。

③ 调低 LIC301 的料位设定值，LIC301 的 PV 值一直不变。（重点）

（2）原因：闪蒸罐料位控制 LIC301（卡件坏）指示故障，导致闪蒸罐 D301 实际料位增大，底部 TI302 温度及动力分离器 A301 电流快速上升。

（3）处理：

① 操作人员通过闪蒸罐 LIC301 料位设定值（SP）与实际值（PV）对比就能判断原因，通过这两个值的趋势图能更直观地发现异常。

② 如操作人员判定是闪蒸罐料位控制 LIC301 指示不准，手动控制好出料阀 LV301 的开度，并及时联系仪表检查处理。根据环管出料控制指示 LIC231、动力分离器 A301 电流、闪蒸罐底部温度 TI302、循环气过滤器压力控制

PIC311、料位控制 LIC311 的指示来调整 LV301 的开度，保证闪蒸罐 D301 的料位稳定。

12 仪表对 CO 系统阀门进行测试，是什么原因导致 CO 注入环管反应器？

仪表测试 HV264、HV265 阀门动作情况，如果只关闭 CO 钢瓶出口手阀，并将 HV266A/B/C/D 手轮压死并上插销，没有把管线内 CO 泄压排放，再加上柱塞阀 HV266A/B/C/D 手轮压死过头，把阀门聚丙烯密封破坏，而残留在管内的 CO 压力高于反应器压力，导致 CO 进入第二反应器 R202 中，造成催化剂失活，环管反应终止。所以，对这类阀门进行检查测试前，柱塞阀手轮进去只要压到阀杆，能插入插销固定，就可以了，不可太过用力压紧手轮，导致聚丙烯密封损坏而泄漏。

13 正常生产期间 CO 系统电磁阀交出检查有哪些操作过程及注意事项(如图 9-2 以二环 CO 系统为例)？

(1) 通知相关人员，并得到交出许可。

(2) 将 HV266A/B/C/D/E/F 手轮向前摇到与阀杆全部接触，插上插销，再徒手压死手轮。

注意事项：压手轮时不可手力过大，不得使用 F 枪等外力，以防插销变形或阀杆压过头，更要防止阀杆处聚丙烯密封损坏而丙烯泄漏。

(3) 关闭与第二反应器连通的所有 CO 钢瓶出口阀。

(4) 通过现场压力表 PI263 或脱开环管底部 CO 钢瓶接头，CO 总管泄压到零。

(5) 确认 DCS 的 PI264 压力到零。

(6) 关闭现场泄压口阀门。

(7) 通知仪表人员可以进行该组阀门的检查。

注意事项：外操、内操、仪表人员三方都需确认阀门位号是否正确。

(8) 配合仪表按 HS265 关闭 HV265，3s 后按 HS264 打开 HV264 见图 9-2。

(9) 确认 HV264、HV265 动作到位情况。

(10) 配合仪表按 HS264 关闭 HV264，按 HS265 打开 HV265。

(11) 确认 HV264、HV265 动作到位情况。

(12) 仪表检查 HV266A/B/C/D/E/F 期间，现场确认阀门是否内漏(管线冒汗或结霜)。

(13) 仪表检查交回后，再次要求仪表确认仪表端子是否复位正常。

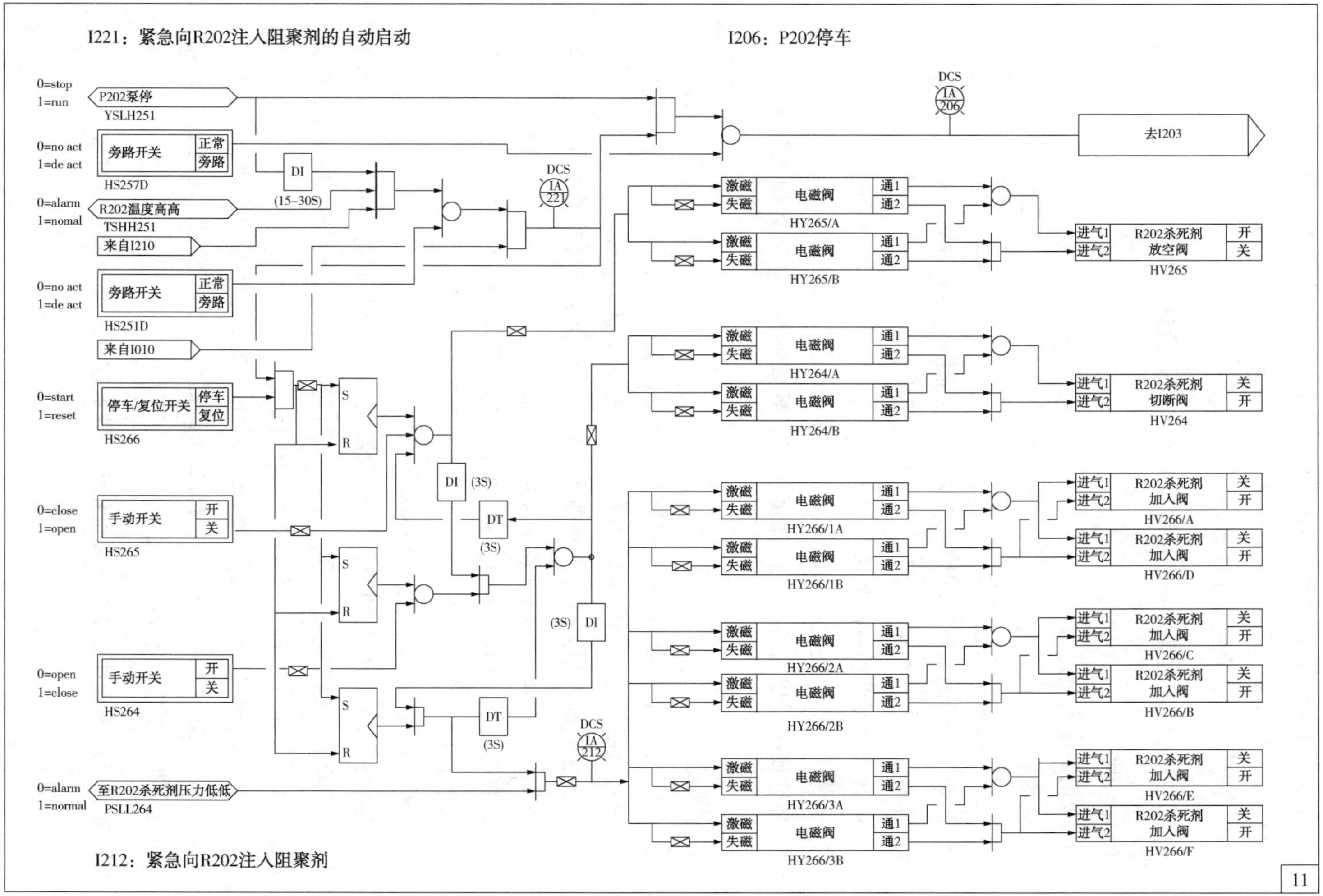

图9-2 第二反应器CO注入联锁示意图

(14) 松动手轮，退出插销，确认阀杆不动后，再将手轮完全退出。

(15) 第二反应器的 CO 注入管线充压到 10.0MPa 以上，流程复位。

(16) 确认 CO 系统复位完成。

14 简述聚丙烯装置环管反应器温度突升的原因及处理措施。

(1) 原因：

① 催化剂加入量过大。

② 丙烯加入瞬间减量。

③ 氢气、乙烯加入量过大。

④ 预聚反应器丙烯量瞬间增大，导致其内部催化剂大量涌入第一反应器。

⑤ 预接触罐内三剂预络合不充分，导致反应波动大。

⑥ 环管反应器调温水阀故障。

⑦ 环管反应器仪表温控 TIC241 故障。

⑧ 环管反应器出料阀 LV231 瞬间卡涩，导致环管内物料停留时间加长，反应上升。

(2) 措施：

① 环管反应器出现温度突升现象，马上检查氢气、乙烯加入量是否过大。

② 同时观察温控点 TIC241 与其他几个温度指示是否有偏差。

③ 确认催化剂计量泵的冲程与催化剂流量、催化剂计量筒下降量是否对应。

④ 预聚反应器及预接触罐各参数是否正常。

⑤ 环管反应器出料阀的阀位与环管压力及闪蒸罐料位各参数是否对应正常。

⑥ 环管温控阀的阀位对应夹套水温度是否正常。

(3) 重点：环管调温阀故障判断与处理方法：

① 环管调温阀有 A/B 两个，是分程控制，我们所调节的是 A 阀，如 A 阀位在开大，但夹套水温度还在上升，可以判断调温阀故障，现场校对阀位，注意，有可能是 A 阀卡涩在低位，或 B 阀卡涩在高位。

② 还有就是阀门定位器故障导致 B 阀全开，夹套水不经过冷却器等情况。

③ 发现调温阀故障，中控马上把 A/B 阀都切至手动控制，现场通过手轮开或者关调节阀开度控制夹套水温度。

15 简述反应器缓冲罐 D202 液位指示不准的现象、原因及处理方法。

(1) 现象：

① 环管系统的压力有变化。

② 环管出料阀 LV231 自控下，波动大。

③ 压力的变化趋势与环管出料指示 LIC231 值，在阀门开、关时变化趋势不一致。

④ DCS 的液位指示与现场液位指示不一致。

（2）原因：

① 遇暴雨或气候影响，保温损坏，丙烯气在液位计中冷凝。

② 双法兰液位计隔膜坏，隔膜至变送器导压软管硅油泄漏。

③ 液位计变送器坏、引流管堵或法兰漏等。

④ 现场液位计引流管球阀被误关。

（3）处理：

① 根据反应器缓冲罐液位 LIC231 的指示、环管压力的指示等参数，判断真假，决定是否将联锁 I203 切旁路。

② 环管出料阀 LV231 手动控制，以压力为基准。

③ 二个环管丙烯主进料流量 FIC203、FIC231 尽量平稳。

④ 可以切换液位计 LI231-1/2。

⑤ 联系仪表或相关人员进行处理。

⑥ 在 I203 旁路和 LIC231 手控下，关液位计的切断阀，排空液位计后，重新投用，看是否恢复。

16 氢气在线分析仪故障引起氢气加入过量现象、原因及处理措施。

（1）现象：环管反应器氢气加入控制的在线分析检测仪 AIC201/AIC202 实际 PV 值慢慢偏离设定 SP 值，氢气调节阀 FV201、FV202 阀位逐步开大，实际氢气加入量增大，测量值缓慢下降。环管反应器因大量氢气加入导致反应温度上升。

（2）原因：在线分析监测仪压力开关坏，使得内部恒温加热元件停止加热，温度降低后导致测量时计算出现偏差。

（3）措施：切除 AIC201、AIC202 串级后将 FIC201、FIC202 阀位关小至正常后投自动控制。

17 简述在线混合器 Z203A/B、去预聚反应器连通备用管线 Z211A/B 堵塞的现象及主要原因。

Z203 堵塞的原因及对应的现象，见表 9-1。

表 9-1　Z203 堵塞的原因及对应现象

原　　因	现　　象
主催化剂、TEAL 或 DONOR 含大量颗粒	如果堵塞物大，则 D201 压力突然上升；如果堵塞物小，则 D201 压力会逐步上升，Z203A/B 清理后，如果堵塞物仍留在 D201 或毛细管内，清理 Z203A/B 后仍可能堵；反之则 Z203A/B 投用后恢复正常
D201 及上游管线内长期积留的垢状物突然脱落，无法通过毛细管	同上
D201 压力波动引起 Z203A/B 瞬间压力波动而丙烯反窜，在 Z203A/B 内聚合引起堵塞	能够引起 D201 压力波动的原因主要有丙烯流量波动或三剂流量大幅波动，同时 D201 压力波动也可能引起堵塞
丙烯流速过慢，使管径突变处生长出聚丙烯，流道缩小	丙烯流量变小，D201 压力逐步走高

备用的 Z211 堵塞的原因及现象见表 9-2。

表 9-2　备用的 Z211 堵塞的原因及现象

原　　因	现　　象
Z211A/B 上游 Z203A/B 有催化剂流入，同时 Z203A/B 丙烯也有流入	会在 Z203A/B 出料口生长出聚合物
Z211A/B 下料球阀内漏	在球阀处堵塞
Z211A/B 进 R200 柱塞阀内漏	在球阀与柱塞阀间堵塞
Z203A/B 拆清或确认时有少量催化剂进入 Z211A/B 管线，堆积在球阀处	在 Z211A/B 切换时，丙烯进入管线与催化剂反应堵塞

18　简述环管反应器突然出现反应快速下降的现象、原因及处理措施。

（1）现象：环管反应器温度控制 TIC241 及 TIC251 指示开始迅速下跌，系统反应下降，逐步加大 TEAL 加入量，无法维持环管的反应，投用 E204 及 E205 控制环管温度在 70℃，因多加催化剂及 TEAL，且小环管内丙烯量少，因此小环管的反应影响相对较小。最后会导致挤压机断料停机，环管反应器密度下跌至规定值，HV311 切排，装置冷循环。

（2）原因：这种情况原因非常明显，就是催化剂中毒，造成环管反应器无反应，装置冷循环。

（3）措施：

① 马上检查环管反应器相关联参数是否异常，如夹套水温度及温控阀开度，氢气、乙烯、催化剂、助剂、丙烯等加入量是否正常。（注意：反应下降时，催

化剂加入量控制平常量就可以，不可盲目多加，否则后果严重)

② 确认物料加入量等参数无问题，适当提高 TEAL 加入量进行杀毒。

③ 同时对装置内循环丙烯及界区进料丙烯取样分析杂质。

④ 马上把循环丙烯洗涤塔回流泵 P302 出口切向 700#精制系统脱除杂质。

⑤ 马上确认装置中是否有进行操作变更或检维修作业，如有，对此进行检查确认。

⑥ 如界区样品分析无问题，就要考虑装置内低压系统换热器可能出现漏水，因为从压力等级分析，只有低压系统低于冷却水压力，或低于减压后蒸汽压力。

⑦ 对低压系统换热器进行排查，只能通过确认换热器出口罐内介质的含水量进行判断。

⑧ 如确认是低压系统换热器漏水进入反应系统，进行以下操作：循环气过滤器顶部打开排放，循环气压缩机停运，低压丙烯洗涤塔切出排放、置换。如是高压到低压系统小闪线夹套内漏蒸汽，把小闪线切出检修，其他系统维持运行。

19 简述第一环管反应器丙烯进料控制 FIC203 流量指示突降的现象、原因及处理措施。

(1) 现象：第一环管反应器的丙烯进料控制器 FIC203 在先进控制平稳情况下，突然从正常值下降一半，FV203 阀位开大一倍，DCS 会出现约 20 多个与丙烯流量有关的报警，丙烯进料泵出口 FIC331 流量高报，泵出口压力低，联锁 I201 动作，主催化剂、DONOR 和 TEAL 三剂自动切出。如 10min 内处理与判断不准确，会导致装置波动扩大。

(2) 原因：现场丙烯流量计 FI203 导压管负压侧有固体粉状物堵塞，清理后，FIC203 指示正常。

(3) 处理措施：

① 当出现丙烯流量多处报警，马上查看丙烯流量控制回路 PV 值是否对应 OP 值，如有偏差，就手动控制在正常值，防止误判，延误调整时间。

② 第一时间通知现场校对阀位，如阀位异常或定位器故障，马上调节阀切副线处理。

③ 切副线不可大幅度开手阀，前面开阀时一定要慢，阀门刚有开度时丙烯流量波动最大，同样，阀门最后关闭一刹那流量波动也大。

④ 如阀位校对正常，观察相关联丙烯流量、压力控制指示值是否正常，如其他无异常，可以马上判断该流量计故障。

⑤ 当出现丙烯流量多处报警(包括丙烯进料泵出口压力出现报警)，多数操作工会误判丙烯进料泵故障。但通过泵出口流量上升、压力下降的工况，可以确

定 P301A 打量没有问题；同理，泵出口流量下降，压力上升，泵也没问题。

20 环管紧急排放阀仪表风管线接头弹开会导致什么后果？该怎样处理？

（1）后果：

① DCS 和 ESD 上都会出现紧急排放阀(柱塞阀)动作打开的报警，现场确认阀门确实打开。

② 如处理不及时，环管压力迅速下降至丙烯汽化压力，环管内物料无法循环，造成爆聚，导致轴流泵损坏。

（2）原因：

紧急排放阀设计是气源故障保持阀，但气源管线弹开，气缸两侧不带压，而阀杆受到环管内压力反向推动，使阀门打开。

（3）处理方法：

① 第一时间到现场将仪表风管线接头连接双手按住，保证气缸阀稍稍有点仪表风压力(活塞与柱塞的面积差导致压力差)，阀门就能自动关闭，然后将 HV244/2 手轮压进，阀门关位置锁死，交出仪表处理。

② 如时间长，装置紧急停车。

21 第二反应器丙烯进料控制阀 FV231 定位器故障有哪些现象？如何判断及处理？

（1）现象：

① 中控 DCS 上出现 FIC231 的流量指示报警，同时 FIC203、FIC204、FIC221、FIC241、FIC251 等丙烯流量控制指示大幅波动，丙烯进料泵出口压力流量波动报警。

② 因丙烯流量瞬间大幅波动，导致切断催化剂联锁 I201、I229 动作，催化剂在线混合器 Z203A/B 堵塞，主催化剂、DONOR、TEAL 中断，预接触罐搅拌器 A201 停止运行。

（2）原因：主要原因是第二反应器丙烯进料阀 FV231 定位器故障引起装置所有丙烯流量大幅波动，进而影响反应器工况。

（3）操作要点：

① 当出现流量控制阀流量报警，马上检查中控 PV 值与 OP 值是否对应，如有偏差，手动控制阀门在正常阀位，防止误判，延误调整时间。

② 第一时间通知现场校对阀位，如阀位异常或定位器故障，马上将调节阀切副线处理。

③ 切副线不可大幅度开手阀，前面开阀时一定要慢，副线阀门刚有开度时丙烯流量波动最大；同理，副线阀门关闭的一刹那，流量波动大。

22 简述环管反应器出料阀 LV231 出现故障的现象及处理方法。

（1）现象：

① 环管反应器压力、液位上升，环管出料阀 LV231 的 OP 值持续走高，大闪线温度上升或偏高，闪蒸罐液位下降或出料阀位变小，闪蒸罐顶部回收丙烯气量减少，闪蒸罐压力下降，以上现象说明 LV231 阀门是卡涩在低位，或阀门定位器故障。

② 环管反应器压力、液位下降，环管出料阀 LV231 的 OP 值持续走低，大闪线温度下降或温度偏低，闪蒸罐液位上升或出料阀位变大，闪蒸罐顶部回收丙烯气量增加，闪蒸罐压力上升，以上现象说明 LV231 阀门是卡涩在高位，或阀门定位器故障。

（2）对应现象处理：

① 中控马上手动振荡阀门，校对环管出料阀 LV231 的阀位，如卡涩阀位过低或全关，现场用调节阀手轮控制出料，如还是不行，打开环管辅助出料阀，环管进行辅助出料。

② 中控马上手动振荡阀门，校对环管出料阀 LV231 的阀位，如卡涩阀位过大或全开，现场用调节阀后手阀控制出料。（因为环管出料阀是空气故障关，所以其手轮只能是单方向打开，但也有可能是双向作用的，根据阀门的结构特点去操作）

注意事项：一般环管出料阀出现故障，可以通过调节阀的 PV 值对应 OP 值与正常值对比进行判断，马上就能发现问题，并能及时处理。建议 LV231 阀位 PV 值设置低报和高报，以便及时发现阀位异常。

23 简述环管夹套水加热器的蒸汽阀门 HV272/HV273 关闭过早、过快的现象及原因。

（1）现象：投主催化剂后，如马上把环管夹套水加热器的蒸汽阀门 HV272、HV273 全关，会造成环管温度大幅下跌，因温度下降，丙烯密度上升，体积减小，导致环管压力下跌，出料阀 LV231 迅速关小，大闪线飞温，高压循环系统压力过低难以控制。然后，随着反应好转，温度上升，又出现反方向波动，最终导致环管压力、温度、液位大幅波动。见图 9-3：开工初期流程简图。

（2）原因：

一般在开车过程中，为维持环管反应器的反应温度在 70℃，靠环管夹套水加热器 E204、E205 的外给蒸汽加热，即保持蒸汽阀 HV272、HV273 的一定开度，来稳定控制反应器温度，以建立环管密度。在环管建立密度时，随着反应温度慢慢关小 HV272 和 HV273，以稳定环管密度。但如果催化剂投入后马上将

HV272 和 HV273 全关，催化剂活性还没有被激发，环管温度快速下降，如从 70℃下降至 64℃，造成反应系统大幅波动。

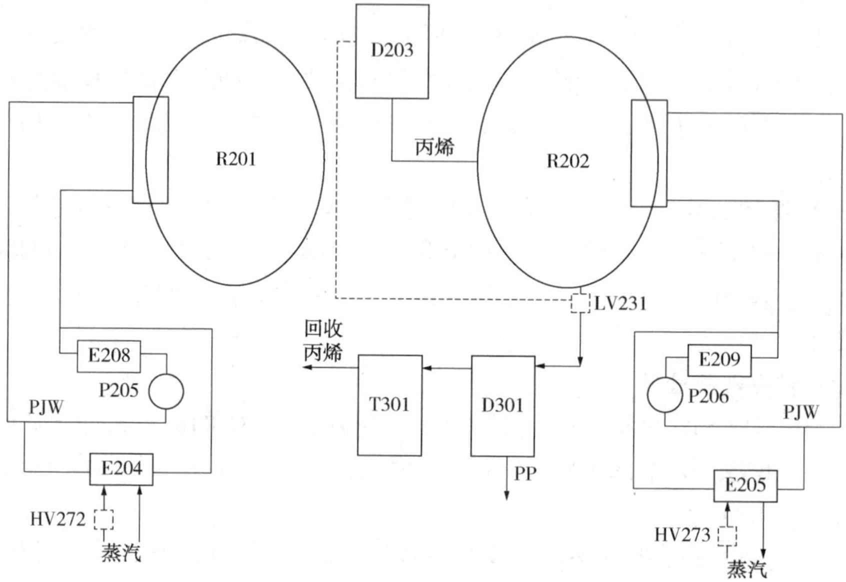

图 9-3　开工初期流程简图

不同温度下丙烯对应的密度为：温度 64℃，密度 423kg/m^3；温度 68℃，密度 411.2kg/m^3；温度 70℃，密度 404.8kg/m^3。

因环管是全液相操作，可以计算，当温度在由 70℃下降到 68℃时，环管内对应丙烯体积将是原来的 98.4%，当下降到 64℃时体积是原来的 95.7%。所以环管液位随着温度下降会直接导致反应器缓冲罐 D202 液位下降，环管出料控制阀 LV231 在液位自动控制下，会逐渐关小，直到全关。随后随着温度的回升，环管液位快速回升，环管压力也快速升高。

24 环管出料三通阀 HV301 切换不到位时应如何处理？

取决于聚丙烯装置联锁动作方式不同点，区分处理(分别是联锁动作 1#、2#)如图 9-4 所示。I301/I302 联锁动作示意图，联锁动作 1#，现场阀门关闭，DCS 上阀门显示手动阀位到零，并显示锁住。联锁动作 2#，现场阀门失磁关闭，DCS 上阀门控制状态不变，OP 值随 PV 值走。

(1) 现象 1：

三通阀 HV301 动作过程超过 5s 引起联锁 I302 动作，但 5s 后三通阀 HV301 转向到位，I302 联锁已复位但动作结果还在(关闭环管所有至大闪线出料阀门)。

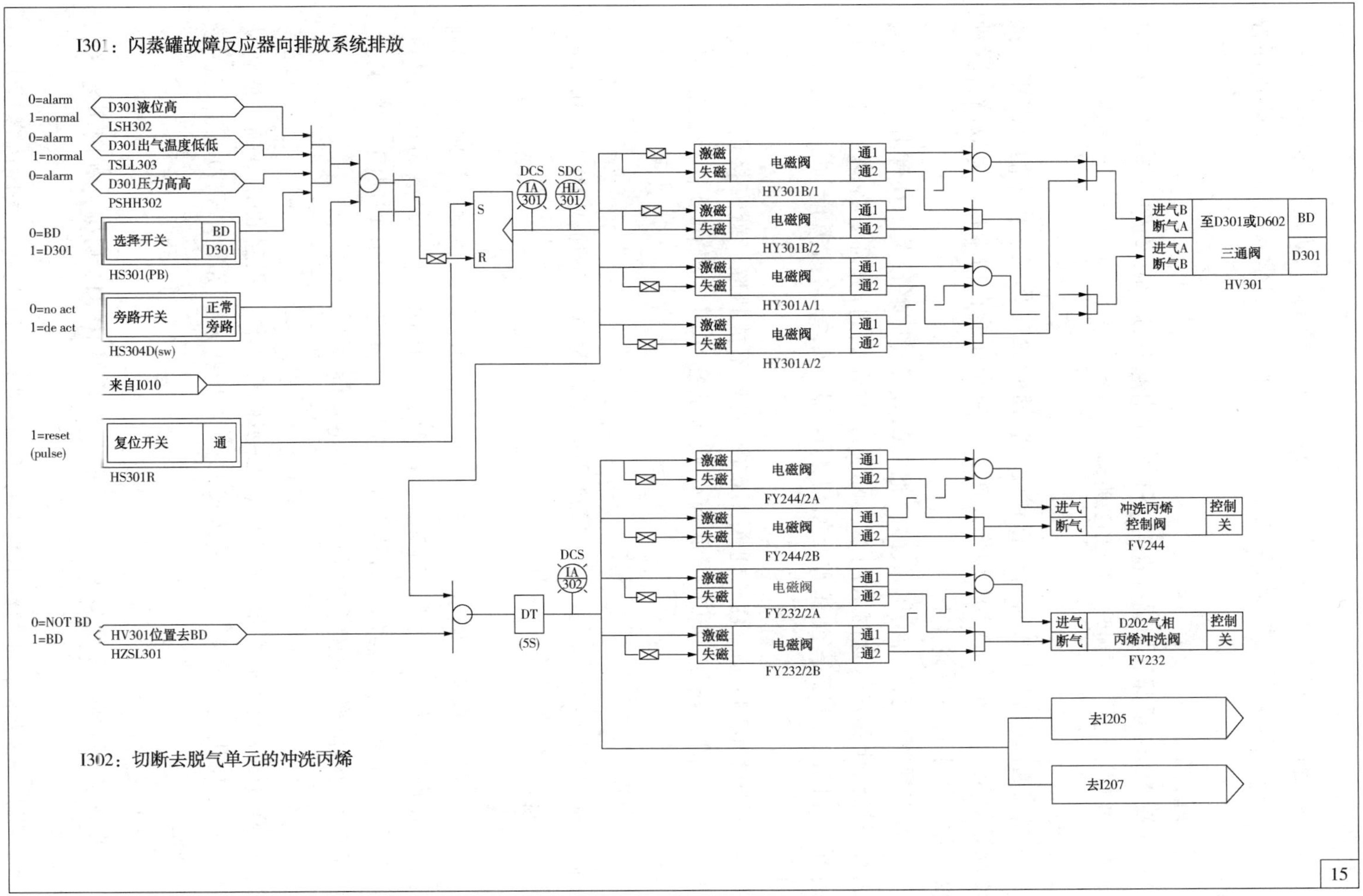

图9-4　I301/I302联锁动作示意图

处理 1：

联锁动作 1#，马上打开 FV232、LV231、FV244 出料，防止环管憋压；联锁动作 2#，马上自动切手动控制 FV232、LV231、FV244 正常阀位出料，防止环管憋压。

（2）现象 2：

闪蒸罐 D301 顶部气相温度报警 TSLL303 引起联锁 I301 动作，三通阀 HV301 切排放，如切不到位，引起联锁 I302 动作。

处理 2：

① 在三通阀 HV301 长时间没有到位、联锁 I302 动作无法复位的情况下，把 I301 联锁复位，三通阀 HV301 动作几次，三通阀如能在切排状态无故障，联锁 I302 复位，马上打开环管出料。

② 如三通阀一直不能消除故障，把 I301 旁路（因联锁关闭环管出料，大闪线没有丙烯汽化吸热，这时大闪线实际温度上升），打开环管各阀门出料，同时判断 TSLL303 报警是否真实，如仪表误报，则旁路该温度点，I301 联锁投用。

③ 如 TSLL303 报警，且三通阀 HV301 故障不能排除，就直接切回，可以 HV311 切排，把闪蒸罐 D301 内低温介质排放至 BDL。操作过程控制在 30~60s 内。

（3）现象 3：

闪蒸罐 D301 压力高高报 PSHH302 引起 I301 动作，三通阀 HV301 切排放，如切不到位，引起联锁 I302 动作。

处理 3：

马上判断压力真假，如压力真实，闪蒸罐 D301 通过 HV307 或 HV311 切排泄压，I301 联锁复位，三通阀 HV301 切回闪蒸罐 D301，打开环管各阀门出料。如高高报 PSHH302 指示假值，旁路 I301 联锁，三通阀 HV301 切回闪蒸罐 D301，打开环管各阀门出料。操作过程控制在 30~60s 内。

（4）现象 4：

闪蒸罐 D301 料位高高报 LSH302 及 LSHH302 动作，引起 I301 联锁，或者动力分离器 A301 出现故障跳停。三通阀 HV301 切排放，如切不到位，引起联锁 I302 动作。

处理 4：

一般 2 取 2 联锁，不太容易出现误报；三通阀 HV311 切排，利用压差确认是否冲通。

1）切断三剂进料，环管注 10%CO，三通阀 HV311 切排，关闭闪蒸罐 D301

至丙烯洗涤塔 T301 的切断阀，维持环管丙烯进料 FIC203 和 FIC231 最低进料量进行环管降密置换。

② 如果三通阀 HV301 卡住无法动作，且 HV311 切排无效果时，启动联锁 I205、I207、I211、I212，并启动联锁 I209、I210 进行间歇性排放。

注： 联锁 I301 动作引起三通阀 HV301 切排，但三通阀 HV301 切不到位，引起联锁 I302 动作，先考虑保全环管不出现次生事件。

25 小闪线管线破裂的原因是什么？低压蒸汽为什么会窜入系统？如何判断及处理？

（1）小闪线管线破裂的原因：

小闪线在投用时出现操作错误，没有先投用热源（蒸汽），而是先投用冷源（丙烯），导致丙烯汽化大量吸热，当蒸汽进入马上冷凝，大量凝液来不及通过疏水器排放，凝液结冰，或温度变化太大，造成管线出现裂纹。

正常生产时，小闪线疏水器故障，或负荷突然变化，导致夹套凝液积存，最后结冰冻住管线。

（2）低压蒸汽通过小闪线窜入系统的原因：

因小闪线结冰冻住管线，对小闪线进行外部加热时，夹套内的冰融化，而排液管线没有畅通，导致小闪线破裂，蒸汽压力高于系统压力，蒸汽通过裂纹进入系统。

（3）判断方法：

当小闪管线破裂时，一般情况下小闪线蒸汽压力指示 PI321 会与小闪线内压力指示 PI322 有相同波动趋势，然后出现系统反应波动。

（4）处理方法：

小闪线夹套冻住，应该马上把小闪线切出，如果夹套的冰化了，但排液管线没有通畅（加热处理时先处理排液管线后处理夹套），会造成蒸汽窜入系统（小闪线第三段内压力低于夹套蒸汽压力）；同样会造成丙烯气反窜至蒸汽系统（小闪线一段高压侧）。

26 简述闪蒸罐 LIC301 料位计指示不准的现象、原因及处理措施。

（1）现象：

闪蒸罐料位控制 LIC301 的 PV 值突降到 0 后又突升至一定值后走直线，DCS 相继出现 LIC301 料位低和料位高报警。

(2) 原因：

闪蒸罐料位控制 LIC301(射线料位计)的料位接收器故障出现指示不准现象。

(3) 措施：

① 不要急于判断原因，第一时间将 LIC301 切手动，控制在正常阀位。

② 观察动力分离器 A301 电流是否有变化，适当调整阀位。

③ 通过循环气滤袋器的压力与料位变化判断与控制闪蒸罐料位。

④ 现场校对闪蒸罐出料阀的阀位，确认闪蒸罐上部料位计 LI302 指示为零。

⑤ 开大闪蒸罐出料阀，循环气滤袋器压力明显上升，判断为闪蒸罐料位是无料。

⑥ 排除闪蒸罐无物料挂壁，说明是仪表故障，把闪蒸罐故障联锁 I301 旁路，联系仪表处理。

27 简述闪蒸罐 D301 底部出料阀故障导致出料不畅处理的现象、原因及处理措施。

(1) 现象：

在环管出料情况、共聚反应器的压力均正常的情况下，闪蒸罐 LIC301 料位和阀位波动趋势发散，出料阀 LV301 全开的前提下 LIC301 料位指示仍逐步上升，校对阀位正常。共聚反应器切出，HV302 转向循环气过滤器方向，闪蒸罐料位下降；切回共聚，闪蒸罐料位上涨。

(2) 原因：

由于共聚反应器 R401 的高背压(1.2MPa) 以及 F301 的低背压，造成了 LV301 出料至 400#时，闪蒸罐进料大于出料，而切循环气过滤器 F301 时，进料小于出料的不平衡状态。造成以上情况的是：闪蒸罐出料阀门 LV301 传动部位断开，阀门卡在某一固定位置。

(3) 措施：

① 当在共聚生产时，闪蒸罐出现料位暴涨、出料阀卡涩等料位不受控制的情况，第一时间把共聚切向均聚生产，利用压差判断是否能出料。

② 在生产均聚牌号期间，出现此现象，HV311 切火炬系统，确认料位是否下降，出料是否畅通。

③ 也可以关 LV301 后手阀进行丙烯气反顶，如尝试操作多次无果，联锁 I301 动作闪蒸罐切出排放，装置停车。

28 闪蒸罐动力分离器 A301 故障跳停后果、操作要点有哪些?

(1) 停运后果：

因动力分离器停运后，闪蒸罐 D301 顶部出料的气相丙烯中夹带的细粉分离不下来而进入 T301、E301、D302 等而可能造成 E301 堵塞、P301 密封损坏等次生事故。丙烯中细粉含量高，可以从丙烯安全过滤器压差观察判断。

（2）操作要点：

当出现闪蒸罐动力分离器 A301 故障跳停报警后，操作工马上查看运行信号与电流是否正常，发现与故障报警对应，第一时间把 HV301 切排。然后联系电气确认原因，通知现场对 A301 盘车，判断是否为机械原因。

29 简述丙烯进料泵 P301A/B 入口压力低报警的现象与原因。

（1）现象：（A 泵为例）

丙烯进料泵 P301A 入口压力 PI334 低报警，联锁 I309 动作切断至 P301A 丙烯，关闭丙烯进料罐底部出料阀 HV332，P301A 自动切换至备泵 P301B 运行，造成所有进料丙烯流量波动，FIC204 流量突降造成 I201、I229 联锁启动，切断催化剂。三剂泵冲程到零，预接触罐搅拌器 A201 停，催化剂在线混合器堵塞。

（2）原因：

①阀门动力气源压力过低，丙烯进料罐底部出料阀 HV332 关闭。

② 仪表监测元件故障或灵敏度过高，导致压力监测指示出现偏差。

③ 仪表压力隔膜导压管内介质泄漏，导致压力低。

④ 泵入口压力开关与 AC14A/B 取样阀相距比较近，有可能误关压力开关根部阀。

30 简述丙烯进料高速离心泵出现白雾的现象及原因。

（1）现象：

丙烯进料泵运行声音异常、杂音大，润滑不良，泵体温度上升，润滑油温同步上升，振动上升，排气帽出现油气，因润滑油腔温度上升过快导致压力较高，排气口喷出油雾，润滑油机封损坏后，排放口润滑油带压喷出，与丙烯接触侧密封完好，没有丙烯漏出。

泵出现此种情况，最先出现的异常是打量与出口压力同步上升，但上升不多，一般不会触发报警。

（2）原因：

主要原因是高速轴止推轴承（图 9-5A 处）喷油口（图 9-5C 处）突然堵塞，该处轴承磨损加剧，但因润滑油路多，润滑油系统油温没有立即上升，但现场运行出现异声，叶轮下沉，导致丙烯高压返低压流道（图 9-5B 处）变小，低压通高压流道变大，所以丙烯进料泵的流量与压力同步上升。

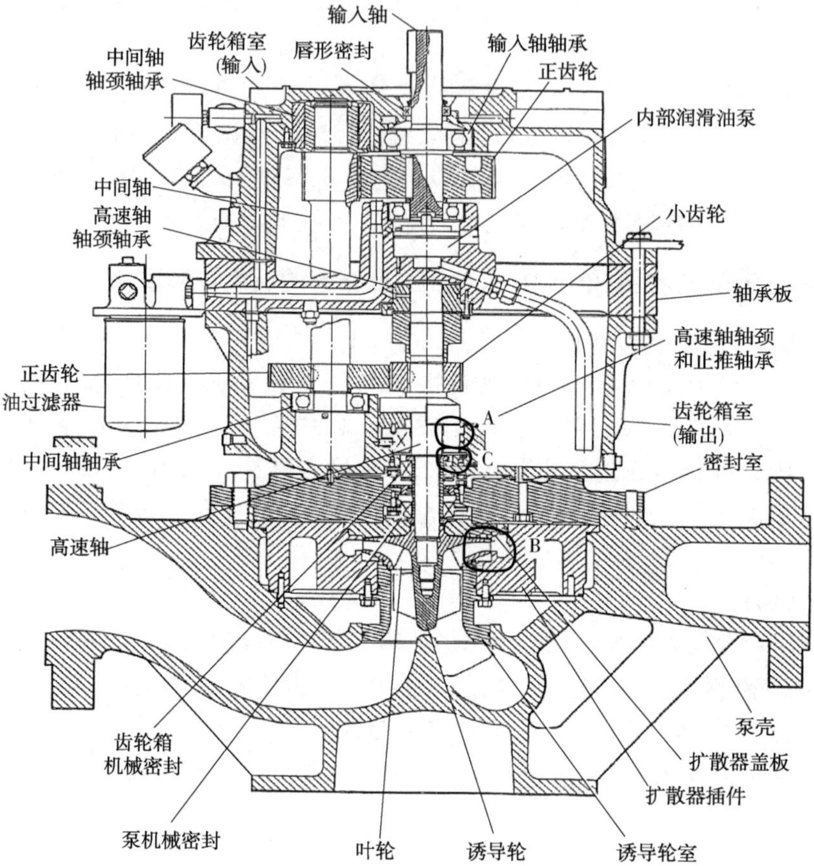

图 9-5　丙烯进料泵体设备图

31 简述丙烯进料泵 P301A/B 密封损坏的现象、原因及处理措施。

（1）现象：

当丙烯进料泵密封出现泄漏，其安全密封罐内密封油出现一个个小泡泡，泄漏大时密封罐的罐体会出现挂霜，密封罐顶部去火炬系统的压力检测会报警。还有就是泵体与增速箱之间直接喷出白色雾状丙烯，如不及时停泵处理，泄漏扩大。

（2）原因：

泵检修交出或交回时丙烯汽化，冻坏泵密封。或检修质量太差，泵体各零件安装错误或不到位。液相丙烯灌泵不到位，入口管线存在气相，特别是丙烯气置换不彻底，残留氮气，开泵造成气缚。

(3) 措施：

① 泵交出前，丙烯泄压不可太快，否则丙烯汽化量太大，造成泵体急速降温。

② 泵交回后，丙烯气置换升压太高、温度太低，丙烯液化，泄压时汽化快速降温。

③ 泵交回丙烯气置换、升压操作，可以通过泵体至丙烯进料罐 D302 顶部的平衡气管线，引入热丙烯气进行操作。

④ 操作工随时观察泵平衡气管线阀后温度，以球阀后不结霜为标准进行丙烯气升压。

⑤ 丙烯气置换一定要彻底，对泵入口管线通过取样管线进行多次排放置换，防止氮气积聚在管线死角。

32 简述循环气过滤器料位高高报导致 I303 联锁动作的现象、原因及处理方法。

(1) 现象：

循环气滤袋器 LAHH313 高报，触发联锁 I303 动作，闪蒸罐出料阀 LV301 关闭，循环气洗涤塔底部小闪线出料阀 FV326 关闭，小闪线压力 PI322 上升至报警，流量 FI324 低报，闪蒸罐料位 LIC301 PV 值快速上升。

(2) 原因：

循环气过滤器料位设置说明：F301 料位计为射线料位计，共有两个发射源 LX311 和 LX312；接收器有三个：料位控制 LE311、低料位开关 LE312 和高料位开关 LE313(LAHH313)。

① 循环气过滤器料位 LIC311 假指示，实际料位已满，触发料位高高报 LAHH313，引发 I303 联锁动作。

② 循环气过滤器料位高高报 LAHH313 故障，假动作，引起 I303 联锁动作。

(3) 处理方法：

① I303 联锁动作，HV311 马上切排(可以马上解除 I303 联锁动作结果)，LV301 手动打开出料，火炬消烟蒸汽打开，FV326 手控打开至正常阀位。

② 通过循环气过滤器的料位控制指示、压力指示、出料阀位指示及下游汽蒸罐的压力、料位等，判断是料位控制 LIC311 还是 LAHH313 故障。要判断 LIC311 是否故障，LV311 手控就可以判断料位真假。

33 用 CO_2 失活有哪些设备？如何防止环管催化剂中毒？

(1) 失活设备：

丙烯循环压缩机组、低压丙烯洗涤塔、压缩机分离罐、循环气过滤器、循环气安全过滤器及相关管线。因为都是低压系统，而二氧化碳钢瓶进行失活压力高，非常容易进入系统。

（2）措施：

① 装置正常生产运行期间，用 CO_2 失活必须保证 CO_2 失活压力必须小于置换系统压力。

② 要置换交出设备必须确认阀门隔离到位，防止 CO_2 气体窜入低压循环系统，经压缩机进入高压回收系统，最终通过丙烯进料罐进入环管反应器，导致主催化剂中毒。

3）在失活过程中，要充分监测压力变化及系统反应情况。如发现系统反应变差，马上终止失活操作，在丙烯洗涤塔回流泵出口、丙烯进料泵出口取样分析丙烯中 CO_2 气体含量。并把低压循环系统全部隔离切出排放，高压循环系统开大尾气排放，及时置换丙烯中 CO_2 气体。

34 简述低压洗涤塔加脱活剂会导致环管反应器密度突降的现象、原因及处理措施。

（1）现象：

对低压洗涤塔 T302 加入 Atmer163 和白油。系统反应下降，环管出现密度突降现象，从曲线上看类似于催化剂中毒。

（2）原因：

脱活剂水含量高，进入低压洗涤塔后水分通过循环气压缩机带入高压循环，至丙烯进料罐回收，最后到环管反应器，造成催化剂中毒。

（3）措施：

日常保持液体添加剂罐 D112 鼓泡氮稍开，同时因 D112 无搅拌器，加入新的脱活剂后，开启添加剂循环泵 P110 循环 4~5h，脱除水分，打循环期间要注意防脱活剂窜入到废油罐 D607 或低压丙烯洗涤塔 T302。

35 简述共聚系统反应器失压的原因及处理方法。

（1）原因：

① 共聚反应器压力控制阀 PV402 仪表风管线老化裂开，使得 AFO 形式的 PV402 阀仪表风中断打开。

② 共聚反应器压力控制阀 PV402 仪表风管线被重物砸断或卡扣弹开，阀门断气打开。

③ 共聚反应器压力控制阀 PV402 定位器故障，或其他仪表原因故障，导致阀门打开或有开度。

（2）处理方法：

① 如共聚反应器出现压力异常下降，马上检查校对 PV402 阀门是否正常，如发现异常及时关闭其后手阀。

② 如共聚反应器快速泄压，或共聚循环压缩机 C401 跳停，或情况较为严重，马上果断把 HV302 转向，共聚切均聚。

③ 如能第一时间 HV302 转向，共聚反应器料位不高，可以乙烯重新升压，启动循环压缩机，继续共聚生产。

36 简述共聚反应器 R401 氮气升压会引起环管反应下降的现象、原因及处理措施。

（1）现象：

共聚系统反应器 R401 升压查漏，聚合系统环管反应下降。

（2）原因：

共聚反应器底部出料调节阀 LV401 及后手阀内漏，反应器内部采用高压水枪清理，残留水分容易在反应器底部积聚，系统升压时微量水分通过底部调节阀及手阀进入反应器出料管线，通过小闪线带入系统。

（3）措施：

共聚反应系统在用水清洗前，把反应器下料阀后短接脱开，旋风分离器至小闪线管线脱开、防止水进入小闪线。

37 简述尾气压缩机 PK501 出口压力高高跳停的原因及处理措施。

（1）原因：

采用氢调法生产高熔融指数产品，回收尾气中烃油含量高。尾气压缩机经过压缩提压，再经过冷冻水冷却，温度过低，在出口压力控制阀 PV512 处节流、尾气管线单向阀冻结堵塞等，造成尾气压缩机出口压力高停车。

（2）措施：

提升压缩机出口介质温度，分离罐及时排液，出口控制阀、单向阀处加伴热。

38 简述汽蒸罐 D501 下料不畅的现象、原因及处理措施。

（1）现象：

汽蒸罐 D501 下料不畅，LV501 阀位开到 100%，但料位仍然快速上升到 100%。提高汽蒸罐的压力到 0.02MPa，稍开干燥器洗涤塔 T502 顶部安全阀副线降低干燥器 D502 顶部压力到 11kPa 左右，促进汽蒸罐出料。在汽蒸罐料位逐步恢复到正常料位后，HV311 重新切入循环气滤袋器 F301，汽蒸罐料位仍然快速上升，HV311 切排，循环气压缩机 PK301 停运，这样的现象来回出现多处。

（2）原因：

① 物料发黏堵住出料阀门。可以从阀后管线是否有料来判断，如没物料，说明是阀门处堵塞。

② 下料管线膨胀节内衬破损脱落，导致管线堵塞，下料不畅。

③ 阀门出现卡涩、定位器故障、气源压力低或断气、阀门内衬脱落卡住阀芯等。

④ 下料管受到气阻，托住下料。一般小口径阀门出料到大口径管线不会出现气阻，只有下面出料慢堵上管线，才会出现气阻，如旋阀控制下料就会出现气阻。

⑤ 汽蒸罐压力过低，与干燥器无压差或反压，导致无法出料。

⑥ 汽蒸罐粉料带水，汽蒸效果差，导致粉料成团，出料不畅。

⑦ 干燥器料位控制 LIC531 及料位高报故障，一般两个料位计都有问题不太可能(要注意料位高报开关是否离下料管口太高，太高不会有物料触碰，永远不会高报启动联锁)，但确实有出现此现象，导致监控不到干燥器满料，联锁关闭汽蒸罐出料阀不会动作，物料堵塞汽蒸罐下料管线，造成误判汽蒸罐下料不畅。判断方法：现场确认汽蒸罐下料管线是否满料，如满料说明干燥器已满料，其料位计故障。

（3）措施：

① 如出现下料不畅，现场通过汽蒸罐下料管线确认是否满料，如在膨胀节上方，说明膨胀节内衬损坏，堵住管线；如整条管线满料，说明干燥器已满料；如下料管线是空的，说明阀门或物料有问题。

② 如出现下料不畅，中控观察汽蒸罐与干燥器之间的压差是否合理，如汽蒸罐压力过低，调节尾气压缩机回流阀，提升压力。

③ 如出现干燥器分布板堆料，堵塞汽蒸罐下料口，导致下料不畅，中控应迅速手动开大干燥器出料阀(以不影响风送系统正常运行为依据)，降低干燥器的料位进行观察，现场可通过敲击 D501 下料管辅助确认是否已出料顺畅。

39 简述尾气压力大幅波动导致汽蒸罐 D501 满料的现象及预防措施。

（1）现象：

① 当尾气系统压力高，尾气系统切 BDL，压力 PI008 从 0.37MPa 下降至 0.12MPa，尾气压缩机 PK501 的出口压力迅速降低，导致汽蒸罐 D501 的气相抽出量增大，压力下降至零，与干燥器 D502 的压差缩小，出料困难，料位上涨。

② 而汽蒸罐出料阀 LV501 因料位上升自动开大，出料量减少，致使汽蒸罐

D501 的出料口松动蒸汽进入干燥器 D502 系统的量增大，干燥器 D502 压力上升，两罐之间的压差更小，导致汽蒸罐 D501 出料更困难。

（2）措施：

聚丙烯粉料经过循环气袋滤器 F301 分离大量气相丙烯后，由 LIC311 控制下料到汽蒸罐 D501，进行催化剂失活，再在 LIC501 控制下料到干燥器 D502 进行干燥。其中汽蒸罐 D501 失活产生的蒸汽与部分可燃气一起由尾气压缩机 PK501 升压后送往回收装置。

低压回收系统见图 9-6。

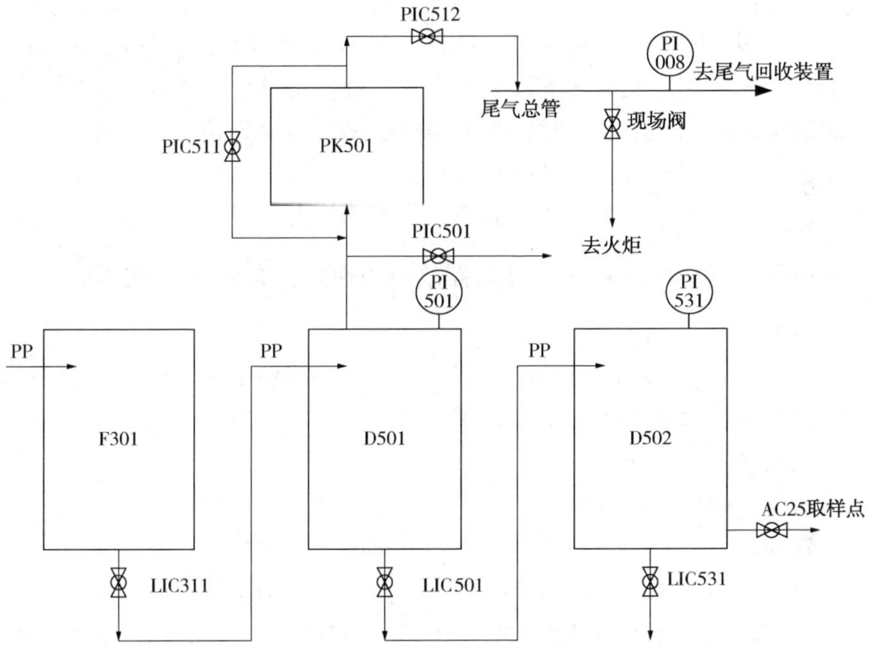

图 9-6　低压回收系统

如尾气总管压力高，向火炬系统切换，在切换时要及时关小 PV512 的阀位，开大压缩机回流阀，确保汽蒸罐压力平稳，避免汽蒸罐内气相被抽吸，造成压力低，料位上升。

40 简述造成干燥器 D502 下料异常的原因及处理措施。

（1）原因：

① 干燥器出料阀门故障、卡涩、气源压力低、定位器坏等。

② 旋阀 RF800A/B 故障，或旋阀至料斗 D800A/B 平衡管堵塞，下料气阻。

③ 旋阀下料斗 D800A/B 至干燥器平衡管手阀没打开，现场气阻。

④ 干燥器压力过低，导致出料困难。

⑤ 干燥器流化床分布板堵塞，物料堆积，造成出料波动。

⑥ 旋阀密封反吹气流量太大，导致下料管线气压高，托住物料。

⑦ 旋阀长期备用，包括上部至三通处管线，内部积水严重，切换时粉料带水无法下料。

⑧ 操作不当，切换旋阀时，先开干燥器下料阀后启动旋阀，正常下料过多，物料压实堵塞管线。

⑨ 旋阀上三通管线处闸板阀泄漏或没有关闭，导致去旋阀管线长期积料，聚积成块堵住下料管线。

（2）措施：

对备用旋阀进行阀体保温，其下料阀、进口阀上接导淋，手阀留一定开度，进行长期排水，防止突发情况下排水来不及。旋阀切换后三通处闸板阀一定要关闭，下面的余料排放干净。同时控制干燥器各参数，提升粉料干燥程度。

操作上，切换旋阀时确认平衡管打开，启动旋阀后再慢慢打开干燥器出料阀（闸板阀已打开），防止一下子下料过多，造成气阻或造成风送系统压力高跳停。

41 简述干燥器出料阀 LV531 定位器故障的现象、原因及处理方法。

（1）现象：

干燥器料位控制 LIC531 指示突升，风送系统压力 PI802A 降至吹扫压力，现场确认 LV531 阀门未动作，一直处于全关位置。

（2）原因：

干燥器出料阀定位器故障。

（3）处理：

① 如干燥器出料调节阀带手轮，马上用手轮打开阀门，控制出料。

② 如果调节阀无辅助出料手轮，仪表强制打开 LV531 阀门，通过下游闸板阀控制下料量，防止风送系统因压力高跳停。

③ 如处理时间长，循环气过滤器前 HV311 切火炬，循环气压缩机减负荷至 50%，挤压机减负荷。

42 简述干燥器 D502 分布板损坏的现象与原因。

（1）现象：

① 干燥器压力 PI531 缓慢上升，然后 PI531 快速下降至正常值，压力出现反复波动。因为 D502 内分布板部分断裂，见图 9-7，干燥氮气分布不均直接将干燥器内大量粉料从 D502 顶部带出，而旋风分离器 S502 分离能力有限，堵塞 S502 下料口，粉料大量带入洗涤塔 T502 内，造成 T502 堵塞。干燥器鼓风机 C502A/B 因进口压力低跳机，在 D502 内粉料的重力作用下和干燥器鼓风机

C502A/B 风力局部反顶的扰动下加剧分布板的坍塌。

② 干燥器料位出现大幅波动，因分布板坍塌，物料不经过流化状态，直接被从干燥器顶部吹出，当料位满时会从侧板翻越后从罐底出料，造成出料一波一波，常被误判为出料阀故障。因干燥器料位满，汽蒸罐出料也会出现困难。

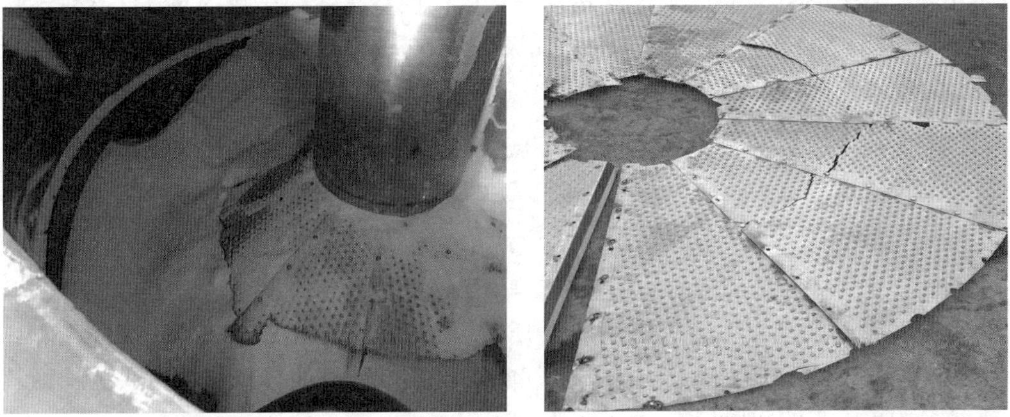

图 9-7　干燥器分布板

③ 粉料落床至分布板下方，进入 E503 后管线，堵塞管线，可以从现场温度计观察到温度明显低于正常温度，最后导致 C502A/B 过载无法重新启动。

（2）原因：

① 分布板整体刚度不足(分布板为平面设计无折边)，存在振动的情况，在长期载荷的作用下，分布板达到疲劳极限出现局部裂纹并延伸，最终造成断裂失效。

② 操作上不够严谨，风机启动时没有全开副线，导致对分布板冲击力太大。

43　简述聚丙烯粉料 AC25 挥发分高的原因、处理方法及预防措施。

（1）原因：

① 当出现粉料中挥发分含量高达 0.2%，比正常值高 10 倍时，其主要原因是干燥器 D502 干燥效果不好，干燥器鼓风机 C502 中的循环 N_2 含水量增加，洗涤塔循环冷却器 E502 堵塞较严重，循环水温高，使得洗涤塔循环冷却器 E502 冷却效果差，最终导致 AC25 的挥发分超高。

② 其他原因有可能是：氮气加热器 E503 换热效果不好、干燥器 D502 分布板堵、鼓风机入口分离罐 D508 故障、干燥器 D502 料位过高或过低、汽蒸罐 D501 出料含水量大、开工时汽蒸罐 D501 与干燥器 D502 排水未尽、粉料输送风机进出口冷却器 E801/E802 列管漏循环水等。

（2）处理方法：

开大洗涤塔循环冷却器 E502 的冷却水，PV535 的 N_2 置换后，干燥器洗涤塔 T502 开大补水，增加冷凝量，看是否能恢复正常。

（3）预防：

开车时排尽汽蒸罐 D501/干燥器 D502 内积水。在正常生产中控制汽蒸罐 D501/干燥器 D502 料位、温度在正常指标内，保持合适的干燥 N_2 流量，保持洗涤塔冷却器 E502 的冷却效果，增加洗涤塔 T502 洗涤水冷凝量，保证热 N_2 的温升，定期置换。

44 简述冷冻机氨储罐 D612 出液不畅、氨蒸发器 E602 液位无法维持的原因及处理方法。

（1）原因：

储罐出液插底管周围有杂质积聚，导致液氨储罐 D612 到氨冷器 E602 的液氨管线不畅通，通过中压氮气反吹将杂质吹开后 D612 出液恢复正常。为清除出 D612 内杂质，将 D612 隔离出来用氮气吹扫置换，通过底排排出，主要为油污、铁锈及脱落下来的防腐层。

（2）处理：

① 从 D612 顶部出口管线上的导淋阀 HV6108 处接中压氮气对 D612 出口管线进行反吹。关闭 D612 到 E602 的后手阀，打开 D612 到 E602 的前手阀，打开中压氮气阀门，对 D612 插底管进行反吹，同时稍开 E601 顶部排放阀，采用间歇式反吹方式。

② 待反吹结束后，现场多次开 E601 顶部排放阀泄压[从 1.15MPa(表)泄至 0.55MPa(表)]，置换出进入 D612 的氮气。

③ 置换结束后，复位现场阀门，如启动 PK601 后，D612 的液位还有上升趋势，同时 TI611 及 TI612 温度上升并出现高报，说明 D612 内部还有积存氮气，现场再次开 E601 顶部排放阀，置换氮气后进行适当补液。

45 粉料输送系统停车，如操作不当，对装置生产会带来什么样的后果？

（1）当粉料输送系统突然跳停，若在 8min 内不能启动运行，干燥器、汽蒸罐、循环气袋滤器都会满料，联锁 I515/I304/I303 都会启动，如 HV311 不及时切排至低压排放罐，均聚生产时 I303 关闭闪蒸罐出料阀 LV301，导致闪蒸罐满料，最终引起 I301 联锁动作，HV301 切排至低压排放罐。共聚生产时 I313 动作关闭共聚反应器出料阀 LV401，共聚反应器满料，引起 I401 联锁动作关闭闪蒸罐出料阀 LV301，闪蒸罐满料，HV301 切排至低压排放罐，同时共聚反应器因满料塌床而产生爆聚(因料位太高，反应激烈，撤热能力不够)。

（2）如 HV311 及时切至低压排放罐，循环气压缩机跳停，调整不及时会导致尾气压缩机跳停，干燥器循环风机跳停，干燥器满料导致洗涤塔、洗涤水冷却器粉料堵塞。循环气压缩机停运，导致共聚循环气压缩机干气密封流量低而跳停（如不及时切换至乙烯）。

（3）其他次生事件出现的概率较高，如挤压机无料停运、产品质量问题等。

46 简述造成旋阀 RF800A 跳停、RF800B 下料故障的现象、原因及处理方法。

（1）现象：

旋阀 RF800A 因故障报警跳停，现场确认后启动 RF800B，待旋阀启动后，打开干燥器底部出料阀 LV531 出料，发现粉料输送系统压力 PI802 无明显上升，判断为 B 路下料不畅。

（2）原因：

① 旋阀 RF800A 故障跳停。RF800A/B 在天气寒冷时经常发生故障跳停的情况，原因为机械卡涩，电流过载，现场盘车也盘不动。

② 旋阀 RF800B 启动后不下料，可能有两种情况：①B 路长期不用，干燥器底部出料阀 LV531 出口至下料斗 D800B 进料插板阀这段管线粉料积聚，加上水汽冷凝作用后结块，下料困难；②插板阀打开后，粉料输送系统 PK801 来的气流窜入旋阀 RF800B 系统，或旋阀密封氮气流量太大，顶住下料管线粉料与气体，使气体不能通过平衡管回到下料斗 D800A/B 内，或吹扫气携带大量粉料进入下料斗内堵塞下料斗的排料回气缝隙，造成下料管线气阻下料困难。

聚丙烯粉料经过前面的脱丙烯、蒸汽失活后，靠自重进入干燥器 D502，用循环热氮脱除粉料中的明水，再进入到氮气输送系统进入下游挤压造粒。

（3）措施：

① 旋阀 RF800A/B 在紧急切换时存在带水隐患。旋阀在设计时并没有考虑到排水，经验积累过程中，可增加几个排水阀。对于有计划的切换，可以先对旋阀进行排水确认（一般可以长期稍开排水阀，平时注意阀门是否堵塞），干燥器 D502 拉低料位，可以有效避免粉料带水。但是在紧急情况下，一方面没有足够时间进行旋阀排水，另一方面也没有机会拉低干燥器料位，所以粉料带水的可能性非常高。

② 旋阀在停运后作备用时，需要把旋阀及管线内物料排干净，防止积料成块，造成下料困难。如出现气阻现象，打开干燥器出料管线上取样阀，可以有效排气，如还不行，稍微脱开平衡管线连接排气就行。判断方法：外操敲打干燥器

底部出料阀 LV531 至旋阀下料管线及平衡管，听音辨别，如出现管内粉料结块堵塞，敲击管线振动协助出料。

47 聚丙烯装置后系统出现拉丝料、块料的原因是什么？对风送、挤压机有什么影响？

（1）原因：

① 无规物的产生导致后系统出现粘结成块的软性块料。

② 出料管线安装角度与内部光泽度造成粉料摩擦发热，积聚成块料或拉丝料。

③ 粉料干燥效果不佳，水蒸气或明水与细粉汇聚成团，在某个区域堵塞出料。

④ 设备没有静电接线，或断裂不起消除静电的作用，造成粉料汇聚成团。

⑤ 挤压机添加剂熔点低，进入添加剂混合器 M802 后，因挤压混合发热成团结块。

⑥ 粉料输送管线、弯头光泽度不够或三通阀不到位，都有可能出现块料或拉丝料。

如闪蒸罐 D301 出料管线安装有个 75°左右斜接管(直接焊接)，没有进行弯管过渡，造成物料在那个斜口冲击，然后改变方向，造成物料在此区域摩擦力加大，流速减慢，温度升高，物料融化粘住斜口，慢慢长大，最后块料脱落。

（2）影响：

① 挤压机主进料旋阀 RF805 卡料，引起挤压机因主电机低电流跳车。

② 挤压机进料计量系统 W801 挂料或卡料，造成挤压机因主电机低电流跳车。

③ 挤压机进料斗 Z802 上格栅积料，最终无法下料，造成挤压机因主电机低电流跳车。

48 切粒水过滤器 F814A/B 为什么经常漏粒子？

切粒水过滤器 F814 由于结构原因，密封面位于过滤器筒体内部(见图 9-8)，安装不好时会导致 PP 粒子漏到下游切粒水换热器 E803A/B 中，导致切粒水流量下降，严重时会造成流量低停车。为提高切粒水系统的可靠性，可将 F814 结构进行改造：①进口管线从筒体中部移到上部封头位置，排气管线从平盖封头处移到进水管线高点；③滤芯由斜面改至平面，并将滤芯安装位置移到筒体密封面位置(见图 9-9)。

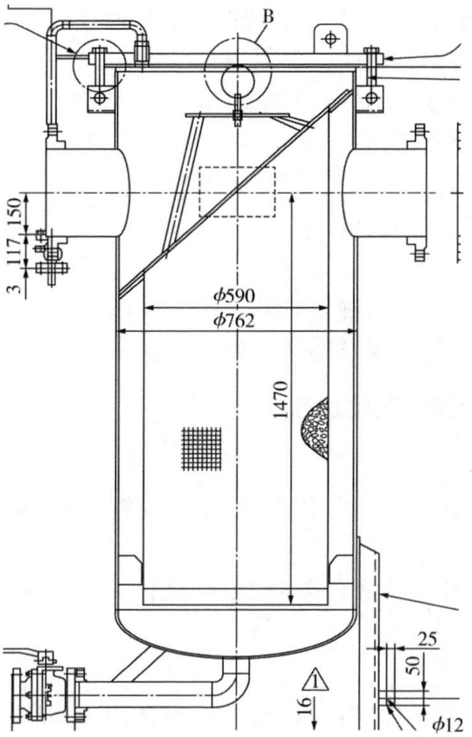

图 9-8　改造前过滤器

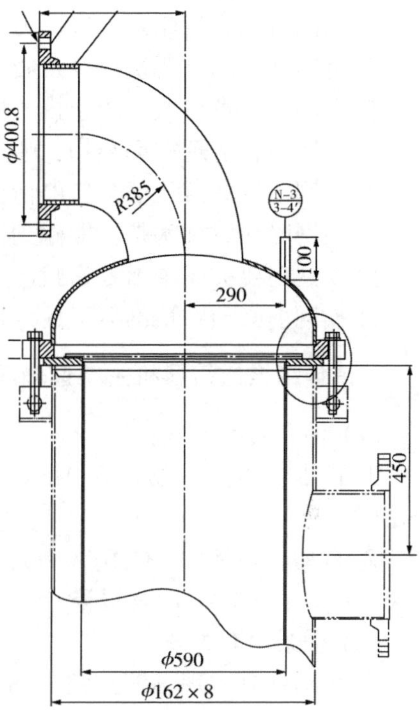

图 9-9　改造后过滤器

49 带齿轮泵的挤压机换网的限制条件是什么？换网时进、退网不到位的原因有哪些？换网操作过程中的注意事项有哪些？

（1）限制条件：

① 当挤压机开车阀 D/V 动作、挤压机筒体液压油泵 EX801/7 启动时同时禁止换网器操作。

② 挤压机负荷太高或挤压机生产特殊牌号禁止换网。

③ 换网器液压油油位低、液压油管线等有泄漏，或油温过高禁止换网。

（2）不到位原因：

① 滤网安装不到位，或冷却水未关温度过低，卡住。

② 轨道内有杂物或卡涩。

③ 油压滑阀不到位或油泵坏。

④ 液压油温度太高，打不上压。

⑤ 活塞行程位置开关触点偏离。

（3）注意事项：

① 控制盘切“就地”，G/P 控制切“手控”。

② 挤压机负荷适当降低，换网前适当减低到目标值，滤网目数与牌号相对应。

③ 进网时注意齿轮泵入口压力，随时调整转速，确保压力稳定且正压。

④ 拆旧网时动作要快，注意烫伤，网接口不能对准来料口。

⑤ 换网时注意警戒，防止排气树脂喷出烫伤人。

⑥ 换网前，清理柱塞杂物，喷上硅油。

⑦ 换网时注意液压油泵启停情况及液压油温度。

⑧ 换网时注意柱塞是否能碰到行程开关。

⑨ 换网前要关闭轴承处密封冷却水，换网后确认打开。

⑩ 换网前必须在换网器下放好挡板，防止树脂粘住设备、管线等。

50 请详细描述挤压机主减速箱润滑油泵的联锁过程。

（1）油泵启动方式：

①手动启动：现场按钮 HS8306A/HS8307A；PC 机上启动按钮 HS8306A/HS8307A。

② 自动启动条件：①B/A 泵运行信号；②两台泵同时运行信号无；③操作模式“自动”；④PAL8308 报警。

（2）油泵停车方式：

① 手动停泵：现场停按钮 HS8306B/HS8307B；PC 机上停车按钮 HS8306B/HS8307B。

② 自动停泵条件：当两台同时运行 10s 后，自动停原运行泵。

③ ＊1、＊2、＊3、＊4、＊5 表示信号走向与联接：

＊1 表示一台泵运行状态下，另一台泵具备自启动条件；

＊2、＊3 表示 A/B 泵运行信号，一台泵运行时另一台泵启动 10s 后停原运行泵；

＊4、＊5 表示 A/B 泵停车信号去挤压机停车报警或启动备用泵，双泵在 10s 内可以点试，而不影响原运行泵。

④ 几型图表示脉冲信号如图 9-10 所示，但在本图内未设定时间。在 A 泵运行故障时，流量低报 B 泵自启动，脉冲信号需双泵同时运行 10s 钟后停 A 泵。如这时 B 泵又故障 A 泵将自启动，同时运行 10s 后停 B 泵，双泵连续运行时间为 10s。

⑤ 操作模式自动，单泵运行条件下，当 PAL8308 报警时，自动启动备泵，两台油泵同时运行信号（＊1）发出，自启动条件不具备，10s 后自动去停原运行泵，15s 后两台泵同时运行信号（＊1）消失，自启动条件具备。

⑥ 操作模式自动，单泵运行条件下，启动另一台泵时，两台油泵同时运行，运行过程同 5）。

⑦ 操作模式自动，单泵运行条件下，突然停车时，严重报警。但当 PALL8308 出现时，备用泵不会自启动，直接挤压机停车。

挤压机主减速箱润滑油泵联锁见图 9-10。

43.挤出电机齿轮箱润滑油泵操作

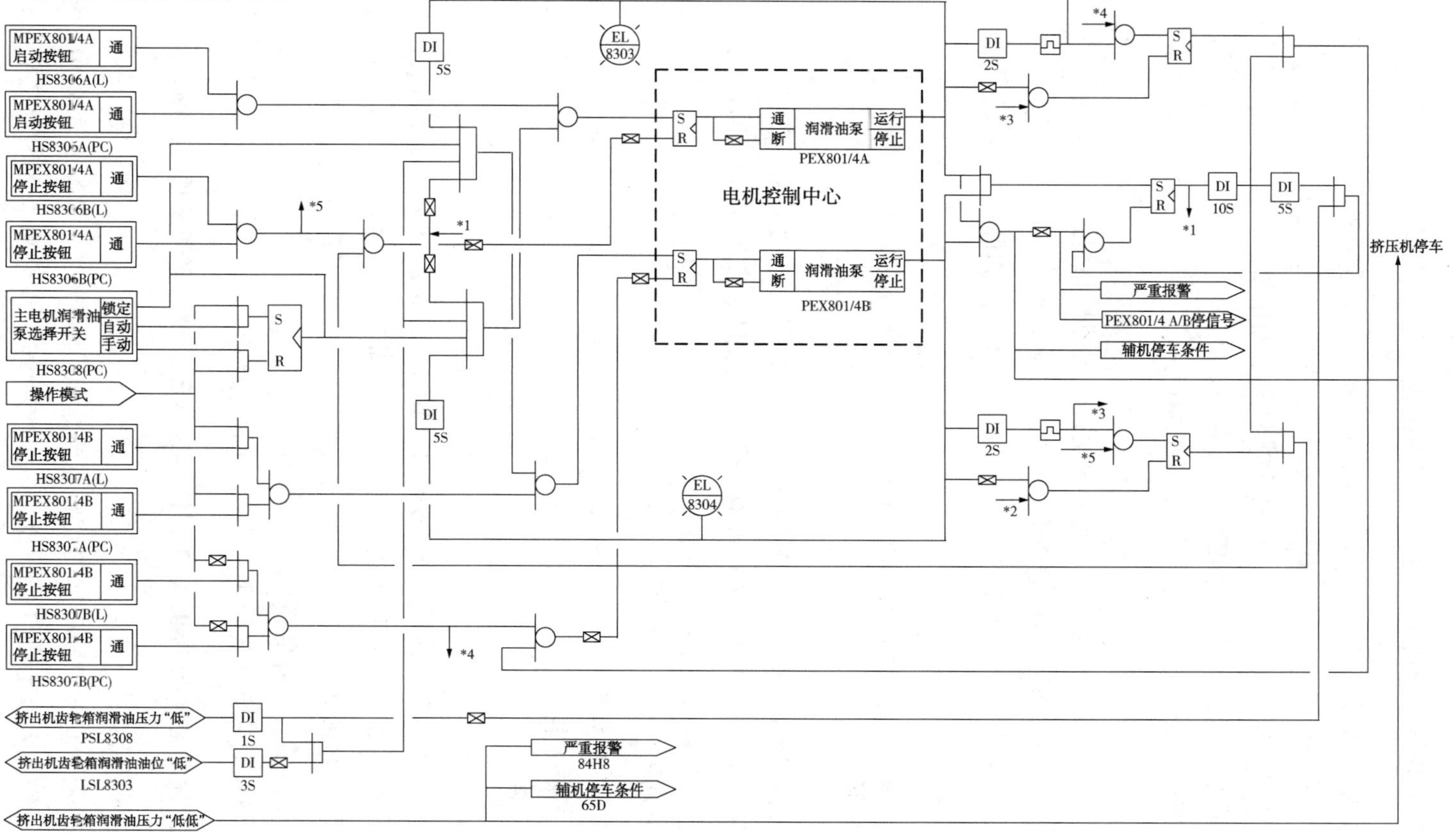

图9-10 挤压机主减速箱润滑油泵联锁

51 简述旋转下料阀 RF805 轴承损坏的异常现象、原因。

(1) 异常现象：(W801/RF805 故障，都显示主进料故障)

① 启动挤压机主电机，发现主进料器 W801 无下料指示。

② 开启挤压机主电机后，出现主进料器故障报警。

③ 联系电气，确认旋阀 RF805 过载跳。

④ 现场对 RF805 盘车，盘不动或比较重。

(2) 原因分析：

① 旋阀吹扫氮气故障，不能有效吹扫，聚丙烯粉料进入轴承。

② 旋阀密封损坏，导致聚丙烯粉料进入轴承。

③ 缺少维护保养，平衡管有少量粉料堵塞，旋阀腔体压力高，导致粉料进入旋阀密封。

52 简述换网导致挤压机 EX801 跳停的原因及预防措施。

(1) 原因：

① 齿轮泵 G/P 吸入压力 PI8336 一直为负压(已经到了压力表的下限)，操作人员对齿轮泵 G/P 转速和负荷没有进行及时的调整，造成切粒异常产生片状料，片状料进入切粒水系统并最终堵塞了颗粒干燥器 D805 的进料口，使得切粒水流量低联锁动作，导致了挤压机跳停。

② 换网前未降负荷，导致网前压力高停车。

③ 不带齿轮泵的挤压机换网时，先换上网，容易造成挤压机网前压力高停车。

(2) 措施：

① 新网推入时，维持 PI8336 至 1.5MPa，防止新网到位后齿轮泵入口压力 PI8336 突降。如果压力下降到负值，应快速调低齿轮泵 G/P 转速，维持齿轮泵入口压力 PI8336 正压。

② 换网前及时降低挤压造粒负荷。

③ 换网时应养成先换下网再换上网的习惯。

53 简述切粒水泵 P801A/B 切换导致挤压机跳的原因及预防措施。

(1) 原因：

运行泵 P801B 气缚引起的切粒水流量低联锁动作，即备用泵 P801A 泵体及管线内的空气未排干净(由于引水后空气被压缩、受热膨胀等因素使空气升压)，P801A/B 入口管线共用一条引入管线，且管线较短，当打开 P801A 进口阀时，

P801A 泵体及其管线内的气体进入在用泵 P801B，引起 P801B 气缚，从而导致切粒水流量低联锁 FAL8371 动作跳车。

（2）措施：

切粒水泵检修交回要用密封冲洗 DW 水灌泵排气，切换泵时用泵密封冲洗水进行确认排气正常。

54 切粒水温度过高的原因及后果是什么？

（1）原因：

① 挤压机开车后忘关切粒水箱蒸汽加热阀门。

② 切粒水换热器冷却水阀门没有全开或开度不够。

③ 切粒水温控阀 TV8371 故障或开度不够。

④ 仪表温度监测元件故障，导致温度控制阀 TV8371 无法实现精准控制。

⑤ 切粒水换热器结垢堵塞，换热效果下降。

（2）后果：

挤压机切粒状态恶化，出现大量垫刀料、葡萄串、黏结料、片料等，造成颗粒筛 S803 堵塞，颗粒干燥器转速低，或切粒管线堵塞“灌肠”。

55 简述热油泵切换引起挤压机停车的现象、原因及处理措施。

（1）现象：

热油泵 PEX801/8A 排气预热后，将 PEX801/8B 切至 PEX801/8A（热油泵是先停后开，现在的挤压机热油泵可以先开后停）。切换期间模头温度不会有大的变化，但 10min 后挤压机因切粒水 FI8371 流量低停车，现场脱开水室发现刀盘垫刀。

（2）原因：

挤压机停车是因垫刀引起的，而垫刀的主要原因是：在切换热油泵的过程中，当 PEX801/8B 停车后，由于热油流量直接到 0、热油电加热器停、热油温度直线下降，从而使得模板急冷、模孔出口压力升高、瞬间加大了对切刀的推力，引起垫刀。垫刀后产生大量粘连料，堵塞切粒水管道，切粒水流量 FAL8371 动作引起挤压机联锁停车。

（3）措施：

① 在挤压机运行状态下，不能停热油泵，否则会引起垫刀等情况而引发停车。

② 当中控发现切粒机电流异常升高，同时伴有刀隙增大趋势时，应直接在中控启动自动停车程序对挤压机实施停车。

56 简述挤压机停运检修时挤压机进料系统会启动多次的现象及原因。

（1）现象：

挤压机处于停运检修状态，挤压机主进料系统突然启动，W801、M802 主电机及添加剂系统全部处于运行状态。

（2）原因：

是因为电气将主电机切至试验位置，且给出运行信号通过程序带动挤压机计量系统、M802 和 W801 启动。

57 简述导致粉料带水挤压机产生白粒子的原因及处理措施。

（1）原因：

① 汽蒸罐 D501 蒸汽温度控制过低，过量明水进入到干燥罐 D502，干燥效果差，大量明水进入粉料风送，造成挤压机产生白色粒子。

② 挤压机停车时间过长，缓冲料仓 D802 内粉料冷却，同时输送氮气的饱和水汽冷却为明水积聚在料仓底部，初期粉料夹带大量明水进入挤压机，造成挤压机产生白色粒子。

（2）措施：

① 清楚汽蒸罐 D501 蒸汽运行压力和温度的对应关系，将 TIC502 和 TIC503 运行控制温度提高到 115℃，对汽蒸罐 D501 各路蒸汽疏水器前过滤器进行一次拆清，防止明水带入 D501。

② 缓冲料仓 D802 插板阀上部增加排水阀，在送料前先进行排水操作，尽可能将夹带的明水排尽。

58 简述挤压机锁紧单元空气增压器故障现象及原理。

（1）现象：

锁紧单元空气增压器压力与仪表风压力一致，增压器出现快速连续排气声（密封件泄漏），或增压器没有排气声（活塞卡住不动作），仪表空气压力波动，锁紧单元压力低，挤压机停机。

（2）原理：

增压器示意图见图 9-11，IA 进入增压器从下面左管道进入左侧空间，活塞向右运动。V1、V4 关，V2、V3 开。右侧空间压力增大，IA 进 V3 补气，V2 排气增压后去控制处。到活塞运动到一定距离后，四通阀切换，IA 从右管道进入右侧空间增压，活塞向左运动。V2、V3 关，V4、V1 开。左侧空间压力增大，IA 向 V1 补气，V4 排气增压后去控制处。到活塞运动一定距离后四通阀再次切换，向左侧补气，依次步骤重复工作，起到增压作用。到出口压力到达设定压力后增压器停止工作，直到出口压力下降后，增压器重新工作，如图9-11 所示。

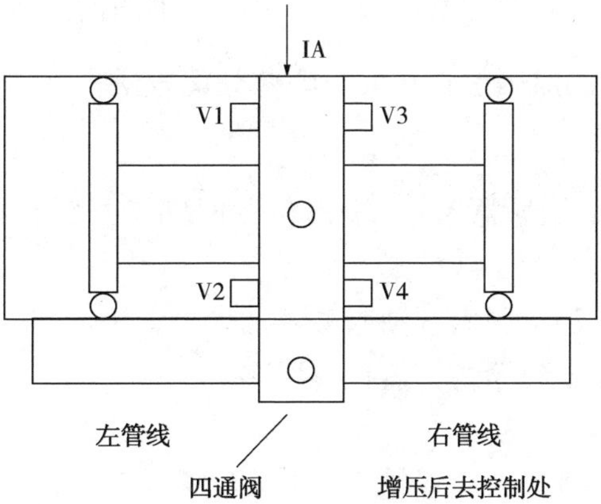

图 9-11　增压器示意图

59　挤压机切粒机退刀的原因是什么？

刀轴对模板表面的推力 F_x 按下式计算：

$$F_x = f_1 + f_2 - (f_3 + f_4 + f_5)$$

式中　f_1——刀轴气缸的向前推力，MPa；

f_2——切粒机刀片在热水中旋转时产生的推进力（向前），MPa；

f_3——刀轴气缸的向后推力，MPa；

f_4——水室热水对刀轴的推力（向后），MPa；

f_5——摩擦损失力（向后），MPa。

其中：

$$f_1 = P \cdot A$$

式中　A——气缸受力面积（定值），m^2；

P——气缸所受背压，可根据切粒机刀轴转速进行调整。

（1）切刀的刀口较钝，同时切刀的耐磨强度较大，切粒刀跳动过大，造成退刀。

（2）物料含水量太高、高熔指树脂、物料特性不稳定或负荷变化太大，切粒刀垫刀。

（3）切粒刀盘中间的冲洗切粒水量过大，造成切粒刀退刀。

（4）切粒水压力大幅波动，对切粒刀平衡性造成破坏，造成切粒刀退刀。

（5）切粒机刀轴平衡系统液压油漏油、油路带气等原因造成切粒机刀轴受力不平衡退刀。

（6）切粒机刀安装质量不好，切刀受力不平衡，或模板不平整，造成切粒刀跳动。

（7）切粒机刀轴向前向后压力控制电磁阀故障，造成切粒刀退刀。

（8）气温变化，导致控制气压波动，引起刀轴向前向后波动。

60 黄色指数偏高的原因是什么？有哪些处理方法？

（1）原因：

① 汽蒸罐 D501、干燥器 D502 物料停留时间过长，料位太高，汽蒸蒸汽和干燥氮气温度太高。

② 氯离子含量太高，脱卤剂硬脂酸钙加入量太少。

③ 空气进入挤压造粒系统，氧化物增多。

④ 添加剂系统下料不稳。

⑤ 有油或者杂物进入粉料系统。

⑥ 汽蒸罐搅拌器 A501 搅拌不均匀，粉料结块。

⑦ 添加剂连续输送混合器 M802 内壁长时间积料。

⑧ 齿轮泵 G/P 轴承温度，筒体温度过高。

（2）对应的处理方法：

① 控制汽蒸罐 D501、干燥器 D502 料位稳定，控制蒸汽和干燥氮气温度稳定在工艺要求温度。控制其他系统稳定运行。

② 严格控制催化剂中卤素原子含量，控制汽蒸罐 D501 汽蒸蒸汽温度，确保汽蒸罐 D501 中蒸汽不能液化；控制添加剂系统平稳运行，及时调整抽吸系统，保证添加剂系统下料稳定。

③ 保证整个挤压造粒系统处于 N_2封保护，尽量避免挤压机及计量系统漏入空气。

④ 控制添加剂系统平稳运行，及时调整抽吸系统，保证添加剂系统下料稳定。

⑤ 减少或者消除汽蒸干燥及粉料输送储存系统中密封泄漏，保证其密封密闭性。

⑥ 日常工作认真巡检，保证搅拌器 A501 良好机械运行状态，发生异常情况及时处理。

⑦ 每一次挤压机停车后，认真对 M802 进行检查，按规定认真对 M802 进行排料。

⑧ 日常认真巡检，监屏，严格按照工艺指令控制筒体温度及齿轮泵 G/P 轴承温度，发现异常情况及时检查处理。

第二节　气相法/多区循环气相本体工艺(Spherizone)

1　脱活剂中断如何处理?

中断后立即查明原因，若是现场机泵问题，联系外操现场进行切泵；若F160堵塞，投用F160副线即可；若D160用空，联系配置班进行加剂；若P160A/B出口安全阀定压不准频繁起跳，将安全阀切出校验；若无法恢复，投用D601、D602蒸汽，启动S2601或S2602，向多区反应器注入一组10%(体积)浓度CO，并切断氢气进料。停三剂进料，隔离R200，排空R200，启动P230，打开E231的蒸汽，将TIC2311温度保持在75℃。通过S2101，将R210甩掉，反应器下游设备保持正常操作，按照操作法步骤进行逐渐将各罐倒空。

2　F340出料堵塞如何处理?

中控扰动LV3401(视堵塞情况调整出料阀开度)，第一时间全开PV5101，关注D501压力，若压力仍下降，关小PV5102。F340畅通后，则第一时间打开PV5102，关小PV5101，视压力情况，打开PV5002。注意PK510入口压力。

如若F340出料继续堵塞无法恢复，投用D601、D602蒸汽，启动S2601或S2602，向多区反应器注入一组10%(体积)浓度CO，并切断氢气进料。停三剂进料，隔离R200，排空R200，启动P230，打开E231的蒸汽，将TIC2311温度保持在75℃。通过S2101，将R210甩掉，反应器下游设备保持正常操作，按照操作法步骤进行逐渐将各罐倒空。

3　F310出料堵塞如何处理?

第一时间中控扰动LV3101，通过调节FIC3106可以对F310底部物料进行松动，提高F310压力，降低下游压力，及时调节压缩机回流，防止压缩机跳停；若F310出料继续堵塞无法恢复，投用D601、D602蒸汽，启动S2601或S2602，向多区反应器注入一组10%(体积)浓度CO，并切断氢气进料。停三剂进料，隔离R200，排空R200，启动P230，打开E231的蒸汽，将TIC2311温度保持在75℃。通过S2101，将R210甩掉，反应器下游设备保持正常操作，按照操作法步骤进行逐渐将各罐倒空。

4　三乙基铝中断如何处理?

中断后立即关闭TEAL在R200的入口阀，脱开T/D、T/C比，将P110冲程降为0，查找原因，并根据恢复时间进行处理；TEAL流量低联锁S2002/S2003

启动，确认 HV2001/HV2002 打开；检查 TEAL 中断原因并进行恢复，如 30min 内 TEAL 的流量可以恢复，将投用 E231 蒸汽，维持 R230 温度稳定，投用 R210 夹套蒸汽，以保证 TIC2101 稳定在原温度，监控 R230 压力，监控好氢气进料，控制好反应器氢气浓度，待 TEAL 进料恢复后将 TEAL、DONOR、催化剂投串级；若 3h 后 TEAL 仍不能恢复，视反应器工况停车处理。

5 给电子体中断如何处理？

中断后关闭 DONOR 在 R200 的入口阀，手动脱开 T/D 比，将 P120 冲程手控降零，根据恢复时间进行处理；检查 DONOR 中断原因并进行恢复，如 30min 内 DONOR 的流量可以恢复，将投用 E231 蒸汽，维持 R230 温度稳定，投用 R210 夹套蒸汽，以保证 TIC2101 稳定在原温度，监控 R230 压力，监控好氢气进料，控制好反应器氢气浓度；待 DONOR 进料恢复后将 TEAL、DONOR 投串级；若 3h 后 DONOR 仍不能恢复，视反应器工况停车处理。

6 催化剂中断如何处理？

中断后关闭催化剂进 R200 阀。将 P150 冲程回 0，解除 FIC1102 串级，将 TEAL 流量投自动并保持在先前稳定状态时的量；确认 S2002、S2003、S2004 启动，确认 HV2001/HV2002 打开，检查催化剂中断原因，如短时间可以进行恢复，投用 E231 蒸汽，维持 R230 温度稳定，投用 R210 夹套蒸汽，以保证 TIC2101 稳定在原温度；待催化剂流量恢复后，重新恢复三剂进料；若 3h 后催化剂仍不能恢复，视反应器工况停车处理。

7 丙烯中断如何处理？

如丙烯中断查找原因，可继续操作 15min。

关 FV2414、FV2402，适当降低 T241、T240 液位。内操监控好 D330 液位，先切断催化剂进料，维持 TEAL、DONOR 进料，同时通知调度设法恢复丙烯流量。

如 15min 后丙烯供应仍不能恢复，则采取下列停车措施：投用 D601、D602 蒸汽，启动 S2601 或 S2602，向多区反应器注入一组 10%(体积)浓度 CO，并切断氢气进料。停三剂进料，隔离 R200，排空 R200，启动 P230，打开 E231 的蒸汽，将 TIC2311 温度保持在 75℃。通过 S2101，将 R210 甩掉，反应器下游设备保持正常操作，按照操作法步骤进行逐渐将各罐倒空。

8 界区氢气中断如何处理(针对无氢压机工况)？

如氢气中断后，查明原因，马上汇报调度，询问氢气恢复供应时间。

随着管网氢气压力不断下降，进反应器氢气阀门开度会逐步增大，全开后仍无法保持流量，关闭 FV2201A/B 并现场关闭其后手阀。

若熔融指数(熔指)降低至 1.5g/10min 后 30min 能恢复：继续维持聚合系统主催化剂、三乙基铝和给电子体进料，维持 R210 和 R230 温度。断氢后产品切至过渡料仓。根据熔融指数的降低速度，挤压机筒体温度、热油温度适当提高。关注挤压机切粒情况，有异常及时汇报中控。

若氢气在熔融指数降低至 1.5g/10min 后 30min 内不能恢复供应，投用 D601、D602 蒸汽，启动 S2601 或 S2602，向多区反应器注入一组 10%(体积)浓度 CO，并切断氢气进料。停三剂进料，隔离 R200，排空 R200，启动 P230，打开 E231 的蒸汽，将 TIC2311 温度保持在 75℃。通过 S2101，将 R210 甩掉，反应器下游设备保持正常操作，按照操作法步骤进行逐渐将各罐倒空。

9 乙烯中断如何处理?

如乙烯中断后，查明原因，马上汇报调度，询问乙烯恢复供应时间；随着管网氢气压力不断下降，400#单元切出，HV3108 转向 F340，关注 F340 料位与温度，同时逐步将 R401 料位拉低，及时调整挤压机参数，避免高溶融指数均聚料进入挤压机，导致挤压机跳停，其他参数往目标值控。

10 R210 出料不畅如何处理?

(1) 适当增加 R210 出料线 FIC2107 脱活剂加入量。

(2) 降低催化剂加入量，适当提高 R210 丙烯进料量，降低 R210 预聚合程度。

(3) 现场敲击 R210 出料线。

(4) 若无法疏通，启动 S2101，确认 R210 压力完全泄空，若 Z211 底部阀门关闭，则重新打开泄压后关闭。按操作法用氮气将 Z211 冲压至 0.7MPa；隔离 R200、Z201，关三剂进 R200 手阀，油洗 Z201；内操手动关闭 HV2311，关闭 FV2101、FV2301、FV2107、FV2108 气动阀及前后手阀，手动关闭 PV2101，关闭 D330 进 R210 顶部阀门，旁路 S2101 后复位 S2101，R210 充氮至 0.4MPa 置换，从 PG2151 处采样，置换至烃+氢含量小于 0.1%。联系保运单位拆开 R210 出料线 Z210 上下法兰，确认 R210 出口短接畅通，确认 HV2311 前球阀畅通，将备用的 Z210 连接至 R210 出料流程。R210 充氮至 0.4MPa 置换 5 遍，按操作法投用 R210，恢复生产。处理期间监控好 R230 参数，监控好主密封罐 Z211 压力，若泄压期间压力下降过低，则用氮气充压至 0.7MPa。若 PV2101 和 XV2101 在处理期间打开过，则应在 PV2101 和 XV2101 关闭后冲洗后路管线，并确认畅通，防止后路管线堵塞。R210 压力波动期间提前将 R210 充氮盲板 SFS2101、Z211 充氮盲板 SFS2112 提前倒通；小环甩空后，及时投用 D601 夹套蒸汽。

11 R200 堵塞如何处理？

（1）立即打开 HV2001、HV2002 进行冲洗确认，同时将催化剂、TEAL、DONOR 流量第一时间脱开串级控制，改为手动控制，查找原因。

（2）如冲洗油流量有明显变化，同步 R200 出口压力恢复正常，则说明堵塞物在 R200 出口第一道阀后，尽快恢复三剂出料稳定。

如冲洗油流量有明显变化，同步 R200 出口压力未恢复正常，则说明堵塞物在 R200 出口第一道阀前，此时三乙基铝、给电子体以及催化剂流量估计也都已降至最低，S2001 联锁已动作。

（3）情况发生后，堵塞物一般为脂的团聚物，第一时间对 R200 第一道出料阀前管线外部进行蒸汽吹扫加热，一般能够疏通，如疏通则尽快恢复三剂出料；如仍不正常，对 R200 进行蒸煮：①将 SFS2002、SFS2001 倒通，准备好氮气软管连接至 R200 顶部氮气接口处。②打开 HV2007 前导淋排空管线内凝液后关闭导淋，投用 P230。③打开冲洗油阀 HV2001/HV2002，关闭 R200 出口溢流线第一道阀，然后关闭 R200 出口溢流线第二道阀，关闭三剂进 R200 手阀，隔离 R200。（注意 R200 压力控制，不要超过 5MPa）

（4）若因丙烯反窜至 R200，导致 R200 堵塞，则投用 D601、D602 蒸汽，启动 S2601 或 S2602，向多区反应器注入一组 10%（体积）浓度 CO，并切断氢气进料。停三剂进料，隔离 R200，排空 R200，启动 P230，打开 E231 的蒸汽，将 TIC2311 温度保持在 75℃。通过 S2101，将 R210 甩掉，反应器下游设备保持正常操作，按照操作法步骤进行逐渐将各罐倒空。

12 冷冻水中断如何处理？

（1）P610A/B 故障且自启失败将导致冷冻水中断，及时查看备泵是否在远程状态，如果因备泵就地未自动启动，联系外操检查确认后启动。

（2）如果备泵无法启动，及时联系汇报设备员，排查原因。内操应如下操作：

① 稍增加 FIC2103 至 3000kg/h，以降低 R210 内催化剂浓度。

② 中断 R210 中的氢气进料，保持反应器氢气进料。

③ TV2102 全开。

（3）如果 P610 长时间无法启动，小环温度无法控制，如果生产共聚牌号，将 HV3108 转向 F340，D901 切空仓，启动 S2101 倒空 R210，装置按停工方案处理。

13 循环水中断如何处理？

装置通过循环水撤出夹套水的热量，循环水发生故障，夹套水温度会上涨，导致 E230、E241、E240、E243、E320、E330、E350、E401、E431、E510、E521、E800、E801、E802、E892、E901、E902，P210、P240、P330、P430 密封油，PK320、PK360 的润滑油和内部循环水，PK360 一级出口换热器、PK741A/B、PK240、PK250、PK401、PK510、PK610、C520 机组撤热困难。造粒机组润滑油换热器、筒体冷却水换热器、E890、C892、C901、C904 使用循环水撤热。

（1）当循环水中断，联系调度确认中断原因及恢复时长。

（2）联系外操停挤压机，D803 进料切至 D802A/B，停直接使用循环水降温的罗茨风机，关注 R230、R401 反应器温度。如果循环水长时间无法恢复，R230、R401 反应器温度无法维持：

① 共聚生产，将 HV3108 切向 F340，关 R401 单体进料，启动 S4201，现场确认 CO 注入阀门动作情况，终止 400 单元反应。

② 联系外操投用 D601/D602 夹套蒸汽，启动 S2101，倒空 R210，关 R200 至 Z201A/B 阀，关催化剂、给电子体和三乙基铝至 R200 前阀切出三剂，停 P110A/B、P120A/B、P150A/B，关闭 HV2311 前手阀，当 R210 压力到 1.0MPa 以下时停 P210 压力油系统。关闭丙烯进 R210 阀柱塞阀、球阀和进 Z201A/B 阀。油洗并隔离 R200、Z201A/B，定时对 P210 盘车。

③ 启动 S2601，S2602 注入 CO，保证两瓶 CO 注入。监视 DCS 上注入阀的开关动作指示，以确认它们在大约 4.5~5.0MPa 的压力时来回动作。监控下降段和上升段底部的温度曲线下降情况，确认反应杀灭情况，关闭去 E230 夹套水，启动 P230，打开去 E231 蒸汽以加热 E230。

④ 确认反应被杀死之后，手动停 C250 压缩机，引发 S2301 联锁，使反应器隔离，注意防止 PK320A/B 停车。确认 S2301 联锁动作到位。压缩机停车后聚合物沉积在反应器中，继续监控下降段和上升段底部温度。停 C240、P240A/B、关 FV2409A/B、关 LV2403 手动给 T240 顶部冷凝器到 R230 的 PV2413A 阀 100% 开度，使 T240 中的压力与反应器回路中的压力相等。关注反应器、T240 和 T241 的压力。

⑤ 关注机组、机泵温度，视情况停运 PK320、PK360、PK741A/B、PK401、PK510、PK610、P210、P240、P330、P430，防止机组、机泵损坏。

14 A200 停运如何处理？

（1）A200 停触发 S2004 动作，催化剂切出，脱开 T/C 串级，稍提高三乙基铝的流量，催化剂中断期间关注 R210、R230、R401 温度。

（2）联系现场检查 A200 情况，重新启动，现场关注 A200 运行状况，旁路 S2004，打开 HV2005，提 P150 冲程，当 R200 前压力到 5.0MPa 时打开催化剂进 R200 手阀，流量正常后，T/C 投串级。

（3）如果 A200 无法启动，及时联系汇报。如果是电机问题，联系停电，关 A200 冲洗油，更换 A200 电机，通过 HV2007 控制 R200 温度稳定，通过 HV2104 控制 R210 温度稳定，联系现场启动 P230，投用 E231 蒸汽，控制反应器温度稳定，2h 内更换完成，投用 A200 冲洗油，重新启动，运行正常后投催化剂，如果长时间未完成更换或更换完成仍无法启动，切出三乙基铝、给电子体后做停工处理。

15 A501 停运如何处理？

（1）A501 运行可以使聚合物在汽蒸单元分布更加均匀，更有利于可燃气体的脱除。一旦停运后可燃气体脱除难度增加，下游系统的 AI5211 指示可能会增加。因此 A501 停运后需适当降低 D501 料位，FIC5001 流量在原流量基础上增加 500kg/h，FIC5002 流量在原流量基础上增加 200kg/h，控制 AI5211 至 ≤0.35%。若无法控制 AI5211，则进一步提高 FIC5001 流量 500kg/h，直至 AI5211 可控。

（2）若仍无法控制，则需要装置适当降低负荷运行，直至 AI5211 可控。

（3）若负荷降至 20t/h，仍无法控制 AI5211 指示，装置按 500#单元故障停车处置。若采取以上措施后 AI5211 可控，则可视情况择机停车检修 A501。

（4）如果因 FALL5007 引起 A501 停，HS5005D 旁路蒸汽流量联锁，及时恢复蒸汽供给后重新启动 A501。

16 C250 停运如何处理？

（1）循环风机 C250 停车将导致在 R230 中的物料停止循环，聚合物堆积在反应器底部，反应热无法撤出，导致温度迅速上升，而无法控制反应，如不停止反应，聚合物将熔化，造成严重堵塞。如果 C250 停，会自动启动联锁 S2301，使反应器系统自动停车。监控反应器温度，PV2307A 排放两次，带动气流向上流动。旁路并复位 S2301。关 LV2403、FV2421A/B、关小 FV2403A/B、闭去 E230 夹套水，启动 P230，打开去 E231 蒸汽以加热 E230，维持反应器温度。

（2）关注 PIC3201，避免 C320A/B 停车。通知调度装置停车，停止罐区丙烯/乙烯供应。

（3）检查报警情况，检查 C250 机组 DCS 页，初步判定停车原因，非机械故障停车应尽快为重启 C250 做准备，同步开始反应器泄压至 1.2MPa 以下，关闭 C250 导叶，将 FIC2301 置手动，开度 5%，FIC2302 置手动，开度 5%，将上升段底部 HV2305/HV2307 打开出料，开度 50% 以上，注意下游料位及压力。将 FIC2311 置手动，开度 100%，将 FIC2404 置手动，开度 100%，FIC2420A/B/C/D 使用 F230 气相，开度 100%，HIC2318 置 70%开度。C250 重启前确认 C250 处于允许启动状态，确认 R230 温度高于对应压力的露点温度，关闭 HV2307 出料，重启时 HIC2370 快速持续上调，监视振动情况。

（4）提高计量气流量，调节 FIC2404、FIC2302、FIC2311、FIC2420A/B/C/D 至稳态。控制反应器温度 78℃，压力 2.8MPa。

（5）检查 F310、F340、D501、D520 料位及出料是否堵塞，检查 D330 状态。R230 温度达到 78℃时打开出料阀开始聚合物倒空程序。

（6）如果 C250 未能重启，自上升段底部出料线出料至 DI2301 降至 45kg/cm^3，重试 C250，继续从下降段出料，降低反应器压力防止丙烯冷凝，但 R230 与 F310 至少保持 0.6MPa 压力差。反应器出料温度低会造成 D520 温度低，干燥效果不好，这时可暂停反应器及 D520 出料，反应器出料温度低也会造成 C320 停车。

（7）对于低二甲苯可溶物产品，聚合物可在反应器中停留 4h 等待 C250 重启。如果二甲苯可溶物超过 4.5%，在出料阀堵塞且 C250 停车超过 1h，反应器应降压充氮气。

（8）反应器中存有聚合物时，C250 联锁停车，反应器应打开检查。否则易造成 R230 出料不正常，出料阀堵塞，导致开车失败。

17 P210 停运如何处理？

（1）P210 停触发 S2101，中控确认 S2101 动作到位，当小环压力降至 1.0MPa，切出 Z211，联锁动作结束后，确认 R210 倒空，旁路并复位 S2101，联系外操打开 XV2101 后管线吹扫丙烯进行吹扫，防止管线堵塞，关闭 HV2311 前手阀。

（2）及时投用 D601、D602 夹套蒸汽。

（3）现场确认 HV2001/HV2002 打开后关 R200 至 Z201A/B 第一道阀，稍开侧顶油后关第二道阀，关催化剂、给电子体和三乙基铝至 R200 前阀，按照逆向顺序关闭丙烯进 R210 阀柱塞阀、球阀和进 Z201A/B 阀。

（4）确认 P110A/B、P120A/B、P150A/B 冲程降为零，现场停 P110A/B、P120A/B、P150A/B。

（5）油洗并隔离 R200、Z201A/B，期间关注 D151 高压油侧液位，液位低及时补油。

（6）共聚生产期间，将 HV3108 切向 F340，关 R401 单体进料，启动 S4201 向 R401 注入 CO。

（7）关闭 FV2402、HV2303A/B/C、FV2414、FV2310 和 FV2424，向反应系统注入 CO，关闭到反应器的氢气和乙烯进料。后续按装置停工方案倒空 R230、F310、R401、D501、D520。

18 蒸汽中断如何处理？

（1）蒸汽一旦停，D501 内的物料无法汽蒸，D520 物料无法干燥，D330 的压力开始下降（PK320、PK360 机组中体密封吹扫丙烯气），T240 压力无法控制（提供下降段丙烯冲洗和阻隔液），新鲜丙烯吹扫气无法汽化，PK320 入口温度无法控制。界区蒸汽中断、S6303 联锁动作、C631 故障、PV6302 故障原因关闭等均能导致蒸汽中断。中控通过界区蒸汽温度、压力及 PV6302 判断蒸汽中断原因。及时关小 E330 夹套水，维持 D330 的压力。

（2）若 PV6302 故障原因，联系外操迅速到 PV6302 旁，与内操检查阀门动作情况是否正确，同时内操监控好低压蒸汽总管的温度，如阀门出现故障，根据现象及时调整 PV6302 前后阀门和旁通阀。

（3）若因 S6301 联锁动作导致 PV6302 关闭，判断为仪表故障时旁路温度高高联锁，重新打开 PV6302；判断为温度高高导致联锁触发，当 XV6301 保持打开时适当关小 TV6301，开大 LV6301、LV6302 进行置换降低凝液温度，同时外操现场导淋排凝。当温度下降后，手动打开 PV6302，引进蒸汽，旁路 FALL5007，投用 D501 蒸汽，投用 FALL5007，打开 LV5001，恢复 D501 出料。

（4）若为界区短时间波动，内操需要适当降低负荷，密切关注 D501 蒸汽和温度，外操到现场负责及时排凝。内操还要注意 D330、T430、T240 压力，可以适当关小 T240 蒸汽，确认 D330 压力正常，关注其他蒸汽使用点的温度。

（5）如果调度通知蒸汽供应故障，无法恢复，则进行装置停工处理。

19 三乙基铝过滤器 F110 堵塞如何处理？

（1）若 F110 堵，中控三乙基铝流量低报，低于 0.5kg/h 触发 S2002/S2003 动作，打开 HV2001/HV2002。中控第一时间脱开 T/D 串级，维持给电子体流量，联系外操现场打开 HV1110，恢复三乙基铝流量，确认三乙基铝流量正常后 T/D 投串级，关 HV2001/HV2002。期间关注 P151 出口压力及 D151 高压油侧的液位。

（2）之后按照三乙基铝过滤器 F110 清洗及投用操作进行处理：

① 联系内操关注 FIC1102 流量，缓慢关闭 F110 出口阀，内操确认 FIC1102

流量正常后，关闭 F110 入口阀。

② 关闭 F110 顶部手阀、出口排气阀，F110 完成隔离。

③ 确认 P660 冲洗油至三乙基铝区域冲洗点手阀全部关闭，打通 P660 至 F110 冲洗油阀阀前流程。

④ 打开 F110 入口冲洗油阀，关闭 PI1154 前切断阀，通过 PI1154 观察压力，保压 10min，确认压力不变化(注意：此操作说明 F110 隔离正常)，内操确认 D110 液位下降斜率正常后再进行油洗操作。

⑤ 打开 F110 底部排放阀，对 F110 正洗 50~60L(FQS1103)，完成后关闭 F110 底部排放阀及入口冲洗油阀，打开 F110 出口冲洗油阀，再打开 F110 顶部排放阀，F110 反洗 50~60L(FQS1103)，油洗期间中控关注 D110 液位下降趋势，确认无异常。

⑥ 油洗结束后按顺序关闭 F110 底部排放阀、出口冲洗油总阀，关闭 P660 冲洗油至 F110 流程。

⑦ 在 F110 交出作业前，应持续对 D110 进行液位监控，下降速率是否正常。

⑧ 拆除 F110 出入口阀、氮封阀、底部排放阀阀门手柄并就近放置；准备好干粉灭火器、检查防火服齐全，交出更换滤芯。拆装全过程工艺员及安全员现场协调指挥。(必要时联系消防车保驾。)

⑨ F110 交回后，打开 F110 顶部排气手阀，打通 P660 至 F110 冲洗油流程，对 F110 充油 10~20L(FQS1103)。结束后，关闭 P660 至 F110 冲洗油流程，关闭 F110 顶部手阀，打开出口排气手阀。

⑩ F110 投用：打开 F110 入口阀，缓慢打开出口阀至 20%开度，一般判断 24h 后能全部置换完成，全开出口阀，关闭副线阀。

20 P110 故障如何处理？

(1) P110 故障，三乙基铝中断，触发 S2002/S2003，打开 HV2001/HV2002。中控及时脱开 T/D 串级，在 HV2001/HV2002 关闭前提高 P120 冲程至 90%以上，将 P110 冲程回 0，联系外操关三乙基铝进 R200 前手阀，另一外操关故障泵进出口手阀及进出口气动阀，打通备用泵进出口手阀及进出口气动阀，现场就地启动备用泵，中控提冲程，提醒外操关注三乙基铝进 R200 前压力，当压力达到 5.0MPa 时打开进 R200 前手阀，中控控制流量至正常值后，投用 T/D 串级，关 HV2001/HV2002。联系汇报，排查故障泵故障原因，若需要交出检修，打通冲洗油流程冲洗隔膜后停电交出检修。

(2) 若备泵无法启动，故障泵非机械原因停运，关闭备泵进出口手阀及气动阀，打开故障泵的进出口手阀及启动阀，重新启动故障泵，若两台泵均无法启动，3h 后 TEAL 仍不能恢复，视反应器工况停车处理。

21 P120 故障如何处理?

（1）P120 故障将导致给电子体中断，内操稍提高三乙基铝的流量，脱开 T/D 串级，将 P120 冲程回 0，联系外操关给电子体进 R200 前手阀，另一外操关 P120 运行泵进出口手阀，打通备用泵进出口阀，检查确认流程后联系中控，就地启动备用泵，中控提冲程，提醒外操关注给电子体进 R200 前压力，压力到 5.0MPa 后打开进 R200 手阀，中控调整给电子流量至正常值，回调三乙基铝至正常值，确认三乙基铝和给电子体流量正常后投 T/D 串级。

（2）如果备用泵启动失败，若原故障泵为非机械原因停运，可尝试启动原故障泵；若两台泵均无法启动，3h 后 DONOR 仍不能恢复，视反应器工况停车处理。

22 P150A/B 故障如何处理?

（1）P150 故障，催化剂中断，触发 S2004 联锁动作，中控及时脱开 T/C 串级，将 P150 冲程回 0，将 TEAL 流量投自动并保持在先前稳定状态时的量。联系外操关催化剂进 R200 前手阀，中控旁路 S2004，打开 HV2005。另一外操关 P150 故障泵进出口阀，打通备用泵进出口阀，流程确认后联系中控，就地启动备用泵，中控提冲程，提醒外操关注催化剂进 R200 前压力，压力到 5.0MPa 后打开催化剂进 R200 手阀，中控调整催化剂流量至正常值后投用 T/C 串级，投用 S2004。

（2）如果备泵启动失败，原故障泵因非机械原因停运，可尝试按启泵操作启动原故障泵，如果双泵均无法启动，催化剂长时间中断，关注 TV2102 阀位和 R210 温度，必要时开 HV2104 蒸汽维持 R210 温度。关注 TV2311 阀位和 R230 温度，联系外操打通 P230 至 E230 流程，启动 P230，必要时投用 E231 蒸汽维持 R230 温度。

（3）当 LV2301 开度降到 35%，将 LIC2301 切至手动控制，保持 R230 出料阀的开度为 35%以上，可通过降低计量气及上调 C250 导叶和 HV2318 的开度来降低上升段密度。

（4）如果催化剂 2h 内恢复则将催化剂提到其目标值并投用与 TEAL 的串级。

（5）若生产双峰产品，催化剂中断 30min 后开始切换生产单峰产品，维持好 FIC2420 的量。

3h 后催化剂仍不能恢复，视反应器工况停车处理。

23 D501 堵塞如何处理?

（1）D501 堵塞后，中控通过 PIC5206 维持 D520 系统压力，避免 C520 入口压力低低跳停。手动控制 LIC5001，抖动 LV5001，下料恢复后关小 PV5206，避免 C520 出口压力高高跳停。

（2）如果处理期间 C520 跳停，中控及时关 D520 下料阀，调整 D520 系统压力至正常值后联系外操按操作票重新启动 C520，及时恢复 D520 下料。

（3）如果长时间不下料，内操降低催化剂进料，必要时切出催化剂。当 D501 料位持续上涨，料位高高触发 S3404 时，关 F340 下料阀，内操关注 F340 料位，如果 D501 恢复下料，及时打开 F340 下料阀。当 F340 料位高高触发 S3403 时，共聚期间，S3401 动作，R401 出料关闭，中控开大 PV3501，防止 PK360 跳停。D501 恢复出料后，及时恢复 F340 料位，复位 S3401 后打开 R401 出料，关注 PK360 入口压力和 F340 压力，及时调整。均聚/无规期间 S3403 动作后，触发 S3402、S3102，R230 出料关，当 D501 出料恢复后，恢复 F340 料位，先复位 S3402，再复位 S3102，打开 FV2310/FV2335/XV2321/FV3106，恢复 R230 出料。

24 R200 温度高如何处理？

（1）原因：

① 三剂在 R200 内反应剧烈。

② 夏季温度高，导致 R200 温度高。

③ TE2001 远传仪表故障。

（2）处理：

① 手动开大 TV2001，根据 R200 温度上升趋势及时调节，联系外操全开 TV2001 副线阀，观察 R200 温度变化，若温度持续上升，则切断三剂进料，期间做好内外操联系，要防止 Z201 堵塞。

② 完善 R200 保冷措施，降低冰机出口温度。

③ 联系仪表进行检查处理。

25 引起主反应器 R230 温度高的原因是什么？如何处理？

（1）原因：

① 催化剂进料太快，或氢气、乙烯进料量增加过快而导致催化剂活性迅速增加。

② 循环风机操作不当，使得反应器内的物料循环不充分。

③ E230 换热能力不足(TV2311 故障、P640A/B 故障、E230 堵塞)。

④ 计量气过小，反应器内物料循环速率太慢，导致下降段温升太高。

⑤ HV2300 开度小，反应器内物料循环速率太慢，导致下降段温升太高。

⑥ 计量气过大，循环风机气量不足，导致上升段密度过高，使下降段反转。

⑦ 双峰生产时，阻隔液加入量不足。

⑧ 开工时，未及时投用 FIC2405。

（2）处理：

① 视反应器浓度及装置负荷，减少催化剂、氢气、乙烯加入量。

② 视 C250 运行情况，及时调整入口导叶及 HV2318。

③ 若 TV2311 故障，及时联系仪表处理；若 P640 故障，及时切换至备用泵运行。核算 E230 换热面积，若不满足生产需求按计划装置停工，拆清 E230。

④ 调节 FIC2301，调节时需注意 R230 下降段底部密度、压差、温度，上升段底部密度、压差。

⑤ HV2300 若有调节余地，及时调整 HV2300 开度，此时需关注 R230 的料位和下降段底部密度、压差等参数。

⑥ 视 R230 下降段温度增加阻隔液的加入量。

⑦ 开工时及时投用 FIC2405。

26 引起 R230 压力高的原因是什么？如何处理？

（1）原因：

① R230 丙烯、乙烯、氢气加入量过大。

② R230 内物料反应变差。

③ 远传仪表故障。

④ R230 下料阀堵塞。

⑤ R230 内惰性气体（氮气、丙烷）含量高，抑制反应。

（2）处理：

① 调整 FV2203 的设定值上下限，控制 R230 丙烯的进料量。调节 FV2201、FV2202 减少氢气、乙烯加入量。

② 减少脱活剂的加入量或增大催化剂的加入量，观察 R230 内催化剂活性变化。

③ 联系仪表检查处理故障远传仪表。

④ 切换 R230 出料线，堵塞出料线交出清理，动作步骤严格按照岗位操作法执行。

⑤ 开 FIC2402，减少 R230 内氮气含量；开 FV2414，减少 R230 内丙烷量。

27 C250 压差高的原因是什么？如何处理？

（1）原因：

① PDI2305 故障或负压侧引压管堵塞，不能有效监控压差数据。

② 压差表流程未打通（负压侧阀门未打开），指示虚高。

③ E230 堵塞面积过大。

④ R230 轻组分加入过快，造成 C250 入口流量增加，导叶未及时调整。

（2）处理：

① 联系仪表处理。

② 检查 PDI2305 引压手阀是否打开。

③ 调整 C250 导叶、HV2318 后压差无明显变化，在无法满足工况的条件下，装置停工拆清 E230。

④ 调整 C250 导叶，调整时要关注 C250 压差、电流、入口流量及 R230 气速等参数。

⑤ 视 R230 内氢气浓度，适当减少氢气加入量。

28 C401 停运如何处理？

（1）HV3108 转向，物料从 F310 出料到 F340，现场确认 HV3108 动作情况。

（2）启动 CO 注入系统。

（3）关闭丙烯、乙烯、氢气进 R401 流程。

（4）关闭 R401 排料阀以及再循环线，PK360 出料转换到 PK320A/B，停乙烯气提塔。

（5）系统温度冷却到 40℃。

（6）关闭除了 C401 密封的所有仪表冲洗，C401 干气密封中压氮气。

（7）系统泄压至火炬。

（8）C401 停运 2h 后才能停润滑油泵，润滑油泵停运后才能停干气密封。

（9）联系汇报相关人员，判断 C401 停运原因，判断是否具备重启条件。

29 引起高压袋滤器 F230 压差高的原因是什么？如何处理？

（1）原因：

① F230 反吹气电磁阀动作故障。

② F230 压差表故障。

③ F230 滤袋堵塞。

④ PV2315 故障。

⑤ F230 反吹气程序未投用。

⑥ 聚合反应产生的细粉多。

（2）处理：

① 联系外操现场观察 F230 反吹气动作是否正常，若异常则联系仪表检查电磁阀。

② 联系仪表检查 F230 压差表。

③ F230 堵塞严重，停工后将 F230 切出，更换新的滤袋。

④ 开大 PV2315，增大反吹气的压力，观察 F230 压差变化，若无效果，联系仪表检查 PV2315。

⑤ 在 DCS 上投用 F230 脉冲反吹气。

⑥ 优化聚合反应参数，减少细粉产生。

30 引起中压袋滤器 F310 压差高的原因是什么？如何处理？

（1）原因：

① F310 脉冲反吹气未投用。

② F310 脉冲反吹气设备电磁阀出现故障。

③ PV3106 阀门故障。

④ F310 滤袋堵塞。

⑤ F310 反吹气电磁阀动作故障。

⑥ F310 压差表故障或堵塞。

⑦ 前系统生产的细粉较多。

（2）处理：

① 在 DCS 上投用 F310 脉冲反吹气。

② 检查 PDIC3106 趋势图，出现异常进行现场处理。

③ 通知仪表进行现场检查。

④ F310 堵塞严重，停工后将 F310 切出，更换新的滤袋。

⑤ 联系外操现场观察 F310 反吹气动作是否正常，若异常则联系仪表检查电磁阀。

⑥ 联系仪表检查 F310 压差表。

⑦ 检查前系统的控制参数，可从取样口判断料细粉多少。

31 引起低压袋滤器 F340 压差高的原因是什么？如何处理？

（1）原因：

① F340 反吹气电磁阀动作故障。

② F340 反吹气金属软管大量泄漏，导致反吹气不能正常工作。

③ F340 压差表故障。

④ F340 滤袋堵塞。

⑤ 压控阀 PV3406 故障或堵塞。

⑥ F340 反吹气程序未投用。

⑦ 前系统生产的细粉较多。

（2）处理：

① 联系外操现场观察 F340 反吹气动作是否正常，若异常则联系仪表检查电磁阀。

② 联系外操现场观察 F340 反吹气金属软管是否存在大量泄漏现象，若金属软管泄则在线隔离，交出检修，更换新的金属软管。

③ 联系仪表检查 F340 压差表。

④ 停工处理，F340 切出，更换新的滤袋。

⑤ 开大 PV3406，增大反吹气的压力，观察 F340 压差变化，若无效果，联系仪表检查 PV3406。

⑥ 在 DCS 上投用 F340 脉冲反吹气。

⑦ 检查前系统的控制参数，从高压袋滤器取样做分析。

32 风送系统烃含量、氧含量分析仪 AT5212/AT8001 升高如何处理？

（1）当 AT5212/AT8001 的 DCS 指示数值趋势缓慢走高，判断为后系统可燃烃含量增加，联系外操带上四合一检测仪去粉料风送系统导淋处检测。若检测数值同样高，则开大风送入口充氮阀 PV8011A 进行系统置换稀释。同时内操人员查看上游系统料位是否正常，出料阀开度是否有异常，如有异常先尝试调整到之前正常料位或阀位，观察趋势变化，是否有降低，若持续升高，则尝试关闭上游出料阀。

（2）如果 AT5212/AT8001 趋势瞬间走高，现场检测和 DCS 指示对不上，内操尽快将 AT5212/AT8001 旁路，并联系分析仪表处理。

33 切粒机带葡萄料、黏连粒的原因是什么？如何处理？

（1）原因：

① 切粒水温度高。

② 树脂混炼过强。

③ 切刀与模板间隙大。

④ 切粒机负荷和转速不匹配，转速过低。

⑤ 机头加热不够或不均匀。

（2）处理：

① 调节切粒水水温至合适。

② 调整节流阀开度。

③ 调整进刀压力。

④ 调整切粒机转速。

⑤ 检查热油系统及电加热系统。

34 D890 电流高的原因是什么？如何处理？

（1）原因：

① D890 顶部滤网堵塞。

② S890 预脱水效果差，导致 D890 带入大量水，引起电流高。

③ C890 入口阀门开度过大。

④ D890 电机缺脂，导致 D890 电流高。

（2）处理：

① 挤压机停车，拆清 D890 底部滤网。

② 挤压机停车，检查并确认 S890 内部情况。

③ 关小 C890 入口阀门，观察电流变化。

④ 联系保运给 D890 电机加脂。

第三节 气相法/立式搅拌釜气相本体工艺(Lumms)

1 简述循环冷却水停的现象、原因及处理措施。

（1）现象：

界区循环水供水压力低于 0.35MPa，流量快速下降。

（2）原因：

① 界区供水中断。

② 界区循环水大量泄漏。

（3）处理：

循环冷却水主要用于以下用户：脱气塔冷凝器、冷却器、再生氮气冷却器、乙烯压缩机、氢气压缩机、冰机系统、净化气回收系统、载气压缩机、丙烯进料泵、丙烯循环泵、大循环气压缩机、反应器搅拌器、粉料输送氮气冷却器、风送冷却器、挤压造粒系统。

冷却水即使只中断几分钟也要求整个装置采取紧急停车，以避免设备系统过热而导致大量丙烯单体泄放到火炬系统，以及可能对设备造成的损坏，需按以下步骤停车：

① 现场确认反应器 CO 钢瓶压力，打开手阀，中控注入 CO。

② 中控停催化剂计量泵、三乙基铝(TEAL)计量泵、关闭乙烯进料阀，现场关闭催化剂泵出入口手阀，乙烯、TEAL 进主进料口管线最后一道手阀。

③ 停装置丙烯进料泵(P110A/B)，并关闭进出口手阀。

④ 将循环气压缩机主密封气切换至高压氮气侧，停循环气压缩机，隔离小

循环气压缩机并泄压，关闭循环气去排放仓吹扫气控制阀。

⑤ 现场停乙烯压缩机、氢气压缩机、载气压缩机、净化气回收系统、冰机、挤压造粒系统、停粉料输送系统和风送系统。

⑥ 中控密切监控反应器搅拌器和丙烯循环泵机封、轴承温度，现场可接胶管用工业水冷却，直到反应器停车为止，机封和轴承温度高于70℃时立即停机处理。

⑦ 现场停反应器循环丙烯液泵，中控关闭循环气系统的退料丙烯。

⑧ 中控确认净化仓下料旋转阀停止，现场关闭旋转阀上方插板阀，中控停净化仓搅拌器。

⑨ 中控逐渐将聚合反应器转速降至3r/min，将反应器温度降至65℃以下。按下反应器无CO停车按钮。

⑩ 中控和现场检查反应器主进料口、机封、催化剂进料管线高压氮气打开。

⑪ 现场关闭排放仓下方插板阀，中控停排放仓下料旋转阀和排放仓搅拌器。

⑫ 现场关闭硅烷和氢气进反应器主进料口最后一道手阀。

⑬ 中控将反应器泄压至0.5MPa以下，停反应器搅拌器。

⑭ 界区冷却水恢复后，启动粉料输送压缩机，分析系统氧含量合格（≤0.2%），将排放仓和净化仓粉料全部倒入粉料仓。

2 简述TEAL中断的现象、原因及处理措施。

（1）现象：

反应活性下降，循环丙烯量的需求自动减少，新鲜丙烯量的需求自动减少。

（2）原因：

① 储罐压力低于正常值。

② 储罐液位低报。

③ TEAL计量泵停。

④ TEAL区域探测到火焰。

⑤ TEAL计量泵入口过滤器堵塞。

⑥ 冬季系统管线电伴热未投用。

⑦ TEAL计量泵单向阀卡涩。

⑧ 系统流程未连通。

（3）处理：

① 反应器TEAL中断5min不能恢复时，立即将催化剂进料减半。

② 立即查明 TEAL 中断原因，并恢复 TEAL 进料。

③ 若 30min 后 TEAL 流量依然中断，立即中断催化剂进料，反应器按正常停车处理。

3 简述硅烷中断的现象、原因及处理措施。

（1）现象：

流量计指示低报或无流量。

（2）原因：

① 储罐压力低于正常值。

② 储罐液位低报。

③ 硅烷计量泵停。

④ 硅烷过滤器堵塞。

⑤ 硅烷计量泵单向阀卡涩。

⑥ 系统流程未连通。

（3）处理：

① 反应器硅烷中断 10min 未恢复，立即停主催化剂。

② 硅烷中断会造成无规物增加，要密切监控搅拌器电流。

③ 若硅烷恢复，提高硅烷进料比例直到等规度恢复。

④ 硅烷中断超过 2h 时，反应器正常停车。

4 简述反应器搅拌器密封油压力低低联锁停车的事故经过、事故分析及预防措施。

（1）事故经过：

某年 6 月 26 日上午 10：50，某石化企业 Novolen 聚丙烯装置第一反应器 R310 投料开车。由于操作人员经验不足，现场进行循环气冷凝器 E310 加压时，高压氮气手阀开度过大，造成高压氮气管网压力快速低至 3.3MPa。反应器搅拌器 M310 的密封油罐与高压氮气管网相连，手阀处于打开状态，造成压力反窜，引起 M310 密封油罐压力 PI3173 低低，触发联锁导致反应器搅拌器 M310 停车，进而引起 IZ3116A 联锁导致反应器停车。

（2）事故分析：

① 现场操作人员在进行 E310 加压过程中，高压氮气手阀开度过大，时间过长，造成高压氮气管网压力快速大幅下降。

② 中控操作人员在开工操作过程中，由于经验不足，DCS 系统报警数量太多太频繁，未能及时发现高压氮气管网压力下降。

③ 厂家在培训时未充分考虑管网压力波动，强调要求高压氮气手阀全开。

④ 设计存在缺陷，密封油加压高压氮气线未设置单向阀，造成压力反窜。

(3) 事故教训和预防措施：

① 现场操作人员在使用高压氮气时，必须缓慢调节手阀开度，并要求中控操作人员关注高压氮气管网压力。

② 中控操作人员需根据高压氮气管网压力，指导现场操作人员及时调整高压氮气的使用量，必要时提前启动氮气压缩机。

③ 现场关闭反应器搅拌器的密封油加压高压氮气手阀，防止由于高压氮气管网压力波动造成搅拌器停机。

④ 中控密切关注 DCS 报警，如搅拌器密封油压力低报，则通知现场进行补压。

(4) 环境及安全影响：反应器紧急停车排放，火炬冒黑烟。

5 简述反应器停车造成催化剂注入口堵塞的事故经过、事故分析及预防措施。

(1)事故经过：

某年 7 月 19 日 21：00，某石化企业 Novolen 聚丙烯装置反应器 R310 温度出现大幅波动，中控操作人员多次设法调节，仍无法控制。22：30 反应器温度达到 96.2℃，中控操作人员手动切断主催化剂进料，降低新鲜丙烯进料，并加大反应器出料，试图控制反应器温度。由于反应器温度高，大量的循环丙烯进入反应器撤热，造成 E310 液位迅速降低，反应器出料过多，以致反应器压力大幅下降，22：53 R310 由于反应器压力低低联锁停车。20 日 04：45，R310 重新开车时发现两个催化剂注入口堵死，手动泄空反应器压力，氮气置换合格后联系维保拆清催化剂注入口。21 日 10：00 R310 重新开工，恢复生产。

(2) 事故分析：

① 催化剂控制阀为三通控制阀，以脉冲式注入反应器，造成催化剂流量不稳定。阀芯与阀座频繁撞击，造成阀芯磨损，以致催化剂进入过多，造成反应器温度大幅快速上升。

② 中控操作人员在中断主催化剂进料后，新鲜丙烯量调整过快，残存在反应器内的催化剂仍具有较高活性，冷凝器液位自 78%降低至 40%，是造成反应器压力下降的一个原因。

③ 为防止温度过高，导致反应器内物料熔融，中控操作人员加大出料，造成过多的载气进入到脱气仓系统，进一步导致了反应器压力快速下降，达到联锁停车条件。

④ 反应器停车后，现场操作人员未及时用高压氮气冲洗主催化剂注入口，

活性粉末在催化剂注入口反应，造成催化剂注入口堵死。

（3）事故教训和预防措施：

① 根据催化剂进料阀开度变化情况，及时调整催化剂进料量，必要时更换新的阀芯和阀座。

② 将主催化剂进料控制由三通控制阀更改为隔膜式计量泵，以便更好地控制催化剂进料量。

③ 中控操作人员根据主催化剂的特性进行控制：如 PTK 的活性残存时间长，切断催化剂后 20min 内活性无明显下降，ND 催化剂活性残存时间短，切断催化剂 5min 左右反应器温度明显下降。

④ 中控操作人员在操作时应充分考虑到料位、温度、压力三者之间的关系，进行超前调节。

⑤ 反应器停车后，现场操作人员必须用高压氮气对催化剂注入口进行冲洗，防止活性粉末在注入管口发生反应，造成注入管堵死。

（4）环境及安全影响：反应器紧急停车排放，火炬冒黑烟。

6 简述 R420 出料阀故障导致反应器停车的事故经过、事故分析及预防措施。

（1）事故经过：

某年 10 月 17 日上午 10：00，某石化企业 Novolen 聚丙烯装置二线第二反应器 R420 出料阀自动检测后触发故障，导致出料顺控 U4203 出错，一旦投入“CAS”后，出料阀打开，XV4207 和 XV4209 立即变成“CLOSE”命令，阀门关闭，导致 R420 无法出料。中控操作人员立即联系 DCS 查找原因。由于反应器 R410 与 R420 串联控制，10：10，R420 料位高报，联锁关闭 R410 出料阀，导致 R410 无法出料。中控操作人员立即切断 R410 催化剂进料，并向 R410 和 R420 注入 CO_2 终止反应。10：16 反应器 R410 料位高高高联锁，反应器 R410 停车，紧急排放，R420 维持丙烯循环。

（2）事故分析：

① R420 的出料阀自检时间均设置为 10：00，因此，当两条出料线出料阀门自检故障时，导致出料顺控 U4203 出错，两条出料线同时关闭，R420 无法出料。

② R410 与 R420 串联生产时，由于出料线弯头为法兰连接，无法快速调向，当 R420 无法出料时，无法快速切至 D430 出料，造成 R420 料位高联锁关闭 R410 出料阀。

③ 当 R410 出料阀联锁关闭，切断催化剂进料并注入 CO_2 后，由于反应器内物料仍有活性，导致 R410 料位持续上涨，触发反应器料位三高联锁。

（3）事故教训和预防措施：

① 联系 DCS 修改所有反应器的自检时间，将同一反应器的自检时间错开，防止自检时程序出错导致两条出料线同时锁死。

② 对中控操作人员和 DCS 工程师进行培训，一旦再次出现相同的故障，操作人员将第一道切断阀投“AUTO”，手动开关第二道出料阀出料，并立即联系仪表工程师检查处理。

③ 将出料线弯头更改为气动三通阀控制，可以自由切换 R410 的出料线流程。

（4）环境及安全影响：反应器紧急停车排放，未及时联系投用火炬消烟蒸汽，火炬冒黑烟。

7 简述循环气过滤器投用导致反应器停车的事故经过、事故分析及预防措施。

（1）事故经过：

某年 3 月 11 日下午，某石化企业 Novolen 聚丙烯装置班组人员接到车间领导指令，要求将循环气过滤器 SR410B 切至备用过滤器 SR410A 运行，要求投用前必须用工艺气体置换三次以上。18：42 现场操作人员通知中控已经完成置换并切换到备用过滤器。18：43 反应器 R410 温度直线下降，并出现露点报警，中控操作人员于 18：50 切断主催化剂，并由现场排放反应器压力维持进丙烯升温。反应器温度正常后，重新建循环开车，23：10 投催化剂开车。

（2）事故分析：

① SR410A 滤芯更换之后，仅升压气密后排放，未按规定用氮气置换空气，系统内氧气含量高。

② SR410A 投用前，班组人员未按要求将系统升压至 5bar 以上置换三次，导致过滤器内的氧气未完全排尽，投用后氧气进入反应器，与 TEAL 迅速反应，造成催化剂无法形成活性中心，瞬间失活。

（3）事故教训和预防措施：

① 循环气过滤器滤芯更换后必须严格按操作规程进行气密和置换工作，置换时现场压力表必须高于 5bar，排放时必须将压力泄空，确保置换效果。

② 任何设备打开恢复后，必须先用氮气置换空气，投用前必须用工艺气体置换氮气。

③ 加强实践学习，提高操作人员责任心，对于关键环节，班长需强化管理。

（4）环境及安全影响：反应器紧急停车排放，火炬冒黑烟。

8 简述出料阀联锁关闭导致反应器停催化剂的事故经过、事故分析及预防措施。

（1）事故经过：

某年4月12日凌晨0：55：10，某石化企业Novolen聚丙烯装置中控操作员发现XV4109、XV4111突然同时变为黄色状态，出料阀命令与回信不一致，出料阀V4110、XV4112无法打开。由于以前出现过D430的三高核料位开关误报，内操立即检查后续的D430是否出现三高料位报警以及D430的进料截止阀XV4307、XV4308是否关闭，检查发现D430没有三高料位报警，XV4307、XV4308一直处于打开状态。同时，内操联系外操到现场检查是否阀门的仪表风线出现故障，导致阀门处于安全位置(关闭状态)，现场检查确认风线正常。由于出料阀门的关闭，造成R410内的物料高度和温度、压力同时上升，内操在0：57：21中断主催化剂的注入，在01：02：00注入2s的二氧化碳终止反应。内操联系DCS值班人员强制打开XV4109、XV4111，再按正常投用步骤投用后可以正常出料，然后取消DCS强制后仍正常，于01：07：21左右恢复R410出料控制。01：34：03左右，在确认出料控制正常，并且反应器温度稳定后，重新投入主催化剂开工，07：20左右正常。

（2）事故分析：

① SR410A滤芯更换之后，仅升压气密后排放，未按规定用氮气置换空气，系统内氧气含量高。

② SR410A投用前，班组人员未按要求将系统升压至5bar以上置换三次，导致过滤器内的氧气未完全排尽，投用后氧气进入反应器，与TEAL迅速反应，造成催化剂无法形成活性中心，瞬间失活。

（3）事故教训和预防措施：

① 循环气过滤器滤芯更换后必须严格按操作规程进行气密和置换工作，置换时现场压力表必须高于5bar，排放时必须将压力泄空，确保置换效果。

② 任何设备打开恢复后，必须先用氮气置换空气，投用前必须用工艺气体置换氮气。

③ 加强事件学习，提高操作人员责任心，对于关键环节，班长需强化管理。

（4）环境及安全影响：反应器紧急停车排放，火炬冒黑烟。

9 简述反应器搅拌器风扇停运造成反应器停车的事故经过、事故分析及预防措施。

（1）事故经过：

某年12月4日14：45，某石化企业Novolen聚丙烯装置二线反应器搅拌器M410突然停运，导致反应器R410紧急停车排放。中控操作人员立即向反应器

R410 内注入二氧化碳失活反应器内反应。R420 进入循环状态。经核查，M410 停机是由于 M410 电机绕组温度高高所致。现场用测温枪对 M410 电机进行检查，发现电机尾部温度达到 88.3℃。排除仪表故障，由电气对 M410 系统进行检查。M410 手动盘车正常，电机未抱死。

（2）事故分析：

经电气班组检查发现：M410 风扇于 13：23 过电流跳车。该风扇电机的额定电流为 12.45A，跳车电流为 14A。电气复位后，该风扇运行正常，运行电流为 13.4A。由于该电机长期超过额定电流运行，稍一波动即造成过流跳车，进而引起 M410 电机无法散热导致绕组高温跳车。M410 风扇保护罩部分被灰尘堵塞，是造成运行电流偏高的一个原因。

（3）事故教训和预防措施：

① 电气专业对所有电机的运行电流、额定电流、跳车电流进行检查，确保运行电流在额定电流以下运行。

② 电气将 M410 风扇的跳车电流修改为 16A。

③ 工艺班组对所属卫生区域内的风扇保护罩进行检查清理。

④ 将所有反应器搅拌器电机风扇的运行信号引入 DCS 监控，一旦风扇停机，立即联系供电进行复位。

（4）环境及安全影响：反应器紧急停车排放，火炬冒黑烟。

10 简述旋转阀排气过滤器堵塞导致反应器停车的事故经过、事故分析及预防措施。

（1）事故经过：

某年 12 月 6 日中午 12：30，某石化企业 Novolen 聚丙烯装置一线粉料输送风机 K350-AX 多次因出口压力 PI3324 压力高高联锁停机，出料仓和脱气仓几乎全部装满。为防止反应器中物料过度充满造成设备超温超压，中控操作人员切断催化剂进料，并注入二氧化碳抑制反应活性，反应器进入全循环。操作人员对旋转阀排气过滤器 SR350-5X 进行拆清，并对管线进行疏通，投用正常。15：20 重新投剂恢复生产。

（2）事故分析：

① 旋转阀漏气量偏大，携带的细粉量大，过滤器设计能力不足，筒式过滤器不能满足工艺需求，反吹气对筒式过滤器的震荡效果太差。

② 高负荷下，S350-7X 下方压力高，排气不畅，导致上方粉末托住无法下料，旋转阀排气过滤器 SR350-5X 被细粉堵塞，导致 SR350-5X 内的气体无法排出，形成气阻，造成粉末输送风机输送压力波动联锁停输送风机。

③ 操作人员经验不足，未能准确判断和排除风机出口压力波动的原因。

(3) 事故教训和预防措施：

① 更换大的袋式过滤器，提高处理能力和反吹效果，防止过滤器堵塞。

② 对 S350-7X 排气线进行改造，确保排气通畅。

③ 当粉末输送风机压力波动时，中控操作人员应立即通知现场对过滤器进行检查处理。

④ 必要时对投用 SR350-5X 返回 D331 顶部的排气线。如该排气线不通，可现场拆开排气口法兰排气。

(4) 环境及安全影响：反应器紧急停车排放，火炬冒黑烟。

11 简述出料线根部撕裂导致反应器停车的事故经过、事故分析及预防措施。

(1) 事故经过：

某年 10 月 28 日下午 13：10，某石化企业 Novolen 聚丙烯装置反应器 R410 压力开始出现持续缓慢下降趋势。中控操作人员降低催化剂进料，并提高新鲜丙烯进料，并通知现场操作人员检查 R410 的出料阀工作是否正常。

现场操作人员发现 R410 顶部有浓重的丙烯味，丙烯自 R410 出料线 XV4109、XV4110 路出料线根部不断冒出，立即汇报班长和中控。现场操作人员打开服务站蒸汽试图驱散丙烯，防止丙烯积聚导致爆燃。当班班长赶到现场确认为出料线根部撕裂，无法继续维持生产，于是立即汇报车间领导。在汇报调度之后，中控操作人员于 13：30 启动有二氧化碳停车，反应器 R410 紧急排放。对漏点进行补焊消缺处理后，反应器于 10 月 30 日 0：00 投催化剂开工。

(2) 事故分析：

① 该出料线法兰焊接处本身存在缺陷，焊接口较薄弱。

② 反应器为间歇出料，出料过程中管线频繁振动，原出料线支撑弹簧老化松动，出料时振动加剧，导致该缺陷撕裂。

(3) 事故教训和预防措施：

① 对该薄弱部分进行补焊，焊完后用射线探伤，确认焊缝合格。

② 更换新的弹簧支撑，对装置内所有管线支撑进行检查，对不合格的支撑进行更换。

(4) 环境及安全影响：反应器紧急停车排放，火炬冒黑烟。

12 简述喷射器冲洗丙烯流量计故障导致反应器停车的事故经过、事故分析及预防措施。

(1) 事故经过：

某年 11 月 18 日，某石化企业 Novolen 聚丙烯装置反应器 R410 的喷射器冲洗丙烯 FIC4117 因流量计测量值波动，投自动时阀门开度关至 0，流量还能达到设定值，实际冲洗丙烯没有进入反应器，导致喷射器下部进入反应器管线堵塞。现场人员在拆清喷射器时，从喷射器上部的 *DN*300 的大球阀因阀芯无法完全密封，3.0MPa 压力的丙烯气体从喷射器法兰口泄漏至空气中，且无法控制。为防止出现着火和爆炸事故，18：55 分中控注入二氧化碳杀死剂，反应器停工泄压处理。夜间动火处理喷射器进入反应器管线的堵塞部分，反应器、喷射器以及相应短接气密合格后，反应器 R410 于 19 日 17：10 投主催化剂，R410 开工正常。

（2）事故分析：

① FT4117 流量计故障，自动模式下，设定值为 5t/h，流量控制阀逐渐关闭至 0，冲洗丙烯断流，旋风分离器下方管线及喷射器堵死。

② 由于系统中带粉，喷射器顶部 *DN*300 球阀无法完全隔离。

（3）事故教训和预防措施：

① 联系仪表重新标定 FT4117。

② 根据正常流量下 FV4117 的开度，设定阀门开度下限，防止流量计故障状态下控制阀开度过低，造成喷射器及下料管线堵塞。

③ 处理故障时，如无法用盲板隔离高压系统，则必须将系统隔离泄压，必要时停工处理，防止发生次生安全事故。

（4）环境及安全影响：反应器紧急停车排放，火炬冒黑烟。

13 简述 UPS 电源故障导致全装置紧急停车的事故经过、事故分析及预防措施。

（1）事故经过：

某年 7 月 6 日 18：30，某石化企业 Novolen 聚丙烯装置 DCS 画面突然大面积报警，所有动设备显示红色。中控操作人员检查发现，全装置所有动设备均停运，三个反应器同时排放。于是汇报班长，并联系 DCS 调查停车原因。班组人员立即配合向反应器内注入二氧化碳，防止反应器内物料高温熔化。现场发现两条线的挤压造粒机同时停运，用手摇泵拉开模头。一线造粒机切粒室堵死，无法拉开。由于反应器内温度过高，达到 119℃，中控操作人员按照车间领导指示，强制打开新鲜丙烯进料，注入反应器内冷却降温，并联系供电恢复搅拌器电源，启动反应器搅拌器低速搅拌。现场操作人员用高压氮气对催化剂注入口进行冲洗，发现 R310 两路催化剂注入口均堵死。

7 月 7 日 1：00，R410 重新投剂开车。7 月 7 日 11:50 R310 催化剂注入口清通后重新投催化剂开工。

（2）事故分析：

① DCS 检查发现全装置停车是由于 UPS 电源故障，故障后切换至备用电源，由于该报警为硬线接入，一旦在用电源故障，立即触发电力故障报警，启动全装置停车联锁。

② 2010 年 5 月 19 日下午 16：00 也曾发生过同样的事件，当时已要求 DCS 强制 UPS 电源信号为 1。由于时间较长，DCS 工程师在清理强制点时将该强制信号恢复。

③ 当 UPS 一号电源再次故障报警，切换至备用电源期间，报警信号再次送入 SIS 中，触发全装置停车联锁。

（3）事故教训和预防措施：

① DCS 继续强制该 UPS 信号为 1，并将 UPS 送进 SIS 的报警线缆断开。

② DCS 择机对 UPS 一号电源进行更换。

③ DCS 对电力系统故障报警逻辑进行修改，更改为 UPS 电源故障，且四台反应器搅拌器运行信号同时消失，才会触发全装置停车联锁。

（4）环境及安全影响：反应器紧急停车排放，火炬冒黑烟。

14 简述硅烷流量中断导致反应器停车的事故经过、事故分析及预防措施。

（1）事故经过：

某年 7 月 28 日 1：00，某石化企业 Novolen 聚丙烯装置一线硅烷流量突然下降，现场操作人员对硅烷泵出入口单向阀及流量计进行敲击处理，流量无法恢复。2：30 将P190A 切换至备用泵 P190C 运行，仍无法持续稳定供应。3：23 拆清 FT3107，未见明显堵塞，复位后流量仍不正常。6：45，由于硅烷完全中断时间达到 30min，为防止反应器内物料发黏导致结块，R310 切断三剂，进入循环状态。

7 月 28 日上午，维保对 P190A 入口过滤器进行拆清，发现 P190A 入口过滤器石墨密封垫损坏，内有大量黑色杂质，FT3107 流道被杂质堵塞。由于 P190A 过滤器滤芯脏，暂无备件，滤芯未复位。13：00 开工时以 P190C 运行。

（2）事故分析：

① P190A 入口过滤器采用石墨垫片，在安装时未完全对正，部分垫片长期浸泡在硅烷中，导致垫片上的石墨等脱落，造成过滤器脏。由于过滤器为内进

外出式滤芯，杂质进入泵体、单向阀及流量计，导致泵不上量、流量计堵塞等。

② 操作人员在进行处理时，由于经验不足，未能及时判断出问题所在。

③ 设计缺陷，该过滤器未设置跨线。

(3) 事故教训和预防措施：

① 将泵入口过滤器垫片更换为聚四氟乙烯垫片，防止垫片损坏引起硅烷进料系统故障。

② 强化学习，提高事故判断处理能力。

③ 择机对未设置跨线的过滤器增加跨线。

第十章　聚丙烯安全环保和职业健康基础

1　安全的定义是什么？

安全即免除了不可接受的损害风险的状态。安全是一种状态，也可以是过程或结果。不可接受(承受)风险的发生，通常会带来人员伤害或物的损失，因而，避免此类事件发生的过程或结果就称为安全。

2　“环境”是如何定义的？

环境是由物质介质(空气、水、土地、自然资源)和接受体(植物、动物、人)等环境要素组成并相互作用的有机整体。人只是环境中的一分子，能够对环境进行保护，也会对环境造成破坏，环境使得组织的一切活动与外界甚至全球紧密相连，使得组织(人)的生存和发展不是孤立的，应充分考虑并关注各种环境的外部性及相关方的要求。

3　“四懂四会一能”是指什么？

(1) 四懂：

懂得岗位火灾的危险性，懂得预防火灾的措施，懂得扑救火灾的方法，懂得逃生自救的方法。

(2) 四会：

会报警，会使用消防器材，会扑救初起火灾，会组织人员疏散。

(3) 一能：

能正确使用气防器材。

4　“三同时”在建设项目中指什么？

建设项目中职业安全与卫生技术措施和设施，应与主体工程同时设计、同时施工、同时投产使用。

5　“三违”是指什么？

“三违”指违章作业、违章指挥、违反劳动纪律。

6 “四不伤害”包括哪些内容？

不伤害自己、不伤害他人、不被他人伤害、保护他人不被伤害。

7 “三不动火”是什么意思？

没有经批准的火票不动火，防火安全措施不落实不动火，没有动火监护人或监护人不在场不动火。

8 “四不放过”是指什么？

事故原因分析不清不放过，事故责任者和员工没受到教育不放过，没有制定出防范措施不放过，事故责任者没有受到处理不放过。

9 “三查四定”是指什么？

“三查”指查设计漏项、查工程质量及隐患、查未完工程量；“四定”指对检查出来的问题，定措施，定负责部门(人)，定完成日期，定资金来源。

10 什么是三级安全教育？

三级安全教育是指公司级(厂级)安全教育、运行部级(车间)安全教育、班组级安全教育。

11 燃烧是什么？燃烧的必要条件有哪些？

燃烧是物质与氧化剂之间的放热反应，它通常会同时释放出火焰或可见光。石油产品的燃烧性是由其闪点、燃点和自燃点的高低而决定的，当它们与助燃物(氧或空气)遇到火源或在一定的温度条件下即发生燃烧。

燃烧的四个必要条件：可燃物、助燃物、火源、足够的点火能量。

12 什么是自燃和自燃点？

自燃是指可燃物在没有外界火源的直接作用下，因受热或自身发热并由于散热受到阻碍，使热量蓄积，温度逐渐上升，当达到一定温度时发生的自行燃烧的现象。

可燃物质达到自行燃烧的最低温度称为自燃点。

13 什么是闪燃和闪点？

闪燃是指在液体(固体)表面上能产生足够的可燃蒸气，遇火能产生一闪即灭的火焰的燃烧现象。

闪点是在规定的试验条件下，液体(固体)表面能产生闪燃的最低温度。

14 什么是爆炸和爆炸极限?

爆炸是指由于物质急剧氧化或分解反应，使温度、压力急剧增加或同时急剧增加的现象。爆炸可分为物理爆炸、化学爆炸和核爆炸。

爆炸极限是指可燃气体、蒸气或粉尘与空气混合后，遇火产生爆炸的最高或最低浓度，通常以体积分数表示。

15 常见的灭火器种类有哪些?

常见的灭火器种类包括泡沫灭火器、干粉灭火器、CO_2灭火器等。

16 火灾可以分为哪几类?

火灾可以按物质的燃烧特性分为以下几类：

A 类火灾：固体物质火灾，如木材、棉、毛、麻、纸张等。

B 类火灾：液体火灾和可熔化的固体物质火灾，如汽油、煤油、柴油、原油、甲醇、乙醇、沥青、石蜡等。

C 类火灾：气体火灾，如煤气、天然气、甲烷、乙烷、丙烷、氢气等。

D 类火灾：金属火灾，如钾、钠、镁、钛、锂、铝镁合金等。

E 类火灾：电器火灾。

17 手提式干粉灭火器的使用方法是怎样的?

将手提式干粉灭火器提到燃烧区域上风向安全位置，握住灭火器手柄，拔出插销(撞针)，喷嘴对准火焰的根部，用力按压手柄，将干粉喷射到火焰根部。

18 二氧化碳灭火器的使用方法是怎样的?

将二氧化碳灭火器提到燃烧区域上风向安全位置，握住灭火器手柄，拔出插销(撞针)，干粉喷嘴对准火焰的根部，用力按压手柄，将干粉喷射到火焰根部处。

19 手推车干粉灭火器的使用方法是怎样的?

将手推车干粉灭火器推到燃烧区域上风向安全位置，一手握喷粉胶管，对准火源，另一手逆时针方向旋转动力瓶手轮，待压力表指针达到 8.38MPa 时，打开灭火器开关，干粉即可喷出，左右摆动喷管，快速推进，防止复燃。

20 冷却灭火是如何实现的?

冷却灭火是对一般可燃物进行灭火的基本方法之一，它通过将可燃物冷却到燃点或闪点以下来中止燃烧反应。水的灭火机理主要是通过冷却作用实现的。

21 窒息灭火是如何实现的？

窒息灭火是通过降低燃烧物周围的氧气浓度来实现的。各种可燃物的燃烧都需要在其最低氧气浓度以上进行，如果氧气浓度降低到一定程度，燃烧就无法继续进行。常用的二氧化碳、氮气、水蒸气等灭火剂主要通过窒息作用来灭火。

22 隔离灭火是怎样进行的？

隔离灭火是通过将可燃物与引火源或氧气隔离开来中止燃烧反应。在火灾中，可以通过关闭相关阀门，切断可燃气体和液体流向着火区域的通道，或者打开相关阀门，将已经发生燃烧的容器或受到火势威胁的容器中的可燃物料通过管道导至安全区域来实施隔离灭火。

23 化学抑制灭火是如何起作用的？

化学抑制灭火是通过使用灭火剂与燃烧过程中的自由基反应，中断燃烧的链式反应，从而使燃烧无法持续进行。常用的干粉灭火剂、卤代烷灭火剂等的主要灭火机理就是化学抑制作用。

24 火灾发生后应如何进行报告？

应立即向班长和总调度室报告着火的部位、燃烧物和火势，同时，应及时使用电话向消防队报警，并告知着火的单位、地点、部位、燃烧物名称，回答对方的提问，并告知本机号码和报警人的姓名。报警后要派人去路口迎接消防车。

25 火灾扑救的原则有哪些？

（1）火灾报警：

① 发现火警和人员中毒时，应及时向消防支队、调度、急救中心报警；任何单位和个人不得以任何借口阻拦；禁止乱拨乱打火警、急救电话。

② 报警时应做到沉着冷静，拨号准确，对话简明扼要。报警后留下报警人姓名，并到主要路口引导消气防车进入现场。

③ 报警时应简要说清着火的单位名称和地点、燃烧介质和火势大小(或泄漏的有毒有害物质的名称)、受伤(中毒)人员和被困人员情况。

（2）应急处置：

① 发生火灾、有毒有害气体泄漏及中毒窒息等事件时，所在单位必须立即组织力量，采取工艺措施并利用现场消气防设施，开展自救。消防支队到场后，主动向现场指挥员报告受困人员、燃烧及泄漏介质和需要重点保护的设备等情况，同时积极组织义务应急队员协助消防支队进行应急处置。

② 消防支队接到报警后，必须立即赶赴现场，根据灭火和气防抢险预案，按照“先救人，后灭火”“先重点，后一般”“先控制，后消灭”的原则进行处置。

③ 任何单位和个人不得阻碍消气防车辆赶赴事故现场。

④ 电影院、体育馆等人员密集场所发生火灾时，该场所的领导或工作人员应首先组织、引导在场群众疏散，同时安排人员报警并扑救火灾。

⑤ 发生火灾爆炸事故时，应立即成立现场应急指挥部，对火灾爆炸应急处置实施统一指挥。各相关单位，应按《火灾爆炸应急预案》的相应职责，开展应急处置工作。

26 怎样断绝可燃物？

(1) 将燃烧点附近可能成为火势蔓延的可燃物移走。

(2) 关闭有关阀门，切断流向燃烧点的可燃气体和液体。

(3) 打开有关阀门，将已经燃烧的容器或受到火势威胁的容器中的可燃物料通过管道导至安全地带。

(4) 采用泥土、黄沙筑堤等方法，阻止流淌的可燃液体流向燃烧点。

27 断电在火灾扑救中的作用是什么？

(1) 如发生电气火灾，或者火势威胁到电气线路、电气设备，或电气影响灭火人员安全时，首先要切断电源。

(2) 如使用水、泡沫等灭火剂灭火，必须在切断电源以后进行。

28 防爆措施有哪些？

(1) 将受到火势威胁的易燃易爆物质、压力容器等转移到安全地区。

(2) 对受到火势威胁的压力容器、设备应立即停止向内传输物料，并将容器内物料设法导走。

(3) 停止对压力容器加温，打开冷却系统阀门，对压力容器设备进行冷却。

(4) 有手动放空泄压装置的，应立即打开有关阀门放空泄压。

29 爆炸事故主要分为哪两种类型？

化学性爆炸和物理性爆炸。

30 危险化学品的定义是什么？

《危险化学品安全管理条例》第三条：本条例所称危险化学品，是指具有毒害、腐蚀、爆炸、燃烧、助燃等性质，对人体、设施、环境具有危害的剧毒化学品和其他化学品。

31 危险化学品事故控制和防护措施有哪些？

危险化学品中毒、污染事故预防采取的主要措施是替代、变更工艺、隔离、通风、个体防护和保持卫生。

危险化学品火灾、爆炸事故的预防有以下三点：

（1）防止燃烧、爆炸系统的形成，主要包括替代、密闭、惰性气体保护、通风置换、安全监测及联锁。

（2）消除点火源，主要包括控制明火和高温表面、防止摩擦和撞击产生火花、火灾爆炸危险场所采用防爆电气设备避免电火花。

（3）限制火灾、爆炸蔓延扩散的措施，主要包括阻火装置、防爆泄压装置及防火防爆分隔等。

32 简述危险化学品侵入人体的途径、危害和抢救措施。

危险化学品通过一定途径进入人体，在体内积蓄到一定剂量后，就表现出慢性中毒症状。所谓慢性中毒就是毒性危险化学品长时期、小剂量进入人体所引起的中毒；若在较短时间有较大剂量的毒性危险化学品进入人体内所引起的中毒称为亚急性中毒；若毒性危险化学品一次或短时间内大量进入人体内所引起的中毒称为急性中毒。

（1）危险化学品侵入人体的途径包括呼吸道、皮肤、消化道。

（2）危险化学品对人体的危害主要有刺激、过敏、窒息、麻醉和昏迷、中毒、致癌致畸、致突变和尘肺。

（3）抢救措施：

① 立即将患者移离危险区域，避免继续接触危险化学品。

② 保持呼吸道通畅，必要时进行人工呼吸。

③ 脱去污染的衣物，用大量清水冲洗皮肤。

④ 若经消化道摄入，可根据情况进行催吐、洗胃等，但需注意避免造成其他损伤。

⑤ 尽快送往医院进行专业治疗和对症处理。

需要注意的是，不同的危险化学品有不同的特性和危害，具体的抢救方法应根据实际情况进行调整和实施。在接触危险化学品时，务必严格遵守安全操作规程和防护措施，以预防危害的发生。

33 危险化学品中毒的抢救措施有哪些？

（1）迅速脱离现场：立即将中毒者转移到空气新鲜、通风良好的安全地带。

(2) 保持呼吸通畅：清理口腔、鼻腔异物，解开衣领等，防止窒息，必要时进行人工呼吸。

(3) 阻止继续吸收：如皮肤接触中毒，应迅速脱去污染衣物，用大量清水或特定溶液冲洗皮肤；若是眼睛接触，用大量清水或生理盐水冲洗眼睛。

(4) 减少毒物吸收：根据情况进行催吐(清醒且能配合者)、洗胃(需由专业医护人员操作)等。

(5) 建立静脉通道：以便及时给予相应的解毒药物或进行补液等支持治疗。

(6) 对症处理：根据中毒者出现的症状，休克给予抗休克治疗等。

(7) 及时送医：尽快将中毒者送往医院，途中注意观察生命体征，并向医护人员详细说明中毒情况及接触的危险化学品信息。

34 危险化学品泄漏处理及火灾控制有哪些注意事项?

(1) 泄漏源控制：利用截止阀切断泄漏源，在线堵漏减少泄漏量或利用备用泄料装置使其安全释放。

(2) 泄漏物处理：现场泄漏物要及时地进行覆盖、收容、稀释、处理。在处理时，还应按照危险化学品特性，采用合适的方法处理。

35 如何进行火灾控制(一般注意事项)?

(1) 正确选择灭火剂并充分发挥其效能。常用的灭火剂有水、蒸汽、二氧化碳、干粉和泡沫等。在扑救火灾时，根据燃烧物料的性质、设备设施的特点、火源点部位(高、低)及其火势等情况，选择冷却、灭火效能特别高的灭火剂扑救火灾，充分发挥灭火剂各自的冷却与灭火的最大效能。

(2) 注意保护重点部位。例如，当某个区域内有大量易燃易爆或毒性化学物质时，将这个部位作为重点保护对象，在实施冷却保护的同时，尽快组织力量消灭其周围的火源点，以防灾情扩大。

(3) 防止复燃复爆。将火灾扑灭后，要留有必要数量的灭火力量继续冷却燃烧区内的设备、设施、建(构)筑物等，消除着火源，同时及时处理泄漏出的危险化学品。对可以用水灭火的场所要尽量使用蒸汽或喷雾水流稀释，排除空间内残存的可燃气体或蒸气，以防止复燃复爆。

(4) 防止高温危害。火场上高温的存在不仅会造成火势蔓延扩大，也会威胁灭火人员的安全。可以使用喷水降温、利用掩体保护、穿隔热服装保护、定时组织换班等方法避免高温危害。

(5) 防止毒害危害。发生火灾时，可能释放出一氧化碳、二氧化碳、二氧化硫、光气等有毒物质。在扑救时，应设置警戒区，进入警戒区的抢险人员应佩戴个体防护装备，并采取适当的手段消除毒物。

36 特殊化学品火灾扑救注意事项有哪些？

（1）扑救气体类火灾时，切忌盲目扑灭火焰，在没有采取堵漏措施的情况下，必须保持稳定燃烧，否则，大量可燃气体泄漏出来与空气混合，遇点火源就会发生爆炸，造成严重后果。

（2）扑救爆炸物品火灾时，切忌用沙土盖压，以免增强爆炸物品的爆炸威力；扑救爆炸物品堆垛火灾时，水流应采用吊射，避免强力水流直接冲击堆垛，以免堆垛倒塌引起再次爆炸。

（3）扑救遇湿易燃物品火灾时，绝对禁止用水、泡沫、酸碱等湿性灭火剂扑救。一般可使用干粉、二氧化碳、卤代烷扑救，但钾、钠、铝、镁等物品用二氧化碳、卤代烷无效。

（4）固体遇湿易燃物品应使用水泥、干砂、干粉、硅藻土等覆盖。对镁粉、铝粉等粉尘，切忌喷射有压力的灭火剂，以防止将粉尘吹扬起来，引起粉尘爆炸。

（5）扑救易燃液体火灾时，比水轻又不溶于水的液体用直流水、雾状水灭火往往无效，可用普通蛋白泡沫或轻泡沫扑救；水溶性液体最好用抗溶性泡沫扑救。

（6）扑救毒害和腐蚀品的火灾时，应尽量使用低压水流或雾状水，避免腐蚀品、毒害品溅出；遇酸类或碱类腐蚀品最好调制相应的中和剂稀释中和。

（7）易燃固体、自燃物品火灾一般可用水和泡沫扑救，只要控制住燃烧范围，逐步扑灭即可。但有少数易燃固体、自燃物品的扑救方法比较特殊。如2，4-二硝基苯甲醚、二硝基萘、萘等是易升华的易燃固体，受热放出易燃蒸气，能与空气形成爆炸性混合物，尤其是在室内，易发生爆炸。在扑救过程中应不时向燃烧区域上空及周围喷射雾状水，并消除周围一切点火源。

37 空气呼吸器使用前的准备工作及注意事项有哪些？

（1）空气呼吸器使用前重要组件检查：

① 摁压供气阀复位按钮，确认旁通开关处于关闭状态。

② 打开气瓶阀门检查压力表读数，是否满足即将要进行的作业时长需要。

③ 戴上面罩，深吸一口气激活供气阀，能进行正常呼吸则供气阀正常。

④ 关闭气瓶阀，屏气，面罩密封面应无空气外泄声音，同时观察压力表，如泄漏压力表读数会下降，则面罩密封完好。

⑤ 气瓶阀门保持关闭，呼吸系统内气体，观察压力表读数，当降至(5.5MPa±0.5MPa)时，低压报警哨应发出清晰的报警声则低压报警哨完好。

⑥ 低压报警哨发出报警声后，立即打开气瓶阀门，然后打开供气阀的旁通

阀，确认有稳定的气流进入面罩内后关闭旁通阀，则旁通阀正常。

⑦ 屏住呼吸，然后摁下供气阀复位按钮；把头带扣向前拉，松开头带，取下面罩。松开腰带扣及肩带，卸下呼吸器，关闭气瓶阀，观察气瓶剩余压力，打开供气阀旁通旋钮，待系统压力排空后关闭旁通阀。调整面罩、头带、腰带、肩带至备用状态。若是从气防柜中拿取空气呼吸器，放回后应保持肩带在上、气瓶阀门朝下，便于紧急情况下快速取用。

（2）空气呼吸器佩戴步骤：

① 空气呼吸器处于备用状态下，打开气瓶阀门(气阀开度要求全开或不得小于 720°)。

② 观察压力表示数，应在 24MPa 以上。

③ 背戴空气呼吸器，气瓶阀门朝下，调整肩带、扣上腰带至合适松紧度。

④ 托住面罩，下颚抵住下颚托，面罩紧贴脸部，调整面罩头带至合适松紧度，保证面罩气密性完好。

⑤ 戴好安全帽，拉紧安全帽带。

⑥ 深吸一口气激活供气阀，进行正常呼吸，举手示意，佩戴完成。

注意事项：测试正常的空气呼吸器才能使用，作业时应两人以上共同配合，相互监护，当低压报警(5.5MPa±0.5MPa)时，应立即退出有毒、窒息区域。在使用中若感到呼吸困难或不适，应立即离开有毒、窒息区域。严禁在有毒、窒息区域内摘下面罩。

38 应急救护与逃生知识中的应急原则有哪些？

应急指挥人员为了尽快扼制事故发生和蔓延，尽可能减少人员伤亡和财产损失，所有参与应急计划实施的人员必须做到一切行动听指挥，必须遵守以下应急原则：

（1）一般要先救人后救物。

（2）重大火灾先报警后灭火。

（3）可燃气体泄漏着火，不应立即扑灭火灾，应先进行隔离以防爆炸。

（4）大量液态烃、瓦斯泄漏应先控制现场各种火源。

（5）容器先泄压以防爆炸。

（6）现场中毒窒息人员抢救，首先应做好自身防护，抢救出来的伤员送急救中心。中毒和心跳停止的伤员立即现场急救(做人工呼吸和胸外心脏挤压法)。

（7）化学品的灼伤腐蚀(如氨水)首先要对患处用大量清洁水冲洗至少 15min，骨折或电弧烧伤者应先保护创面，禁止沾水或杂物。

39 中毒窒息的急救原则有哪些？

（1）针对中毒窒息现场，救援人员首先要做好自身防护。

（2）从中毒窒息现场抢救出来的伤员应送往急救中心。

（3）对中毒和心跳停止的伤员，应立即在现场进行急救，包括进行人工呼吸和胸外心脏挤压法。

（4）对于化学品的灼伤腐蚀，如氨水，应首先用大量清洁水冲洗患处至少15min。

（5）对于骨折或电弧烧伤者，应先保护创面，禁止沾水或杂物。

40 发现有人中毒或受到其他伤害时，应该采取哪些行动？

发现有人中毒或受到其他伤害，在确保自身安全的情况下，应立即将受害者移出毒区进行抢救，并拨打电话，向消防支队和医院求援，并按应急要求汇报相关部门。

41 进入毒区进行抢救时，救护人员需要注意哪些事项？

在事故状态下，救护人员必须戴好防毒器材进入毒区抢救患者，在抢救过程中，救护人员必须注意自己防毒器材的使用情况，若感到呼吸困难或身体不舒服时，应立即退出毒区。

42 将患者移出毒区后，应该采取哪些措施？

（1）患者移出毒区后，应放在空气流通和温度适宜的地方，立即解开衣领、腰带等，以保持患者的呼吸畅通。如患者的衣服被毒物污染，须脱去衣服，在冬天应注意给患者保暖。对于有骨折或烧伤的患者，应及时进行相应的急救处理，并尽快送往医院进行进一步治疗。

（2）如患者呼吸已停止或呼吸困难时，应立即进行人工呼吸；一氧化碳中毒，氮气、二氧化碳窒息的患者，可使用苏生器或人工呼吸的方法来急救；如患者心跳停止时，应立即施行心肺复苏急救。

（3）对于氯气、氨气、氧化氮中毒的患者，禁止使用压迫式人工呼吸的方法，只允许施行口对口人工呼吸或给予输氧抢救。只有在“电击式”呼吸停止时才允许使用一般的人工呼吸方法。

（4）对于继发性呼吸困难者，严禁使用苏生器或人工呼吸的方法来急救，只能给予输氧，并应尽快将患者转交医院处理。

（5）对于呼吸困难面色青紫的患者，应迅速给予输氧；硫化氢和一氧化碳中毒的患者，最好给予高压氧舱治疗。

（6）人工呼吸或心肺复苏术必须进行到患者能进行稳定自主呼吸或经医生鉴定确已死亡为止。急救完毕，救护负责人应将救护情况向医生交代清楚后，方可离开救护现场。

43 如何正确佩戴和使用防毒面具？

佩戴防毒面具时，应先将面具拉开，将面罩部分套在头上，使其紧贴面部。然后用双手按压面具两侧的弹性带，使其紧贴面部，确保没有漏气现象。在佩戴过程中，要注意不要触碰面具的滤毒罐和透明面罩，以免影响防护效果。

44 在化学品泄漏事故中，如何进行急救和处理？

在化学品泄漏事故中，应首先切断泄漏源，阻止泄漏物进一步扩散。然后根据泄漏物的性质，采取相应的应急处理措施，如使用吸附剂吸收液体泄漏物，用湿毛巾或防毒面具阻挡挥发物的扩散等。同时，要迅速疏散周围人员，将受伤人员移出危险区域，并及时拨打急救电话寻求专业救援。

45 简述心肺复苏的正确操作方法。

（1）确认环境安全、做好自我防护，避免和伤者受到进一步伤害。

（2）判断意识：轻拍重喊，即轻拍患者双肩，分别在两侧耳朵大声喊叫，判断其是否有意识。

（3）高声呼救："快来人，这里有人需要抢救"，并指派某人拨打"120"急救电话。

（4）安置体位：仰卧于硬质平面，暴露胸腹部。头、颈、躯干在一条线，双手放置两侧。

（5）评估呼吸、脉搏："听、看、感觉"，同时触摸颈动脉搏动，记录患者的呼吸频次。

① 胸外心脏按压：用手掌根部紧贴病人胸部，两手重叠，五指相扣，手指翘起，肘关节伸直，用上身重量垂直下压。

① 按压部位：胸骨中下1/3交界处，通常位于两乳头连线的中点处（成人）。

② 按压深度：胸骨下陷5~6cm。

③ 按压频率：100~120次/min。

② 开放气道：清理口腔异物和分泌物。打开气道：下颌角及耳垂的连线与地面垂直。

③ 人工呼吸：用"E-C"手法固定面罩，连续挤压2次，每次约1s。

④ 循环做胸外按压和人工呼吸。30次胸外按压和2次人工呼吸（30：2），共5个循环。

⑤ 全面评估：评估脉搏、呼吸、意识。口述：心搏、呼吸已经恢复。

⑥ 安置体位：整理好伤者衣物。

⑦ 人文关怀：安慰照护伤者，等待医疗队到来。

46 装置开工前应进行哪些确认工作？

（1）对待开工装置进行全面确认验收。

（2）进行设备、管道的清洁和安全处理。

（3）检查人孔、法兰、螺丝、垫片等设备部件的完好性。

（4）检查机泵润滑油、电机绝缘、安全装置等的状态。

（5）进行压力容器、储罐、管线的试压、试漏和气密实验。

（6）按工艺要求进行易燃易爆物料的气体置换和抽堵盲板。

（7）缓慢接收物料，注意排凝和预防水击。

（8）检查仪表投用和通风、通讯、消防等安全设施。

47 装置停工时应采取哪些安全措施？

（1）严格执行停工方案，切断进出物料，确保顺利安全停工。

（2）根据工艺要求进行设备、容器、管道的处理，包括吹扫、蒸煮、中和和置换。

（3）在停工设备、管道的出入口处加上盲板和警示标志。

（4）加强巡回检查，防止事故发生。

（5）禁止机动车辆和动火作业。

（6）注意防冻和排除积水。

（7）冲洗装置内的含油污水系统，封严沟渠，标识电缆沟。

（8）打开设备人孔前降低内部温度，依次打开人孔并排除残存物料。

48 三乙基铝（TEAL）的操作应该按照哪些规定进行？操作人员和监护人员需要具备哪些知识？

三乙基铝（TEAL）的操作应严格按照操作法进行。

操作人员和监护人员需要熟知TEAL的特性，并了解TEAL泄漏可能引发火灾的扑救和人员自救方法。

49 在处理三乙基铝（TEAL）时，需要采取哪些安全措施？

（1）操作和装卸TEAL必须在氮气保护下进行，确保与空气和水隔绝。

（2）确保油冲洗和氮气吹扫系统的完好。

（3）在停车检修前，必须先用油将所有与三乙基铝接触的管线和阀门冲洗干净，以防止拆卸泵、输送管线和仪表时发生TEAL泄漏引发火灾的危险。

（4）拆卸设备或输送管线的操作人员和维修人员应穿戴专用防火隔热服（包括衣、裤、帽、面罩、手套和靴子），同时必须有人监护。

（5）更换TEAL钢瓶时，操作人员必须穿戴专用的铝质防护服（包括头罩、手套、靴子等），同时必须有人监护。

（6）定期检查火焰探测器和联锁系统，确保其完好。

（7）如果发生三乙基铝泄漏引发火灾，绝对禁止使用水、四氯化碳和泡沫灭火器进行灭火，应采用干砂石和干粉等灭火剂，同时消防（救护）人员必须穿戴防火隔热服，并佩戴空气呼吸器。

50 丙烯的危险品性质及防范措施有哪些？

（1）危险特性：

① 丙烯易燃，与空气混合能形成爆炸性混合物。遇热源和明火有燃烧爆炸的危险。与二氧化氮、四氧化二氮、氧化二氮等激烈化合，与其他氧化剂接触剧烈反应。气体比空气重，能在较低处扩散到相当远的地方，遇火源会着火回燃。

② 健康危害：丙烯为单纯窒息剂及轻度麻醉剂。急性中毒：人吸入丙烯可引起意识丧失，当浓度为15%时，需30min；24%时，需3min；35%～40%时，需20s；40%以上时，仅需6s，并引起呕吐。慢性影响：长期接触可引起头昏、乏力、全身不适、思维不集中，个别人胃肠道功能发生紊乱。

（2）个体防护：

① 呼吸系统防护：一般不需要特殊防护，但建议特殊情况下，佩戴自吸过滤式防毒面具（半面罩）。

② 眼睛防护：一般不需要特殊防护，高浓度接触时可戴化学安全防护眼镜。

③ 身体防护：穿防静电工作服。

④ 手防护：戴一般作业防护手套。

（3）操作处理方法：

① 密闭操作，全面通风。操作人员必须经过专门培训，严格遵守操作规程。

② 远离火种、热源，工作场所严禁吸烟。

③ 使用防爆型的通风系统和设备。

④ 防止气体泄漏到工作场所空气中。

⑤ 避免与氧化剂、酸类接触。

⑥ 在传送过程中，钢瓶和容器必须接地和跨接，防止产生静电。

⑦ 搬运时轻装轻卸，防止钢瓶及附件破损。

⑧ 配备相应品种和数量的消防器材及泄漏应急处理设备。

（4）灭火措施：

① 切断气源。若不能切断气源，则不允许熄灭泄漏处的火焰。

② 喷水冷却容器，可能的话将容器从火场移至空旷处。灭火剂有雾状水、

泡沫、二氧化碳、干粉等。

（5）急救措施：

吸入后，迅速脱离现场至空气新鲜处，保持呼吸道通畅。如呼吸困难，给输氧；如呼吸停止，立即进行人工呼吸，就医。

51 乙烯的危险特性及防范措施有哪些？

（1）危险特性：

① 乙烯无色、带甜香味气体，通常状况下无聚合危险，能与强氧化剂发生强烈反应，属易燃易爆物质。与空气混合形成爆炸性混合物，遇明火、高热能引起燃烧、爆炸危险，与氟、氯等能发生剧烈的化学反应。使用时应防火防爆，清除火源，注意防静电积聚，储存及工作区应注意通风。

② 健康危害：乙烯具有较强的麻醉作用，急性中毒：吸入高浓度乙烯可立即引起意识丧失，吸入乙烯与氧的混合气体75%~90%时，可引起麻醉，苏醒迅速；25%~45%时，可能引起痛觉消失，对意识无影响，对人的眼、鼻、咽喉、和呼吸道黏膜有轻微刺激性。慢性影响：长期接触乙烯，可引起头昏、全身不适、乏力、思维不集中，个别人胃肠道功能紊乱。

（2）个体防护：

① 呼吸系统防护：一般不需要特殊防护，高浓度接触时可佩戴自吸过滤式防毒面具(半面罩)。

② 眼睛防护：一般不需特殊防护。必要时，戴化学安全防护眼镜。

③ 身体防护：穿防静电工作服。

④ 手防护：戴一般作业防护手套。

（3）操作处理方法：

① 储存注意事项：易燃压缩气体，储存于阴凉、通风仓库内，远离火种、热源，防止阳光直射。仓库温度不宜超过30℃。应与氧气、压缩空气、氧化剂等分开存放。储存仓内的照明、通风等设施应采用防爆型。按规范要求配置相应品种和数量的消防器材。罐存时应符合防火防爆技术措施。露天储罐夏季要有降温措施。禁止使用易产生火花的机械设备和工具。验收时要注意品名，注意验瓶日期，先进仓的先发用，搬运时要轻装轻卸，防止钢瓶及附件损坏。

② 泄漏处理：

迅速撤离泄漏污染区人员至上风处，并进行隔离直至气体散尽，切断火源。应急处理人员戴自给正压式呼吸器，穿一般消防服。切断泄漏气源，通风对流，稀释扩散，或用管路导至炉中、凹地焚烧之。如无危险，就地燃烧，同时喷雾状水使周围冷却，以防其他可燃物着火。漏气容器不能再用，且要经过技术处理以清除可能剩下的气体。

(4) 灭火措施：

① 切断气源，若不能立即切断气源，则不允许熄灭正在燃烧的气体，喷水冷却容器，可能的话将容器从火场移至空旷处，乙烯引起的火灾可采取常规的灭火方法。

② 火灾时应用水冷却容器。灭火剂有干粉、雾状水、泡沫、二氧化碳。

(5) 急救措施：

① 皮肤接触：若有冻伤，就医治疗。

② 吸入：迅速脱离现场至空气新鲜处。保持呼吸道通畅。如呼吸困难，给输氧；如呼吸停止，立即进行人工呼吸。就医。

52 氢气的危险特性及防范措施有哪些？

(1) 危险特性：

① 氢气与空气混合能形成爆炸性混合物，遇热或明火即爆炸。气体比空气轻，在室内使用和储存时，漏气上升滞留屋顶不易排出，遇火星会引起爆炸。氢气与氟、氯、溴等卤素会剧烈反应。

② 健康危害：

本品在生理学上是惰性气体，仅在高浓度时，由于空气中氧分压降低才引起窒息。在很高的分压下，氢气可呈现出麻醉作用。侵入途径：吸入。

(2) 个体防护措施：

① 呼吸系统防护：一般不需要特殊防护，高浓度接触时可佩戴氧气(空气)呼吸器。

② 眼睛防护：一般不需特殊防护。

③ 身体防护：穿防静电工作服。

④ 手防护：戴一般作业防护手套。

(3) 操作处理方法：

① 密闭操作，加强通风。操作人员必须经过专门培训，严格遵守操作规程。

② 建议操作人员穿防静电工作服。

③ 远离火种、热源，工作场所严禁吸烟。

④ 使用防爆型的通风系统和设备。

⑤ 防止气体泄漏到工作场所空气中。

⑥ 避免与氧化剂、卤素接触。

⑦ 在传送过程中，钢瓶和容器必须接地和跨接，防止产生静电。

⑧ 搬运时轻装轻卸，防止钢瓶及附件破损。

⑨ 配备相应品种和数量的消防器材。

(4) 泄漏处理:

① 迅速撤离泄漏污染区人员至上风处，并进行隔离，严格限制出入。

② 切断火源。

③ 建议应急处理人员戴氧气呼吸器，穿防静电工作服。

④ 尽可能切断泄漏源。

⑤ 合理通风，加速扩散。

⑥ 漏气容器要妥善处理，修复、检验后再用。

53 三乙基铝的危险特性及防范措施有哪些?

(1) 危险特性:

① 三乙基铝化学反应活性很高，接触空气会冒烟自燃。对微量的氧及水分反应极其灵敏，易引起燃烧爆炸。与酸、卤素、醇、胺类接触发生剧烈反应。遇水强烈分解，放出易燃的烷烃气体。

② 健康危害:

具有强烈刺激和腐蚀作用，主要损害呼吸道和眼结膜，高浓度吸入可引起肺水肿。吸入其烟雾可致烟雾热。皮肤接触可致灼伤，产生充血水肿和起水疱，疼痛剧烈。

(2) 个体防护:

① 呼吸系统防护：作业时，应该佩戴自吸过滤式防毒面具(全面罩)。紧急事态抢救或撤离时，必须佩戴空气呼吸器。

② 眼睛防护：呼吸系统防护中已作防护。

③ 身体防护：穿胶布防毒衣。

④ 手防护：戴橡胶手套。

⑤ 其他防护：工作现场严禁吸烟。工作完毕，淋浴更衣。单独存放被毒物污染的衣服，洗后备用。

(3) 操作处理方法:

① 严加密闭，提供充分的局部排风和全面通风。

② 操作人员必须经过专门培训，严格遵守操作规程。

③ 建议操作人员佩戴自吸过滤式防毒面具(全面罩)，穿胶布防毒衣，戴橡胶手套。

④ 远离火种、热源，工作场所严禁吸烟。

⑤ 使用防爆型的通风系统和设备。

⑥ 防止蒸气泄漏到工作场所空气中。

⑦ 避免与氧化剂、酸类、醇类接触，尤其要注意避免与水接触。

⑧ 搬运时要轻装轻卸，防止包装及容器损坏。

⑨ 配备相应品种和数量的消防器材及泄漏应急处理设备。应注意倒空的容器可能残留有害物。

（4）泄漏处理：

① 迅速撤离泄漏污染区人员至安全区，并进行隔离，严格限制出入。

② 切断火源。

③ 建议应急处理人员戴自给正压式呼吸器，穿防毒服。

④ 不要直接接触泄漏物。

⑤ 尽可能切断泄漏源。

⑥ 小量泄漏：用砂土或其他不燃材料吸附或吸收。大量泄漏：构筑围堤或挖坑收容。用防爆泵转移至槽车或专用收集器内，回收或运至废物处理场所处置。

（5）灭火措施：

灭火剂采用干粉、干砂灭火，禁止用水和泡沫灭火。

（6）急救措施：

① 皮肤接触：立即脱去污染的衣着，用大量流动清水冲洗至少15min。就医。

② 眼睛接触：立即提起眼睑，用大量流动清水或生理盐水彻底冲洗至少15min。就医。

③ 吸入：迅速脱离现场至空气新鲜处，保持呼吸道通畅。如呼吸困难，给输氧；如呼吸停止，立即进行人工呼吸。就医。

④ 食入：用水漱口，给饮牛奶或蛋清。就医。

54 一氧化碳的危险特性及防范措施有哪些？

（1）危险特性：

① 一氧化碳是一种易燃易爆气体。与空气混合能形成爆炸性混合物，遇明火、高热能引起燃烧爆炸。

② 健康危害：

一氧化碳在血中与血红蛋白结合而造成组织缺氧。急性中毒：轻度中毒者出现头痛、头晕、耳鸣、心悸、恶心、呕吐、无力，血液碳氧血红蛋白浓度可高于10%；中度中毒者除上述症状外，还有皮肤黏膜呈樱红色、脉快、烦躁、步态不稳、浅至中度昏迷，血液碳氧血红蛋白浓度可高于30%；重度患者深度昏迷、瞳孔缩小、肌张力增强、频繁抽搐、大小便失禁、休克、肺水肿、严重心肌损害等，血液碳氧血红蛋白可高于50%。部分患者昏迷苏醒后，约经2~60d的症状缓解期后，有可能出现迟发性脑病，以意识精神障碍、锥体系或锥体外系损害为主。侵入途径：吸入。

(2) 个体防护：

① 呼吸系统防护：空气中浓度超标时，佩戴过滤式防毒面具。紧急事态抢救或撤离时，建议佩戴氧气呼吸器。

② 眼睛防护：一般不需特殊防护。

③ 身体防护：穿防静电工作服。

④ 手防护：戴一般作业防护手套。

(3) 操作处理方法：

① 严加密闭，提供充分的局部排风和全面通风。

② 操作人员必须经过专门培训，严格遵守操作规程。

③ 建议操作人员佩戴过滤式防毒面具，穿防静电工作服。

④ 远离火种、热源，工作场所严禁吸烟。

⑤ 使用防爆型的通风系统和设备。

⑥ 防止气体泄漏到工作场所空气中。

⑦ 避免与氧化剂、碱类接触。

(4) 泄漏处理：

① 迅速撤离泄漏污染区人员至上风处，并立即隔离150m，严格限制出入。

② 切断火源。

③ 应急处理人员戴氧气呼吸器，穿防静电工作服。

④ 尽可能切断泄漏源。

⑤ 合理通风，加速扩散。

⑥ 喷雾状水稀释、溶解。

(5) 灭火措施：

① 切断气源。

② 喷水冷却容器，将容器从火场移至空旷处。

③ 灭火剂：雾状水、泡沫、二氧化碳、干粉。

(6) 急救措施：

吸入：迅速脱离现场至空气新鲜处，保持呼吸道通畅。如呼吸困难，给输氧；呼吸心跳停止时，立即进行人工呼吸和胸外心脏按压术。就医。

55 二氧化碳的危险特性及防范措施有哪些？

(1) 危险特性：

① 二氧化碳若遇高热，容器内压增大，有开裂和爆炸的危险。

② 健康危害：

在低浓度时，对呼吸中枢呈兴奋作用，高浓度时则产生抑制甚至麻痹作用。中毒机制中还兼有缺氧的因素。急性中毒：人进入高浓度二氧化碳环境，在几秒钟内迅速昏迷倒下，反射消失、瞳孔扩大或缩小、大小便失禁、呕吐等，更严重者出现呼吸停止及休克，甚至死亡。固态(干冰)和液态二氧化碳在常压下迅速汽化，能造成-80～-43℃低温，引起皮肤和眼睛严重的冻伤。慢性影响：经常接触较高浓度的二氧化碳者，可有头晕、头痛、失眠、易兴奋、无力等神经功能紊乱等。侵入途径：吸入。

（2）个体防护：

① 呼吸系统防护：一般不需要特殊防护，高浓度接触时可佩戴空气呼吸器。

② 眼睛防护：一般不需特殊防护。

③ 身体防护：穿一般作业工作服。

④ 手防护：戴一般作业防护手套。

（3）操作处理方法：

① 密闭操作，提供良好的自然通风条件。

② 操作人员必须经过专门培训，严格遵守操作规程。

③ 防止气体泄漏到工作场所空气中。

（4）泄漏处理：

① 迅速撤离泄漏污染区人员至上风处，并进行隔离，严格限制出入。

② 建议应急处理人员戴氧气呼吸器，穿一般作业工作服。

③ 尽可能切断泄漏源。

④ 合理通风，加速扩散。

（5）灭火措施：

本品不燃。喷水保持火场容器冷却，直至灭火结束。

（6）急救措施：

① 皮肤接触：若有冻伤，就医治疗。

② 眼睛接触：若有冻伤，就医治疗。

③ 吸入：迅速脱离现场至空气新鲜处。保持呼吸道通畅，如呼吸困难，给输氧；如呼吸停止，立即进行人工呼吸。就医。

56 乙二醇的危险特性及防范措施有哪些？

（1）危险特性：

① 乙二醇遇明火、高热可燃。与氧化剂可发生反应。若遇高热，容器内压增大，有开裂和爆炸的危险。

② 健康危害：

主要有麻醉及轻度刺激作用。可引起眼和呼吸道的刺激症状，重者有麻醉症状，甚至意识丧失。慢性影响：眼和呼吸道的轻度刺激。皮肤长期接触可发生轻度皮炎。

（2）个体防护：

① 呼吸系统防护：一般不需要特殊防护，高浓度接触时可佩戴自吸过滤式防毒面具(半面罩)。

② 眼睛防护：空气中浓度较高时，佩戴化学安全防护眼镜。

③ 身体防护：穿一般作业防护服。

④ 手防护：戴防化学品手套。

⑤ 其他防护：工作完毕，淋浴更衣。避免长期反复接触。定期体检。

（3）操作处理方法：

① 密闭操作，提供良好的自然通风条件。

② 操作人员必须经过专门培训，严格遵守操作规程。

③ 建议操作人员佩戴自吸过滤式防毒面具(半面罩)，戴化学安全防护眼镜，戴防化学品手套。

④ 远离火种、热源，工作场所严禁吸烟。

⑤ 使用防爆型的通风系统和设备。

⑥ 防止蒸气泄漏到工作场所空气中。

⑦ 避免与氧化剂、酸类接触。

⑧ 搬运时轻装轻卸，保持包装完整，防止洒漏。

⑨ 配备相应品种和数量的消防器材及泄漏应急处理设备。应注意倒空的容器可能残留有害物。

（4）泄漏处理：

① 迅速撤离泄漏污染区人员至安全区，并进行隔离，严格限制出入。

② 切断火源。

③ 建议应急处理人员戴自吸过滤式防毒面具(全面罩)，穿一般作业工作服。

④ 尽可能切断泄漏源。

⑤ 防止流入下水道、排洪沟等限制性空间。

⑥ 小量泄漏：用砂土、蛭石或其他惰性材料吸收，也可以用不燃性分散剂制成的乳液刷洗，洗液稀释后放入废水系统。大量泄漏：构筑围堤或挖坑收容。

⑦ 用泵转移至槽车或专用收集器内，回收或运至废物处理场所处置。

（5）灭火措施：

① 尽可能将容器从火场移至空旷处。

② 喷水保持火场容器冷却，直至灭火结束。

③ 处在火场中的容器若已变色或从安全泄压装置中产生声音，必须马上撤离。

④ 灭火剂：泡沫、二氧化碳、干粉、砂土。用水灭火无效。

（6）急救措施：

① 皮肤接触：脱去污染的衣着，用大量流动清水冲洗。

② 眼睛接触：提起眼睑，用流动清水或生理盐水冲洗。就医。

③ 吸入：迅速脱离现场至空气新鲜处。保持呼吸道通畅，如呼吸困难，给输氧；如呼吸停止，立即进行人工呼吸。就医。

④ 食入：饮足量温水，催吐。洗胃，导泄。就医。

57 异丙醇的危险特性及防范措施有哪些？

（1）危险特性：

① 异丙醇易燃，其蒸气与空气可形成爆炸性混合物，遇明火、高热能引起燃烧爆炸。与氧化剂接触猛烈反应。在火场中，受热的容器有爆炸危险。其蒸气比空气重，能在较低处扩散到相当远地方，遇火源会着火回燃。

② 健康危害：

接触高浓度蒸气出现头痛、倦睡、共济失调以及眼、鼻、喉刺激症状。口服可致恶心、呕吐、腹痛、腹泻、倦睡、昏迷甚至死亡。长期皮肤接触可致皮肤干燥、皲裂。

（2）个体防护：

① 呼吸系统防护：一般不需要特殊保护，高浓度接触时佩戴过滤式防毒面具(半面罩)。

② 眼睛防护：一般不需要特殊保护，高浓度接触时佩戴安全防护眼镜。

③ 手防护：戴皮质手套。

④ 身体防护：穿防静电工作服。

（3）操作注意事项：

① 密闭操作、全面通风。

② 操作人员必须经过专业培训，严格遵守操作规程。

③ 建议操作人员佩戴过滤式防毒面具(半面罩)，戴乳胶手套，穿防静电服。

④ 远离火种、热源，工作场所严禁吸烟，使用防爆型的通风系统和设备。

⑤ 防止蒸汽泄漏到工作场所空气中。

⑥ 避免与氧化剂、酸类、卤素接触。

⑦ 灌装时要控制流速，并且有接地装置，防止静电集聚。

⑧ 搬运时要轻装轻卸，防止包装容器损坏。

⑨ 工作场所应配备一定数量的干粉灭火器和泄漏应急处理设备。

⑩ 应注意倒空的容器可能残留有害物质。

（4）应急处理：

① 消除所有点火源。

② 根据液体流动或者蒸气扩散的影响区域划定警戒区，无关人员从侧风和上风向撤离到安全区。

③ 建议应急处理人员戴正压自给式呼吸器，穿防静电服。

④ 作业时所有的使用设备应接地。

⑤ 禁止跨越和接触泄漏物。

⑥ 尽可能切断泄漏源。

⑦ 防止泄漏物进入水体、下水道、地下室或者密闭性空间。

⑧ 小量泄漏：用沙土或者其他不燃材料吸收。使用洁净的无火花工具收集吸收材料，也可以用大量水冲洗，洗水进入废水处理系统。大量泄漏：构筑围堤和挖坑收容。

⑨ 用抗溶性泡沫覆盖，减少蒸发。喷水雾能减少蒸发，但不能降低泄漏物在受限空间的易燃性。

⑩ 用防爆泵转移至槽车和专用收集容器。

⑪ 喷雾状水驱散蒸汽、稀释液体泄漏物。

（5）灭火方法：

① 消防人员必须穿戴全身防火防毒服，在上风向灭火。

② 尽可能将容器从火场移至空旷处，喷水保持火场容器冷却，直至灭火结束。

③ 处在火场中的容器若已变色或从安全泄压装置中产生声音，必须马上撤离。

（6）急救措施：

① 皮肤接触：立即脱去污染的衣着和鞋子等，用肥皂水和清水彻底冲洗皮肤。

② 眼睛接触：立即提起眼睑，用大量流动清水或生理盐水彻底冲洗。

③ 吸入：迅速脱离现场至空气新鲜处。保持呼吸道通畅，如呼吸困难，给输氧；如呼吸停止，立即进行人工呼吸。就医。

④ 食入：若吞食，切勿催吐；立即就医，并出示其容器和包装标识。

（7）储存注意事项：

① 储存于阴凉、通风的库房。

② 远离火种和热源。

③ 库温不超过37℃，保持容器密闭。

④ 应和氧化剂、酸类和卤素分开存放，切忌混储。

⑤ 采用防爆型照明和通风设施。

⑥ 禁止易产生火花的机械设备和工具。

⑦ 储区应备有泄漏应急处理设备和合适的收容材料。

58 1-丁烯的危险特性及防范措施有哪些？

（1）危险特性：

① 1-丁烯与空气混合能形成爆炸性混合物，遇热或明火即爆炸。气体比空气重，易在装置低点聚集，遇火星会引起爆炸。远离火种、热源，应与氧化剂、酸类分开存放，切忌混储。采用防爆型照明、通风设施。禁止使用易产生火花的机械设备和工具。

② 健康危害：

具有一定的窒息作用及麻醉作用，工作场所最高容许浓度为100mg/m^3。应注意通风，严防漏气。在高浓度下可作为麻醉剂。其毒性约是乙烯的4.5倍，皮肤接触液体1-丁烯会产生冻伤。吸入后可出现呼吸急促、迟钝、肌肉失调、判断错误、疲劳、恶心、呕吐等症状。

（2）个体防护措施：

① 呼吸系统防护：一般不需要特殊防护，高浓度接触时可佩戴氧气（空气）呼吸器。

② 眼睛防护：一般不需特殊防护。

③ 身体防护：穿防静电工作服。

④ 手防护：戴一般作业防护手套。

（3）操作处理方法：

① 密闭操作，加强通风。

② 操作人员必须经过专门培训，严格遵守操作规程。

③ 建议操作人员穿防静电工作服。

④ 远离火种、热源，工作场所严禁吸烟。

⑤ 使用防爆型的通风系统和设备。

⑥ 防止气体泄漏到工作场所空气中。

⑦ 避免与氧化剂、卤素接触。

⑧ 在传送过程中，钢瓶和容器必须接地和跨接，防止产生静电。

⑨ 搬运时轻装轻卸，防止钢瓶及附件破损。

⑩ 配备相应品种和数量的消防器材。

（4）泄漏处理：

① 迅速撤离泄漏污染区人员至上风处，并进行阻隔，严格限制出入。

② 切断火源。

③ 建议应急处理人员戴氧气呼吸器，穿防静电工作服。

④ 尽可能切断泄漏源。

⑤ 合理通风，加速扩散。

⑥ 漏气容器要妥善处理，修复、检验后再用。

（5）灭火措施：

① 切断气源。若不能切断气源，则不允许熄灭泄漏处的火焰。

② 喷水冷却容器。

③ 灭火剂：雾状水、泡沫、二氧化碳、干粉。

（6）急救措施：

吸入：迅速脱离现场至空气新鲜处，保持呼吸道通畅。如呼吸停止，立即进行人口呼吸，直至医务救援人员赶到。

59 过氧化物[2，5-二甲基-2，5-双(过氧化叔丁基)己烷]的危险特性及防范措施有哪些？

（1）危险特性：

① 其蒸气与空气可形成爆炸性混合物，遇明火、高热能引起燃烧爆炸。与氧化剂可发生反应，与还原剂能发生强烈反应。若遇高热，容器内压增大，有开裂和爆炸的危险。

② 健康危害：

对眼睛有刺激作用。吸入，可致中枢神经损害，引起运动障碍、平衡失调等。

（2）个体防护：

① 呼吸系统防护：空气中浓度超标时，必须佩戴自吸过滤式防毒面具(半面罩)。紧急事态抢救或撤离时，应该佩戴空气呼吸器。

② 眼睛防护：戴化学安全防护眼镜。

③ 手防护：戴橡胶手套。

④ 身体防护：穿防毒物渗透工作服。

（3）操作注意事项：

① 密闭操作，局部排风。

② 防止蒸气泄漏到工作场所空气中。

③ 操作人员必须经过专门培训，严格遵守操作规程。

④ 建议操作人员佩戴自吸过滤式防毒面具(半面罩)，戴化学安全防护眼镜，穿防毒物渗透工作服，戴橡胶手套。

⑤ 远离火种、热源，工作场所严禁吸烟。

⑥ 使用防爆型的通风系统和设备。

⑦ 在清除液体和蒸气前不能进行焊接、切割等作业。

⑧ 远离易燃、可燃物。

⑨ 避免产生烟雾。

⑩ 避免与还原剂、酸类、碱类、硫、磷接触。

⑪ 配备相应品种和数量的消防器材及泄漏应急处理设备。

⑫ 应注意倒空的容器可能残留有害物。

(4) 应急处理：

① 迅速撤离泄漏污染区人员至安全区，并进行隔离，严格限制出入。

② 切断火源。

③ 建议应急处理人员戴自给式呼吸器，穿防静电工作服。

④ 不要直接接触泄漏物。

⑤ 尽可能切断泄漏源。

⑥ 防止流入下水道、排洪沟等限制性空间。

⑦ 小量泄漏：用砂土吸收。大量泄漏：构筑围堤或挖坑收容。

⑧ 用泵转移至槽车或专用收集器内，回收或运至废物处理场所处置。

(5) 灭火方法：

① 雾状水、泡沫、干粉、二氧化碳、砂土等灭火剂。

② 不宜用水。

③ 消防人员须佩戴防毒面具、穿全身消防服，在上风向灭火。

④ 尽可能将容器从火场移至空旷处。

⑤ 消防人员须佩戴防毒面具、穿全身消防服，在上风向灭火。

⑥ 尽可能将容器从火场移至空旷处。

(6) 急救措施：

① 皮肤接触：脱去污染的衣着，用流动清水冲洗。

② 眼睛接触：提起眼睑，用流动清水或生理盐水冲洗。就医。

③ 吸入：迅速脱离现场至空气新鲜处。保持呼吸道通畅，如呼吸困难，给输氧；如呼吸停止，立即进行人工呼吸。就医。

(7) 储存注意事项：

① 商品通常稀释后储装。

② 储存于阴凉、通风的库房。

③ 远离火种、热源。

④ 防止阳光直射。

⑤ 库温不宜超过 30℃。

⑥ 保持容器密封。

⑦ 不宜久存。

⑧ 采用防爆型照明、通风设施。

⑨ 禁止使用易产生火花的机械设备和工具。

60 聚丙烯 Z-N 催化剂的危险特性及防范措施有哪些?

（1）危险特性：

1）Z-N 催化剂暴露在空气、水或水蒸气中会分解产生氯化镁的水合物、二氧化钛、氯化氢气体和酸雾。遇热分解会产生碳氧化物及金属氧化物烟雾。不易燃烧、爆炸。

2）健康危害：该物质不属毒害品类危险货物。

① 吸入：刺激呼吸道导致咳嗽、咽喉痛，不排除腐蚀性。

② 皮肤接触：刺激皮肤，不排除腐蚀性。

③ 眼睛接触：刺激眼睛并会导致眼睛发红、疼痛，不排除腐蚀性。

④ 摄食：食入会引起腹泻，可能引发腹部痉挛、腹痛，不排除腐蚀性。短期接触作用：该物质对皮肤和器官有较强的刺激伤害，可能在大于 1h 的时间内引起试验皮肤坏死，故不能排除该物质的腐蚀品危险性。

（2）个体防护：

① 呼吸系统防护：空气中浓度较高时，应佩戴自吸过滤式防毒面具（半面罩）。

② 眼睛防护：必要时，戴化学安全防护眼镜。

③ 身体防护：穿防静电工作服。

④ 手防护：戴橡胶耐油手套。

⑤ 其他防护：工作现场严禁吸烟。避免长期反复接触。

（3）操作处理方法：

① 密闭操作，全面通风。

② 操作人员必须经过专门培训，严格遵守操作规程。

③ 建议操作人员佩戴自吸过滤式防毒面具（半面罩），戴化学安全防护眼镜，穿防静电工作服，戴橡胶耐油手套。

④ 远离火种、热源，工作场所严禁吸烟。

⑤ 使用防爆型的通风系统和设备。

⑥ 防止泄漏到工作场所空气中。

⑦ 避免与空气、水接触。

⑧ 配置时应控制流速，且有接地装置，防止静电积聚。

⑨ 搬运时要轻装轻卸，防止包装及容器损坏。

⑩ 配备相应品种和数量的消防器材及泄漏应急处理设备。

⑪ 注意倒空的容器可能残留有害物。

⑫ 所有防护用具使用后彻底清洗。

⑬ 使用该产品的地方配置冲淋及冲洗眼睛的设备。

（4）泄漏处理：

① 迅速撤离泄漏污染区未穿戴防护用具的人员至安全区，并进行隔离，严格限制出入。

② 切断火源。

③ 建议应急处理人员戴自给正压式呼吸器，穿防静电工作服。

④ 尽可能切断泄漏源。

⑤ 不要用水或含水的清洁剂冲刷，保证足够的通风。

⑥ 将泄漏物做为危险废物处理，不要让其进入下水道或地表、地下水体。

（5）灭火措施：

用干沙土、干粉，二氧化碳；禁用水或泡沫灭火。

（6）急救措施：

① 皮肤接触：脱去污染的衣着，用肥皂水和清水彻底冲洗皮肤。

② 眼睛接触：首先用大量水冲洗至少 30min（如可能易行，摘除隐形眼镜），冲洗过程保持睁开眼皮。向医生咨询。

③ 吸入：迅速脱离现场至空气新鲜处。保持呼吸道通畅。如呼吸困难，给输氧；如呼吸停止，立即进行人工呼吸。就医。

④ 食入：提供新鲜空气，漱口，饮用大量的水，不要催吐，立即就医。

61 在装置中，哪些设备是主要的噪声源？如何满足噪声标准要求？

聚丙烯装置中的主要噪声源包括罗茨风机、螺杆型压缩机、高速离心泵、挤压机主电机和主减速箱，以及风送管道及其现场就地脱水口。

为了满足噪声标准要求，在订货时，需要按照规范规定的噪声标准作为设计条件，并在设备制造过程中考虑减噪隔声设施的安装。此外，在造粒机现场控制间应采用适当的隔声材料进行隔声处理。

62 废气处理措施有哪些?

(1) 富含丙烯的回收气通过火炬燃烧或送回乙烯装置进行回收利用。

(2) 含尘废气经袋滤器除尘后送至电站或焚烧炉处置。

(3) 反应器排气和安全阀排气通过高压火炬系统进行燃烧，消除有机物的污染。

63 聚丙烯装置的废水排放主要来源有哪些?

废水排放的主要来源是火炬地下槽、洗涤塔用水、蒸汽冷凝罐、切粒水罐，以及雨水和生活污水。

64 固体废物治理措施有哪些?

(1) 聚合单元产生的经预处理除去活性后的废油及检修时冲洗设备等所产生的废油，存于废油桶送界外回收利用，处理单位需要具备危险化学品处理资格。或者根据所在企业总流程配置情况，通过机泵增压、通过管道送至相关装置(如延迟焦化)作为原料。

(2) 落地料、大饼料、水捞料等粉粒料可进行降级出售。

(3) 废丙烯精制剂等其他废渣需送往有资质的废渣填埋场。

(4) 仪表检修更换下的含 Cs137 的废放射性元件，按照《放射环境管理办法》的要求，送往有关部门统一处理。

65 装置存在的主要职业病危害因素有哪些?

装置存在的主要职业病危害因素有化学因素(丙烯、乙烯、丁烯、氮气、氢气、三乙基铝、催化剂、给电子体、乙二醇、一氧化碳、缓蚀剂、异丙醇、过氧化物)和物理因素(噪声、高温、粉尘、工频电场)，还包括职业紧张和视觉疲劳等不良危害因素。

66 装置开停工职业卫生要求中的放射性探伤需要执行哪些规定?

(1) 射线作业前的准备：

1) 射线探伤单位应指定作业负责人，负责放射源的防护性能检查以及作业环境的安全条件确认，并向作业人员进行安全措施交底。

① 探伤机(射线装置)的性能须符合国家相关标准要求。

② 确认平台、通道、照明等安全措施已落实，作业场所不符合安全作业要求的，不得开展作业。

③ 放射工作人员从事放射作业时必须佩戴个人辐射剂量报警仪、个人剂量计。

④ 作业人员按作业类型、环境穿戴必要的劳动保护用品。

⑤ 对探伤机(射线装置)种类、数量进行核实，确保实际使用探伤装置和《放射源出入库审批单》《射线探伤作业许可》保持一致。

⑥ 放射工作场所应配置放射防护应急器材及防护用品，如铅屏、铅玻璃眼镜、铅质箱等。

2）作业现场须配备监护人，主要负责场所的划分与控制、警戒区周边辐射剂量水平监测、作业过程安全管理及联络、协调等。

① 严格按照作业票预定的范围设定控制区与监督区，监督区边界设警戒灯、警戒绳、警示牌等警示标志。

② 对监督区进行人员清场，要求非射线检测人员全部离开，确认无公众人员后方可开始射线检测工作；严禁超作业票许可范围和时间的透照。

③ 现场作业前用电话或其他方式通知作业点所在的装置及邻近装置。

3）属地部门在射线作业前应会同检测单位进行安全条件确认。

（2）射线作业时的基本防护要求：

① 射线探伤期间须确保边界设警戒灯、警戒绳、警示牌等警示标志处于正常状态。监护人在监督区周围监视、巡查，防止无关人员进入监督区内，监护人员不在现场时不得进行射线探伤作业。

② 监护人携带具有与所从事的射线工作相适应的监测仪器、设施和装备，开展辐射剂量率监测，通过视频、书面记录等方式，记录作业时间、警戒设置、剂量监测、开停确认等，并存档备查。根据作业点移动及现场射线剂量率监测情况，实时对警戒范围进行调整，确保警戒线外剂量符合国家辐射剂量标准。

③ 监护人与各作业小组通信畅通，配备通信设备，多家检测单位在同一区域射线探伤时，应避免交叉作业造成人员互照。

④ 每台探伤装置由至少两名具备相应资质的人员操作，作业时源头应采用准直器、铅板或其他有效屏蔽，以减小辐射影响。

⑤ γ 射线探伤机的使用场地转移必须专车专人运输，应置于铅质储存箱内，铅箱上锁，不得随意改道和搭乘非相关人员和物品。运输前、后及运输途中应进行辐射监测，确认放射源完好。车辆明显位置设有电离辐射警示标识，储存箱外辐射剂量率应小于 2.5μSv/h。

⑥ 属地单位在射线作业过程中，应利用停拍期间加强现场监测与检查，及

时处理检查中发现的问题。施工管理单位、工程监理单位须加强夜间作业的 HSE 管理，不定期对射线作业现场的安全作业条件及辐射防护情况进行检查和考核，并做好相应记录。

⑦ 为确保公司工程及检维修项目的顺利实施，各部门应积极配合，以确保射线探伤工作安全顺利完成。无正当理由，不得无故叫停射线探伤作业，若特殊原因需停止射线探伤作业的，须经运行部值班管理人员签字确认。

⑧ 射线作业许可证、作业视频、书面记录等资料应存档备查，保存期两年。

67 装置开停工职业卫生要求中的防噪声措施是什么？

装置开停工职业卫生要求中，在停工吹扫以及开工期间，作业人员需要佩戴好耳塞或耳罩，并采取防噪声措施。

68 环保、健康注意事项中的设备管理要求有哪些？

环保、健康注意事项中的设备管理要求包括杜绝跑、冒、滴、漏现象，防止跑油、漏气的发生。

69 环保、健康注意事项中的机泵冷却水量控制要求是什么？

环保、健康注意事项中的机泵冷却水量控制要求是尽量减少含油污水排放量，对于机泵漏油情况，应及时联系钳工修理。

70 环保、健康注意事项中的清污分流管理要求是什么？

环保、健康注意事项中的清污分流管理要求是在开工、停工和正常生产期间，及时切换清污分流流程，以防止跑冒泄漏物料污染事故。

71 装置采用密闭管道化生产的目的是什么？

装置采用密闭管道化生产的目的是减少工作人员接触职业病危害的概率。

72 DCS 控制系统方面的作用是什么？

DCS 控制系统的作用是实现更快、更精准的自动控制，减少外操人员、减少人工操作和误操作，减少外操人员到现场接触有毒物质的时间，减少装置异常波动等。

73 装置工艺装置区为敞开式设置的好处是什么？

装置工艺装置区为敞开式设置的好处是自然通风良好，职业病危害因素不易积聚。

74 密闭采样和密闭排放系统的设计目的是什么？

密闭采样和密闭排放系统的设计目的是杜绝有毒物料直接对外排放，确保采样和操作安全。

75 化学品 MSDS、告知卡和警示标识的设置目的是什么？

化学品 MSDS、告知卡和警示标识的设置目的是在易接触有毒物质的场所提供必要的信息和警示，以提醒和保护工作人员。

76 便携式可燃气报警检测仪的作用是什么？

便携式可燃气报警检测仪的作用是用于紧急事故处理和日常巡检，以及及时检测可燃气体的存在并发出警报。

77 洗眼喷淋器和风向标的设置目的是什么？

洗眼喷淋器的设置是为了在应急状况下提供紧急的眼部冲洗，而风向标的设置是指示逃生方向。

78 聚丙烯装置粉尘场所主要应用在哪个区域？主要防护措施有哪些？

装置中涉及到粉尘的场所主要为挤压造粒区域，设置有排气扇、粉尘抽风机等，操作人员必须穿防护服、戴防护眼镜、防尘口罩、手套等防护用品。

79 减振材料和消音器的使用目的是什么？

减振材料和消音器的使用目的是减少噪声的传递，降低产生噪声的设备对周围环境和人体的影响。

80 个体防护的要求有哪些？

根据职业病危害特点，给不同岗位接触不同职业病危害因素的工人配置相应的个人防护用品，个人防护用品分为基本配备要求和作业配备要求，一般工作条件下操作和管理人员都必须穿工作服和工作鞋，进入生产区必须佩戴安全帽。作业配备要求不同岗位的工作人员佩戴不同的个人防护用品。配置的生产人员个人防护用品有安全帽、防护眼镜、防护鞋、防尘口罩、防护耳塞、防毒面具等，另外检修人员还会配备防护面罩、电焊防护手套等。

81 职业病危害警示标识及中文警示说明的设置有哪些内容？

(1) 在使用有毒物品作业场所入口或作业场所的显著位置，根据需要，设置

“当心中毒”或者“当心有毒气体”警告标识，“戴防护面具”“穿防护服”“注意通风”等指令标识和“紧急出口”、“救援电话”等提示标识。

（2）依据《危险化学品目录》，在使用有毒物品的场所的醒目位置设置《危险化学品标识牌》，设置黄色警示线。警示线设在使用有毒作业场所外缘不少于3m处。

（3）在可能产生职业性灼伤和烫伤的作业场所，设置“当心灼伤、烫伤”警告标识和“穿防护服”“戴防护手套”“穿防护鞋”等指令标识。

（4）在产生噪声作业场所，设置“噪声有害”警告标识和“戴护耳器”指令标识。

（5）在高温作业场所，设置“注意高温”警告标识。

（6）在产生粉尘的作业场所设置“注意防尘”警告标识和“戴防尘口罩”指令标识。

（7）存在放射性同位素和使用放射性装置的作业场所，设置“当心电离辐射”警告标识和相应的指令标识。

82 什么是噪声？

噪声从物理学观点讲，是各种不同频率和声强的声音的无规律的杂乱组合。从生理学观点看，凡是使人烦躁的、讨厌的、不需要的声音都称为噪声。

83 噪声对人体健康有哪些影响？

噪声对人体健康的影响可分为两种类型：一种是特异性噪声病，只引起听觉器官的损伤；另一种是非特异性噪声病，噪声作用于机体的各器官，引起神经衰弱综合征、血压和心率的变化、肌肉紧张、消化机能紊乱、视力障碍、内分泌系统的变化等，甚至可能导致头痛、脑胀、多梦、疲乏无力、记忆力衰退、精神失常、休克等严重后果。

84 什么是粉尘？

粉尘是在一定条件下能与气态氧化剂（主要是空气）发生剧烈氧化反应的固体颗粒物质。聚烯烃粉粒料、添加剂粉料等都被归类为粉尘。

85 环管聚丙烯装置在哪些场所会存在可燃粉尘？

（1）常规状况：挤压机二楼及以上楼层、聚丙烯掺混区域、聚烯烃包装区域、粉料取样区域、T502 区域。

（2）非常规状况：聚丙烯粉料仓包装口、D602、带粉料系统滤网更换等。

（3）通风除尘：分片设置相对独立的除尘系统；所有产尘点均应装设吸尘

罩；风管中不应有粉尘沉降；工艺设备的接头、检查门、挡板、泄爆口盖等均应封闭严密。

86 可燃粉尘对人体健康有哪些影响？

可燃粉尘不仅具有爆炸和火灾的危险性，还可能对人体健康造成危害。吸入可燃粉尘可能引发呼吸系统问题，如咳嗽、气喘、肺炎等。某些可燃粉尘还可能对皮肤和眼睛造成刺激和损害。此外，长期暴露于可燃粉尘环境中可能导致慢性呼吸系统疾病和其他健康问题。

第十一章　聚丙烯节能低碳基础

1　环管聚丙烯的能耗构成是怎样的?

一个典型的环管工艺聚丙烯装置电耗占总能耗的60%~70%左右，其中挤压机的电耗又占一半以上，蒸汽消耗占20%左右，主要用于大闪线、小闪线、汽蒸、干燥以及伴热等，循环水占10%，主要用于环管反应器、共聚反应器、切粒水撤热等。

2　生产上有哪些节电措施?

（1）高熔融指数、均聚牌号耗电较低，排产上可以优先考虑。

（2）挤压机换网器的压差对电耗影响较大，视压差情况及时安排更换滤网。

（3）稳定生产期间的产品可以优化掺混时间。

（4）间歇操作的用电设备可以考虑使用峰谷电。

（5）高负荷有利于电耗的利用效率。

（6）粒料输送系统旋阀长时间运行下料效率会下降，需要定期安排检修旋阀或平衡管。

（7）部分水泵可以考虑采用变频或间歇性运行。

3　生产上有哪些降低蒸汽消耗的措施?

（1）检查疏水器工作情况，及时消除“小白龙”现象。

（2）检查保温热损情况，不合格的重新做保温。

（3）再沸器E702、E406考虑用凝液代替蒸汽。

（4）部分蒸汽伴热考虑用凝液代替。

（5）中压蒸汽减温减压后使用的可以适当提高减温减压后的压力和温度。

4　生产上如何减少循环水消耗?

（1）水冷器保证循环水流速的前提下尽量扩大温差。

（2）根据不同牌号、不同负荷下反应撤热不同，适当对环管夹套水换热器E208、E209以及气相反应器夹套水换热器E411的循环水回水进行限位。

（3）停用和备用水冷器安排切出循环水充氮保护或者最小流量流动。

（4）将用水量接近、温度控制要求不高的水冷器改循环水串联运行。

5 如何降低配套循环水厂能耗？

（1）对位置最高的几处用水点，如E701、A301等增加循环水提升泵，可以降低整个循环水管网压力，从而降低能耗。

（2）配备一定数量的变频式水泵和凉水塔风机，在满足循环水量和水温调节的基础上降低能耗。

（3）定期检查凉水塔布水器和填料情况，确保降温效果，减少飘逸损耗。

6 丙烯保安精制单元换剂或再生时如何尽量回收丙烯？

保安精制床层更换新剂或再生时需要先排空床层内的丙烯，然后用氮气置换。通常丙烯会先倒回到不合格丙烯球罐进行回收，但球罐背压较高加上长距离管线的压力损失，倒料到1.3MPa左右基本就倒不回去了。这时通过接管线到尾气压缩机PK501或循环气压缩机PK301入口，就可以进一步回收丙烯，这样就能回收绝大部分的丙烯，减少排放。

7 如何减少装置停开工过程的排放？

（1）采用不切排的方式停工，环管稀释过程三通阀HV311不切排，丙烯和聚丙烯全部正常流程回收，避免排放。

（2）环管丙烯退料到1.3MPa后，通过临时管线接到尾气压缩机PK501或者循环气压缩机PK301入口，继续回收环管丙烯，减少排放。

（3）采用不切排的开车方式，催化剂投料前HV311不切排，减少开车过程的排放。

8 如何尽量卸空气相反应器R401？

（1）反应器料位到0后继续通过出料阀LV401出料，并间歇性开大阀门进行冲刷。

（2）逐步关小循环气压缩机的导叶，让聚丙烯颗粒落下来。

（3）继续通过LV401将R401泄压到0.1MPa，尽可能回收聚丙烯和丙烯单体。

第十二章　机电仪基础知识

第一节　仪表知识

1　差压式流量计的测量原理是什么？

它是基于流体流动的节流原理，利用流体流经节流装置时产生的压力差，实现流量测量的。当连续流动的流体遇到装在管道内的节流装置时，由于节流孔的截面积比管道的截面积小，流动流通面积突然缩小，使流体的流速增大，形成收缩的流体通过节流孔。根据伯努利定律，任何一流体所包含能量不变。因此，在流体流速加快的地方动能增大，位能(静压头)降低，在节流孔前后就产生了压差，流体的流量越大，压差越大。因此，用差压计测出此差压就能测知流量的大小。差压式流量计由于使用历史长久，积累了丰富的实践经验和完整的实验资料，在生产中应用最广泛。

2　什么是比例调节？

比例调节(用 P 表示)是根据“偏差的大小”来动作。它的输出和输入的大小成比例，调节及时、有力，但是有余差。用比例度表示其作用的强弱。比例度越小(放大倍数越大)，则作用越强。但比例作用太强，也会引起调节振荡。

3　什么是积分调节？

积分调节(用 I 表示)的调节规律是根据“偏差是否存在”进行调节，它的输出变化与偏差对时间的积分成比例，只有当余差完全消失，积分作用才停止。

4　什么是微分作用？

微分调节器(用 D 表示)的调节规律，是根据偏差的变化趋势即“偏差变化速度”而动作的，在数学上称为微分作用。

5 调节器的正反作用是怎样定义的?

(1) 当被调参数(即变送器送来的信号)增加时，调节器的输出也增加的称为正作用。

(2) 如果调节器的输出随被调参数的增加而减小的则称为反作用。

6 热电偶测量温度为什么要有冷端温度补偿?

热电偶产生的热电势只与热电偶有关。冷端温度保持不变时，该热电势才是被测温度的单值函数。在应用中，由于热电偶的工作端与冷端离得很近，冷端又暴露于空间，易受环境温度波动的影响，为此要对热电偶冷端进行补偿，使冷端温度保持恒定(最好为0℃)。

冷端补偿的主要方法是采用补偿导线(这种导线在0~100℃与所连接的热电偶有相同热电性能)，将热电偶的冷端延长后，伸至温度波动很小的地方(如控制室)或配用本身具有冷端温度自动补偿装置的仪表。

7 什么是分程调节?

一个调节器同时控制两个或两个以上的调节阀，每一个调节阀根据工艺的要求在调节器输出的一段信号范围内动作。

8 什么是雷诺数?

雷诺数 *Re* 是表示流体流动的惯性力和摩擦力的比值，它与流速和黏度有关。

9 如何选取仪表的取压位置?

选取位置如图12-1所示，另外需要注意的是:

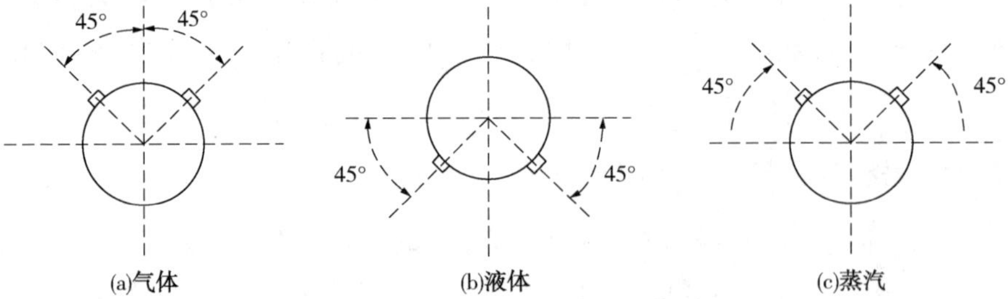

图12-1 仪表取压位置

(1) 当被测介质为液体时，则应在导压管的各最高点上安装集气器和排气阀，以便收集和定期排出液体中析出的气体。

(2) 当导压管内的液体受环境温度的影响而冷却，或与测量管路内的状态不一样时，取压时应装冷凝器。

（3）当测量含有杂质的液体和潮湿的气体流量时，则应在导管的最低点安装沉降器和排污阀。

（4）当测量有腐蚀性或高黏度、易凝结、析出固体的流体时，则应用隔离器和隔离液将被测流体和差压仪表的导管隔开。

10 质量流量计的测量原理是什么？

基于科里奥利原理工作。当流体流过按一个固定频率振动的测量管时产生扭曲，使安装在测量管左右两侧的检测线圈检测到一个相位差，这个相位差与质量流量成比例关系。

11 超声波流量计有什么特点？

（1）是一种非接触式仪表，可测液体、气体介质的体积流量，除具有电磁流量计的优点，还可测非导电介质的流量，而且不受流体压力、温度、黏度、密度的影响。

（2）通用性好，同一台表可测不同口径的管道内的流量。

（3）安装维修方便，不需要切断流体，不影响管道内流体的正常流通。安装时不需要阀门、法兰、旁通管等。

（4）特别适用于大口径管道的流量测量(管道口径可达 15m)，由于没有压力损失，节能效果显著。

12 偏心调节阀有什么特点？

（1）流路简单，阻力小，用含固体悬浮物和高黏度的流体调节较为理想。

（2）流通能力较大，比同口径的单、双座阀大 10%~30%，可调比大，可达 100∶1。

（3）阀芯球面偏心旋转运动减少了所要求的操作力矩，在流开、流闭下都能稳定操作，在高压差下能顺利使用，同时用较小的力就能严密关闭，所以泄漏量小。

（4）可通过改变定位器中凸轮板位置，方便地得到直线或等百分比流量特性。

（5）体积小，重量轻，可根据现场安装位置不更换任何零件灵活组装。

13 什么是角形阀？

角形调节阀除阀体为直角形外，其他结构与直通单座阀调节阀相似。它适用于高黏度、含悬浮物和颗粒状流体的场合，或用于要求直角配管的地方，其流向一般为底进侧出。它的特点是：

(1) 流路简单，死区和涡流区较小，借助介质自身的冲刷作用，可有效地防止介质堵塞，有较好的自洁性能。

(2) 流阻小，流量系数比单座阀大，相当于双座阀的流量系数。

14 什么是蝶阀？

蝶阀(翻板阀)的流通能力大，约为同口径双座阀的1.5~3倍；阻力损失小；沉积物不易积存；结构紧凑，安装空间很小；但操作转矩大，泄漏量较大，可调范围小。特别适用于低压差、大口径、大流量的气体和浆状液体。

15 什么是"O"形球阀？

"O"形球阀可起调节和切断作用，常用于两位式控制。它流路简单，全开时完全形成直管通道，压力损失最小，特别适用于高黏度、悬浮液、纸浆等流体场合；密封可靠，泄漏量很小，软密封球阀可达到气泡级密封。

16 什么是"V"形球阀？

"V"形球阀的流通能力大，比普通阀高2倍以上；控制特性好，为等百分比；可调范围大，可达300∶1；具有剪切作用，能严密关闭，适用于浆料、纤维状流体场合。主要缺点是操作压力受到限制，高压降时不适用。

17 什么是隔膜调节阀？

隔膜调节阀用耐腐蚀衬里阀体和膜片代替阀芯和阀座，由隔膜起调节作用，适用于强酸、强碱等强腐蚀介质的调节，也能用于高黏度及悬浮颗粒流体的调节。

18 超驰控制的工作原理是什么？

超驰调节系统通常由两台调节器和一台高值或低值选择器组成，可同时对两个相关参数进行监视和控制，使它们在预定的控制区域。所用的两个调节器中，一个用于正常调节，另一个用于超驰调节。假定选择器为低值选择器，在正常操作过程中，正常作用调节器的输出始终低于超驰调节器的输出，而被选择送往调节阀。当控制参数偏离正常范围且超过超驰调节器的给定值时，超驰调节器的输出将低于正常作用调节器的输出而被选择器送往调节阀。从而，超驰调节器取代正常作用调节器来控制调节阀开度，直至控制参数返回到安全区域内。控制参数正常后，又由正常作用调节器进行调节。正常时，有一个调节器控制调节阀，异常时由超驰调节器取代正常调节器控制调节阀，作为异常时的调节，正常后，原来的调节器恢复控制。

19 化工仪表的主要品质指标有哪些?

任何一种产品都有质量标准，仪表也不例外，衡量仪表质量好坏的标准，通常称为品质指标。

（1）精度：

检测仪表的精度反映测量值接近真实值的准确程度，一般用一系列误差来衡量。

① 绝对误差：指仪表指示值与被测参数真值之间的差值，即：

$$\Delta x = x - x_t$$

实际上通常采用多次测量结果的算术平均值或用精度较高的标准表的指示值作为约定真值。则绝对误差可用下式表示：

$$\Delta x = x - x_0$$

② 引用误差：把绝对误差折合成标尺范围的百分数表示，即：

$$\delta = \frac{x - x_0}{\text{标尺上限值} - \text{标尺下限值}} \times 100\% = \frac{\Delta x}{M} \times 100\%$$

③ 精度等级：按仪表工业规定，去掉最大引用误差的“±”号和“%”号，称为仪表的精度等级，目前已系列化。只能从下列数系中选取最接近的合适数值作为精度等级，即 0.005、0.02、0.05、0.1、0.2、0.4、0.5、1.0、1.5、2.5、4.0 等。

[例 1] 有两台测温仪表，它们的测温范围分别为 0～100℃和 100～300℃，校验表时得到它们的最大绝对误差均为 2℃，试确定这两台仪表的精度等级。

解：这两台仪表的最大引用误差分别为：

$$\delta_1 = \frac{2}{100 - 0} \times 100\% = 2\%$$

$$\delta_2 = \frac{2}{300 - 100} \times 100\% = 1\%$$

去掉最大引用误差的“%”号，其数值分别为 2 和 1，由于国家规定的精度等级中没有 2 级仪表，同时该仪表的误差超过了 1 级仪表所允许的最大误差，所以这台仪表的精度等级为 2.5 级，而另一台仪表的精度等级正好为 1 级。由此可见，两台测量范围不同的仪表，即使它们的绝对误差相等，它们的精度等级也不相同，测量范围大的仪表精度等级比测量范围小的高。

［例 2］ 某台测温仪表的工作范围为 0~500℃，工艺要求测温时测量误差不超过±4℃，试问如何选择仪表的精度等级才能满足要求？

解：根据工艺要求，仪表的最大引用误差为

$$\delta_{max}=\pm\frac{4}{500-0}\times100\%=\pm0.8\%$$

去掉最大引用误差的“±”号和“%”号，其数值为 0.8，介于 0.5~1.0 之间，若选择精度等级为 1.0 级的仪表，其最大绝对误差为±5℃，超过了工艺上允许的数值，故应选择 0.5 级的仪表才能满足要求。

注：在确定一个仪表的精度等级时，要求仪表的允许误差应该大于或等于仪表校验时所得到的最大引用误差；而根据工艺要求来选择仪表的精度等级时，仪表的允许误差应该小于或等于工艺上所允许的最大引用误差。这一点在实际工作中要特别注意。

（2）灵敏度与灵敏限：

① 灵敏度：表示仪表对被测参数变化反应的能力，是指仪表达到稳态后输出增量与输入增量之比，即：

$$S=\frac{\Delta y}{\Delta x}$$

② 灵敏限：是指引起仪表指针发生可见变化的被测参数的最小变化量。一般仪表的灵敏限数值不大于仪表允许误差绝对值的一半。

（3）回差：在外界条件不变的情况下，当被测参数从小到大(正行程)和从大到小(反行程)时，同一输入的两个相应输出值常常不相等。两者绝对值之差的最大值和仪表量程 M 之比的百分数称为回差，也称变差，即：

$$\delta_b=\frac{\Delta_{max}}{M}\times100\%$$

回差产生原因：由于传动机构的间隙、运动件的摩擦、弹性元件的弹性滞后等。回差越小，仪表的重复性和稳定性越好。应当注意，仪表的回差不能超过仪表引用误差，否则应当检修。

20 自动调节系统的方框图是怎样的？

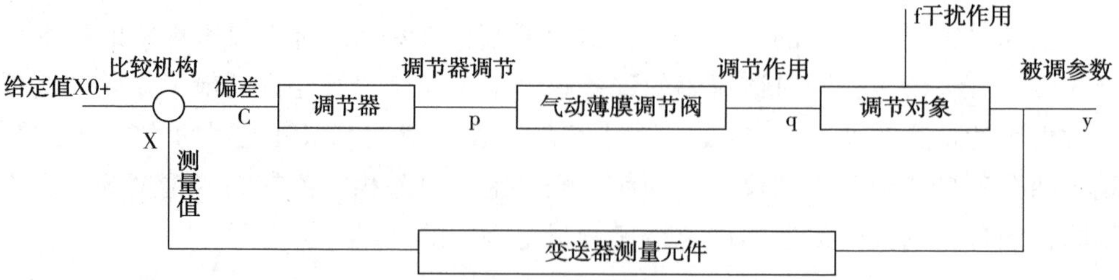

21 什么叫绝对误差？

指仪表的指示值 x 与被测参数的实际值 x_0 之差。

$$\Delta = x - x_0$$

22 什么是相对误差？

用仪表测量某一变量时，其绝对误差与该变量真实值之比的百分数。

23 什么是仪表的精度等级？分为哪几个等级？

仪表绝对误差与仪表测量范围之比的百分数称为仪表的相对折合误差。仪表精度就是仪表的最大相对折合误差去掉正负号和%号的数值。常用的等级有0.01、0.02、0.05、0.1、0.2、0.35、0.5、1.0等。

24 什么是仪表的变差和不灵敏区？两者有何关系？

在外界条件不变时，用同一仪表对同一参数值进行正反行程测量时，仪表的显示值之差称为变差，用输出量程的百分数表示。

仪表的不灵敏区是指不能引起输出变化的输入量的最大变化范围，它用输入量程的百分数表示。

在仪表校验中，常用不灵敏区的概念来计算变差。

25 仪表的零点、跨度和量程是指什么？

仪表的零点是指仪表测量范围的下限（即仪表在其特定精度下所能测出的最小值）。量程是指仪表的测量范围，跨度是指测量范围的上限与下限之差。

如果一台仪表测量范围是200～300℃，则它的零点是200℃，量程是200～300℃，跨度是100℃。

26 阀门定位器的作用是什么？

定位器是提高调节阀性能的重要手段之一，它利用闭环控制原理，控制调节阀的开度等于调节阀输入信号，不受阀杆摩擦力、不平衡力的影响。同时，因气源压力大，还能提高阀的许用压差，并具有加快阀的动作、改变作用方式、改变流量特性等功能。

27 变送器有何作用？

变送器的作用是检测工艺参数并将测量值以特定的信号形式传送出去，以便进行显示、调节。

28 什么是本质安全仪表？有什么优点？

本质安全仪表是一种既不产生也不传递足以点燃可燃性气体或混合物的火花和热效应的仪表。它可以设置在高度危险的场所进行正常工作。调校和维护可以在现场进行。

29 为什么测量蒸汽的孔板差压流量计刚开车时测量不准？

(1) 因为测量引压管(从孔板正、负压侧引出)上有两个小凝液罐，是为了使被测的正、负压室具有相同液位，消除液柱所产生的偏差。

(2) 刚引蒸汽时，引压管线上的凝液罐内无凝液，因此，测出的流量值由于正、负室内液柱影响而不正确了。

(3) 将引压管及凝液罐内充满凝液，测量就会准确了。

30 什么是偏置比值调节？

两个流量或两个压力，满足 $Y=KX+b$ 的调节关系，则就构成偏置比值调节。

31 什么是串级调节？

两个调节器，其中主调节器的输出值(OUT)就是副调节器的设定值，两者相互制约，但又各有各的调节回路和调节规律。

32 什么是选择性控制系统？

一般来说，凡是在控制回路中引入选择器的系统都称为选择性控制系统。

33 为什么压力、流量的调节一般不采用微分规律？而温度、成分调节却多采用微分规律？

微分作用的输出与输入量的变化速度成正比，具有超前的效果。对于压力、流量而言，对象调节通道时间常数较小，采用比例和积分作用一般已可满足调节要求，不需采用微分，若采用微分规律，在负荷变化较快时容易引起振荡，反而使调节质量下降，严重时系统不能投运。

而对于温度、成分等，这些测量通道时间常数较大，采用微分规律这种超前作用能够收到较好的效果。

34 选用气开阀还是气关阀的依据是什么？

气开阀或气关阀的选择主要是从生产工艺的安全来考虑。当仪表风突然中断时，应保证设备和操作人员的安全。如果阀处于全开位置时危害性小，则应选用气关式；反之，阀处于关闭时危害性小，则应选用气开式。

35 调节器的正反作用是什么?

调节器的正反作用是指调节器的输入信号(偏差)与输出信号变化方向的关系。当被调参数的测量值减去设定值(即偏差)大于零时，对应的调节器的输出信号增加，则该调节器为正作用调节器；如调节器输出的信号减小，则该调节器为反作用调节器。

36 生产操作中如何及时发现仪表自动控制回路失灵?

在正常生产中，操作工发现仪表自动控制回路有失灵迹象时，可采用试验调节法和对比分析法，确定仪表自动控制回路的正确性。

(1) 试验调节法：在仪表自动控制流量参数回路中，使用此种方法最容易找出流量控制是否正确。具体做法是在正常控制的指标下，人为给定一个细小的调节变化，调节回路立即执行这一变化，测量单元测定值只须几秒钟便可反应出来此自动控制流量回路是否好用。随后可去掉细小的调节变化，数秒钟细小的调节对整个系统的平稳操作不会带来影响。

(2) 对比分析法：对仪表自动控制的温度、压力及液面参数回路，可采用对比分析法。利用这种方法，必须掌握正常操作时各部位的工艺参数，因为各工艺操作参数不是孤立的，它们之间有相互关系，其中一个参数变化时，必然带来一系列变化，影响其他参数随其变化。以精馏塔底液位控制回路为例，即观察平稳的液面操作中，在各侧线馏出流量、温度稳定的情况下，精馏塔的进料流量、塔底抽出流量有没有变化，其中一个有变化时，塔底液位应该有与其对应的变化，如对应规律不符，例如在进料流量大幅度增加，塔的抽出量基本维持不变的情况下，塔底液位没有升高的变化，就可以判断液位仪表指示有问题。

37 电动阀与电磁阀的区别主要是什么?

电动阀以电动机驱动，可以将阀开度停留在任何所需的位置上；电磁阀一般以电磁铁驱动或用电磁铁控制风动阀的进出风，常用于正常生产时常闭，停车时必须立即开启的部位。

38 气动薄膜调节阀关不死有哪些原因?

(1) 阀芯、阀座磨损严重。

(2) 阀芯、阀座间有异物卡住。

(3) 调节阀膜头漏气。

(4) 零点弹簧顶紧力过大。

(5) 阀杆太短。

(6) 调节阀前后压差过大。

(7) 如带阀门定位器，需检查定位器输出是否能达到最大值。

39 DCS 系统在化工生产过程中的作用是什么?

DCS 系统完成生产装置的基本过程控制、操作、监视、管理，同时完成顺序控制、工艺联锁和部分先进控制等功能。

40 在化工生产中，压力的定义和计算公式是什么?

(1) 在化工生产中，压力是指由气体或液体均匀垂直地作用于单位面积上的力。

(2) 公式:

$$p=F/S$$

式中 p——压力，Pa;

F——垂直作用力，N;

S——受力面积，m^2。

41 液柱式压力计是如何工作的? 优缺点是什么?

根据流体静力学原理，将被测压力转换成液柱高度进行测量。按其结构的不同有 U 形管压力计、单管压力计等。

优点：这类压力计结构简单、使用方便。

缺点：其精度受工作液的毛细管作用、密度及视差等因素的影响，测量范围较窄，一般用来测量较低压力、真空度或压力差。

42 弹性式压力计是如何工作的?

它是将被测压力转换成弹性元件变形的位移进行测量的。

43 电气式压力计是如何工作的?

它是通过机械和电气元件将被测压力转换成电量(如电压、电流、频率等)来进行测量的仪表。

44 活塞式压力计是如何工作的? 优缺点是什么?

它是根据水压机液体传送压力的原理，将被测压力转换成活塞上所加平衡砝码的质量来进行测量的。

优点：测量精度很高，允许误差可小到0.05%~0.02%。

缺点：结构较复杂，价格较贵。

45 弹性式压力计的原理是什么？

弹性式压力计是利用不同形式的弹性元件，在被测介质压力的作用下，使弹性元件受压后产生弹性变形的原理而制成的测压仪表。

46 简述压力变送器指示过大的故障原因及处理方法。

(1) 故障原因：

① 导压管泄漏或阻塞。

② 截止阀未全开。

③ 气体导压管内有液体。

④ 液体导压管内有气体。

⑤ 变送器压力容室内有沉积物。

⑥ 变送器电路故障。

(2) 处理方法：

① 更换导压管。

② 打开截止阀。

③ 将液体排放出来。

④ 将气体排放出来。

⑤ 清理沉积物。

⑥ 更换电路板。

47 简述压力变送器指示过小或无指示的故障原因及处理方法。

(1) 故障原因：

① 导压管泄漏或阻塞。

② 膜盒内存在空气。

③ 气体导压管内有液体。

④ 液体导压管内有气体。

⑤ 变送器压力容室内有沉积物。

⑥ 接线回路断。

⑦ 变送器电路故障。

(2) 处理方法：

① 更换导压管。

② 更换法兰。
③ 将液体排放出来。
④ 将气体排放出来。
⑤ 清理沉积物。
⑥ 检查并接通回路。
⑦ 更换电路板。

48 简述压力变送器指示异常波动的原因及处理方法。

（1）原因：
① 回路有间歇性短路、开路或多点接地。
② 被测液体波动。
③ 气体导压管内有液体。
④ 液体导压管内有气体。
⑤ 变送器电路故障。
⑥ 保温不完善，导致温度不恒定。
⑦ 膜盒内存在空气。
（2）处理方法：
① 检查回路。
② 调整阻尼大小。
③ 将液体排放出来。
④ 将气体排放出来。
⑤ 更换电路板。
⑥ 完善保温。
⑦ 更换法兰。

49 化工生产中的节流现象的定义是什么？节流装置都有哪些？

流体在有节流装置的管道中流动时，在节流装置前后的管壁处，流体的静压力产生差异的现象称为节流现象。

节流装置就是在管道中放置的一个局部收缩元件，应用最广泛的是孔板，其次是喷嘴、文丘里管。

50 简述质量流量计出现误差偏大、积算器显示不亮或不增值、显示器空白位等现象的原因及处理方法。

（1）故障原因：
① 安装不规范，可直接导致流量计零漂。

② 保险丝烧断。

③ 接线不正确。

④ 变送器、传感器失效。

(2) 处理方法：

① 正确焊接法兰，防止产生压力信号。

② 更换保险丝。

③ 正确接线，注意正反作用程序。

④ 进行修理或更换。

51 操作仪表三阀组应注意些什么？

(1) 不能让导压管内的凝结水或隔离液流失。

(2) 不可使测量元件(膜盒或波纹管)受压或受热。

(3) 一般应遵循开表步骤：先打开正压阀，关闭平衡阀，最后打开负压阀。停表则步骤相反。

(4) 除测蒸汽或隔离液仪表有特殊要求外。

52 调节阀最经常出现哪些故障？如果填料处漏介质应如何处理？

调节阀最容易出现以下问题：膜头漏气、下进气膜头推杆处漏气、调节阀关不死、动作不灵活有卡涩现象、动作不到位、介质外漏等。

填料处泄漏应首先适当压紧填料，如果不行则应增加或更换填料。

53 聚丙烯装置调节阀控制不好时，经常要进行哪些方面的检查和处理工作？

(1) 检查电气转换器输出是否正常，清理器路或更换。

(2) 检查气源压力是否在正常范围。

(3) 检查阀门定位器是否正常，凸轮是否磨损，反馈杆是否脱落，气路转换组件是否卡涩。

(4) 检查调节阀膜头和推杆处是否漏气。

(5) 重新调校阀门的零点和行程。

54 仪表及管线保温的目的是什么？仪表管线内介质温度和仪表箱内温度应保持在什么范围之内？

(1) 仪表及管线保温的目的，在于保证仪表及检测、调节系统的正常工作，减少测量附加误差。

(2) 通过保温应满足：

① 检测对象的介质不应出现冻结、冷凝、结晶、析出等现象。

② 仪表应处于技术条件所允许的工作温度范围之内。仪表管线内介质的温度应保持在 20~80℃之间，保温箱内的温度应保持在 15~20℃之间。

55 分析聚丙烯装置双电磁阀气路工作原理。

如图 12-2 所示电磁阀是两位三通电磁阀：3 进、2 出、1 排放。此双电磁阀为并联连接，只要有一个电磁阀正常工作，所控阀门都能保持正常工作。

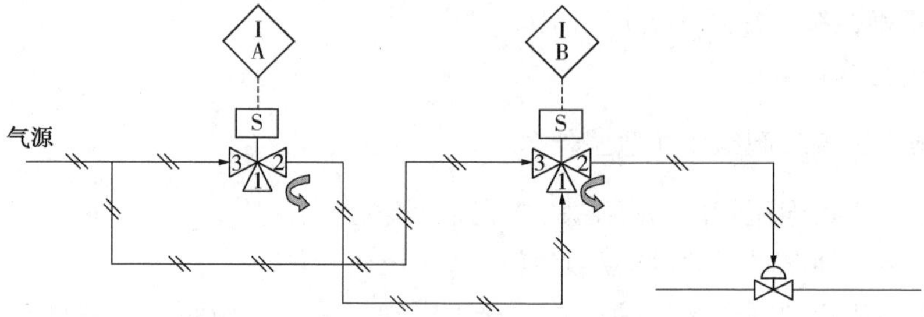

图 12-2　聚丙烯装置双电磁阀气路工作原理

（1）电磁阀正常带电情况下：A 电磁阀 3-2 通，B 电磁阀 3-2 通，气源正常输出到阀门执行机构。

（2）电磁阀失电或故障状态下：

① A 电磁阀故障，B 电磁阀正常时，A：2-1 通，B：3-2 通。

② B 电磁阀故障，A 电磁阀正常时，B：2-1 通，A：3-2 通。

56 调节阀的填料起什么作用？常用的填料有哪几种？

调节阀的填料装于上阀盖填料室内，其作用是防止介质因阀杆移动而向外泄漏。常用的填料有 V 形聚四乙烯填料和 O 形石墨填料。

57 物位检测仪表的分类有哪些？

（1）直读式物位检测仪表。

（2）静压式物位检测仪表。

（3）浮力式物位检测仪表。

（4）机械接触式物位检测仪表。

（5）电气式物位检测仪表。

（6）其他物位检测方法：如声学式、射线式、光纤式仪表等。

58 简述差压式液位计出现指示为最大的故障原因和处理方法。

（1）故障原因：

① 低压侧、膜片、毛细管或封入液泄漏。

② 低压侧或高压侧放空引压阀没有打开。

③ 低压侧或高压侧放空引压堵头。

(2) 处理方法:

① 更换仪表。

② 打开引压阀。

③ 清理杂物或更换引压阀。

59 简述回波反射式超声波位计的工作原理。

利用发射的超声波脉冲将由被测物料的表面反射，测量从发射超声波到接收回波所需的时间，可以求出从探头到分界面的距离，进而测得物位。

60 什么是在线分析仪表?

用于化工生产装置流程中(即在线)，连续或周期性检测被测物质化学成分或某些物性的类型仪表。

主要测量参数：组成含量、密度、黏度、馏程、闪点、倾点、pH 值、电导率、余氯、浊度、TOC、COD、辛烷值等。

61 在线分析仪系统的注意事项有哪些?

(1) 和工艺专业相关注意事项:

① 有些采样探头带探针，不能直接关根部阀，会夹扁探针。

② 样品、回样、公用系统阀门不能随意关闭，可能损坏分析仪。

③ 装置停工提前停用分析仪，做好保护工作。

④ 装置开工时置换干净、分析合格后再投用在线分析仪表。

⑤ 分析小屋有报警及时确认并通知维护人员一起处理。

(2) 和电气专业相关注意事项:

① 电气停电前通知维护人员提前停用在线分析仪表。

② 恢复送电前先通知维护人员确认，避免损坏电气设备和分析仪表。

62 什么是气体报警仪?

气体报警仪是一种能够对空气中所含有的某些气体进行检测，并在该种气体达到一定的浓度时发出警报信号的一种仪器。一般情况下，气体报警仪是在各类工业环境中使用，主要检测环境中的有毒有害气体或者可燃性气体。

63 隔膜压力表的工作原理是什么?

隔膜压力表的测量元件是一个膜盒，膜盒内充满缓冲密封液，当膜盒的膜片感受到外部压力的时候，膜片会发生形变，从而导致缓冲密封液的压力发生变化，在压力表里是有弹性元件的，缓冲密封液的变化促使弹性元件发生形变，再根据原先调好的压力进行对应。

64 核料位计的工作原理是什么？

核料位计是根据接收器接收到的射线剂量来进行反馈的，现场的放射源发出的射线剂量是一定的，当被测的罐内没有介质的时候，这个时候接受的剂量是最大的，相当于 0 的料位。如果料位上来了，那么就会对射线产生阻挡，导致剂量接受会变小，这个时候料位就是有的，核料位计的使用需要提前实际的物料是上升还是下降以用来设置好大概的几个点位置，设置好后就可以根据接收器接收到的剂量来显示料位。

65 音叉料位计的工作原理是什么？

音叉料位计在使用时，通电会产生振动，即为音叉机械波，如果料位上升到音叉的位置，碰触到音叉，那么音叉的振动就会发生改变，即音叉的机械波发生改变，不同的振动代表不同的电流，这个时候音叉的电路就会识别到音叉传来的电流不一样了，就会认为是料位到了，发出一个开关量信号。

第二节　电气知识

1 一般高压电机、低压电机分别指的是功率多少千瓦的电机？

高压电机指的是功率大于等于 160kW 电机，低压电机指的是功率小于 160kW 电机。

2 一般高压电、低压电指的是什么？

一般电工学高压电指的是 1000V 以上电压，低压电指的是 1000V 以下电压。

3 电气关于行灯电压的规定是什么？

行灯电压不得超过 36V，在特别潮湿的场所或塔、釜、罐、槽等金属设备内作业的临时照明灯电压不得超过 12V。

4 电动机启动是如何规定的？

电动机禁止连续启动，正常情况下鼠笼型电动机允许在冷态下启动 2~3 次，允许在热态下启动 1 次，只有在处理事故时以及启动时间不超过 2～3s 的机组，可再启动 1 次。

5 夏季高温季节对电动机注油的原则是什么？

减少注油量，增加频次。

6 什么是电动阀？

电动阀简单地说就是用电动执行器控制阀门，从而实现阀门的开和关。其可分为上下两部分，上半部分为电动执行器，下半部分为阀门。

电动阀不仅可以实现开关作用，调节型电动阀还可以实现阀位调节功能。电动执行器的行程可分为 90°角行程和直行程两种，特殊要求还可以满足 180°、270°、360°全行程。由角行程的电动执行器配合角行程的阀使用，实现阀门 90°以内旋控制管道流体通断；直行程的电动执行器配合直行程的阀使用，实现阀板上下动作控制管道流体通断。

7 电机注油需要注意什么？

有轴承润滑油注油装置的电动机，每月进行一次常规补油工作，所注的润滑脂牌号必须一致(同一轴承内不得注入不同品种的润滑脂)。但厂家规定注油周期低于 1 个月的电机及进口高速电机，则按厂家要求周期执行。

高温季节按照“减少注油量、增加频次”的原则对高温电动机进行注油。对设置有轴承(轴瓦)温度报警或联锁的电动机，应特别做好加注润滑油(脂)的工作，并保持与内操的联系。

目前自动加脂器得到普遍推广，按照电机厂家指导意见合理设定自动加脂速度。

8 具有自启功能的电机与普通电机的区别有哪些？

高压电机晃电自启：有自启功能电机，一般设置低电压保护时限 5s，无自启动要求的电机设置低电压时限 0.5s。

低压电机晃电自启：立即再启动一般 0.2s，延时再启动按照 0.1s、1.5s 分批启动，掉电时间超过 10s 不再延时再启动。

工艺联锁自启：工艺流量、压力等实现备用泵电机自启动。

自启功能的电机与普通电机的本身制造无区别。

9 电动机运行中外壳最高允许温度是多少？

开启型 70℃；封闭型 80℃；防爆型 90℃。

10 什么是 UPS？其工作原理是什么？

UPS 为不间断电源，平时主电源整流、逆变后供电，电池浮充，主电源故障靠电池放电，可以实现不间断供电。UPS 检修时操作至检修旁路，主机脱开检修，负荷靠旁路供电，亦可以实现不间断供电。

11 高温电动机的定义是什么？

电机滑动轴承(轴瓦)温度≥70℃，电机滚动轴承温度≥80℃，电机绕组温度≥110℃(F 级)，电机绕组温度≥100℃(B 级)。

12 电动阀检修作业的主要步骤有哪些？

(1) 准备工作。

(2) 外部检查。

(3) 接线检查工作。

(4) 电动头内电路、机械部分检查和检修。

(5) 最后复位。

(6) 检修场地清理、工作票结束，出检修报告。

13 简述电动阀检修作业外部检查内容。

(1) 确认电动头上各部件配置状况(阀门、控制系统、执行器)。

(2) 检查电动阀是否有漏油、部件缺损等问题。

14 简述电加热器的用途。

电加热是将电能转换为热能的过程。电加热器是一种国际流行的高品质长寿命电加热设备。用于对流动的液态、气态介质的升温、保温、加热。当加热介质在压力作用下通过电加热器加热腔，采用流体热力学原理均匀地带走电热元件工作中所产生的巨大热量，使被加热介质温度达到用户工艺要求。

15 根据电能转换方式的不同，电加热通常可以分为几种？

根据电能转换方式的不同，电加热通常可以分为电阻加热、感应加热、电弧加热、电子束加热、红外线加热和介质加热等。

16 聚丙烯装置哪些部位使用电伴热?

聚丙烯装置需要电伴热的部位有：脱活剂进多区反应器，反应器出料线，共聚反应器，挤压机管线，给电子体管线，循环气压缩机 C250、C401 等干气密封管线，中压、低压丙烯压缩机 PK320、PK360 入口管线，粉料、粒料旋阀，风送系统换向阀等。

对部分温度控制要求不高的部位选择电伴热还是蒸汽伴热可结合公司内部低品位蒸汽是否富余来综合性选择，以降低能耗。

17 EPS 与 UPS 有何不同?

两者均具有市电旁路及逆变电路，其功能区别是：

(1) EPS 仅具有持续供电功能，一般对逆变切换时间要求不高(特殊场合的应用具有一定要求)，日常着重旁路供电，市电停电时才转为逆变供电，电能利用率高。

(2) UPS(在线式)一般强调其三大功能：稳压稳频；对切换时间要求极高的不间断供电；净化市电。日常着重整流/逆变的双变换电路供电，逆变器故障或超载时才转为旁路供电，电能利用率不高(一般为 80%~90%)。

18 电缆由哪几部分构成?

电力电缆的基本结构由线芯(导体)、绝缘层、屏蔽层、保护层四部分组成。

19 电动阀的工作原理是什么?

电动阀通常由电动执行机构和阀门连接起来，经过安装调试后成为电动阀。电动阀使用电能作为动力来接通电动执行机构驱动阀门，实现阀门的开关、调节动作，从而达到对管道介质的开关或调节的目的。

电动阀的驱动一般是用电机开或关动作完成一定的时间模拟量的，可以做调节。比较耐电压冲击。电磁阀是快开和快关的，一般用在小流量和小压力，要求开关频率大的地方；电动阀反之。电动阀的开度可以控制，状态有开、关、半开半关，可以控制管道中介质的流量，而电磁阀达不到这个要求。

20 电动阀的特点是什么?

(1) 可满足大部分工况要求及普通阀门不能使用的工况要求。

(2) 兼备开关和调节功能，有阀位指示及输出。

(3) 适用于几乎所有介质，介质黏度最大可达 $600mm^2/s$。

(4) 耐高温、耐化学腐蚀、耐磨耐久、耐水锤冲击。

(5) 自带手动功能，可配手轮式，防爆环境执行器可配防爆型。

(6) 双向流通，操作简单，控制稳定，使用寿命长。

21 聚丙烯装置哪些部位机泵通常设置自启动？

(1) 设置有备泵的机泵：如脱活剂机泵 P160A/B，冷冻水泵 P200A/B、P211A/B、P610A/B，冷却水泵 P501A/B、P520A/B，凝液泵 P630A/B，夹套水泵 P640A/B，丙烯泵 P240A/B、P330A/B，丁烯泵 P730A/B。

(2) 机组油泵、水泵均设计有电联锁，水压、油压低会引起水泵、油泵的自启动：如 C250、C401 油系统，PK320、PK360 油系统、水系统，PK240、PK740 油系统、水系统。

(3) 液位低控制水泵：如污水泵 P670A/B、P671A/B、P672A/B。

22 泵的启动电流与正常运行电流的差别是什么？

启动电流为泵启动过程中电机达到的瞬时最大电流，一般为电机额定电流的 6~7 倍。

正常运行电流为泵启动完成后泵正常运行时电机的运行电流，一般小于等于电机额定电流。

23 接地检查的常规要求有哪些？

检查接地线、接地极有无断开、腐蚀或者接触不良的情况，测量接地电阻不大于 10Ω。

24 泵的监测系统维保时的注意事项有哪些？是否会引起机泵停机？

泵的监测系统主要监测泵、电机的温度、振动情况，数据上传至 DCS 系统用于显示或者报警，一般未设联锁。

25 泵的自启功能如何测试？

有条件的可以实际开启泵，工艺模拟流量、压力等联锁值触发备用泵自启动，这种方法需要泵实际运转起来；如果泵不能实际运转起来，可以要求电气配合将电源回路开关置于试验位置，工艺模拟联锁值触发联锁，电气检查备用泵试验位置自启动情况。

26 带有现场手自动切换开关的操作柱如何进行操作？

切换至手动位置时，只能现场操作柱开停电机；切换至自动位置时，只能 DCS 远程开停电机。如果带有锁停功能的操作柱，切换至锁停位置时，现场操作柱及 DCS 均不能开停机泵。

27 变频器的保护频率通常为多少?

变频器的运行频率上限一般为 50Hz，下限一般为 20Hz，具体视电机是否为变频专用电机及工艺调速范围要求。

28 电动阀的操作注意事项有哪些?

手动操作时注意规范操作，切忌野蛮操作，如遇卡涩等情况检查后再操作，手动、DCS 操作后检查开度、回讯情况与实际相符，有问题及时联系电仪检查。DCS 操作如遇电动头保护动作，需联系电气协同检查。新电动头投用前，需工艺协同电气调试核对开度、回讯、电动头保护参数等正确后才能投用。

29 电联锁与仪表联锁的区别是什么?

电联锁为 AB 泵，靠电气回路接触器之间互相联锁实现备用泵自启动；仪表联锁为 AB 泵，靠工艺参数(如流量、压力等)实现备用泵自启动。

30 日常生产中由操作人员或电气操作人员实施停送电操作的设备各有哪些?

除电气变电所自用照明、直流屏、EPS、空调等电气自行操作停送电外，其他现场机泵、电动头、行车、葫芦、电梯、装置照明等由操作工停送电。

31 简述电机 IP 防护等级的含义。

IP 防护等级将电器依其防尘和防湿器之特征加以分级。选择合适防护等级的电动机对设备平稳运行有着直接的影响。

(1) IP 后面第一位数字的意义：

0——无防护，没有专门的防护。

1——能防止直径大于 50mm 的固体异物进入机壳内，能防止人体的大面积(如手)偶然触及壳内带电或运动部分，但不能防止有意识的接近这些部分。

2——能防止直径大于 12mm 的固体异物进入机壳内，能防止手指触及壳内带电或运动部分。

3——能防止直径大于 2.5mm 的固体异物进入机壳内，能防止厚度(或直径)大于 2.5mm 的工具、金属等触及壳内带电或运动部分。

4——能防止直径大于 1mm 的固体异物进入机壳内，能防止厚度(或直径)大于 1mm 的工具、金属等触及壳内带电或运动部分。

5——能防止灰尘进入达到影响产品正常运行的程度，完全防止触及壳内带电或运动部分。

6——完全防止灰尘进入，完全防止触及壳内带电或运动部分。

(2) IP 后面第二位数字的意义：

0——无防护，没有专门的防护。

1——防滴，垂直的滴水应不能直接进入产品内部。

2——15°防滴，与铅垂线呈 15°角范围内的滴水应不能直接进入产品内部。

3——防淋水，与铅垂线呈 60°角范围内的淋水应不能直接进入产品内部。

4——防溅水，任何方向的溅水对产品应无有害的影响。

5——防喷水，任何方向的喷水对产品应无有害的影响。

6——猛烈的海浪或强力喷水对产品应无有害的影响。

7——防浸水，产品在规定的时间和压力下浸在水中，进水量对产品应无有害影响。

8——潜水，产品在规定的压力下长时间浸在水中，进水量对产品应无有害影响。

我们公司目前采购的电机一般都按 IP54 来选型，历史投运的部分非防爆区域设备极少数用到开启式电机，因此在运行一定时间后绕组内部积灰导致电机绕组散热受影响。

32 电机冷却方式有哪些?

电动机在运行过程中，总有一部分损耗转变成热量，它必须通过电机外壳和周围介质不断将热量散发传递出去，这个散发热量的过程称为冷却。

冷却方式根据不同的特点选用不同的冷却方式，最常用的有空-空冷、空-水冷。通常中、小型电动机主要通过自身所带的同轴风扇进行散热冷却，部分大容量低转速的电动机无法满足冷却需求的需增加水冷器进行换热(与设备中换热器原理一样)以满足设备运行要求。

33 电机开机需要检查的内容有哪些?

(1) 准备必要的巡检工具，如听棒、测温枪、测振仪等。

(2) 确认电动机配电室已送电热备用。

(3) 确认电动机本体与周围无影响设备运行的设备及杂物。

(4) 确认润滑油系统油位、油视镜油位在上下红线之间、油压压力表红线以内，冷却系统循环水进、出口正常，有强冷风机的电动机打开冷却风机。

(5) 有正压吹扫装置的电动机吹扫系统流程已完成无报警，保压符合要求。

(6) 有大功率电动机开机前需通知电气人员现场做开机配合确认。

（7）有盘车条件的电动机开机前进行盘车。

34 如何启动电机？

（1）确认内操 DCS 控制系统无报警。

（2）现场操作柱开关把手打至“启动”位置或按“启动”按钮。

（3）逐步增加负荷至带负荷正常，确认运行电流在额定范围内。

（4）检测电动机轴承运行振动、状态、温度正常。

35 如何停电机？

（1）确认停机前电机运行正常。

（2）现场操作柱或 DCS 开关把手打至停机位置，操作柱有“锁停”位置的，需打至“锁停”位置。

（3）待机组停止运转后，有强制冷却风机的手动停止。

36 什么情况下需紧急停电机？

（1）电动机轴承冒烟。

（2）电动机绕组温度超标准运行。

（3）电动机发生剧烈振动。

（4）电动机有威胁机组安全运行的异常情况时。

（5）电动机达到联锁停机条件而联锁未动作。

37 如何紧急停电机？

（1）通知岗位相关人员，电机紧急停机。

（2）如无法现场通过操作柱停机，或现场不具备操作条件的，需立即联系电气人员确认后在配电室配出回路内手动机械停机。

38 电动执行器的用途及优缺点是什么？

电动执行器主要用于阀门开、关操作时代替人力，或部分操作位置不便、操作环境危险场所，通过远控 DCS 等方式给定模拟量信号实现阀门开关、调节功能。

电动执行器优点：目前在用的智能一体化电动执行器具备大力矩、快速响应、多重保护，以及功能齐全的位置、力矩反馈和灵敏的调解和事件记录数据通讯等多项功能。

电动执行器缺点：操作运行时需要可靠的供电电源，一旦电源有异常执行器将无法操作，特别在异常事故下，电缆受损执行器将无法电动操作，特别防爆区域不能选做紧急切断阀使用。

39 电动执行器如何就地操作？

（1）将执行器本体就地、远方功能开关打至就地位置。

（2）对操作执行器本体开、停旋钮开关操作，进行相应的开、关阀操作。

（3）操作结束后确认执行器本体显示屏符合实际要求。

（4）如有位置信号反馈，与内操进行核对确认现场和 DCS 显示对应一致。

（5）最后将执行器本体就地、远控功能开关打至停止位置，防止误动。

40 电动执行器在什么情况下需通过现场手轮操作或通过复位操作？

（1）操作过程中发现执行器各种异常报警无法操作。

（2）在操作过程中有力矩保护报警。

（3）操作时因主电源丢失无法电动操作。

（4）操作过程中因 DCS 输出异常，需将就地远控开关打至就地位置。

41 引起电动机着火的原因主要有哪些？

（1）电动机过负荷运行：如发现电动机外壳过热，电动机电流表所指示超过额定电流值，说明电动机已超载，必须迅速查明原因。如果电网电压过低，电动机也会产生过载。当电源电压低于额定电压的 80%时，电动机的转矩只有原转矩的 64%，在这种情况下运行，电动机就会产生过载，引起绕组过热，烧毁电动机或引起周围可燃物着火。

（2）电动机匝间或相间短路或接地（碰壳）：由于金属物体或其他固体掉进电动机内，或在检修时绝缘受损、绕组受潮，以及遇到过高电压时将绝缘击穿等原因，会造成电动机的相间短路或接地。

（3）电动机接线处各接点接触不良或松动：接触电阻增大引起接点发热，接点越热氧化越迅速，接触电阻越大发热越严重。如此恶性循环，最后将电源接点烧毁产生火花电弧，损坏周围导线绝缘，造成短路，同时可将周围易燃易爆物品引燃引爆。

（4）三相电动机单机运行：危害极大，轻则烧毁电动机，重则引起火灾。

（5）机械摩擦：电动机在旋转过程中存在着轴承摩擦。轴承最高允许温度是：滑动轴承不超过 80℃，滚动轴承不超过 100℃，否则轴承会被磨损。轴承磨损后使转子、定子互相摩擦发生扫膛。这时，摩擦部位温度可达 1000℃以上，而使定子和转子的绝缘破坏，造成短路，严重时可产生火花电弧。

（6）电动机接地不良：电动机正常运行时，机壳必须装有良好的接地保护。如无可靠的接地保护，电动机外壳就会带电，万一操作人员不慎触及外壳，会造成触电伤亡事故。

42 什么是直流电和交流电？

直流电：大小、方向不随时间变化。

交流电：大小、方向均随时间变化而变化。

43 什么是电压、电功、电功率？

（1）电压：也就是电位差，电路中两点之间的电位差就叫做电压，单位为 V。

（2）电功：电流所做的功，单位为 J。

（3）电功率：单位时间内电流所做的功的大小，单位为 W。

44 什么叫电流？它的产生应具备什么样的条件？

电荷在导体内有规律的运动就叫电流，单位为 A。

它的产生应具备两个条件：要有电源；且有一个电流通过的闭合回路。

45 电动机可以分为哪些类型？

（1）按电源可分为直流电动机、交流电动机。直流电动机又可分为他激式、串激式、复激式；交流电动机又可分为同步机、异步机。

（2）按电源相数可分为单相电机、三相电机。

（3）按防护形式可分为防护式、封闭式、防爆式。

（4）按转子结构可分为绕线式、鼠笼式。

46 简述三相异步交流电机的工作原理。

当电机的定子绕组通以三相交流电后，便在定子绕组中产生了旋转磁场，在旋转磁场的作用下，转子绕组中就产生了感应电流。转子中因感应电流形成的磁场和定子磁场相互作用产生的作用力推动转子转动。

47 电机振动的原因有哪些？

（1）轴承磨损，间隙不合格。

（2）气隙不均。

(3) 转子不平衡。

(4) 机壳强度不够。

(5) 基础强度不够或安装不平。

(6) 风扇不平衡。

(7) 绕线转子的绕组短路。

(8) 笼形转子开焊、断路。

(9) 定子绕组故障(短路、断路、接地、连接错误等)。

(10) 转轴弯曲。

(11) 铁芯变形或松动。

(12) 对轮安装不符合要求。

(13) 电动机地脚螺栓松动。

48 电机过热或冒烟的原因有哪些?

(1) 电机频繁启动或正、反转次数过多。

(2) 进风温度过高。

(3) 风扇故障，通风不良。

(4) 环境温度增高，或电机通风道堵塞。

(5) 电机过载或拖动的机械阻力过大。

49 电机异常的声音有哪些?

(1) 转子擦绝缘纸或槽楔。

(2) 轴承磨损，有故障。

(3) 定子、转子铁芯松动。

(4) 电压太高或不平衡。

(5) 定子绕组接错。

(6) 绕组有故障(如短路)。

(7) 重绕时每相匝数不相等。

(8) 轴承缺少润滑油。

(9) 风扇碰风罩或风道堵塞。

(10) 气隙不均匀，定子、转子相擦。

50 电机不能启动的原因是什么?

(1) 电源未接通，刀闸没有关上，启动按钮接触不良，自保持点接触不好。

(2) 熔断器烧坏或空气开头跳闸了。

(3) 堵转(即异物卡住了转子)。

(4) 单相启动(在这种情况下，应立即停止，以保护电机被损坏)。

(5) 定子线圈开路。

(6) 转子开路或鼠笼环断条太多。

51 电机轴承发热的原因有哪些?

(1) 轴承装配过紧。

(2) 轴承缺油(正常情况下润滑脂应充满轴承盖的2/3)。

(3) 轴承油太多。

(4) 润滑脂里有杂物。

(5) 轴承跑套，轴承外套与端盖摩擦，称为跑外套；轴承里套旋转与轴摩擦，称为跑内套。

(6) 轴承盖和轴承相摩擦。

52 低压电动机的保护有哪几种?

(1) 短路保护。当运行电机内部或电缆发生单相接地或相间短路故障时，利用空气开关或熔断器切断电机的电源。

(2) 过载保护。当负载电流达到1.2倍的额定电流值时，20min即自行跳闸。

53 简述电动执行机构常见故障原因及处理方法。

(1)操作无反应处理见表12-1。

表12-1 操作无反应原因及处理方法

原　因	处理方法
主电源未送	送电源
控制界面有过力矩报警	对报警进行消除复位调整
联锁报警	确认联锁已投
内部控制板件有松动或脱落	重新紧固、固定
接线盒内控制电缆或接线端子松动脱落	重新接线、紧固
DCS控制信号没有送进	排查仪表控制回路

(2) 执行器运行时声音异常处理见表12-2。

表12-2 执行器运行时声音异常原因及处理方法

原　因	处理方法
驱动电机跑套	需对电机套进行处理或更换驱动电机
内部涡轮蜗杆有磨损	需解体对壳体内部检查或更换
推力轴承座磨损	对推力底座清洗并进行公差测量，必要时更换配件

（3）操作过程中异常见表 12-3：

表 12-3　操作过程异常原因及处理

原　　因	处理方法
过力矩报警保护	报警复位，适当调整力矩
限位没有输出	对限位重新调整

（4）完好性问题原因及处理方法见表 12-4。

表 12-4　完好性原因及处理方法

原　　因	处理方法
手轮等密封件处有渗油	对密封件进行更换
液晶屏显示电池电量报警	更换电池
外罩显示不清、模糊	清理污垢或更换可视屏
显示屏不清晰或缺失	检查或更换
接线盒进线口密封不牢	密封处理
周围有妨碍执行器操作的异物	清理
本体接地线松动或断裂	修复紧固

54　变频器日常如何保养？

（1）变频器室内温度正常，通风情况良好，注意室内温度不要超过 40℃。

（2）检查运行中的变频器柜内无异常声响、异味，柜体无异常及发热现象。

（3）变频器冷却风扇运转状况良好，无卡涩现象，过滤网干净，进风口进风量正常，风扇无严重积灰。

（4）变频器各运行参数显示正常，变频器无报警信息，变频器面板显示参数正常（电压、频率、电流、IGBT 温度）。

（5）定期用红外成像测量连接电缆及接头有无发热现象。

55　什么是电力系统？

电力系统是由发电、变电、输电、配电和用电等环节组成的电能生产与消费系统。它的功能是将自然界的一次能源通过发电动力装置（主要包括锅炉、汽轮机、发电机及电厂辅助生产系统等)转化成电能，再经输、变电系统及配电系统将电能供应到各负荷中心，通过各种设备再转换成动力、热、光等不同形式的能量。

56 电力系统的构成都有哪些?

(1) 电源：指各类发电厂、站，它将一次能源转换成电能。

(2) 升压变电所、降压变电所：将电源发出的电能升压到一定等级后输送到负荷中心变电所，再降压至一定等级后，经配电线路与用户连接。通过升压变压器、降压变压器实现电压等级的转换。

(3) 输电线路、配电线路：电能传输通道。输电线路主要是架空线，厂内配电线路主要是电缆。

(4) 电能用户：电动机、电动头、加热器、照明等。

57 倒闸操作必须具备的必要条件是什么?

(1) 要有监护人在场。

(2) 要有统一明显的标志。

(3) 要有操作模拟图板。

(4) 要使用统一的调度术语和操作术语。

(5) 要有操作票。

(6) 要有安全保护用具。

(7) 整个倒闸过程实行手指口述。

58 停(送)电票填写的基本要求是什么?

(1) 停(送)电票中的停(送)电设备名称位号、申请停电时间、申请单位、申请停电人签名栏由申请人填写，实际停电时间、停电操作人签名栏由操作人填写，操作人和监护人必须由本人签名。

(2) 需停(送)电的每一个设备位号、名称应填写清楚明确，不能用省略写法；且每一行只能填写一个需停(送)设备名称、位号。

(3) 实际停(送)电时间必须填写完成停(送)电操作后的实际时间，严禁与申请人约时停(送)电或预先告知停(送)电完成时间。

(4) 停(送)电票一律用蓝、黑墨水的钢笔或圆珠笔填写，字迹必须清楚，票面应整洁完整，各栏目严禁涂改。

59 **简述触电防护技术的应用范围。**

（1）安全电压。是指人体较长时间接触而致发生触电危险的电压。安全电压的额定值为42V、36V、24V、12V、6V。在安全电压的额定值中，42V和36V可在一般较干燥环境中使用；24V以下是在较恶劣环境中允许使用的电压等级，如金属容器内、过道内、铁平台上、隧道内、矿井内、潮湿环境内等。

（2）利用绝缘防护。这种防护就是利用绝缘材料把带电导体完全包封起来，从而保证在正常工作条件下，人体不至触及带电导体。任何电气设备和装置都应根据使用环境和应用条件采用相应等级的绝缘。

（3）利用屏护的防护。屏护即是采用屏护装置控制不安全因素。电气设备带电部分采用护罩、护盖、遮拦等与外界隔绝开来。这些屏护装置除作为防止触电措施外，还是防止电弧伤人、电弧短路的重要措施，因此在正常使用条件下，不准随便拆除。

（4）保护接地。是用来防止间接接触触电的一种重要安全措施。凡是由于绝缘损坏或其他原因可能呈现危险对地电压的金属外壳、架构、支架、框架等金属部分，除另有特殊规定外，均应接地。

60 **接地装置由哪些部分组成？**

（1）接地体（极）。埋入地中并直接与大地接触的金属导体，称为接地体（极）。接地体分为水平接地体和垂直接地体。

（2）自然接地体。可利用作为接地用的直接与大地接触的各种金属构件、金属井管、钢筋混凝土建筑的基础、金属管道和设备等，称为自然接地体。

（3）接地线。电气设备、杆塔的接地端子与接地体或零线连接用的在正常情况下不载流的金属导体，称为接地线。

（4）接地装置。接地体和接地线的总和，称为接地装置。

第三节　动、静设备知识

1 **试述离心泵的工作原理。**

离心泵运转之前泵壳内先要充满液体，然后原动机通过泵轴带动叶轮，叶轮强迫液体随之转动，液体在离心力的作用下向四周甩出至蜗壳，再沿排出管流出。与此同时，在叶轮中心入口处形成低压，从而使液体在压差作用下源源不断地到达泵的吸入口。由此形成液体的连续吸入和排出，离心泵就是这样工作的。如图 12-3 所示。

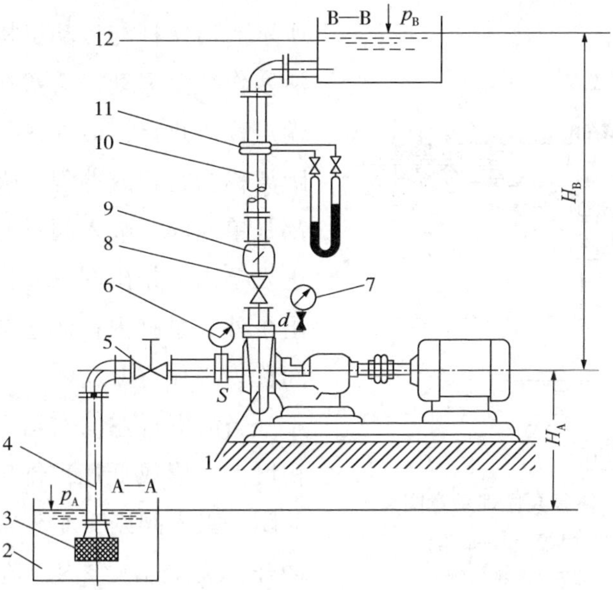

图 12-3　离心泵示意图

1—泵；2—吸入罐；3—底网；4—吸入管；5—吸入管调节阀；6—真空表；7—压力表；8—排出管调节阀；9—单向阀；10—排出管；11—流量计；12—排出罐

2　试述齿轮泵的工作原理。

齿轮泵是一种回转式容积泵。齿轮泵的构造如图 12-4 所示。泵的主要构件为泵体和一对互相啮合的齿轮，其中一个为主动轮，另一个为从动轮。两齿轮把泵体内分成吸入和排出两个空间。当齿轮按箭头方向转动时，吸入空间由于两轮的齿互相分开，空间增大，而形成低压将液体吸入。被吸入的液体，在齿缝间被齿轮携带，沿泵体内壁分两路前进，最后进入排

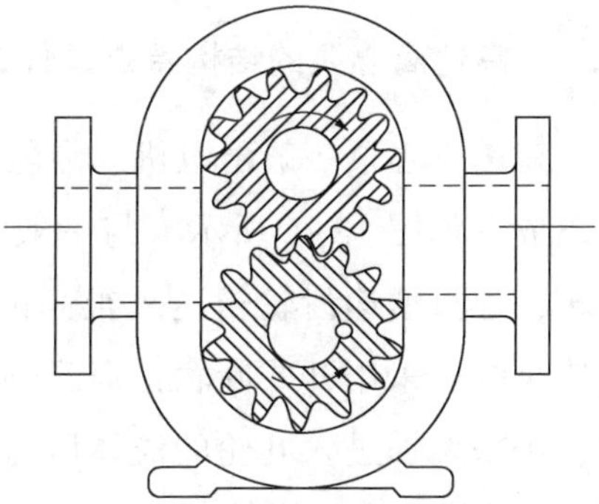

图 12-4　齿轮泵示意图

出空间。在排出空间，两齿轮的齿互相合拢，空间缩小，形成高压将液体排出。

3 试述往复泵的主要结构和工作原理。

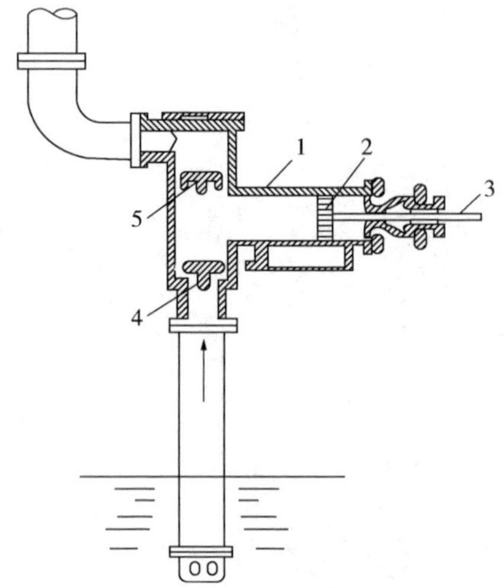

图 12-5 往复泵原理示意图
1—泵缸；2—活塞；3—活塞杆；
4—吸入阀；5—排出阀

往复泵装置的主要部件如图 12-5 所示。活塞杆与传动机构相连接，带动活塞作往复运动。活塞在泵体内移动的端点称为止点，活塞在两死点间经过的距离称为行程或冲程。吸入阀和排出阀都是单向阀。吸入阀只允许液体从泵外进入泵内，排出阀只允许液体从泵内排出泵外。泵缸内在活塞与阀门之间的空间称为工作室。

当活塞自左向右运动时，工作室容积增大，形成低压，排出阀受压而自动关闭，吸入阀则受泵外液体的压力而被冲开，液体进入泵内，这就是吸液过程。活塞至右止点，吸液过程即结束。当活塞自右向左运动时，工作室容积减小。由于活塞的挤压力使缸内液体压力增大，吸入阀受压关闭，高压液体则冲开排出阀进入排出管路中，这就是排液过程。活塞移至左止点，排液过程即结束。这样，活塞不断地作往复运动，工作室就交替地吸液和排液。

4 高速离心泵的结构特点是什么？一般用于什么场合？

高速离心泵一般由电机、齿轮增速箱、泵体、润滑系统、密封液循环系统等组成，如图 12-6 所示。与一般的离心泵的结构相比，高速泵有一个增速齿轮箱，通过增速齿轮箱达到很高的转速(如从 2950r/min 增加到 10275r/min)。高速泵叶轮采用开式叶轮，消除轴向力。高速泵一般在入口叶轮上装一个诱导轮，用来增加进入叶轮的流体压力，减小气蚀的可能性。高速泵采用高速机械密封。高速泵具有很高的扬程，易损件少，运行可靠，因此用于要求高扬程、小流量、运行稳定的场合。

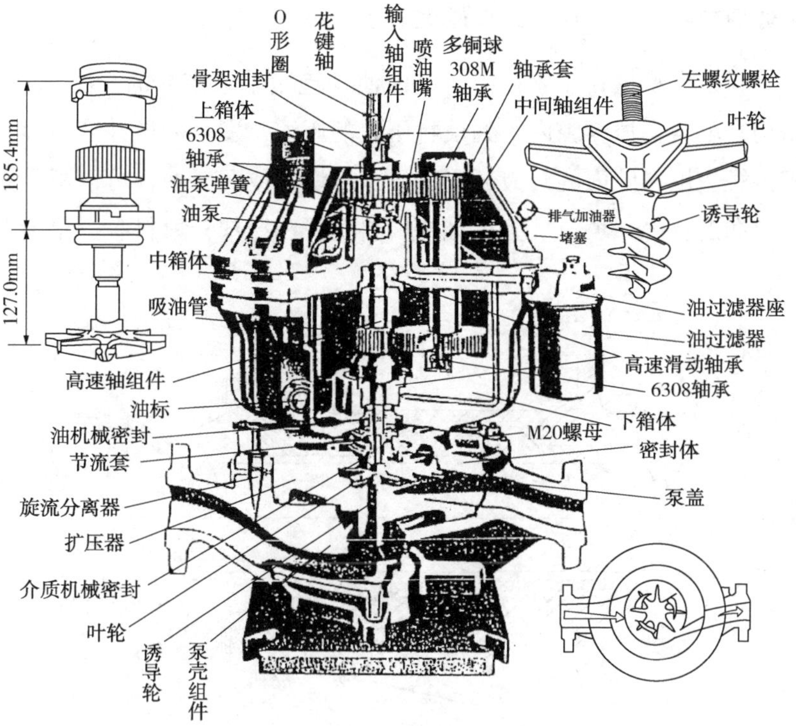

图 12-6　立式高速离心泵

5　什么是磁力泵？

磁力泵是一种不存在动密封的无泄漏流体输送机械。主要针对叶片泵中的离心泵进行设计，通常由泵体、隔离套及连接部件组成能够承受压力的屏蔽密封腔体。在密封腔体的外部有一个旋转的永磁场，并通过磁场的作用，带动密封腔体内部的磁性转子部件同步旋转，而密封腔体内部的转子部件带动叶轮实现对流体的作功。由于由定子部件组成的屏蔽密封腔体不存在动密封，并且带动叶轮作功的旋转轴不穿出屏蔽密封腔体，从而保证了磁力泵的零泄漏、无污染。

6　试述屏蔽泵的工作原理。

屏蔽泵的泵头和驱动电机都被密封在一个被泵送介质充满的压力容器内，此压力容器只有静密封，屏蔽泵的叶轮和电动机的转子固定在同一根轴上，利用屏蔽套将电机的转子和定子隔开，转子在被输送的介质中运转，其动力通过定子磁场传给转子。这种结构的轴不外露，取消了传统离心泵具有的旋转轴密封装置，故能做到完全无泄漏。

7 试述填料密封的结构和工作原理。

填料密封是靠将填料压紧在密封室内使其抱紧轴来密封的，图 12-7 是一种典型的结构。填料在填料腔内受到填料压盖的压缩，发生变形并产生径向力，并与轴紧密接触。填料腔内的封液环用于注入冲洗液或润滑油，可以阻止泵内介质外漏，以及润滑、冷却填料。为了维持填料润滑和冷却，填料有少量泄漏也是必要的。

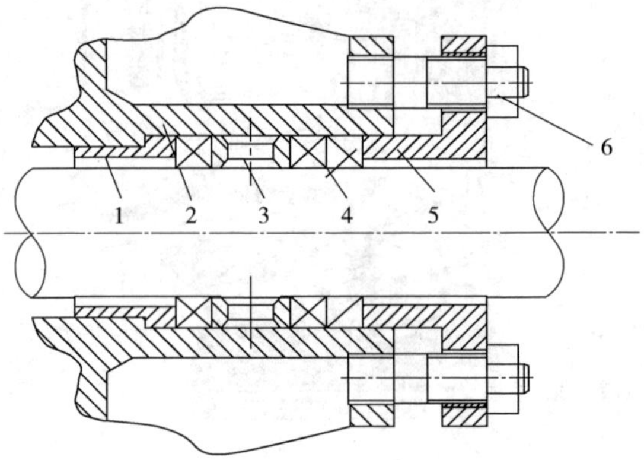

图 12-7 填料密封示意图

1—底衬套；2—填料箱体；3—封液环；4—填料；5—压盖；6—压盖螺栓

8 试述机械密封的结构和工作原理。

机械密封又称端面接触密封，它是靠一组研配的密封端面而形成动密封的。机械密封的种类很多，但工作原理基本相同，结构如图 12-8 所示。

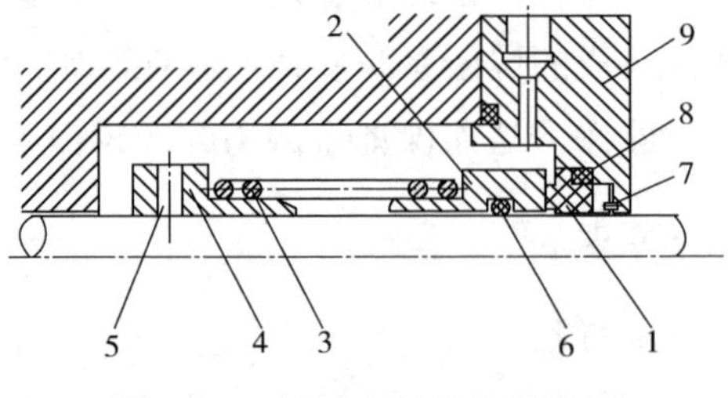

图 12-8 机械密封结构示意图

1—静止环；2—旋转环；3—弹性元件；4—弹簧座；5—紧定螺钉；6—旋转环辅助密封圈；7—防转销；8—辅助密封圈；9—压盖；A，B，C，D—通道从图中可以看出：机械密封一般有 4 个可能泄漏点 A、B、C 和 D。密封点 A 在动环和静环的接触面之间。它主要靠泵内液体压力以及弹簧体将动环贴在静环上。由于压差的原因，动、静环接触面上总会有少量液体渗漏，它可以形成液膜，起到润滑的作用。为保证动、静环端面贴合良好，端面必须平直光洁。由于动环与静环相对转动，会发生磨损，弹簧力可以补偿部分磨损。

密封点 B 在动环和轴之间。由于动环与轴固定在一起，此处属于静密封。考虑到动环可以轴向窜动，一般使用 V 形圈密封。

密封点 C 在静环和压盖之间。由于静环不转动，此处属于静密封。一般使用 O 形圈密封。

密封点 D 在泵体和压盖之间，也是静密封。使用密封圈或垫片作为密封元件。

9 什么叫气蚀？气蚀有哪些危害？

（1）正在运转中的泵由于叶轮内的低压区的液体汽化或气体溢出，流至高压区时又凝集，这种迅速进行的汽化-凝集现象称为气蚀。

（2）离心泵气蚀具有以下危害：

① 泵的性能突然下降。泵发生气蚀时，流道受到气泡的堵塞，流动损失增大。

② 泵产生振动和噪声。发生气蚀时，气泡在压力较高处不断破灭，产生强烈的水击，使泵产生振动和噪声，并且出口压力发生较大的波动。

③ 泵的过流部件表面受到水击作用，致使金属表面发生疲劳破坏。金属表面会发生严重的点蚀。另外，如果液体汽化释放的气体有腐蚀作用，还会产生一定化学性质的破坏。严重时，叶轮的表面(尤其在叶片入口附近)呈蜂窝状或海绵状。

10 什么是离心泵的抽空？有什么现象？

离心泵启动前，如果没有灌泵或进空气或介质大量汽化，当离心泵启动后，由于气体密度很低，旋转后产生的离心力小，因而叶片中心区所形成的低压不足以吸入液体介质，泵无法输送液体，就称为泵抽空。泵抽空时，电机电流减少，出口压力和流量趋于零，机械密封发生泄漏。

11 机械密封冲洗的作用有哪些？

（1）冲洗：冲洗动环和静环摩擦之间的杂质。

（2）冷却：将动环和静环在工作时间因摩擦而产生的热量带走，降低密封元件的温度，延长密封的使用寿命，特别是对于机械密封容易失效的液化气泵。

（3）润滑：保持密封端面之间有一层液膜存在起到润滑作用。

（4）密封：防止高温、有毒、有腐蚀性、易燃以及贵重介质从泵内漏出，防止泵外的空气漏入泵，从而起到密封作用。

12 高速泵最小流量线的作用是什么？

最小流量线在高速泵启动时和正常运行时都有保护作用。在高速泵启动时，如果出口阀全关，由于高速泵转速和扬程很高，液体不流动，叶轮与流体摩擦产生大量热量，同时泵出口压力很高，对推力轴承和机械密封都不利，可能迅速造成泵的损坏。最小流量线可以保证一定流量的流体始终流通，撤走泵内摩擦热，保护推力轴承、机械密封等部件。在高速泵正常运行时，可能由于工艺操作的要求，降低泵的流量，在这种情况下，最小流量同样起到保护作用。

13 挡油环有什么作用？松动后有什么危害？

挡油环或挡水环位于轴承箱两端压盖的外缘，用螺丝固定在轴上并和轴一起旋转。挡油环起着防止润滑油甩出的作用。

当档油环松动时，不能掉以轻心，而应该加强维护，当挡油环完全脱离轴承压盖时，应该将它上紧以后再启动。因为挡油环一经松动便不能起到密封轴承箱的作用，箱内润滑油沿轴漏出，液面显著下降，因箱内油少，就容易引起轴承发热。另外，如果挡油环脱落到对轮或端封压盖时，不停的撞击会产生火花，一旦遇上外漏的热油或易燃气体时，就会引起火灾，所以，当油环松动或脱落时，应及时停泵处理。

14 试述干气密封的结构和原理。

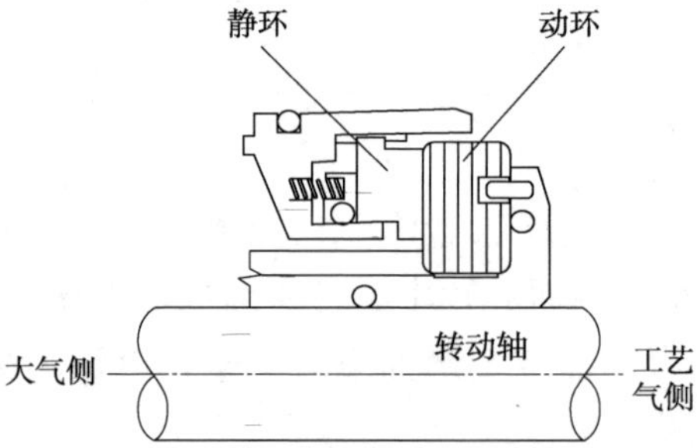

图 12-9 干气密封结构简图

干气密封主要是由一对动环和静环配合组成，如图 12-9 所示。动环上开有螺旋槽，气体进入旋转的螺旋槽并在螺旋槽的根部被阻挡，在此，环形面形成密封隔墙，该密封墙对气流产生阻力，气体被压缩，压力增高，产生的压力使静环从动环表面被推开，这样，密封面间始终保持一层极薄的气膜，使动环和静环之间存在间隙，密封始终工作在非接触状态，动环和静环的正常间隙为 3~5μm 左右。

在动力平衡条件下，作用在密封上的力可按图 12-10 所示表示。

闭合力 F_c 是由密封气压力加上弹簧力而得到，开口力 F_o 是由密封气压力加上由螺旋槽产生的压力而得到，当闭合力与流膜内产生的开口力相等时，即 $F_c = F_o$ 时，密封工作处于平衡状态，动环与静环之间就产生一个稳定的间隙。对于大多数常用气体，膜厚度(密封面之间的间隙)在 3~5μm 左右。

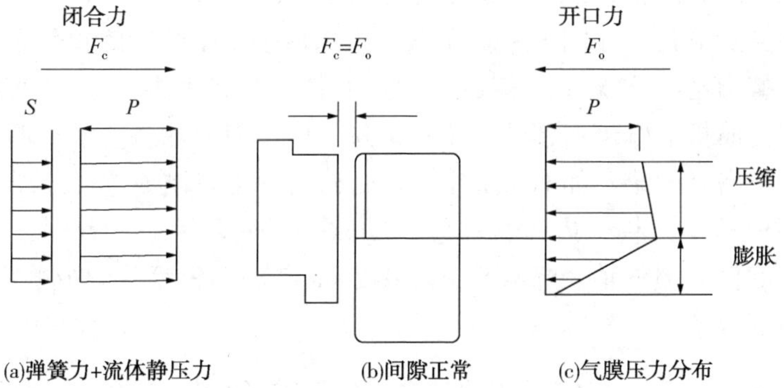

图 12-10　干气密封动、静环受力图

如果产生导致密封面之间的间隙减少的扰动，由于螺旋槽产生的开口力显著地增加，平衡恢复，如图 12-11 所示。

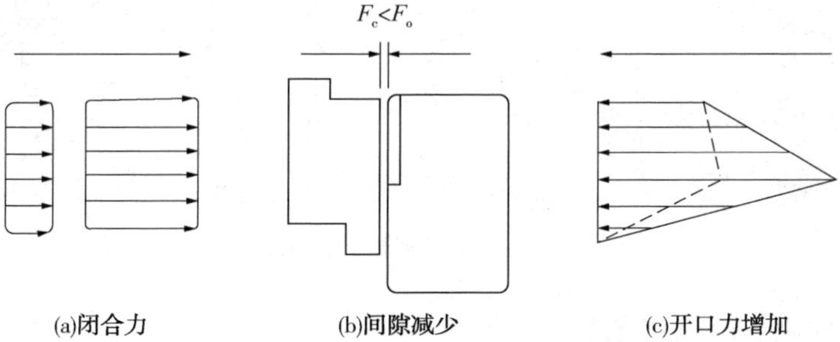

图 12-11　动静环间隙减小的情况

同样地，如果扰动使密封面之间的间隙增加，由螺旋槽产生的开口力减少，密封将很快地重新恢复平衡，如图 12-12 所示。

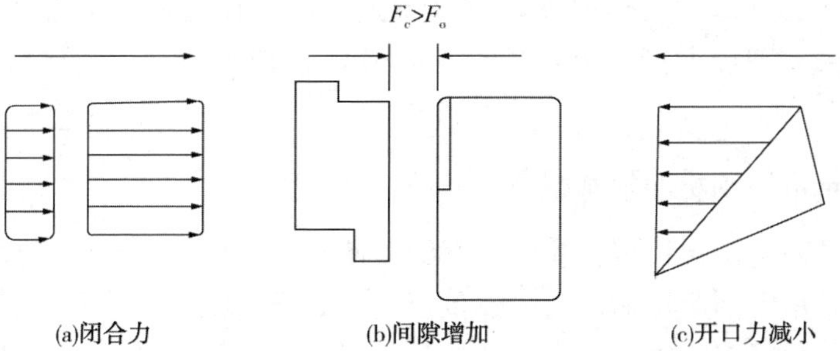

图 12-12　动静环间隙增加情况

15 试述迷宫密封的结构。

迷宫密封的轴线断面呈梳齿状，也称为梳齿密封。迷宫密封既用作轴封，叶轮入口与壳体之间的密封以及平衡鼓与壳体之间的密封，是离心压缩机上使用最广泛的一种密封形式。如图 12-13 所示，阶梯形多用于叶轮的轮盖入口与壳体之间的密封；蜂窝密封多见于平衡鼓外圆与壳体之间的密封；径向排列形用于轴封；平滑形与曲折形既可用作叶轮轮盖密封，也可用于轴封。平滑形密封轴的制造较简单，但密封效果不如曲折形密封。密封齿片可以制成镶嵌式结构，也可以与密封体制成整体结构。齿片材料应比轴软，一般采用铝、青铜、特殊的塑料等，以免因摩擦而损伤轴。蜂窝密封用 0. 2mm 厚的不锈钢片焊成蜂窝状密封环，再与密封体焊成整体。

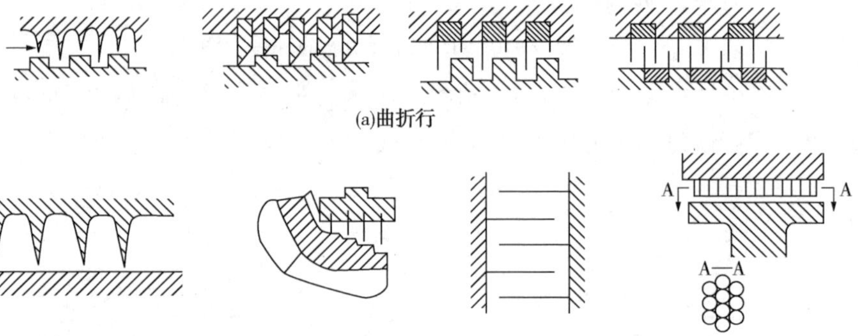

(a)曲折行

(b)平滑形　(c)阶梯形　(d)曲折形　(e)蜂窝形

图 12-13　迷宫密封结构示意图

16 什么叫临界转速现象及临界转速？

压缩机启动后，转子总会有些横向振动，开始时振幅不大，当转速升高到接近某一转速时，振幅迅速增大，运转很不稳定。这时要很快升速，待超过这一特定转速后，振幅又迅速降下来，转子运转又趋稳定，在降速过程中也会出现类似的现象，即在通过这一转速时振幅同样迅速增大，而在其他转速下运转振幅较小，变化不大，工程上把这个现象称为临界转速现象，这一特定转速称为临界转速。

17 什么是机组轴承的强制润滑？

大机组是高速旋转机械，靠注入润滑油使轴颈与轴承之间的摩擦变成液体摩擦，同时将轴承中因摩擦而产生的热量带走，如果油压不高，则克服不了油系统阻力，流动能力减小，轴承中产生的热量也就不能全部带走，导致轴承及油温升高。同时轴承中油膜的建立也需要一定的油压，否则油膜破坏会烧瓦，因此规定一定压力的润滑油注入，这就是强制润滑。

18 选用润滑油的一般原则是什么？

（1）速度高、负荷轻的部位，应选用低黏度的润滑油。

（2）速度低、负荷重的部位，应选用黏度大的润滑油。

（3）高速度的滚动轴承应用黏度低的润滑油。

（4）有冲击载荷的部位应优先用黏度高的润滑油。

（5）温度高而换油周期长的部位，应选用氧化安定性高的润滑油。

（6）与水和湿气经常接触的部位，应选用抗乳化性较高的润滑油。

（7）冷冻机和低温环境工作的润滑部位应考虑润滑油的凝固点。

19 什么叫喘振？

就喘振的现象来看，压缩机流量和排气压力会出现周期性的波动，并伴随出现周期性的气流吼声，轴承的振幅急增，及至整个机组出现强烈的振动。就喘振发生的原因来说，主要是管网阻力增大，造成压缩机流量减少，当气体流量减少到某一值时，气体进入扩压器的速度和方向都改变了，气体从扩压器叶片的凸面冲击，而在叶片的凹面形成脱离的旋涡。若流量继续减少，这个脱离区会扩张到整个叶片槽道，使叶轮瞬时打不出量，管网内的高压气体就会乘机倒回填补脱离区，从而发生强烈的冲击。当脱离区充满气体后，又恢复了正常供气条件进行排气，但如果管网阻力没有改变，则进气流量不会增加，这种状况还会重复出现。

20 喘振现象对机组有什么危害？

压缩机运行发生喘振现象时，对机组的危害很大：

（1）它可能损坏压缩机的密封装置，甚至引起动、静零部件碰撞。喘振对止推轴承产生冲击力，破坏轴承油膜稳定，损坏轴承。

（2）它可能破坏机器的安装质量，破坏各部分调整好的间隙值，甚至引起轴的变形等，导致机器在以后运行中的振动加剧。

（3）它可能使一些有关仪表失灵或仪表准确性降低。

21 离心压缩机机组发生强烈振动的原因是什么？危害性如何？

（1）机组运转中突然发生强烈振动的主要原因如下：

① 转子的叶片折断或甩脱，破坏了动平衡。

② 压缩机发生喘振。

③ 由于转子、定子部件之间联接松动，或者基础螺栓松动。

④ 轴承油膜不稳或油膜破坏。

(2) 强烈振动的危害如下：

① 使零件之间连接松弛，引起更大振动与损坏。

② 使轴承与密封部分损坏，造成烧瓦与大量泄漏。

22 离心压缩机流量的常用调节方法有几种？

(1) 入口流量调节。例如，改变压缩机入口蝶阀或入口导叶的开度。这种调节方法简单，采用出口流量调节，效率高。聚烯烃装置的循环气压缩机的流量就是通过改变入口导叶的开度来调节。

(2) 变转速调节。例如，一般用于蒸汽透平驱动压缩机的场合，通过改变蒸汽透平的转速来调节压缩的流量。

(3) 出口流量调节。例如，将压缩机出口的部分气体返回入口，这种调节方法简单，但是效率低。

23 活塞式压缩机的工作原理是什么？

压缩机工作时，电动机通过联轴器或皮带轮带动曲轴旋转，再通过曲柄连杆机构将曲轴的旋转运动变成十字头的往复运动。十字头带动活塞杆，使活塞在气缸内作往复运动。曲轴旋转一周，活塞在气缸内往复一次，压缩机完成一次工作循环。一个工作循环有膨胀、吸气、压缩、排气四个过程。电机带动曲轴不断旋转，工作循环不断重复，从而不断吸入、压缩、排出气体。

24 什么是有油润滑压缩机？什么是无油润滑压缩机？

气缸、填料函采用注油润滑的压缩机称为有油润滑压缩机，没有注油润滑的压缩机称为无油润滑压缩机。无油润滑压缩机还分为使用(自润滑材料制成)活塞环的无油润滑压缩机和不使用活塞环的迷宫活塞式压缩机。

25 试述活塞式压缩机的基本结构。

活塞式压缩机基本可以分为以下几个部分：

(1) 传动机构：传动机构是将电动机传来的力传给活塞，并将电动机的旋转运动变为往复运动，它是一个典型的曲柄、连杆、滑块机构，主要零部件有联轴器、飞轮、曲轴、连杆、十字头等。

(2) 机身和中体：机身是一个支持部件，由它来支撑曲轴、十字头和气缸，使压缩机成为一个整体，而且机身兼作润滑油箱。中体是机身与气缸的联结部分。

(3) 工作部件：工作部件是形成工作腔并完成气体压缩的部件，包括气缸组件、吸排气阀组件、活塞组件及密封填料组件。

（4）润滑油系统：机器中相对运动的零部件及其传动机构都需要润滑，如曲轴的主轴颈与轴承、曲柄销与连杆大头瓦、十字头销与连杆小头瓦、十字头滑板与十字头滑道之间等部位。润滑用油一般用轴头齿轮泵或单独的齿轮泵由机体油箱通过一定的油路送往各润滑部位。有油润滑压缩机的气缸和填料用专门的油泵注油润滑。无油润滑压缩机的气缸和填料不需注油。本装置的尾气压缩机属于无油润滑压缩机。

（5）冷却系统：活塞式压缩机的冷却系统包括级间冷却器和后冷却器、气缸和填料的冷却水套、油冷却器及其他附件。气缸和填料的冷却水套用来降低温度，改善润滑条件，同时还降低压缩功耗和排气温度。多级压缩中每级排出的气体经中间冷却器冷却后再由下一级吸入。有些气体最后排出也要求冷却，该冷却器称为后冷却器。传动机构的润滑油是循环使用的，由于工作过程中油的温度会升高，需用油冷却器进行冷却。本装置的尾气压缩机采用两级压缩，配置了级间冷却器和后冷却器，以及润滑油冷却器。

（6）安全和调节系统：压缩机中气体压力的变化是生产过程中气量供求关系的反映。所以压缩机中有各种调节机构。当压力超过允许值时安全阀跳开排放，安全阀装在各级压力最灵敏的位置。

26 活塞式压缩机的一个工作循环分为哪几个过程？

实际压缩循环分为四个过程：

（1）吸气过程：气体压力低于入口压力，吸气阀开启。

（2）压缩过程：气缸压力高于入口压力，但低于出口压力，吸、排气阀都关闭，气体被压缩。

（3）排气过程：气缸压力高于出口压力，排气阀开启。

（4）膨胀过程：气缸压力高于入口压力，低于出口压力，吸、排气阀都关闭，缸内气体膨胀。

27 试述活塞式压缩机气阀的结构和工作原理。

活塞式压缩机气阀是一种自动工作的单向阀，是压缩机中的重要部件，并且是易损件。它的启闭由阀片两边的压力差与弹簧力实现。气阀是压缩机的咽喉要道，气阀工作的好坏直接影响压缩机的压力、温度、排气量等工况参数。

压缩机气阀有很多种形式，不论何种形式的气阀，都由四个基本部分组成。以最常用的环状阀为例，如图 12-14 所示。说明其结构组成。阀座 1 具有由阀片覆盖的环形气体通道，能与阀片一起闭锁进气或排气；阀片 3 是启闭气阀通道的元件；弹簧 4 与气流推力配合，用以控制阀片的启闭运动；升程限制器 5 用来限制阀片的升起高度，兼作弹簧支撑座；此外还有连接用的螺栓、螺母及开口销等零件。

吸气阀和排气阀的组成基本相似，只是排气阀的阀座位于气缸靠近排气口一端，而吸气阀的弹簧和升程限制器位于气缸靠近吸气口一端。

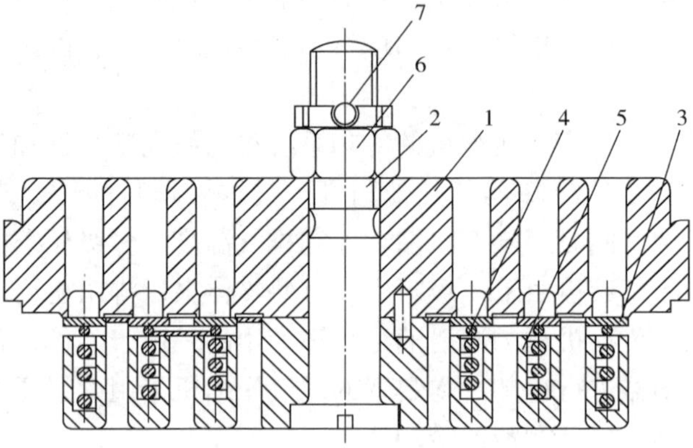

图 12-14　环状阀

1—阀座；2—连接螺栓；3—阀片；4—弹簧；5—升程限制器；6—螺母；7—开口销

阀片的启闭运动是靠气缸的内、外压力差作用而完成的。以吸气阀为例，活塞退出时，气缸容积增大，缸内压力下降，当缸内压力低于吸气管道内压力时，气流顶推力将阀片顶开，气流进入缸内，此时阀片则紧贴于升程限制器上。当气缸内压力超过吸气管道压力时，阀片在气缸内的气体压力作用下贴在阀座上，阻挡进气通道。弹簧有两个作用：一是缓和阀片对升程限制器的冲击；二是当缸内压力接近管道内压力时，弹簧则推动阀片及时落到阀座上，防止气阀关闭的滞后。

28 什么是单作用气缸和双作用气缸？

活塞式压缩机的气缸被活塞分为两个容积：盖侧容积和轴侧容积。对于单作用气缸，只有盖侧容积工作；双作用气缸指的是盖侧容积和轴侧容积都工作。与单作用气缸相比，双作用气缸充分利用了气缸的容积。如图 12-15 所示。

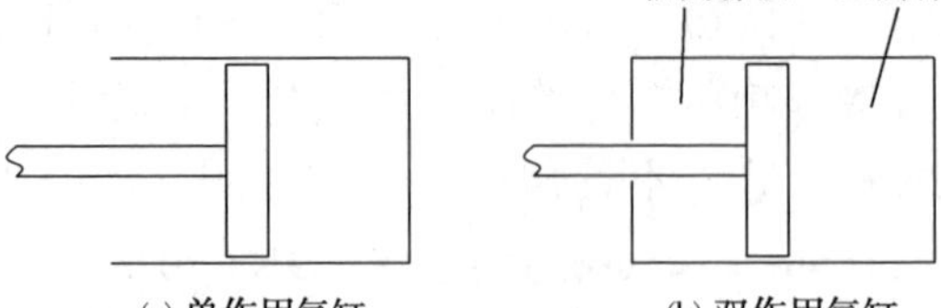

(a) 单作用气缸　　(b) 双作用气缸

图 12-15　气缸示意图

29 活塞环是如何起密封作用的？

活塞环是靠节流与阻塞来密封的，如图 12-16 所示。P_1 为高压侧的气体压力，P_2 为低压侧的气体压力。当环装入气缸后，由于环的弹性，产生预紧力使环紧贴在气缸壁上，当气体通过金属表面高低不平的间隙时，受到节流与阻塞作用，压力自 P_1 降至 P_2。由于活塞环和环槽间有侧间隙，环紧靠在压力低的一侧，所以在活塞环内表面与环槽的间隙处，气体压力近似等于 P_1，而沿活塞环外表作用的气体压力是变化的，从 P_1 变至 P_2，其平均值近似等于 $0.5(P_1+P_2)$，这样在半径方向产生了一个压力差 $\Delta P \approx P_1-0.5(P_1-P_2)=0.5(P_1-P_2)$，使活塞环紧贴缸壁，达到密封作用。同理，轴向也有一个压力差，把环紧在环槽的侧面上，起密封作用。因此活塞环具有自紧密封的特点。

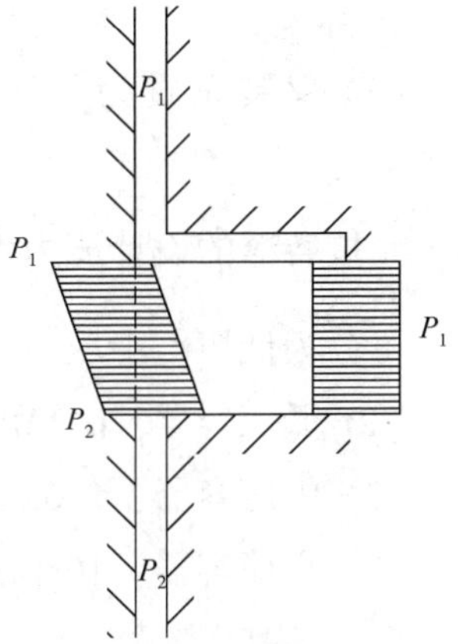

图 12-16　活塞环自密封原理图

30 导向环的作用是什么？

导向环又称支承环，其作用是承受活塞部件重量以及因其他原因所引起的侧向力，保证活塞运动的直线性，改善密封效果，同时还可避免活塞与缸体直接接触，防止缸壁拉毛。聚烯烃装置的尾气压缩机为立式迷宫活塞式无油润滑压缩机，不使用导向环。

31 平衡铁的作用是什么？

平衡铁是用来平衡曲轴的一部分旋转惯性力，因为曲轴是偏心的，在旋转过程中会产生离心的惯性力，从而造成机器振动。加平衡铁是在原曲轴的离心惯性力反方向加一平衡重量，使其在旋转中产生的离心惯性力和曲轴的旋转中产生的离心惯性力大小相等、方向相反。

32 活塞式压缩机的排气量调节方法有哪些？

(1) 卸荷器(顶阀器)调节。

(2) 余隙容积调节。

(3) 吸排气管道旁路阀调节。

33 什么是压力容器？

根据《固定式压力容器安全技术监察规程》，压力容器同时具备以下条件：

(1) 最高工作压力大于或者等于0.1MPa(不含液体静压力，下同)。

(2) 内直径(非圆形截面指其最大尺寸)大于等于0.15m，且容积大于等于$0.025m^3$。

(3) 盛装介质为气体、液化气体或最高工作温度高于等于标准沸点的液体。

34 按容器的设计压力大小，压力容器可分为哪几类?

可分为低压、中压、高压和超高压四类。

(1) 低压容器：0.1MPa≤P<1.6MPa。

(2) 中压容器：1.6MPa≤P<10MPa。

(3) 高压容器：10MPa≤P<100MPa。

(4) 超高压容器：P≥100MPa。

35 化工压力容器按其在生产工艺中的作用原理可分为哪几类?

(1) 反应容器：主要用来进行介质的物理、化学反应的容器。

(2) 换热容器：主要用于介质之间的热量交换的容器，例如热交换器、冷却器、重沸器、冷凝器等。

(3) 分离容器：主要用来完成介质的压力平衡及气体净化、气液分离的容器，例如缓冲罐、分离器、过滤器等。

(4) 储运容器：主要是用来盛装气体、液体、液化气的容器，例如各种形式的储罐、槽车等。

36 选用压力表有什么要求?

(1) 选用的压力表必须与压力容器内的介质相适应。

(2) 低压容器使用的压力表精度不应低于2.5级，中、高压容器使用的压力表精度不应低于1.5级。

(3) 压力表量程为最高工作压力的1.5~3.0倍，最好选用2倍，表盘直径不应小于100mm。

37 压力容器有哪些安全泄压装置?

安全泄压装置是一种防止容器超压的保护装置。它具有这样的性能：当容器在正常工作压力下运行时，保持严密不漏，而一旦容器内压力超过规定的数值时它就能自行将容器内气体迅速泄放，使容器内压力始终保持在最高使用压力范围之内。安全泄压装置不仅能在超过预定压力下开启排放，从而降低容器的压力，还能起到报警的作用。因为当其开启放气时，由于气体流速较高，常常发出较大的声音，能提醒操作人员注意采取适当的措施。压力容器的安全装置使用最广泛的有安全阀和防爆膜等。

（1）安全阀。最常用的安全阀是弹簧式安全阀如图 12-17(a)所示。它利用压缩弹簧的力来平衡作用在阀瓣上的介质力。因此可以通过一个调节螺母改变压缩弹簧的压缩量来校正安全阀的开启压力。这种安全阀具有结构简单、灵敏度较高、安装位置不受严格限制等优点，而且对振动的敏感性低，所以可用在移动式压力容器上。其缺点是所加的载荷会随着阀的开启而发生变化。因此，随着阀瓣的升高，弹簧的压缩量增大，作用在阀瓣上的力量也跟着增加，这对于安全阀的开启是不利的。另外，安装在高温压力容器上的安全阀，由于长期受高温的作用，其弹簧力减少，使安全阀的正常工作受到影响。还有一种杠杆式安全阀如图 12-17(b)所示，不采用弹簧装置，而是利用重锤和杠杆来平衡作用在阀瓣上的介质力。这种安全阀有结构笨重和由于振动而产生泄漏现象等缺点，故目前较少采用。

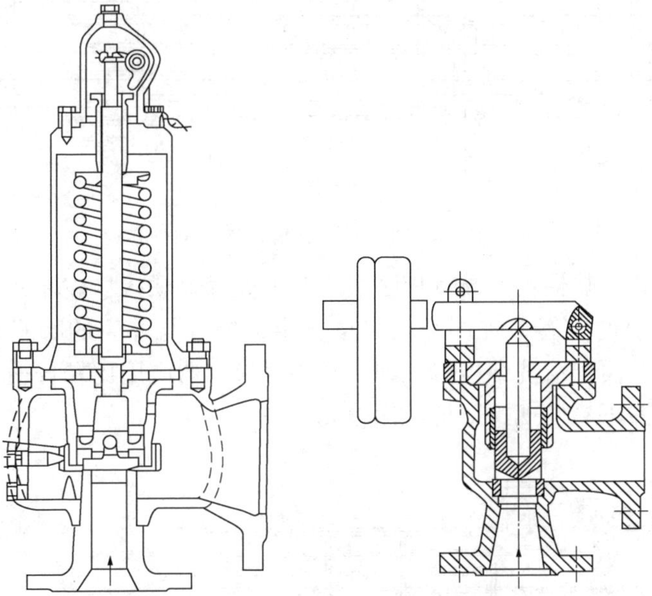
(a) 弹簧式安全阀　(b) 杠杆式安全阀

图 12-17　安全阀结构示意图

(2) 防爆膜。也称为爆破片，是一种断裂型的安全泄压装置。它是用一块很薄的平板通过法兰夹紧或直接用螺栓压紧在容器的短管法兰上。其结构简单、安装方便，但由于在防爆膜破裂之后，容器将被迫停止运行，所以这种安全装置只适用于在不宜装设安全阀的压力容器中使用。

38 常用的列管式换热器有哪几种？各有什么特点？

常用的列管式换热器有：固定管板式、浮头式、U 形管式等，它们的结构特点如下：

(1) 固定管板式换热器：管束两端的管板与壳体联接在一起，具有结构简单和造价低廉的特点。但是由于壳程不易检修和清洗，因此壳程流体应是比较洁净且不易结垢的物料。当管程和壳程的介质温差较大时，应考虑热补偿，否则管束和壳体热膨胀量不同，会引起设备变形或破裂。管板式换热器只适用于温差小(一般不大于 50℃)的场合；当温差较大(>50℃)，而壳体承压不高时，可以在壳体上加膨胀节以消除过大的热应力。

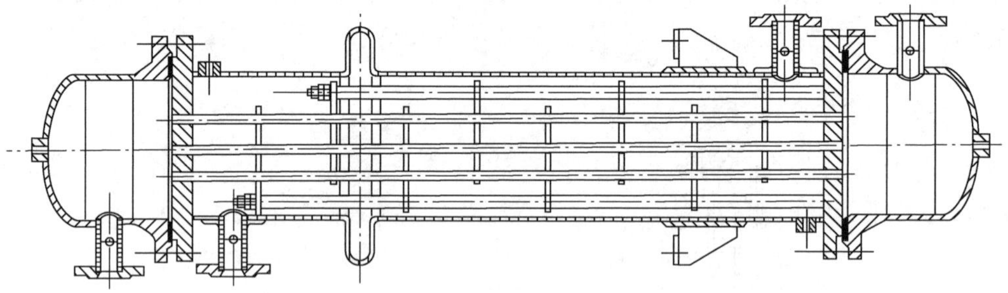

图 12-18　固定管板式换热器

(2) 浮头式换热器：两端管板之一不与外壳固定联接，该端称为浮头。当管束受热(或受冷)时，管束连同浮头可以自由伸缩，与外壳的膨胀无关。同时其管束可以抽出，便于清洗和检修。因此浮头式换热器应用比较普遍。但它结构复杂，小浮头泄漏不易发现，造价也比较高。

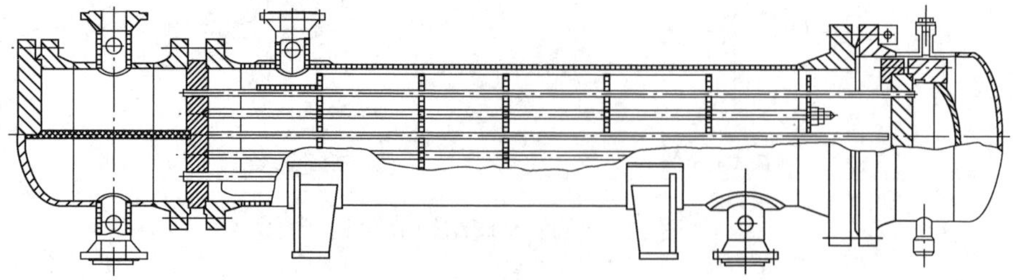

图 12-19　浮头式换热器

（3）U 形管式换热器：管子呈 U 形，管子的两端固定在同一个管板上，因此每根管子都可以自由伸缩，而且与其他管束和壳体无关。这种结构没有小浮头，因此不存在小浮头漏的情况。同时，管束可以抽出，便于清洗，且结构简单，制造方便，但管子内壁“U”形弯头处清洗比较困难，中心部位的管子不易更换，适用于温度差大、压力较高的场合。

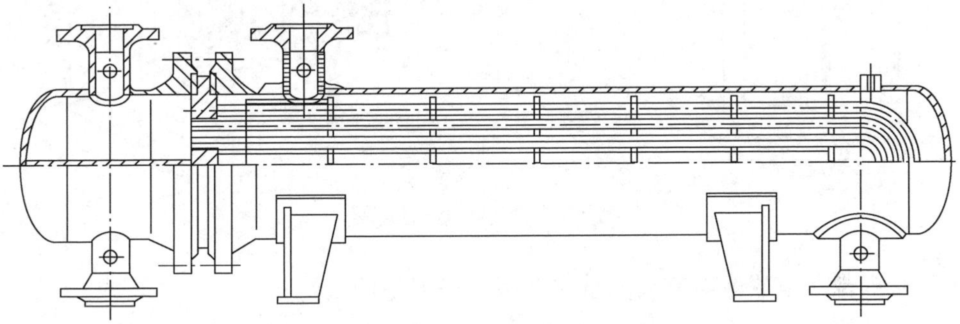

图 12-20　U 形管式换热器

39 浮头式换热器由哪几部分组成？各有什么作用？

（1）管束：由许多无缝钢管用焊接、胀接或胀焊联合的方式固定在两端的管板上，中间用折流板隔开，它是换热器的主要换热部件。冷、热两种介质通过管壁进行传热（管内的称为管程，管外称为壳程）。

（2）管程和浮头：管箱与固定管板连接，其作用是把管程和壳程的流体隔开，同时也起着分程的作用。浮头端可以自由伸缩。

（3）壳体和头盖：壳体是用来约束壳程流体，使其以强制的流动方式流动，有利于传热，同时对易发挥、易燃的油品换热时起密封作用，有利于安全生产。壳体与头盖组成壳程。

40 试述垫片板式换热器的结构原理。

垫片板式换热器由一组长方形的薄金属板平行排列、夹紧组装于支架上而构成。两相邻板片的边缘装有垫片，压紧后防止冷热侧流体混合，且两板间流体通道的大小可通过垫片的厚度调节。每个板片的四个角上开有四个圆孔，其中有两个圆孔和该板片上的流道相通，形成该侧流体的入口和出口；另外两个圆孔与相邻板片上的流道相通，构成另一侧流体的入口和出口。冷、热流体交替地在板片两侧流过，通过板片进行换热。每个金属板片上冲压成凹凸规则的波纹，增加流体的湍动和传热面积。如图 12-21 所示。

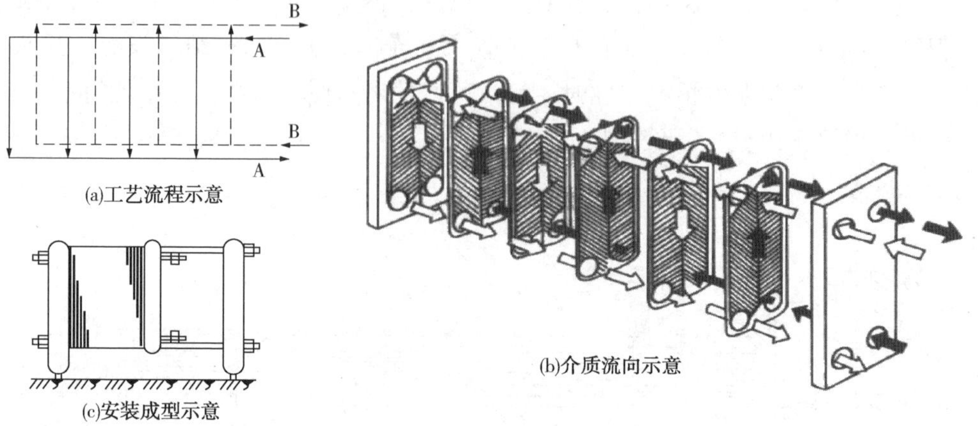

图 12-21　垫片板式换热器

41　列管式换热器中管束的折流挡板的作用是什么？

折流挡板主要是为了加大壳程流体的流速，使流动湍动程度加剧，提高壳程对流传热系数。在卧式换热器中，也起着支撑管束、减少振动等作用。

42　换热管一般有几种排列方式？各有什么特点？请画出排管图。

换热管一般有正三角形、正方形直列、正方形错列三种排列，其各有特点：

（1）正三角形：排列比较紧凑，在一定的壳程内可排列较多的管子，传热效果好，但管外清洗比较困难。

（2）正方形直列排列：管外清洗方便，适用流经壳体的流体易结垢的场合，其传热效果要比三角形排列差，排管少。

（3）正方形错列排列：就是把正方形直列排列旋转 45°，由于流动情况改善，因而其传热效果也改善，清洗方便，但仍比正三角形排列的传热效果差，排管图 12-22 所示。（在有些排列中也有正方形和三角形混合排列方式）

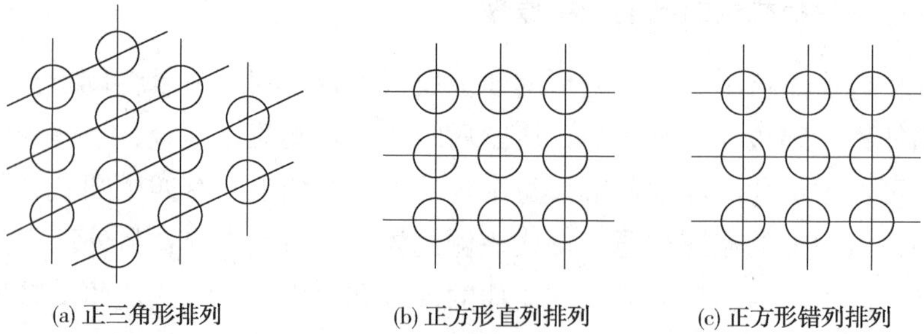

图 12-22　换热管排列方式

43 换热器中何处要用密封垫片？一般用什么材料？

换热器中所有用螺栓连结的两个金属表面之间都必须使用密封垫片。这些结合处大多是壳体管箱、管箱与管箱端盖、接管处及小浮头处等。密封垫片一般由金属齿形垫、膨胀石墨垫等，视介质及压力等级来确定。

44 什么叫多管程或多壳程换热器？

在换热器内，将全部管子用隔板分隔成若干组，使流体每次只流过一组管子，然后折回进入另一组管子，如此依次往返流过各组管子，最后由出口处流出，此种换热器称为多管程换热器。常用多管程换热器一般有 2、4、6 程。用隔板把壳程分隔成几层，使流体几次流过壳程，这种换热器称为多壳程换热器。换热器一般为单壳程，如图 12-23 所示。

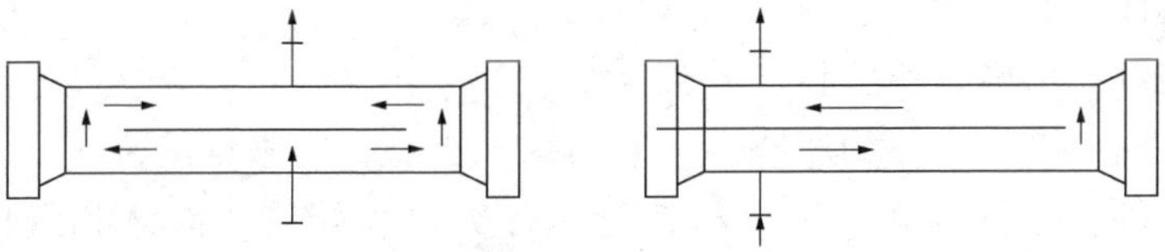

图 12-23　双壳程换热器的两种布置形式

45 换热介质走壳程还是走管程是如何确定的？

换热介质走壳程还是走管程，应按介质性质、温度、压力、允许压力降、结垢以及提高传热系数等条件综合考虑。

（1）有腐蚀、有毒性，温度或压力很高的介质，还有很易结垢的介质均应走管程，其理由是：如果腐蚀性介质走壳程，管壳材质均会遭到腐蚀，因此一般腐蚀的介质走管程可以降低对壳程的材质要求。

（2）着眼于提高总传热系数，最充分地利用压降。液体在壳程流道截面和方向都在不断变化且可设置折流板，容易达到湍流，雷诺数 $Re \geqslant 100$ 即达到湍流，而管程 $Re \geqslant 10000$ 才能达到湍流，因而把黏度高或流量小即 Re 较低的流体选在壳程。

46 为什么换热器投用时先进冷流体后进热流体，停工时又要先停热流体后停冷流体？

换热器开工时要先进冷流体，这是由于先进热流体会造成各部件热胀，后进冷介质会使各部件急剧收缩，这种温差应力会造成静密封点产生泄漏，故开工时，换热器要先冷后热的投用；停工时，换热器要先热后冷的停用。

47 冷换设备在开工过程中为何要热紧？

装置开工时，冷换设备的本体以及法兰、螺栓连接、垫片密封，由于它们之间材质不同，升温过程中，特别是超过200℃时，各部分膨胀不均匀造成法兰面松弛，密封面的比压下降。此时，压力对渗透材料影响极大，会使垫片沿法兰面移动，造成泄漏。热紧的目的就在于消除法兰的松弛，使密封面有足够的比压以保证静密封效果。

48 什么是塔？其主要包括哪几个部分？

塔是石油化工装置的主要工艺设备之一，它是用来完成混合物分离的设备。主要包括以下几个部分：

（1）塔体：包括筒体、封头及联接法兰等。

（2）内件：指塔盘或填料及其支承装置。

（3）支座：支撑塔体的底座，一般为裙式支座，即常说的裙座。

（4）附件：包括人孔、进出料接管、各类仪表接管，液体和气体的分配装置，以及塔外的扶梯、平台、外保温等。

49 按结构塔设备可分为几大类？

（1）板式塔：塔内有一层层相隔一定距离的塔盘，液、气两相就在塔盘上互相接触，进行热和质的传递，气相继续上升到上一层塔盘，液体流到下层塔盘上。环管聚丙烯装置的T301、T302、T501和T502都是板式塔。

（2）填料塔：塔内充填着不同形式的填料，液体自上往下流，气体自下往上流，在填料表面上进行接触，完成传质传热过程。环管聚丙烯装置的T402和T701都是填料塔。

50 塔盘主要由哪些部分组成？

（1）塔板：上面开有许多孔，安装浮阀、泡帽等或直接作为气相通道。

（2）降液管：上层液体通过降液管流到下层塔盘，是主要的液体通道。

（3）溢流堰：包括进口堰和出口堰。溢流堰主要是为了保持塔板上一定的液面高度，保证传热和传质的正常进行。

51 从塔盘上溢流方式分，塔盘可分为哪几种？

从塔盘上液流方向分，塔盘可分为单溢流式和双溢流式。其中单溢流式又有中间降液和两边降液之分。一般来说，塔径在$\Phi 800 \sim \Phi 2400$mm间的可用单溢流式塔盘，塔径在 Φ2000mm 以上者可用双溢流式塔盘。其流动方式如图 12-24 所示。

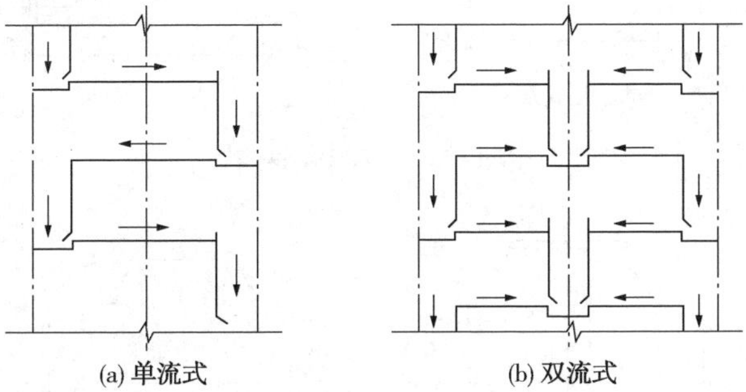

图 12-24　塔盘流动方式

52 管道有哪些连接方式？

（1）焊接：所有压力管道尽量采用焊接。

（2）法兰：属于可拆卸的连接，多用于阀门、仪表、设备等需要拆卸的场合，密封性能较高。

（3）螺纹：属于可拆卸的连接，适用于介质压力、温度较低的场合。

（4）活接头：适用于经常拆洗的物料管道。

53 管件分为哪几类？

管件是管道的连接件，包括以下几种：

（1）弯头：用于改变流体的流动方向，根据流体改变的方向可以分为 90°弯头、45°弯头和 180°弯头，管帽用于封闭一些管道的末端。如图 12-25 所示。

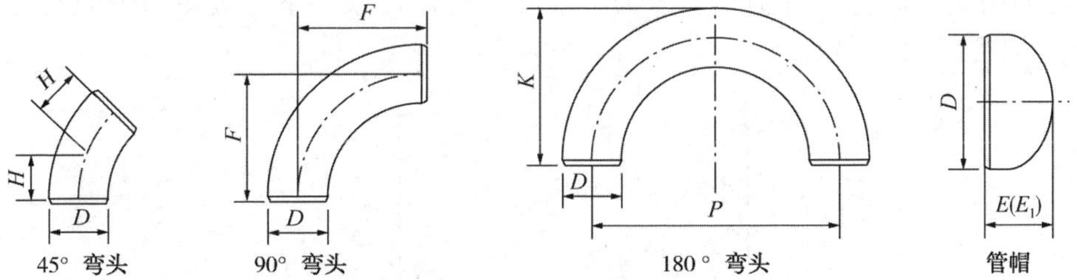

图 12-25　弯头和管帽

（2）大小头，用于连接两种不同直径之间的管子，具体又分为同心大小头和偏心大小头。如图 12-26 所示。

（3）三通：用于实现管道内流体的分流，具体又分为等径三通和异径三通。如图 12-27 所示。

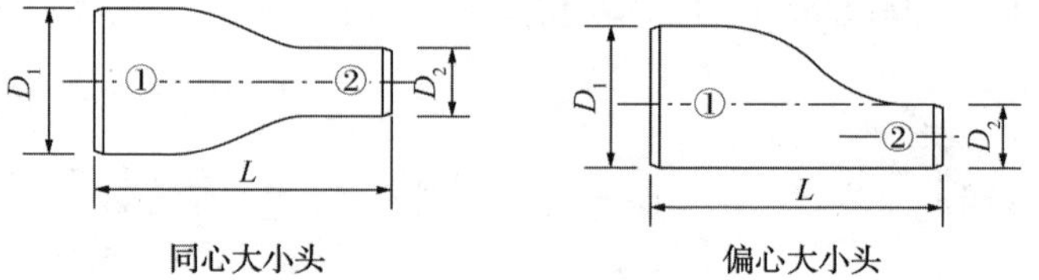

图 12-26　大小头类型

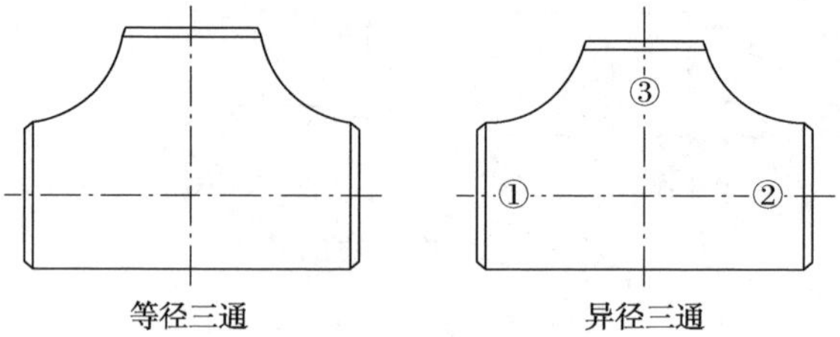

图 12-27　三通类型

54 根据法兰与管子的连接形式，法兰可分为哪几类？

法兰是用于容器、管道连接的重要部件，应用极为广泛。对法兰连接的基本要求是密封可靠，同时也要求结构简单、装拆方便。法兰的类型很多，其基本形式可分为 6 类。

（1）整体法兰。它常用于阀门及其他管件的设计，与之一起铸造或锻造成整体。对于铸铁或铸钢的设备，法兰是与整体一起铸出。整体法兰一般都带有锥颈，以提高法兰的强度和刚度，如图 12-28 所示。

（2）带颈对焊法兰。由于锥颈的作用，可加强法兰的刚度，并可提高其承载能力，故此种法兰广泛使用于石油化工装置压力、温度较高，以及易燃易爆或有毒介质的重要场合。特别是在压力、温度交变循环条件下，应使用带颈对焊法兰，如图 12-29 所示。

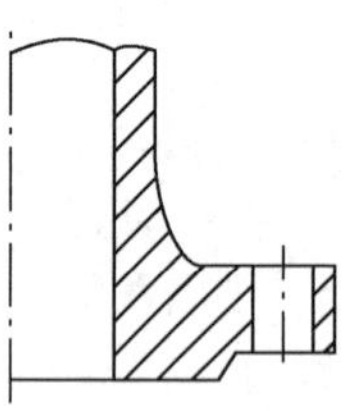
图 12-28　整体法兰

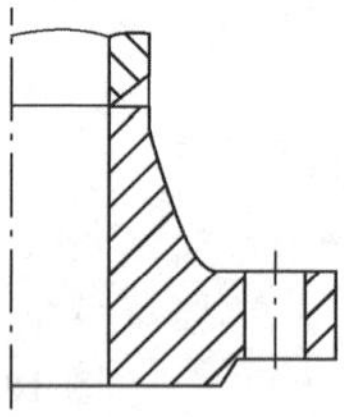
图 12-29　对焊法兰

（3）平焊法兰。分为板式平焊法兰和带颈平焊法兰。板式平焊法兰加工简便，但刚度较差。在螺栓力作用下，法兰易于变形，从而使密封面产生转角易导致泄漏。故它只适用于低压条件，且不得用于有毒、易燃易爆及较高真空度的工艺管道。带颈平焊和承插焊法兰都带有颈部，由于短颈的作用，其刚度和强度比板式平焊法兰有明显改善，故可适用于中、低压条件。在石油化工配管设计中，已用带颈平焊法兰代替板式平焊法兰。但带颈平焊和承插焊法兰系采用角焊缝连接，其强度和刚度显然不及带颈对焊法兰，尤其是抗疲劳强度较差，因此，它们不应使用于有频繁的大幅度温度循环的配管系统。如图 12-30、图 12-31 所示。

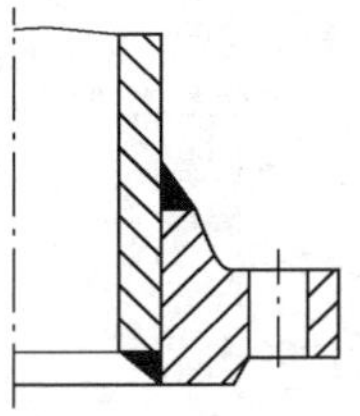

图 12-30　带颈平焊法兰

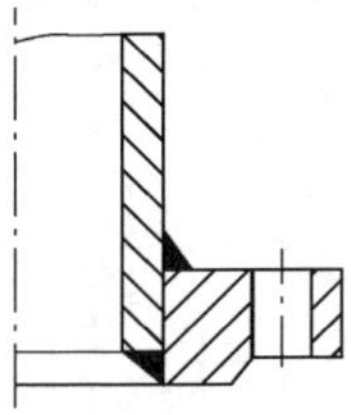

图 12-31　板式平焊法兰

（4）承插焊法兰。多用于管道 $DN \leqslant 40$，介质压力、温度较低的场合。由于它和管子的连接为单面填角焊，管端与法兰间一般留有间隙，故不应用于具有缝隙腐蚀或强腐蚀性介质，也不适用于易燃易爆或有毒介质。如图 12-32 所示。

（5）松套法兰。其特点是法兰盘松套在翻边短节上，并在翻边上设置密封面。松套法兰主要适用于有色金属（铝、铜）和不锈钢的管道或设备上，法兰盘不与介质接触，可采用普通碳钢制造，以节省贵重金属，并容易制造，便于对中安装。如图 12-33 所示。

（6）螺纹法兰。管端有锥形螺纹，适用于小管径和介质压力较低的场合。如图 12-34 所示。

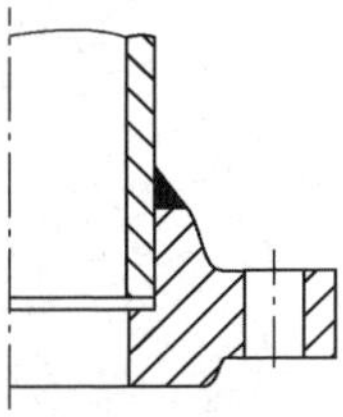

图 12-32　承插焊法兰

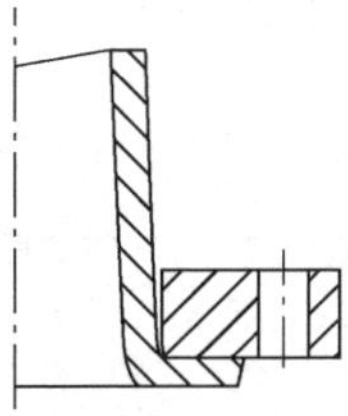

图 12-33　松套法兰

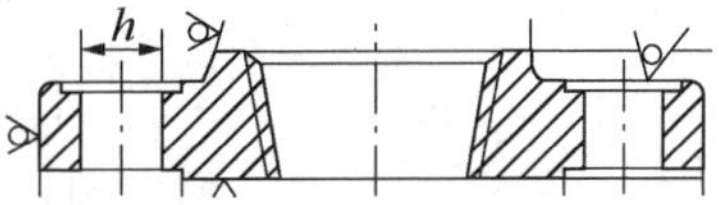

图 12-34　螺纹法兰

55　法兰密封面形式有哪几类？

全平面 FF、突面 RF、凸面 M、凹面 FM、榫面 T、槽面 G、环连接面 RJ。

56　试述闸阀的结构和特点。

闸阀又叫闸板阀，这种阀门的阀体内有一平板（称为闸板），与介质流动方向垂直。闸板升起时，阀开启；闸板下降时，阀关闭。闸阀适用于经常保持开关的场合，不宜作为节流或调节用，如图 12-35 所示。

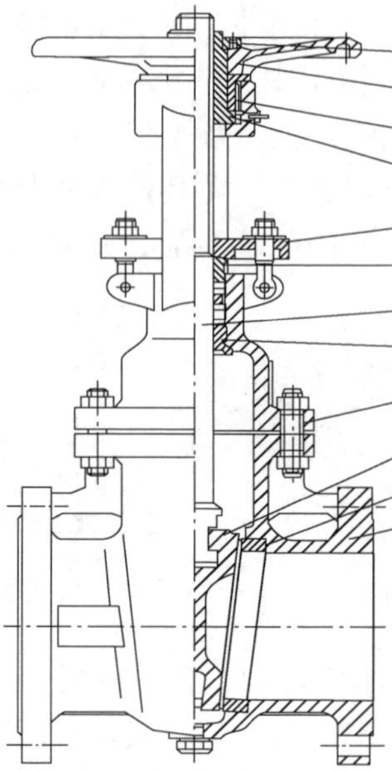

图 12-35　闸阀

57 试述截止阀的结构和特点。

截止阀是利用装在阀杆下面的阀盘(或阀瓣)与阀体的阀座相配合来控制阀的启闭。截止阀也可以调节流量，一般用于调节阀的旁路。但是截止阀不能用于双向流动大的工艺管道和含有固体颗粒的介质管道。如图 12-36 所示。

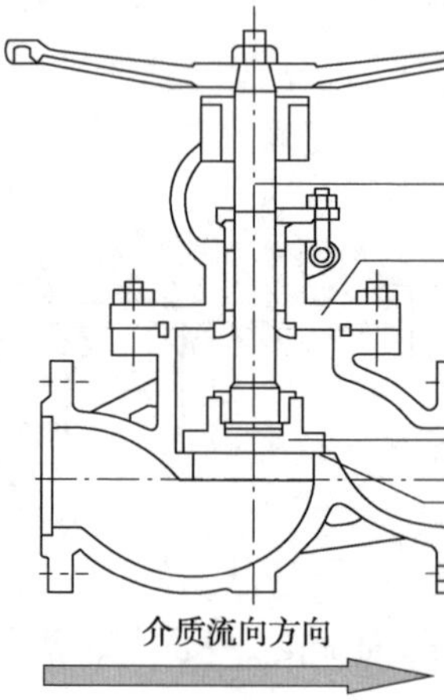

图 12-36　截止阀

58 试述球阀的结构和特点。

球阀以中间开孔的球体作为阀芯，靠旋转球体来控制阀的开启，球阀可有直通、三通或四通，具有截断、分配和改变介质流向的功能。球阀的特点是结构简单、紧凑、操作方便，启闭迅速，启闭力矩小。由于球体在阀座之间运动带有擦拭作用，因此球阀可用于黏度大和带悬浮颗粒的介质。如图 12-37 所示。

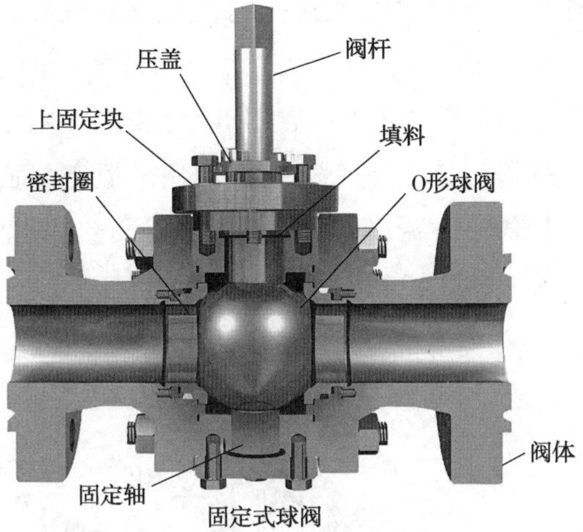

图 12-37　球阀

59 试述蝶阀的结构和特点。

蝶阀的开闭件为圆盘形，它依靠阀体内的一个固定轴旋转，达到接通和关断的目的，具有良好的流量调节性能，而且结构尺寸小，重量轻，结构简单，安装方便。如图 12-38 所示。

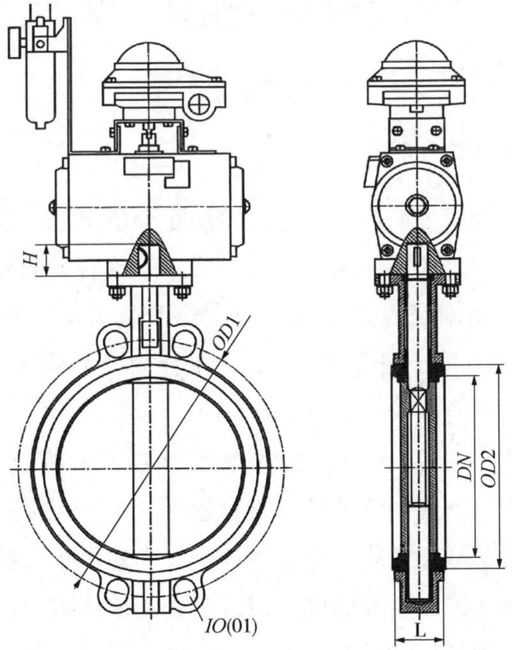

图 12-38　蝶阀

60 试述旋塞阀的结构和特点。

旋塞阀是利用阀件内所插的中央穿孔的锥形栓塞来控制启闭的阀门，见图12-39所示。由于密封面的形式不同，又分为填料旋塞、油密封式旋塞和无填料旋塞。旋塞阀结构简单，外形尺寸小，启闭迅速，操作方便，流体阻力小，便于制作成三通路或四通路阀门，可作为分配换向用。但密封面易磨损，开关力较大。该种阀门不适用于输送高温、高压介质(如蒸汽)，只适用于一般低温、低压流体，作为开关使用。如图12-39所示。

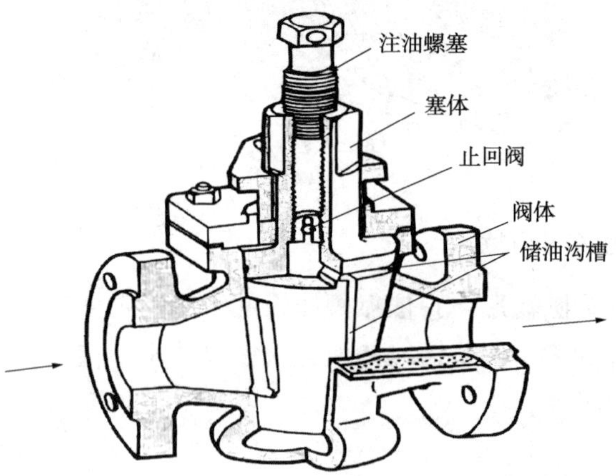

图12-39　旋塞阀

61 试述止回阀的结构和特点。

止回阀又称逆止阀或单向阀，其作用是防止介质倒流。它是一种自动开闭的阀门。由于结构的不同，逆止阀又可分为升降式和旋启式两种。

升降式止回阀的阀瓣是垂直于阀体通道作升降运动。升降式止回阀应安装在水平管道上，立式升降式止回阀可安装在管内介质自下向上流动的垂直管道上。

旋启式止回阀的阀芯是围绕密封面作旋转运动，一般应安装在水平管道上，也可安装在管内介质自下向上流动的垂直管道上。

止回阀一般适用于清净介质，对有固体颗粒和黏度较大的介质不宜选用，升降式止回阀的密封性能较旋启式的好。但旋启式的流体阻力较升降式的小，通常旋启式止回阀多用于大口径管道上。如图12-40所示。

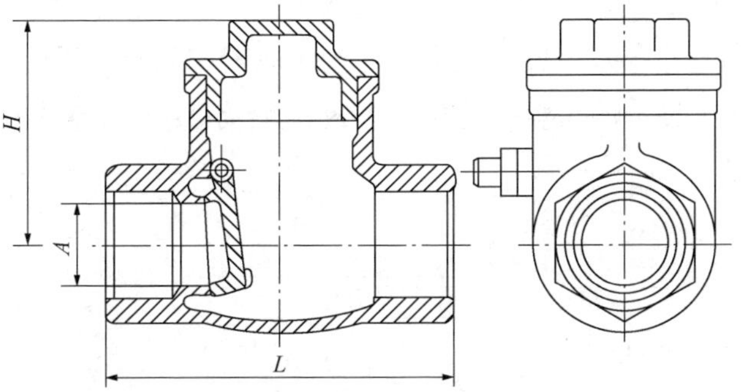

图 12-40　旋启式止回阀

62 试述滑板阀的结构和特点。

滑板阀用在聚烯烃装置的粉料和粒料管道上。它利用一个闸板的水平运动实现阀门的启、闭，闸板的启闭较多的通过气动执行机构实现，也可以手动实现。如图 12-41 所示。

图 12-41　滑板阀

63 什么是袋式过滤器?

使含尘气体穿过做成滤袋而支撑在适当骨架上的滤布，以滤除气体中的尘粒，这种设备称为袋式过滤器。滤布纤股的间隙为 100~200μm，但有很多直径为 5~10μm 的细丝交错于空隙之中，微小的颗粒撞击在这些细丝上而被节流，滤布上逐渐积累的颗粒层也有很好的过滤作用。因此袋滤器往往能处理 1μm 以下的微尘，效率高达 99.9%以上。

64 试述袋滤器的工作原理。

袋滤器主要由滤袋以及骨架、壳体构成。含尘气体自下部进入袋滤器，气体由外向内穿过支撑于骨架上的滤袋，洁净气体汇集于上部的出口管排出，颗粒被截留于滤袋外表面上。袋滤器一般带有反吹系统，反吹气体的压力高于容器内部压力。当袋滤器内外压差超过一定值或通过定时器控制时，反吹气体自滤袋内部向外吹出，清除滤袋上的尘粒。滤袋的长度一般为 2～3m，直径为 120～300mm。如图 12-42 所示。

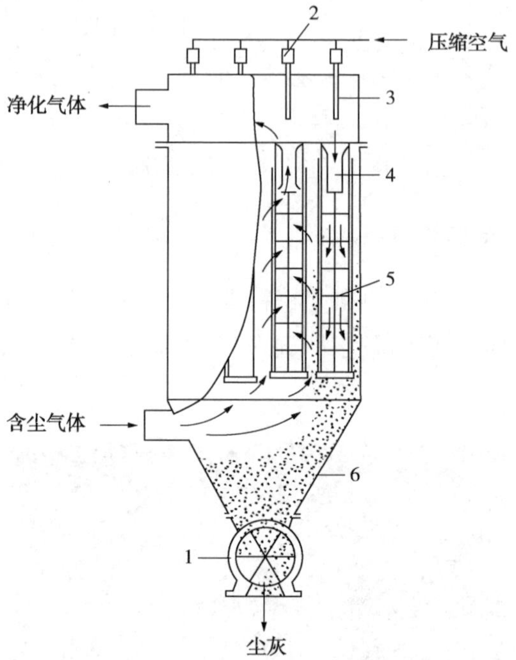

图 12-42　脉冲式袋滤器

1—排灰阀；2—电磁阀；3—喷嘴；4—文丘里管；5—滤袋骨架；6—灰斗

65　迷宫式往复压缩机的工作原理是什么？

当曲轴旋转时，通过连杆、十字头的传动转换，活塞将做往复运动，由气缸内壁、气缸盖和活塞端面所构成的工作容积则会发生周期性变化，从而实现吸入与排出气体的功能。

迷宫式往复压缩机特点：活塞体加工出迷宫槽，正常运行期间活塞与缸体不接触，通过迷宫槽实现节流密封。一般适用于介质可能存在聚合或微量细粉场合，聚烯烃装置经常用到。

66　轴流泵的工作原理是什么？

轴流泵是靠旋转叶轮的叶片对液体产生的作用力使液体沿轴线方向输送的

泵，有立式、卧式、斜式及贯流式数种，一般采用开式叶轮，适用于大流量、低扬程、介质含颗粒或浆液的工况或场景。

67 A201 的工作原理是什么？

预接触罐搅拌器 A201 的工作原理类似于磁力泵，无机械密封结构。预接触罐搅拌器由转子叶轮、磁力传动器、电动机三部分组成。关键部件磁力传动器由外磁转子、内磁转子及不导磁的隔离套组成。当电动机带动外磁转子旋转时，磁场能穿透空气隙和非磁性物质，带动与叶轮相连的内磁转子作同步旋转，实现动力的无接触传递，将动密封转化为静密封。由于搅拌器轴、内磁转子被泵体、隔离套完全封闭，从而彻底解决了“跑、冒、滴、漏”问题，消除了炼油化工行业易燃、易爆、有毒、有害介质通过机械密封泄漏的安全隐患。

68 A301 的工作原理是什么？

动力分离器 A301 为电机直连的搅拌器，直接通过电机带动。A301 的转子为“鼠笼式”，在运行过程中使聚合物粉料在闪蒸罐 D301 内与气相丙烯分离，如同旋风分离器一样，动力分离器 A301 用于提高聚合物粉料和气相丙烯的分离效率，防止大部分的细粉随气体夹带到下游设备引起堵塞。

69 压力活塞的工作原理是什么？

聚丙烯装置现场的压力活塞是机械密封冲洗方案 Plan53C 中的一个组成部分。Plan53C 循环系统的压力由压力活塞提供，活塞下部与进入环管的丙烯介质相连，活塞上部为增压油泵输送来的白油。在机械密封的运行过程中，通过活塞两边的面积不同而产生一个压力差来自动实现循环隔离液的增压，使得白油不断地循环。如在运行过程中机械密封发生轻微泄漏，由于隔离液白油带压使得介质不会外漏，而是白油向介质侧泄漏，所以隔离液的选择必须要考虑对介质的影响。其突出优点是压力活塞对隔离液的加压是来自密封腔，隔离液的压力自动跟踪工况运行，甚至在系统出现波动的情况下仍可以追随压力波动。

70 螺杆风机的工作原理是什么？

从压缩方式上分，螺杆式压缩机属于容积式压缩机，是通过工作容积的逐渐减少来达到气体压缩的目的。

螺杆式压缩机的工作容积是由一对相互平行放置且相互啮合的转子的齿槽与

包容这一对转子的机壳所组成。在机器运转时两转子的齿互相插入对方齿槽，且随着转子的旋转插入对方齿槽的齿向排气端移动，使被对方齿所封闭的容积逐步缩小，压力逐渐提高，直至达到所要求的压力时，此齿槽方与排气口相通，实现了排气。

一个齿槽被与之相啮合的对方齿插入后，形成了两个被齿隔开的空间，靠近吸气端的齿槽为吸气容积，与排气端相近的为压缩气体的容积。随着压缩机的运转，插入齿槽的对方转子的齿向排气端移动，使吸气容积不断扩大，压缩气体的容积不断缩小，从而实现了在每个齿槽的吸气压缩过程，当压缩气体在齿槽中气体压力达到所要求的排气压力时，齿槽正好与排气孔口相通，开始了排气过程。被对方转子的齿将齿槽分成的吸气容积和压缩容积的变化是周而复始的，就这样使压缩机能连续地吸气、压缩和排气。

71 罗茨风机的工作原理是什么？

罗茨风机属于容积式压缩机。原理是利用两个叶形转子在气缸内作相对运动来压缩和输送气体的回转压缩机。

72 计量泵的工作原理是什么？

计量泵是一种可以满足各种严格的工艺流程流量需要，可以在 0~100%范围内无级调节，用来输送液体的一种特殊容积泵。计量泵是流体输送机械的一种，其突出特点是可以保持与排出压力无关的恒定流量。使用计量泵可以同时完成输送、计量和调节的功能，从而简化生产工艺流程。聚丙烯现场的计量泵有柱塞式和隔膜式，通常采用变频电机、手动、气动或电动冲程调节等方式调节流量。

(1) 柱塞式计量泵的工作原理：

介质从外部进入柱塞式计量泵的泵体，当柱塞向后移动时，泵体内的体积增大，形成一个低压区域，介质被吸入泵体。当柱塞向前移动时，泵体内的体积减小，形成一个高压区域，介质被通过出口阀门排出。当柱塞向后移动时，出口阀门关闭，避免介质倒流。柱塞来回运动，不断地将原液吸入和排出，实现流体的输送和计量。柱塞式计量泵的工作原理基于柱塞的来回运动，利用容积的变化来实现液体的吸入和推出。

(2) 隔膜式计量泵的工作原理：

电机经联轴器带动蜗杆并通过蜗轮减速使主轴和偏心轮作回转运动，由偏心轮带动挺杆在导筒内作往复运动。连同膜片，通过单向阀的作用使泵腔内逐渐形成真空，吸入阀打开，吸入液体；当膜片向前死点移动时，此时吸入阀关闭，排出阀打开，液体在膜片的推动下排出。在泵通过调节一定的行程的往复顺工作形成连续有压力、定量地排放液体。

73 挤压机 SAFESET 工作原理是什么？

挤压机 SAFESET 联轴器可以同时用于传送和限制力矩。通过设定液压压力和释放力矩可以设定到所要求的力矩等级。在运行过程中，当挤压机的扭矩超过预设的力矩时，SAFESET 联轴器内部相对滑动，剪切环剪断剪切管的头部，将联轴器中的液压油释放，泄压后，联轴器在轴上自由转动，主电机与挤压机分离，防止主电机过载运行。

74 环管装置哪些设备或管道对光洁度有较高要求？

催化预接触系统及预聚合系统相关设备、管道。

催化剂计量系统大小环管、大闪线、小闪线、带连接、闪蒸罐等部位。

75 PK101 的工作原理是什么？

PK101 由两台“注射器”（D108A/B）和两台计量泵及控制系统组成。其工作原理为：催化剂罐 D106 中的催化剂加入 D108 底部，D108 的结构类似于“针筒”，计量泵 P108 根据工艺需要的流量在 0~100%范围内无级调节，向 D108 上部加八所需流量的白油，使得 D108“针筒”内的催化剂加压后注入后面反应中。

76 聚丙烯装置哪些部位的机泵是磁力泵或屏蔽泵？

聚丙烯装置挤压造粒系统的导热油泵为磁力泵，溴化锂机组中有屏蔽泵。